信号与线性系统分析基础

主　编　刘秀环

副主编　王海燕

参　编　王　雪　田雅男　陈绵书

机械工业出版社

本书基本遵循"从信号到系统""从时域到变换域""从连续到离散"3个维度阐明信号与线性系统分析的基本原理和方法。全书共9章，具体包括信号与系统的基本概念、连续时间信号与系统的时域分析、连续时间信号的频域分析、连续时间系统的频域分析、连续时间信号与系统的复频域分析、离散时间信号与系统的时域分析、离散时间信号与系统的z域分析、状态变量分析法、MATLAB 在信号与系统分析中的应用。全书各章节之间的内容组织有序、逻辑严谨，在每章末配有"教师导航"。

本书配有教学视频。视频以信号与系统的基本概念、基本原理和分析方法为主线，融合了信息和通信领域的前沿技术的高阶内容和虚拟仿真实验。在本书相应知识点处配有与之对应的教学视频二维码。

本书可作为普通高校通信工程、电子信息工程、自动化和计算机等专业的教材，也可作为相关领域的科技工作者和社会学习者的参考书。

本书配有以下教学资源：教学课件、教学大纲、试题试卷、习题答案、教学视频。欢迎选用本书作教材的教师，登录www.cmpedu.com注册后下载，或加微信（13910750469）联系索取（注明学校、姓名）。

图书在版编目（CIP）数据

信号与线性系统分析基础 / 刘秀环主编.-- 北京：机械工业出版社，2024.6.-- ISBN 978-7-111-75990-4

Ⅰ. TN911.6

中国国家版本馆 CIP 数据核字第 2024MW8346 号

机械工业出版社（北京市百万庄大街 22 号 · 邮政编码 100037）
策划编辑：吉 玲　　　　　　　　责任编辑：吉 玲　周海越
责任校对：郑 雪 张 薇　封面设计：张 静　责任印制：刘 媛
唐山三艺印务有限公司印刷
2024 年 9 月第 1 版第 1 次印刷
184mm×260mm · 21.25 印张 · 510 千字
标准书号：ISBN 978-7-111-75990-4
定价：69.80 元

电话服务　　　　　　　　　网络服务
客服电话：010-88361066　　机 工 官 网：www.cmpbook.com
　　　　　010-88379833　　机 工 官 博：weibo.com/cmp1952
　　　　　010-68326294　　金 书 网：www.golden-book.com
封底无防伪标均为盗版　　　机工教育服务网：www.cmpedu.com

前　言

"信号与系统"课程是通信、信息类专业的学科基础核心课程，该课程构筑了从基础理论课程到工程专业课程之间的桥梁，在相关本科专业课程设置中具有承上启下、举足轻重的地位。为了满足课程的教学需求，我们编写了《信号与线性系统分析基础》一书。

全书共 9 章。第 1 章为总论，介绍关于信号、系统的基本概念，具体涉及信号、系统的描述、分类、性质等。第 2~7 章基本遵循"从信号到系统""从时域到变换域""从连续到离散"3 个维度阐明信号与线性系统分析的基本原理和方法，主要从输入-输出角度阐述信号与线性系统的原理和分析方法，强调系统的外部特性。第 2 章阐述连续时间信号与系统的时域分析；第 3 章从周期信号的傅里叶级数到非周期和周期信号的傅里叶变换，阐明了连续时间信号的频域分析；第 4 章在连续时间信号的频域分析基础上，阐述了连续时间系统的傅里叶分析；第 5 章将频域分析从虚轴扩展到整个复平面，阐明了基于拉普拉斯变换的连续时间信号与系统的复频域分析；第 6 章介绍了离散时间信号与系统的时域分析，与第 2 章是并行的；第 7 章从拉普拉斯变换过渡到 z 变换，阐述了离散时间信号与系统的变换域 (z 域) 分析，与第 5 章是并行的；第 8 章的状态变量分析法从反映系统内部特性这一角度阐述线性系统的分析方法；第 9 章简明介绍了利用 MATLAB 软件分析信号与系统，使得关于信号与系统分析较为抽象的原理和方法变得更为具体和形象，从而帮助读者对抽象理论获得感性认识。本书在每章末配有"教师导航"，以帮助读者梳理本章内容。

本书是课程组全体教师近年在对"信号与系统"课程进行教学改革的基础上编写而成的，并配备了时长约 1400 min 的教学视频。视频以信号与系统的基本概念、基本原理和分析方法为主线，融合了信息和通信领域的前沿技术，录制了部分与时俱进的高阶内容，以帮助读者领略本书所阐述的信号与系统的基本原理和分析方法在专业领域的具体应用。视频还融合了虚拟仿真实验，以增强读者对信号与系统分析相关理论的感性认识。在本书相应知识点处配有与之对应的教学视频二维码，而高阶内容和虚拟仿真实验的二维码则附在相应的"教师导航"栏目处。

为方便读者对照阅读和理解，本书仿真图中的图形符号均保留软件所生成的图形。

全书由刘秀环统稿和定稿。刘秀环负责编写第 1~4 章、第 6~8 章内容，以及连续时间信号与系统分析基本内容的视频录制。王海燕负责编写第 5、9 章内容，以及离散时间信号与系统分析基本内容的视频录制。参与编写和视频录制的还有王雪、田雅男和陈绵书。

本书的完成得到了相关人员和部门的大力支持。首先向课程组前辈林梓老师的前期积累和贡献表示最深切的敬意和最真诚的感谢！东北师范大学数学与统计学院赵宏亮老师对本书的编排和图形绘制做了大量的工作。同时，吉林大学教务处和吉林大学通信工程学院对本书的完成给予了极大支持！在此一并深表感谢！

编　者

目　　录

第 1 章　信号与系统的基本概念

在当今社会，电视机、手机、计算机、互联网等已成为人们常用的通信工具和设备，这些工具和设备传送的文字、数据、语音、音乐、图像和视频等都是信号，而传送这些信号的工具和设备则可看成系统。信号和系统的概念是广义的，它们已经渗透到社会和人们日常生活中的方方面面。随着科学技术的飞速发展，信号与系统日益复杂和综合，从而大大促进了其理论研究的发展。在系统理论研究中主要包括两大方向：其一是系统分析，主要处理整个系统与输入及输出信号的关系，从而实现系统所具有的功能；其二是系统综合，即为达到预期输出的目的而完成对系统物理模型的建立。信号分析和系统分析是信号传输、信号处理、信号综合和系统综合的共同理论基础。本书仅限于研究电信号分析和电系统分析的基本概念和基本分析方法。

1.1　信号及其描述方式

广义地讲，信号是传递和记录信息的一种工具。从物理层面而言，信号是指随时间或其他变量而变化的某个物理量；从数学层面而言，信号是一个或多个独立变量的函数表达式。通信系统借助电、光、声信号将文字、图像、语声、数码等信息从甲地传递到乙地，或对不同信号进行各种形式的处理。本书中所涉及的电信号主要是指随时间或频率变化的电压和电流。

1.1 信号的基本概念

信号的描述方式主要有两种：一种是解析函数表达形式，另一种是图像表达形式。信号的独立变量与其函数的依托关系是多种形式的，如以时间特征量作为自变量来表示信号则称为时域表示法，即把一个信号随时间变化的规律用解析函数表达式或通过图像的形式描述出来。若以频率特征量作为自变量来描述信号则称为频域表示法。信号的频域描述同样既可以用解析函数表示，也可以用图像表示。

1.2　信号的分类

信号的形式是多种多样的，根据信号本身的特征，从不同的角度，可以将信号分成不同的类型。

1. 确定信号与随机信号

如果信号可以表示为一个或几个自变量的确定函数，则称此信号为确定信号，如正弦信号、阶跃信号、指数信号等。

如果一个信号在传输过程中具有未可知的不确定性，即该信号不能用确定的函数形式表示，而只能预测该信号对某一取值的概率，这样的信号称为随机信号，比如噪声信号。严格地讲，信息传输过程中的信号都是随机的，因为这种传输的信号中包含着干扰和噪声。

2. 周期信号与非周期信号

如果一个信号每隔固定的时间 T 精确地再现该信号，则称此信号为周期信号。周期信号具有两大特点：周而复始且无始无终。一个时间周期信号可以表示为

$$f(t) = f(t \pm nT), \quad n = 0, 1, 2, \cdots \tag{1-1}$$

式中，T 为信号的周期。只要给出某时间周期信号在一周期内的变化过程，便可以确定它在任一时刻的取值。通信系统中测试所采用的正弦波、雷达中的矩形脉冲串等信号都是周期信号。

不满足上述特点的信号则为非周期信号，非周期信号不存在固定时间长度的周期。语音波形、开关启闭所造成的瞬态信号都是非周期信号。

3. 连续时间信号与离散时间信号

如果一个信号的时间变量可连续取值 (有限个数的若干不连续点除外)，在所讨论的时间范围内，对任意时刻，都可给出确定的函数值，称为连续时间信号，通常简称为连续信号。图 1-1a 所示信号为连续时间信号。电话机输出的语音信号就是连续时间信号。连续时间信号的幅值可以连续，也可以离散。若信号的时间和幅值均连续，则称之为模拟信号。

离散时间信号的时间变量是离散的，即信号只在某些不连续的规定瞬时有定义 (即确定的函数值)，而在其他时刻无定义。电传打字机输出的电信号、电子计算机输出的脉冲信号都是离散时间信号。离散时间信号通常简称为离散信号。图 1-1b 所示信号为离散时间信号，这里 n 代表时间变量 (离散信号的自变量不单纯指时间，可以表示位置等其他变量，所以自变量 n 通常是代表序号的整数)。若离散时间信号的幅值也是离散的，则称之为数字信号。

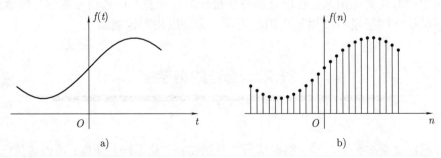

图 1-1　连续时间信号与离散时间信号示例

4. 能量信号与功率信号

为了研究信号能量或功率的特性，通常研究归一化能量或功率，即在电压或电流信号的作用下，单位电阻所吸收的能量或功率。信号的能量 E 定义为

$$E = \lim_{T \to \infty} \int_{-T}^{T} |f(t)|^2 \mathrm{d}t \tag{1-2}$$

式中，$f(t)$ 可以是电压信号，也可以是电流信号。而信号 $f(t)$ 在区间 $(-\infty, \infty)$ 的平均功率 P 可表示为

$$P = \lim_{T \to \infty} \frac{1}{2T} \int_{-T}^{T} |f(t)|^2 \mathrm{d}t \tag{1-3}$$

如果信号在 $(-\infty, \infty)$ 时间间隔内能量 E 是有界的，则称为能量信号。当时间间隔趋于无限时，若信号 $f(t)$ 在 $1\,\Omega$ 电阻上的能量也趋于无穷大，但平均功率是有限的，则这样的信号称为功率信号。

能量信号是一个脉冲式信号，通常只在有限时间范围内有非零且有界的取值。如图 1-2 所示的两种信号均为能量信号。显然，对于能量信号，其平均功率 $P = 0$。有一些信号尽管存在于无限时间范围内，但信号的能量主要集中在有限时间范围内，这样的信号也称为能量信号，如信号 $f(t) = \dfrac{\sin t}{t}$。

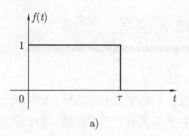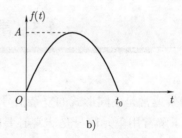

a)　　　　　　　　　　　b)

图 1-2　能量信号举例

简言之，若信号 $f(t)$ 能量有限，即 $0 < E < \infty$，此时 $P = 0$，则称该信号为能量信号；若信号 $f(t)$ 的能量无限，即 $E \to \infty$，但功率有限，即 $0 < P < \infty$，则称该信号为功率信号。

对于周期信号，其能量随着时间的增加可以趋于无限，但功率是有限值，所以周期信号一般属于功率信号。另外，当 $|t| \to \infty$ 时功率仍为有限值的一些非周期信号也属于功率信号，如图 1-3 所示为非周期的功率信号。

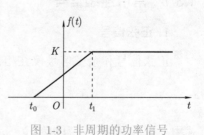

图 1-3　非周期的功率信号

例 1-1　　判断下列信号是能量信号还是功率信号。

(1) $f_1(t) = \mathrm{e}^{-\alpha t}\varepsilon(t), \; \alpha > 0$　　　　(2) $f_2(t) = \mathrm{e}^{-t}$

解　(1) 信号 $f_1(t)$ 的能量和功率分别为

$$E = \lim_{T\to\infty} \int_{-T}^{T} |e^{-\alpha t}\varepsilon(t)|^2 dt = \lim_{T\to\infty} \int_{0}^{T} e^{-2\alpha t} dt = \lim_{T\to\infty} \left(-\frac{1}{2\alpha}e^{-2\alpha t}\right)\bigg|_{0}^{T}$$

$$= \lim_{T\to\infty} \frac{1}{2\alpha}(1-e^{-2\alpha T}) = \frac{1}{2\alpha}$$

$$P = \lim_{T\to\infty} \frac{1}{2T} \int_{-T}^{T} |e^{-\alpha t}\varepsilon(t)|^2 dt = \lim_{T\to\infty} \frac{1}{2T}\frac{1}{2\alpha}(1-e^{-2\alpha T}) = 0$$

(2) 信号 $f_2(t)$ 的能量和功率分别为

$$E = \lim_{T\to\infty} \int_{-T}^{T} |e^{-t}|^2 dt = \lim_{T\to\infty} \int_{-T}^{T} e^{-2t} dt = \lim_{T\to\infty} \frac{1}{2}(e^{2T}-e^{-2T}) = \infty$$

$$P = \lim_{T\to\infty} \frac{1}{2T} \int_{-T}^{T} |e^{-t}|^2 dt = \lim_{T\to\infty} \frac{1}{2T}\frac{1}{2}(e^{2T}-e^{-2T}) = \infty$$

所以, 信号 $f_1(t)$ 为能量信号, 而 $f_2(t)$ 既非能量信号又非功率信号。

5. 一维信号与多维信号

信号是一个独立变量的函数时, 称为一维信号。如果信号是 n 个独立变量的函数, 则称为 n 维信号。本书只讨论一维信号。

1.3　常用单元信号

实际信号通常是不同形式的复杂信号, 可把它们看成是由常用的基本单元信号组合而成。所以, 了解常用单元信号是非常必要的。本节主要介绍常用连续单元信号, 而离散单元信号将在第 6 章介绍。

1.3.1　常用连续信号

1. 正弦信号

正弦信号和余弦信号仅在相位上相差 $\dfrac{\pi}{2}$, 常统称为正弦信号。其表达式可写作

$$f(t) = A\cos(\omega t + \varphi) \tag{1-4}$$

式中, A 为振幅; φ 为初相位; ω 为角频率。正弦信号是周期为 T 的周期信号, T 与频率 f 及角频率 ω 的关系为

$$T = \frac{1}{f} = \frac{2\pi}{\omega} \tag{1-5}$$

其图像如图 1-4 所示。

2. 指数信号

指数信号的表达式为

$$f(t) = Ae^{\alpha t}, \ -\infty < t < \infty \tag{1-6}$$

式中，α 为任意常数。

当 $\alpha > 0$ 时，$f(t)$ 随 t 增大而呈指数增长；当 $\alpha < 0$ 时，$f(t)$ 随 t 增大呈指数衰减；当 $\alpha = 0$ 时，$f(t) = A$ (常数)，其图像如图 1-5 所示。

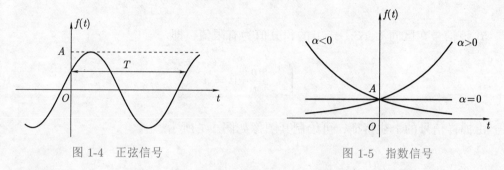

图 1-4 正弦信号   图 1-5 指数信号

当指数信号中的 α 为一复数 s 时，该信号称为复指数信号，其表达式为

$$f(t) = Ae^{st} \tag{1-7}$$

式中，$s = \alpha + j\omega$。由欧拉公式，可将复指数信号分解为实部和虚部两部分，即

$$e^{st} = e^{(\alpha + j\omega)t} = e^{\alpha t}e^{j\omega t} = e^{\alpha t}(\cos\omega t + j\sin\omega t)$$

其中，实部包含余弦信号，虚部包含正弦信号。而 s 的实部 α 表示了正弦和余弦振幅随时间变化的情况。当 $\alpha > 0$ 时为增幅振荡信号；当 $\alpha < 0$ 时为减幅振荡信号；当 $\alpha = 0$ 时为等幅振荡信号。当 s 的实部 $\alpha = 0$ 时，复指数信号 e^{st} 将变化为纯虚指数信号 $e^{j\omega t}$。

3. 高斯信号

高斯信号的表达式为

$$f(t) = Ee^{-(\frac{t}{\tau})^2} \tag{1-8}$$

该信号随时间 $t \to \pm\infty$ 而趋于零，其图像如图 1-6 所示。

4. 抽样信号

抽样信号的表达式为

$$f(t) = \frac{\sin t}{t} = \mathrm{Sa}(t) \tag{1-9}$$

抽样信号具有如下特征：
1) 当 $t = 0$ 时，有

$$\mathrm{Sa}(0) = \lim_{t \to 0}\frac{\sin t}{t} = 1 \tag{1-10}$$

2) 当 $\mathrm{Sa}(t) = 0$ 时，有

$$t = \pm k\pi, \quad k = 1, 2, 3, \cdots \tag{1-11}$$

由式 (1-11) 即可确定抽样信号的零值点。

3) 该信号呈现与时间 t 反比衰减振荡的变化趋势。

4) 该信号是关于时间 t 的偶函数，即

$$\mathrm{Sa}(-t) = \mathrm{Sa}(t) \tag{1-12}$$

5) 该信号在区间 $(-\infty, \infty)$ 上的积分值为有限值，即

$$\int_{-\infty}^{\infty} \frac{\sin t}{t}\mathrm{d}t = \pi \tag{1-13}$$

由抽样信号的上述特征，可绘制其图像如图 1-7 所示。

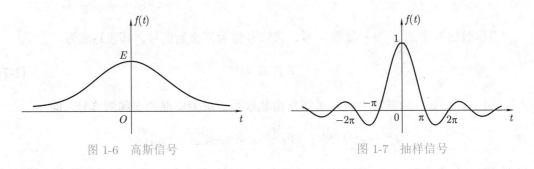

图 1-6 高斯信号　　　　　　　　图 1-7 抽样信号

1.3.2 常用奇异信号

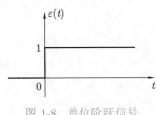

图 1-8 单位阶跃信号

若某一信号本身存在不连续点 (跳变点)，或其导数与积分存在不连续点，则称此信号为奇异信号。一般来说，奇异信号都是实际信号的理想化模型。

1. 单位阶跃信号

单位阶跃信号定义为

$$\varepsilon(t) = \begin{cases} 1, & t > 0 \\ 0, & t < 0 \end{cases} \tag{1-14}$$

其图像如图 1-8 所示。

如果信号在 $t > 0$ 取值为 A，$t < 0$ 取值为零，则将其定义为阶跃信号，如图 1-9a 所示。单位阶跃信号也常简称为阶跃信号。如果信号在 $t < 0$ 取值为 A，$t > 0$ 取值为零，则称之为反转阶跃信号，其图像如图 1-9b 所示。

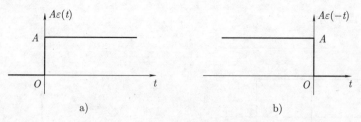

图 1-9 阶跃信号及反转阶跃信号

1.2 单位阶跃和单位冲激信号

阶跃信号在信号分析中主要用来描述信号在某一时刻的转换。如果将阶跃信号接入电路中，则相当于在电路中接入一个控制换路过程的开关，因此也常称此信号为"开关"函数。此外，阶跃信号还具有对其他信号进行截取的作用。例如，图 1-10a 所示的正弦信号 $f(t)$ 是一个无始无终、重复出现的周期信号，而图 1-10b 则给出了被截取之后的单边正弦信号 $f(t)\varepsilon(t)$。

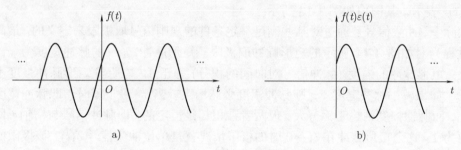

图 1-10 正弦信号及其被截取后的单边正弦信号

2. 门信号 (矩形脉冲信号) $g_\tau(t)$

门信号表达式为

$$g_\tau(t) = \begin{cases} 1, & |t| < \dfrac{\tau}{2} \\ 0, & |t| > \dfrac{\tau}{2} \end{cases} \tag{1-15}$$

下标 τ 表示门信号的宽度，其图像如图 1-11 所示。门信号也可以用阶跃信号来表示，即

$$g_\tau(t) = \varepsilon\left(t + \frac{\tau}{2}\right) - \varepsilon\left(t - \frac{\tau}{2}\right) \tag{1-16}$$

可见，用阶跃信号及其时移信号可以表征信号的定义域。

3. 单位冲激信号

单位冲激信号定义为

$$\delta(t) = \begin{cases} \infty, & t = 0 \\ 0, & t \neq 0 \end{cases} \tag{1-17a}$$

且

$$\int_{-\infty}^{\infty} \delta(t)\mathrm{d}t = 1 \tag{1-17b}$$

其图像如图 1-12 所示。

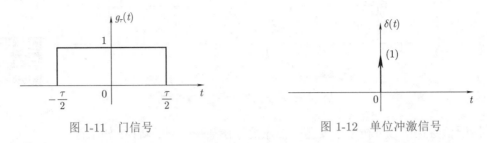

图 1-11　门信号　　　　　　　　　　　　　　图 1-12　单位冲激信号

式 (1-17a) 和 (1-17b) 表明：该信号在 $t = 0$ 的瞬间 (无穷小区间) 存在无穷大的取值，但信号在无穷区间内的积分值为有限值。图 1-12 中信号的箭头即表示该信号的积分值等于 1，通常将其积分值称为冲激强度。单位冲激信号也常简称为冲激信号。

当冲激信号在 $(-\infty, \infty)$ 区间的积分值为任意常数 A 时，称为强度为 A 的冲激信号，用 $A\delta(t)$ 表示，其图像如图 1-13 所示。

实际上，冲激信号是通过对某些满足一定条件的规则信号取极限来定义的。最简单的极限过程为对如图 1-14 所示的矩形脉冲取极限。矩形脉冲 $g(t)$ 的脉冲宽度为 τ，幅度为 $1/\tau$，矩形脉冲的强度 (脉冲信号对时间的积分) 等于 1。在保证矩形脉冲强度不变的前提下，如果减小脉冲宽度 τ，则脉冲幅度必然增大。当 τ 趋于零时，即脉冲宽度趋于无穷小，而脉冲幅度则趋于无穷大，但两者乘积却是恒定的，即脉冲信号与横轴 t 所围成面积恒为 1。这个矩形脉冲在 $t \to 0$ 时的极限情况就是单位冲激信号 $\delta(t)$，该极限的数学表达式为

$$\delta(t) = \lim_{\tau \to 0} g(t) = \lim_{\tau \to 0} \frac{1}{\tau}\left[\varepsilon\left(t + \frac{\tau}{2}\right) - \varepsilon\left(t - \frac{\tau}{2}\right)\right] \tag{1-18}$$

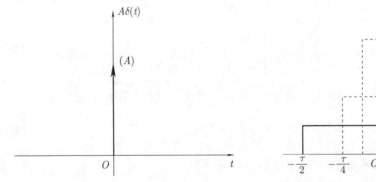

图 1-13　强度为 A 的冲激信号　　　　　图 1-14　矩形脉冲的极限为冲激信号

冲激信号是某些物理量的抽象，研究冲激信号在实际应用中的作用其本质就是研究一种物理现象理想化的过程。下面通过一个线性非时变 (linear time-invariant, LTI) 电路在理想情况下的充电过程来建立冲激信号概念，以帮助我们更好地理解冲激信号所具有的物理含义。

例 1-2　一线性非时变 RC 电路如图 1-15 所示，已知：$u_C(0_-) = 0$，电容 $C = 1\,\text{F}$，电阻 R 可调，且 $t = 0$ 时开关闭合。求 $u_C(t)$ 及 $i_C(t)$，$t \geqslant 0$。

解 对于一阶直流动态电路瞬态分析可以采用三要素公式，即

$$u_C(t) = u_C(\infty) + [u_C(0_+) - u_C(\infty)]\mathrm{e}^{-\frac{t}{\tau}}$$

又考虑到状态量 $u_C(t)$ 在换路瞬间保证连续的条件，该题中可有

$$u_C(0_+) = u_C(0_-) = 0$$

而在 $t = \infty$ 时，$u_C(\infty) = 1\ \mathrm{V}$。该电路时间常数为

$$\tau = RC = R \times 1\mathrm{F} = R\ (\mathrm{s})$$

由此可得

$$u_C(t) = 1 - \mathrm{e}^{-\frac{t}{R}},\ t \geqslant 0$$

$$i_C(t) = C\frac{\mathrm{d}u_C(t)}{\mathrm{d}t} = \frac{1}{R}\mathrm{e}^{-\frac{t}{R}},\ t \geqslant 0$$

以上结果均为电阻 R 取有限值。

但由于实际电路中电阻 R 是可调的，则随 R 的变化将会导致电路时间常数 τ 及电流 $i_C(t)$ 发生变化。

当取电阻 $R \to 0$ 的理想极限时，则有时间常数 $\tau = RC \to 0$，电容电压瞬间就达到稳定值，而此瞬间 $(t = 0)$ 的电流 $i_C(t) \to \infty$。进一步考虑电流 $i_C(t)$ 的积分值有

$$\int_{-\infty}^{\infty} i_C(t)\mathrm{d}t = \int_{-\infty}^{\infty} C\frac{\mathrm{d}u_C(t)}{\mathrm{d}t}\mathrm{d}t = Cu_C(t)\Big|_{-\infty}^{\infty} = 1$$

上述分析结果表明：该电路在理想极限下，时间常数无穷小，充电电流无穷大，且其积分值为有限值。这一结论恰好满足冲激信号的定义，所以 $i_C(t)$ 是冲激电流。

按以上讨论结果再回到原来 RC 电路上。在理想极限情况下，该电路结构已改变，如图 1-16 所示。由于换路后回路中各元件电压约束关系必满足基尔霍夫电压定律 (KVL)，则换路瞬间电容两端的电压 $u_C(t)$ 将会发生突变。换言之，在换路瞬间，电路中的电流 $i_C(t)$ 不能满足有界条件，因而状态量 $u_C(t)$ 不再满足连续性质。

由此可见，冲激电流是实际电路中充电电流理想化的极限结果。

冲激信号是一个十分重要的信号，具有许多重要的性质和特征，可为信号处理及简化信号运算提供极大方便。下面介绍单位冲激信号的一些重要性质。

(1) **冲激信号的时移** 如果单位冲激信号的冲激时刻在 $t = t_0\ (t_0 > 0)$ 处，则该信号称为时移冲激信号。其表达式为

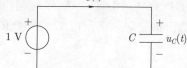

图 1-16 $R \to 0$ 时的 RC 等效电路

$$\delta(t - t_0) = \begin{cases} \infty, & t = t_0 \\ 0, & t \neq t_0 \end{cases} \tag{1-19a}$$

且

$$\int_{-\infty}^{\infty} \delta(t - t_0) \mathrm{d}t = 1 \tag{1-19b}$$

其图像如图 1-17a 所示。

冲激信号既可以沿时间轴右移也可以左移,向左平移的单位冲激
信号如图 1-17b 所示。

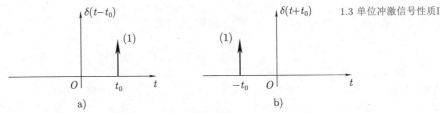

1.3 单位冲激信号性质 I

图 1-17 时移冲激信号

(2) **冲激信号与普通信号相乘** 如果单位冲激信号 $\delta(t)$ 与一个在 $t = 0$ 点连续且处处
有界的信号 $f(t)$ 相乘,其乘积只在 $t = 0$ 处得到 $f(0)\delta(t)$,其余各点的乘积都为零,则有

$$f(t)\delta(t) = f(0)\delta(t) \tag{1-20}$$

式 (1-20) 表明,$\delta(t)$ 与任一信号 $f(t)$ 相乘,其乘积结果是一个强度为 $f(0)$ 的冲激
信号,该冲激信号的冲激时刻不变。

将 (1-20) 式推广可得

$$f(t)\delta(t - t_0) = f(t_0)\delta(t - t_0) \tag{1-21}$$

(3) **冲激信号的抽样性质** 由冲激信号的乘积性质可得

$$\int_{-\infty}^{\infty} f(t)\delta(t)\mathrm{d}t = \int_{-\infty}^{\infty} f(0)\delta(t)\mathrm{d}t = f(0)\int_{-\infty}^{\infty} \delta(t)\mathrm{d}t = f(0) \tag{1-22}$$

式 (1-22) 表明,$\delta(t)$ 与任意信号 $f(t)$ 相乘并在 $(-\infty, \infty)$ 时间内积分,即可以得
到 $f(t)$ 在 $t = 0$ 时刻 (抽样时刻) 的函数值 $f(0)$。同理,若冲激时刻发生在 $t = t_0$,则可
筛选出抽样时刻 $t = t_0$ 处的函数值 $f(t_0)$,即

$$\int_{-\infty}^{\infty} f(t)\delta(t - t_0)\mathrm{d}t = f(t_0) \tag{1-23}$$

式 (1-22) 和式 (1-23) 即表征了冲激信号的抽样性质。

(4) **冲激信号的尺度变换** 根据式 (1-22),考虑积分 $\int_{-\infty}^{\infty} f(t)\delta(at)\mathrm{d}t$。令 $x = at$,则
有

$$a > 0 \text{ 时,} \int_{-\infty}^{\infty} f(t)\delta(at)\mathrm{d}t = \frac{1}{a}\int_{-\infty}^{\infty} f\left(\frac{x}{a}\right)\delta(x)\mathrm{d}x = \frac{1}{a}f(0)$$

$$a < 0 \text{ 时}, \int_{-\infty}^{\infty} f(t)\delta(at)\mathrm{d}t = -\frac{1}{a} \int_{-\infty}^{\infty} f\left(\frac{x}{a}\right)\delta(x)\mathrm{d}x = -\frac{1}{a}f(0)$$

综合以上两种情况，可有

$$\int_{-\infty}^{\infty} f(t)\delta(at)\mathrm{d}t = \frac{1}{|a|}f(0) = \frac{1}{|a|}\int_{-\infty}^{\infty} f(t)\delta(t)\mathrm{d}t$$

由此得到

$$\delta(at) = \frac{1}{|a|}\delta(t) \tag{1-24}$$

式(1-24) 即为冲激信号尺度变换性质。

(5) **冲激信号的奇偶性**　根据冲激信号的尺度变换性质，有

$$\delta(-t) = \frac{1}{|-1|}\delta(t) = \delta(t)$$

即

$$\delta(t) = \delta(-t) \tag{1-25}$$

式(1-25) 表明冲激信号是偶函数。

(6) **冲激信号的导数**　$\delta(t)$ 函数与普通函数不同，定义其一阶导数 $\delta'(t)$ 为单位冲激偶函数，其图像如图 1-18 所示。

单位冲激偶信号具有一个重要的性质，即

$$\int_{-\infty}^{\infty} f(t)\delta'(t)\mathrm{d}t = -f'(0) \tag{1-26}$$

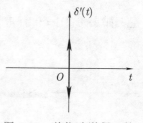

图 1-18　单位冲激偶函数

式中，$f'(0)$ 是 $f(t)$ 的一阶导数在 $t = 0$ 点的取值。这一性质可根据分部积分法得到证明。

可以将式(1-26) 推广到 $\delta(t)$ 的 n 阶导数，只要满足 $f(t)$ 的 n 阶导数在 $t = 0$ 处连续，可有

$$\int_{-\infty}^{\infty} f(t)\delta^{(n)}(t)\mathrm{d}t = (-1)^n f^{(n)}(0) \tag{1-27}$$

单位冲激偶函数 $\delta'(t)$ 是奇函数，即

$$\delta'(t) = -\delta'(-t) \tag{1-28}$$

1.4 单位冲激信号性质 Ⅱ

进一步，$\delta(t)$ 的 n 阶导数的奇偶性质满足

$$\delta^{(n)}(-t) = (-1)^n \delta^{(n)}(t) \tag{1-29}$$

单位冲激偶函数 $\delta'(t)$ 与 t 轴所围的面积值为零，即

$$\int_{-\infty}^{\infty} \delta'(t)\mathrm{d}t = 0 \tag{1-30}$$

同时还可得到

$$f(t)\delta'(t) = f(0)\delta'(t) - f'(0)\delta(t) \tag{1-31}$$

(7) **冲激信号积分** 由式 (1-18) 可得

$$\delta(t) = \frac{\mathrm{d}\varepsilon(t)}{\mathrm{d}t} \tag{1-32}$$

则由微分、积分的互逆运算可有

$$\varepsilon(t) = \int_{-\infty}^{t} \delta(t)\mathrm{d}t \tag{1-33}$$

式 (1-32) 及式 (1-33) 表明单位阶跃信号与单位冲激信号之间满足微分与积分的运算，$\varepsilon(t)$ 与 $\delta(t)$ 间这一关系是使冲激信号得到广泛应用的又一原因。利用式 (1-32) 还可以解决含有间断点的连续信号的微分问题。

(8) **复合函数形式的冲激信号** 在实践中有时会遇到形如 $\delta[\phi(t)]$ 的冲激函数，其中，$\phi(t)$ 是普通函数。设 $\phi(t) = 0$ 有 n 个互不相等的实根 t_i $(i = 1, 2, 3, \cdots, n)$，则有

$$\delta[\phi(t)] = \sum_{i=1}^{n} \frac{1}{|\phi'(t_i)|}\delta(t - t_i) \tag{1-34}$$

如果 $\phi(t) = 0$ 有重根，$\delta[\phi(t)]$ 没有意义。

1.4 信号的基本运算

信号的基本运算形式可以分为以下几种：信号的和与积运算，信号的时移运算，信号的尺度变换运算，信号的反转运算，信号的微分、积分运算。对于确定信号，一般可以分别采用图像法和通过解析形式完成各种运算。

1.5 信号运算

1.4.1 信号的和与积运算

信号的和与积运算分别对应于信号的代数相加与相乘。这类运算较为简单，进行运算时，需将同一瞬间的两个函数值相加 (减) 或相乘。

例 1-3 已知离散信号 $f_1(n)$、$f_2(n)$，其波形如图 1-19 所示，画出 $f_1(n) + f_2(n)$ 及 $f_1(n)f_2(n)$ 的图像。

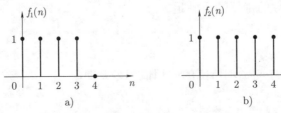

图 1-19 $f_1(n)$ 和 $f_2(n)$ 的波形图

解 $f_1(n) + f_2(n)$ 的波形如图 1-20a 所示，$f_1(n)f_2(n)$ 的波形如图 1-20b 所示。

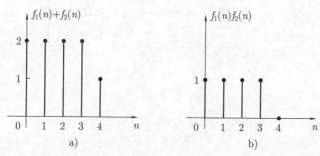

图 1-20 $f_1(n) + f_2(n)$ 和 $f_1(n)f_2(n)$ 的波形图

1.4.2 信号的时移运算

信号的时移运算就是将信号 $f(t)$ 转换为 $f(t + a)$ 的过程，即 $f(t) \to f(t + a)$。信号可以沿时间轴左移或右移。当 $a > 0$ 时，信号波形图左移；当 $a < 0$ 时，信号波形图右移。

例 1-4 画出图 1-21a 所示信号 $f(t)$ 的时移信号 $f(t+1)$ 及 $f(t-1)$ 的波形。

解 根据信号的时移运算，可将原信号 $f(t)$ 左移单位 1 得 $f(t+1)$，如图 1-21b 所示。将原信号 $f(t)$ 右移单位 1 得 $f(t-1)$，如图 1-21c 所示。

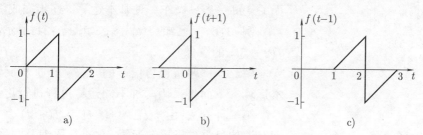

图 1-21 信号 $f(t)$ 及其时移信号的波形图

1.4.3 信号的尺度变换运算

信号的尺度变换运算 (信号压、扩运算) 就是信号由 $f(t)$ 转换成新的信号 $f(at)$ 的过程，即 $f(t) \to f(at)$。其中 a 为压扩系数，a 可以为正也可以为负，但 $a \neq 0$。

若 $a > 1$，则将 $f(t)$ 图像沿时间轴压缩到 $1/a$ 即得到 $f(at)$ 的图像；若 $0 < a < 1$，则将 $f(t)$ 图像沿时间轴扩展到 $1/a$ 倍而得到 $f(at)$ 的图像。

需要注意的是，信号的尺度变换运算是指在时间轴上进行图形的压缩或扩展，而在整个变换过程中信号相应的幅值不变。

例 1-5 画出图 1-22a 所示信号 $f(t)$ 的尺度变换信号 $f(2t)$ 及 $f(0.5t)$。

解 以 $2t$ 代替 $f(t)$ 中变量 t，此时压扩系数 $a = 2$，所得 $f(2t)$ 的图像是将原信号 $f(t)$ 图像沿时间轴 t 压缩到原来的 $1/2$，如图 1-22b 所示。同理，以 $0.5t$ 代替 $f(t)$ 中变量 t，此时压扩系数 $a = 0.5$，则 $f(0.5t)$ 的图像是将原信号 $f(t)$ 图像沿时间轴扩展 2 倍，如图 1-22c 所示。

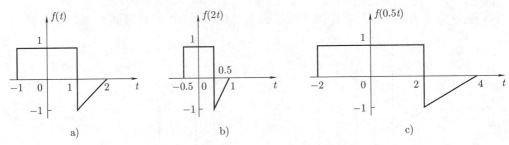

图 1-22 $f(t)$、$f(2t)$ 和 $f(0.5t)$ 的图像

1.4.4 信号的反转运算

信号的反转运算的过程是将 $f(t)$ 转换为 $f(-t)$ 的过程，或者说是信号尺度变换运算 $f(at)$ 中 $a = -1$ 时的特殊情况。其实质就是将原信号 $f(t)$ 图像相对纵轴做反转。图 1-22a 中信号 $f(t)$ 的反转图像 $f(-t)$ 波形如图 1-23 所示。

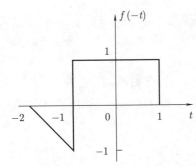

图 1-23   图 1-22a 中信号 $f(t)$ 的反转图像

以上讨论的都是信号的基本运算。实际信号运算一般是各种基本运算的综合，比如将原信号 $f(t)$ 转换为 $f(at\pm b)$ 的过程。信号的这种综合运算包含信号的时移、压扩、反转等运算，综合运算过程与所包含的各种基本运算顺序无关，每一步只操作一种基本运算，逐步完成综合运算。

例 1-6   已知 $f(t)$ 图像如图 1-24 所示，试画出 $f(2-3t)$ 的图像。

解   本例题将包含信号的时移、压扩和反转 3 种基本运算。下面将采用两种不同运算过程进行讨论。

第一种方法：由 $f(t) \rightarrow f(-t) \rightarrow f(-3t) \rightarrow f(2-3t)$，即对原信号先进行反转运算，再进行压缩及右移运算，运算过程如图 1-25a 所示。

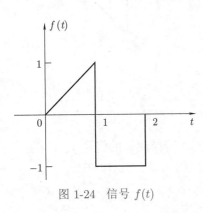

图 1-24   信号 $f(t)$

第二种方法：由 $f(t) \rightarrow f(2+t) \rightarrow f(2-t) \rightarrow f(2-3t)$，即对原信号先进行左移运算再进行反转及压缩运算，运算过程如图 1-25b 所示。

可见，对该信号分别进行两种不同运算顺序的操作过程，并不影响最终结果。

实际上，由信号 $f(at+b)$ 向信号 $f(mt+n)$ 转换，即 $f(at+b) \rightarrow f(mt+n)$，其中，$a$、$b$、$m$、$n$ 均为常数，由于信号变换前 t 时刻的幅值和变换后与之对应的 t' 时刻的幅值相等，即 $f(at+b) = f(mt'+n)$，所以信号变换后与变换前对应坐标有如下关系

$$t' = \frac{1}{m}(at+b-n) \tag{1-35}$$

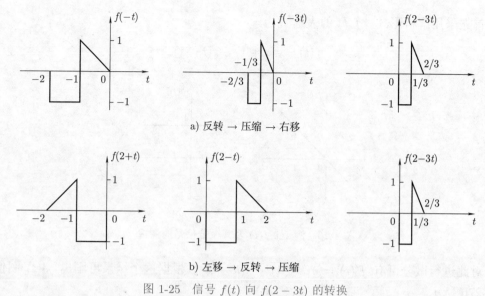

a) 反转 → 压缩 → 右移

b) 左移 → 反转 → 压缩

图 1-25 信号 $f(t)$ 向 $f(2-3t)$ 的转换

读者可依据式 (1-35) 自行验证例 1-6 的结果。

1.4.5 信号的微分、积分运算

1. 信号的微分运算

信号的微分运算包含两种情况,一种是普通连续信号的微分运算,另一种是分段连续信号 (奇异信号) 的微分运算。奇异信号的微分运算涉及信号连续部分的微分运算和跳变点处的微分运算。从单位阶跃信号 $\varepsilon(t)$ 和单位冲激信号 $\delta(t)$ 的关系式 (1-32) 可知,信号在跳变点处的微分对应冲激信号。假设分段连续时间信号 $f(t)$ 在 $t = t_0$ 点存在间断点 (跳变点),则 $f(t)$ 的导数 $f'(t)$ 可表示为

$$f'(t) = \left.\frac{\mathrm{d}f(t)}{\mathrm{d}t}\right|_{t \neq t_0} + [f(t_{0+}) - f(t_{0-})]\delta(t - t_0) \tag{1-36}$$

例 1-7 求图 1-26a 所示信号 $f(t)$ 的微分 $f'(t)$,并画出相应的微分信号图像。

解 该信号是一个连续函数,其表达式为

$$f(t) = t, \ -\infty < t < \infty$$

其一阶导数为

$$f'(t) = 1, \ -\infty < t < \infty$$

微分信号 $f'(t)$ 的图像如图 1-26b 所示。

例 1-8 求图 1-27a 所示信号 $f(t)$ 的微分 $f'(t)$,并画出微分信号的图像。

解 该信号是奇异信号,由三部分组成,一部分是在 $-1 < t < 1$ 区间上的常数 1,另两部分分别是在区间 $-\infty \leqslant t < -1$ 和 $1 < t \leqslant \infty$ 上的常数 0。对此信号进行微分运算就应包含对连续部分微分和间断点微分。其中连续部分微分为零,而间断点处微分将出现冲激信号。下面将用两种方式求解 $f(t)$ 的微分运算。

首先采用解析形式。$f(t)$ 的表达式为

$$f(t) = \varepsilon(t+1) - \varepsilon(t-1)$$

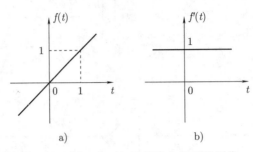

a)   b)

图 1-26   例 1-7 $f(t)$ 及其微分信号的图像

对此进行微分可有 $f'(t) = \delta(t+1) - \delta(t-1)$ 。根据这个结果可画出 $f'(t)$ 图像如图 1-27b 所示。

此外，微分运算也可直接在图像上进行。根据式 (1-36)，在 $t=-1$ 点出现强度为 1 的向上冲激信号；在 $(-1,1)$ 区间内，常数 1 的微分结果是零；在 $t=1$ 点出现强度为 1 的向下冲激信号。结果如图 1-27b 所示。

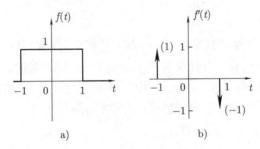

a)   b)

图 1-27   例 1-8 $f(t)$ 及其微分信号的图像

2. 信号的积分运算

与信号的微分运算需注意间断点处的微分相对应，信号的积分运算则必须注意在做分段积分时，前一段积分对后面积分的影响。

例 1-9   已知 $f(t)$ 波形如图 1-28a 所示，求 $f(t)$ 的积分 $f^{(-1)}(t) = \int_{-\infty}^{t} f(\tau)\mathrm{d}\tau$ ，并画出积分信号的图像。

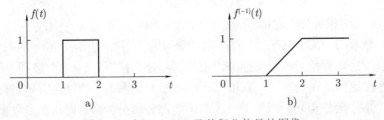

a)   b)

图 1-28   例 1-9 $f(t)$ 及其积分信号的图像

解 首先用阶跃信号及时移阶跃信号表示原信号, 即

$$f(t) = \varepsilon(t-1) - \varepsilon(t-2)$$

上式两侧同时积分, 得

$$
\begin{aligned}
f^{(-1)}(t) &= \int_{-\infty}^{t} f(\tau)\mathrm{d}\tau = \int_{-\infty}^{t} \varepsilon(\tau-1)\mathrm{d}\tau - \int_{-\infty}^{t} \varepsilon(\tau-2)\mathrm{d}\tau \\
&= \left(\int_{1}^{t} 1\mathrm{d}\tau\right)\varepsilon(t-1) - \left(\int_{2}^{t} 1\mathrm{d}\tau\right)\varepsilon(t-2) \\
&= (t-1)\varepsilon(t-1) - (t-2)\varepsilon(t-2) \\
&= (t-1)[\varepsilon(t-1) - \varepsilon(t-2)] + \varepsilon(t-2)
\end{aligned}
$$

其积分图像如图 1-28b 所示。

以上主要讨论了连续时间信号的运算。除了信号的和与积运算外, 关于离散时间信号的其他运算将在第 6 章讨论。

1.5 信号的分解与合成

对于实际信号的分析和处理, 常需将复杂信号向基元函数分解, 然后再合成。按照数学理论, 对信号进行分解可有多种形式, 具体将信号分解为何种形式需根据所讨论问题的实际要求来确定。本节将对几种常用的信号分解形式做简单介绍, 涉及具体信号分解过程将在后续内容所需之处再做详细讨论。

1. 将任意信号分解为偶分量与奇分量

设 $f_e(t)$ 表示信号 $f(t)$ 的偶分量, $f_o(t)$ 表示信号 $f(t)$ 的奇分量, 则有

$$f(t) = f_e(t) + f_o(t) \tag{1-37}$$

其中, $f_e(t)$ 为偶函数, $f_o(t)$ 为奇函数, 两者与 $f(t)$ 的关系式分别为

$$f_e(t) = \frac{1}{2}[f(t) + f(-t)] \tag{1-38}$$

$$f_o(t) = \frac{1}{2}[f(t) - f(-t)] \tag{1-39}$$

例 1-10 已知信号 $f(t)$ 波形如图 1-29a 所示, 画出 $f_e(t)$ 及 $f_o(t)$ 波形图。

解 由式 (1-38) 及式 (1-39) 可知, 要想求出 $f_e(t)$ 及 $f_o(t)$, 必须先求出信号 $f(t)$ 的反转信号 $f(-t)$, 如图 1-29b 所示, 进一步做 $f(t)$ 与 $f(-t)$ 代数相加的运算, 即可得 $f_e(t)$ 和 $f_o(t)$。如图 1-29c、d 所示。

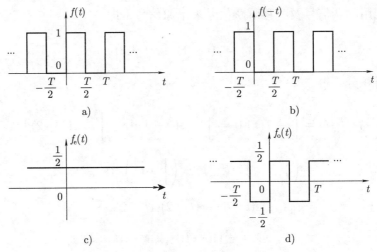

图 1-29 信号 $f(t)$ 分解为 $f_e(t)$ 和 $f_o(t)$

2. 将任意信号分解为无穷多加权冲激信号

为了方便信号与系统的时域分析，一般采用将任意连续时间信号表示为无穷多高度为 $f(k\Delta\tau)$ (k 为整数) 的窄脉冲之和的形式。当这些窄脉冲的脉冲宽度 $\Delta\tau \to 0$ 时，这些窄脉冲即演变为冲激信号。因而，可以将 $f(t)$ 表示为

$$f(t) = \lim_{\Delta\tau \to 0} \sum_{k=-\infty}^{\infty} f(k\Delta\tau)\delta(t-k\Delta\tau)\Delta\tau = \int_{-\infty}^{\infty} f(\tau)\delta(t-\tau)\mathrm{d}\tau \tag{1-40}$$

这种将任意连续时间信号分解为无穷多加权冲激信号的具体过程将在第 2 章中讨论。

3. 将任意信号分解为实分量与虚分量

根据所讨论问题的需要，常常对信号进行实、虚分量的分解。例如，讨论连续及离散时间信号的频谱时，常利用该分解形式。

设 $f_r(t)$ 表示信号 $f(t)$ 的实部，$f_i(t)$ 表示信号 $f(t)$ 的虚部，可有

$$f(t) = f_r(t) + \mathrm{j}f_i(t) \tag{1-41}$$

式中，j 为虚数单位。

4. 将任意信号分解为正交函数分量

依据数学理论，任意信号可以向正交函数分解。

定义在 (t_1, t_2) 区间的两函数 $\varphi_1(t)$、$\varphi_2(t)$ 满足

$$\int_{t_1}^{t_2} \varphi_1(t)\varphi_2(t)\mathrm{d}t = 0 \tag{1-42}$$

则称 $\varphi_1(t)$ 与 $\varphi_2(t)$ 是正交的。

若 n 个函数 $\varphi_1(t), \varphi_2(t), \cdots, \varphi_n(t)$ 构成一个函数集,当这些函数在区间 (t_1, t_2) 内满足

$$\int_{t_1}^{t_2} \varphi_i(t)\varphi_j(t)\mathrm{d}t = \begin{cases} 0, & i \neq j \\ K_i \neq 0, & i = j \end{cases} \tag{1-43}$$

式中, K_i 为常数, 则称此函数集在 (t_1, t_2) 区间为正交函数集。在 (t_1, t_2) 区间内相互正交的 n 个函数构成正交信号空间。

若在正交函数集 $\{\varphi_1(t),\ \varphi_2(t), \cdots,\ \varphi_n(t)\}$ 之外,不存在函数 $\varphi(t)\left(0 < \int_{t_1}^{t_2} \varphi^2(t)\mathrm{d}t < \infty\right)$ 满足

$$\int_{t_1}^{t_2} \varphi(t)\varphi_i(t)\mathrm{d}t = 0, \quad i = 1, 2, \cdots, n \tag{1-44}$$

此函数集称为完备的正交函数集。

对于复函数, 正交则指复函数集 $\{\varphi_i(t)\}$ $(i = 1, 2, \cdots, n)$ 在区间 (t_1, t_2) 内满足

$$\int_{t_1}^{t_2} \varphi_i(t)\varphi_j^*(t)\mathrm{d}t = \begin{cases} 0, & i \neq j \\ K_i \neq 0, & i = j \end{cases} \tag{1-45}$$

则称此复函数集为正交函数集。

容易证明,三角函数集 $\{1,\ \sin(n\omega_1 t),\ \cos(n\omega_1 t)\}$ $(n = 1, 2, \cdots)$ 和复指数函数集 $\{\mathrm{e}^{jn\omega_1 t}\}$ $(n = 0, \pm1, \pm2, \cdots)$ 在 $(t_0, t_0 + T)$ 内是完备的正交函数集, 其中 $T = 2\pi/\omega_1$ 。

将任意信号 $f(t)$ 向正交函数集分解, 即用正交函数线性组合表示 $f(t)$, 则

$$f(t) \approx \sum_{i=1}^{n} C_i \varphi_i(t) \tag{1-46}$$

其中, 系数 C_i 可由

$$C_i = \frac{\int_{t_1}^{t_2} f(t)\varphi_i(t)\mathrm{d}t}{\int_{t_1}^{t_2} \varphi_i^2(t)\mathrm{d}t} = \frac{1}{K_i} \int_{t_1}^{t_2} f(t)\varphi_i(t)\mathrm{d}t \tag{1-47}$$

求得。

若 $f(t)$ 向正交复函数集分解, 则系数 C_i 由

$$C_i = \frac{\int_{t_1}^{t_2} f(t)\varphi_i^*(t)\mathrm{d}t}{\int_{t_1}^{t_2} \varphi_i(t)\varphi_i^*(t)\mathrm{d}t} = \frac{1}{K_i} \int_{t_1}^{t_2} f(t)\varphi_i^*(t)\mathrm{d}t \tag{1-48}$$

求得。

比如，满足狄利克雷 (Dirichlet) 条件的周期信号可表示为三角函数集合的形式，也可表示为复指数函数集合的形式。

三角函数集合形式为

$$f(t) = A_0 + \sum_{n=1}^{\infty} A_n \cos(n\omega_1 t + \varphi_n)$$

复指数函数集合形式为

$$f(t) = \sum_{n=-\infty}^{\infty} \dot{F}(n\omega_1) \mathrm{e}^{jn\omega_1 t}$$

这种信号的分解形式将在第 3 章中做详细讨论。

1.6   系统及其描述方式

1.6.1   系统

所谓系统，是指由相互关联、相互制约的若干部分组成的具有某种特定功能的一个整体。从数学层面而言，系统是将输入和输出联系起来的、对应某种物理过程的数学模型，即完成从实际输入到输出转换的模型。例如，常见的"四 C"系统即通信系统、控制系统、计算机系统、指挥系统。

1.6 系统的基本概念

系统可以用简单的框图来表示，如图 1-30 所示。图中，$f(t)$ 表示系统输入信号，$y(t)$ 表示系统输出信号。整个系统的作用就是完成从输入 $f(t)$ 到输出 $y(t)$ 的转换。

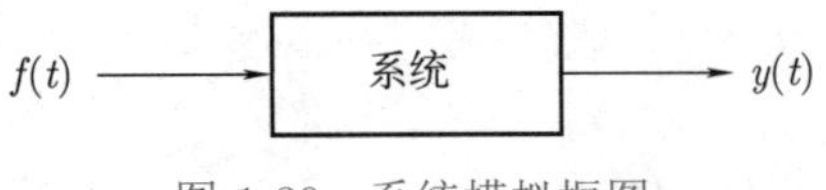

用 **T** 表示某系统能够实现特定功能的算符，这个算符"作用"到输入信号 $f(t)$ 上，得到输出信号 $y(t)$。图 1-30 所示系统框图的数学模型即为

$$y(t) = \mathbf{T}[f(t)] \tag{1-49}$$

$f(t) \longrightarrow$ 系统 $\longrightarrow y(t)$

图 1-30   系统模拟框图

1.6.2   系统的描述方式

系统的描述方式一般有两种，一种方式是直接用数学模型来描述，另一种方式是采用框图来模拟具有某种特定功能的系统。本节主要讨论连续时间系统 (系统的分类方式详见 1.7 节) 的数学模型和模拟框图的描述方式，对于离散时间系统的描述将在第 6 章进行介绍。

1. 系统微分方程

例 1-11 RC 电路如图 1-31 所示。设 $u_\mathrm{s}(t)$ 为激励信号，$u_C(t)$ 为响应信号。列出以 $u_C(t)$ 为输出量的系统方程。

解 首先考虑电路的整体约束关系,由基尔霍夫电压定律 (KVL) 可知

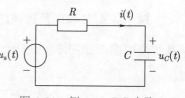

图 1-31 例 1-11 RC 电路

$$u_{\mathrm{s}}(t) = u_R(t) + u_C(t)$$

再根据电容和电阻元件伏安关系 (VAR),有

$$i(t) = C\frac{\mathrm{d}u_C(t)}{\mathrm{d}t}$$

$$u_R(t) = Ri(t) = RC\frac{\mathrm{d}u_C(t)}{\mathrm{d}t}$$

将电阻电压表达式代入 KVL 方程中,可有

$$RC\frac{\mathrm{d}u_C(t)}{\mathrm{d}t} + u_C(t) = u_{\mathrm{s}}(t) \tag{1-50}$$

式 (1-50) 即为描述该电路系统的微分方程,它表征了 RC 电路系统将输入 $u_{\mathrm{s}}(t)$ 向输出 $u_C(t)$ 转换的数学模型。结合电路的初始条件,通过求解该微分方程即可获得系统的响应 $u_C(t)$。

2. 系统模拟

下面介绍用来模拟连续时间系统所需要的几种常用基本运算单元。

1) 加法器:加法器模拟框图如图 1-32a 所示,其功能是实现若干信号相加。

2) 乘法器:乘法器模拟框图如图 1-32b 所示,用来实现两信号相乘。

3) 数乘器:数乘器又称为标量乘法器,一般有两种表示法,模拟框图如图 1-32c 所示,其功能是实现标量相乘运算,可以用来描述系统的放大作用。

4) 积分器:积分器模拟框图如图 1-32d 所示,它用来实现对输入信号的积分运算。

5) 延时器:延时器模拟框图如图 1-32e 所示,其功能是实现将 t 时刻信号存储起来,而输出 t 时刻之前 T 时刻的信号。

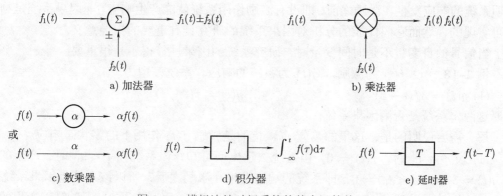

图 1-32 模拟连续时间系统的基本运算单元

例 1-12 画出图 1-31 所示 RC 电路的模拟框图。

解 将式 (1-50) 两边同时积分可得 $u_C(t) = \dfrac{1}{RC}\displaystyle\int_{-\infty}^{t}[u_s(t) - u_C(t)]\mathrm{d}t$，从而画出该系统模拟框图如图 1-33 所示。

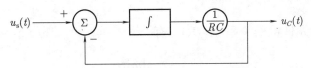

图 1-33　图 1-31 所示 RC 一阶电路模拟框图

1.7　系统的分类

系统的分类错综复杂，从不同的角度可以把系统分为不同的类型，这里主要根据系统数学模型的差异来划分不同的类型。

1. 因果系统与非因果系统

1.7 系统性质判定

若系统的激励与响应是一种因果关系，即激励是产生响应的原因，响应便是激励引起的结果，则说明系统在任意时刻的响应只取决于该时刻及该时刻之前激励作用的结果。换言之，响应不会出现在激励进入系统之前，这样的系统称为因果系统。设 $f(t)$ 表示激励，$y_{zs}(t)$ 表示激励作用于系统产生的零状态响应，对任意时刻 t_0，如果

$$f(t) = 0, \quad t < t_0$$

若其零状态响应满足

$$y_{zs}(t) = 0, \quad t < t_0 \tag{1-51}$$

就称该系统为因果系统，否则称其为非因果系统。非因果系统表示这种因果关系不成立，说明系统的响应发生在激励之前，即没有激励作用系统就能产生响应。非因果系统是物理不可实现的，然而它们性能的分析对因果系统的研究具有重要的指导意义。

当信号的自变量不是时间变量时，研究系统的因果性显得不是很重要。

例 1-13 设 $f(t)$ 为激励，$y(t)$ 为系统的响应。系统模型为

(1) $y(t) = 3f(t - 3)$　　　　　　(2) $y(t) = f(2 - t)$

判断这两个系统是否为因果系统。

解 需要说明的是，这里的响应 $y(t)$ 指的是激励 $f(t)$ 作用下的零状态响应。

(1) 设 $t < t_0$ 时，$f(t) = 0$，由系统数学模型可知，该系统在 $t < t_0$ 时，产生的响应 $y(t) = 3f(t - 3 < t_0) = 0$，即系统的响应发生在激励之后，所以该系统是因果系统。

(2) 设 $t < 0$ 时，$f(t) = 0$，由系统数学模型可知，该系统在 $t < 0$ 时，产生的响应 $y(t) = f(2 - t > 0) \neq 0$，这说明激励还未作用于系统，响应就已经出现，所以该系统为非因果系统。

2. 连续时间系统与离散时间系统

连续时间系统 (简称连续系统) 是指输入和输出都是连续时间函数，且其内部也未转换为离散时间信号，即能够完成将一种连续时间信号转换成另一种连续时间信号的数学模型，如模拟通信系统。描述连续时间系统的数学模型是微分方程。

离散时间系统 (简称离散系统) 是指输入和输出都是离散时间信号，即将一种离散时间信号转换成另一种离散时间信号的数学模型，如数字计算机系统。描述离散时间系统的数学模型是差分方程。实际上，离散时间系统经常与连续时间系统组合运用，这种情况称为混合系统。

3. 即时系统与动态系统

若系统响应信号只取决于同时刻的激励信号，而与它过去的工作状态 (历史) 无关，则称为即时系统或无记忆系统，如仅由电阻元件所组成的系统。描述即时系统的数学模型一般是代数方程 (组)。

若系统响应信号不仅取决于同时刻的激励信号，而且与激励信号的过去工作状态 (历史) 有关，则称为动态系统或记忆系统，如含有电容、电感或磁心等元件的系统。描述动态系统数学模型是微分方程或差分方程。

4. 时变系统与非时变系统

时变系统是指系统参数随时间变化的系统，也可称为参变系统。例如，由可变电容组成的电路系统就是时变系统，描述这种系统的数学模型应是变系数微分方程或变系数差分方程。

非时变系统是指系统参数不随时间变化的系统，也称时不变系统或定常系统。描述这种系统数学模型是常系数微分方程或常系数差分方程。

对于非时变连续时间系统，若激励是 $f(t)$，经系统产生的响应是 $y(t)$，即

$$y(t) = \mathbf{T}[f(t)]$$

则

$$y(t - \tau) = \mathbf{T}[f(t - \tau)] \tag{1-52}$$

这表明，$f(t - \tau)$ 引起的响应为 $y(t - \tau)$，也就是当激励延迟一段时间 τ，响应也同样延迟 τ，但波形不变。

对于非时变系统，其输入与输出信号之间所满足关系可由图 1-34 所示。

需要注意的是，讨论系统是否非时变时，响应指的是仅由激励决定的零状态响应，换言之，非时变系统的零状态响应模式与激励进入系统的时间无关。

5. 集总参数系统与分布参数系统

只由集总参数元件组成的系统称为集总参数系统，如集总电路。描述集总参数系统的数学模型一般为常微分方程。含有分布参数元件的系统称为分布参数系统，如传输线、波导、室内的温度等。分布参数系统的独立变量不仅是时间，还要考虑到空间位置，因而描述分布参数系统的数学模型是偏微分方程。

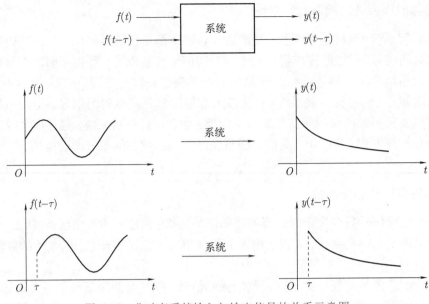

图 1-34 非时变系统输入与输出信号的关系示意图

6. 可逆系统与不可逆系统

若系统在不同的激励作用下产生不同的响应，则称为可逆系统，否则为不可逆系统。如由方程 $y(t) = f^2(t)$ 描述的系统，是不可逆系统，因为 $\pm f(t)$ 均产生相同的响应。

7. 稳定系统与不稳定系统

系统稳定性是指对有界的激励 $f(t)$，系统的响应 $y(t)$ 也是有界的，称为有界输入-有界输出 (bounded input bounded output，BIBO) 稳定，简称为稳定。确切地讲，对于稳定系统，若

$$|f(t)| < \infty$$

则有

$$|y(t)| < \infty \tag{1-53}$$

若响应和激励之间不满足稳定系统条件，则为不稳定系统。对于不稳定系统，一个小的激励就会使系统的响应发散。例如，由 $y(t) = \int_0^t f(t)\mathrm{d}t$ 描述的系统是不稳定系统，因为很小的常量激励就可产生无穷大的响应。

8. 线性系统与非线性系统

线性系统是指系统模型应具有齐次性、可叠加性、可分解性这 3 个性质。

(1) 齐次性　设激励信号为 $f(t)$，经系统产生的响应为 $y(t)$，则当激励信号扩大或缩小时，其响应也随之扩大或缩小相应倍数，即

若

$$f(t) \xrightarrow{\mathbf{T}} y(t)$$

则

$$\alpha f(t) \xrightarrow{\mathbf{T}} \alpha y(t) \tag{1-54}$$

算符 $\mathbf{T}$ 表示系统对输入信号进行某种转换。

(2) 可叠加性 设激励信号 $f_1(t)$ 作用于线性系统，产生的响应为 $y_1(t)$；激励信号 $f_2(t)$ 作用于同一系统，产生的响应为 $y_2(t)$。当两个激励各自扩大 α 倍和 β 倍时，所产生的响应为各激励单独作用于系统时产生的响应做相同的线性叠加，即

若

$$f_1(t) \xrightarrow{\mathbf{T}} y_1(t), \quad f_2(t) \xrightarrow{\mathbf{T}} y_2(t)$$

则

$$\alpha f_1(t) + \beta f_2(t) \xrightarrow{\mathbf{T}} y(t) = \alpha y_1(t) + \beta y_2(t) \tag{1-55}$$

式 (1-55) 表示了线性系统必须同时满足齐次性和叠加性。需要明确的是，此处讨论的响应一般指仅由激励引起的零状态响应。

(3) 可分解性 对于线性系统而言，完全响应都可分解为两部分：一部分为由外界激励作用引起的零状态响应，另一部分为由特殊激励 (初始状态) 引起的零输入响应，即

$$y(t) = y_{\mathrm{zs}}(t) + y_{\mathrm{zi}}(t) \tag{1-56}$$

若考虑线性系统的完全响应，在满足可分解性的基础上，零状态响应 $y_{\mathrm{zs}}(t)$ 和零输入响应 $y_{\mathrm{zi}}(t)$ 须各自满足齐次性和可叠加性。具体地，对于线性系统，多激励 $\{f_k(t)\}$ 引起的零状态响应满足

若

$$f_k(t) \xrightarrow{\mathbf{T}} y_{\mathrm{zs}k}(t)$$

则

$$\sum_k \alpha_k f_k(t) \xrightarrow{\mathbf{T}} y_{\mathrm{zs}}(t) = \sum_k \alpha_k y_{\mathrm{zs}k}(t) \tag{1-57}$$

而对于线性系统，由多初始状态 $\{x_l(0)\}$ 引起的零输入响应 (初始状态可看成是一种特殊的激励) 满足

若

$$x_l(0) \xrightarrow{\mathbf{T}'} y_{\mathrm{zi}l}(t)$$

则

$$\sum_l \beta_l x_l(0) \xrightarrow{\mathbf{T}'} y_{\mathrm{zi}}(t) = \sum_l \beta_l y_{\mathrm{zi}l}(t) \tag{1-58}$$

以上表述中算符 $\mathbf{T}$ 和 $\mathbf{T}'$ 是为了区别外施激励和作为特殊激励的初始状态对同一系统的作用机理可能不同，α_k 和 β_l 均为常数。因此，线性系统的完全响应可表示为

$$y(t) = y_{\mathrm{zs}}(t) + y_{\mathrm{zi}}(t) = \sum_k \alpha_k y_{\mathrm{zs}k}(t) + \sum_l \beta_l y_{\mathrm{zi}l}(t) \tag{1-59}$$

非线性系统则不满足以上 3 个性质。

对于线性非时变 (LTI) 系统，一般还满足微分和积分特性。仍以 $f(t)$ 代表激励，$y(t)$ 代表响应，对于 LTI 系统的微分特性，可表述为

若

$$f(t) \xrightarrow{\text{LTI}} y(t)$$

则

1.8 LTI 系统分析

$$\frac{\mathrm{d}f(t)}{\mathrm{d}t} \xrightarrow{\text{LTI}} \frac{\mathrm{d}y(t)}{\mathrm{d}t} \tag{1-60}$$

这表明，当 LTI 系统的输入由原激励信号改为其导数时，输出也由原响应函数变成其导数。此结论可扩展至高阶导数情况。

对于 LTI 系统的积分特性，表述如下：

若

$$f(t) \xrightarrow{\text{LTI}} y(t)$$

则

$$\int_0^t f(t)\mathrm{d}t \xrightarrow{\text{LTI}} \int_0^t y(t)\mathrm{d}t \tag{1-61}$$

以上关于各系统特性的数学描述，主要针对系统的时间变量为连续变量 t 而讨论的。对于离散时间变量系统，相应的数学描述依然成立，只需把对应的连续时间变量 t 换成离散时间变量 n。

例 1-14　判断下列系统是否为线性非时变系统。

(1) $y(t) = \cos[f(t)]$　　　　　　　　　(2) $y(n) = nf(n)$

解　(1) 设输入信号分别为 $f_1(t)$ 和 $f_2(t)$，相应的输出为 $y_1(t)$ 和 $y_2(t)$，则

$$y_1(t) = \mathbf{T}[f_1(t)] = \cos[f_1(t)], \qquad y_2(t) = \mathbf{T}[f_2(t)] = \cos[f_2(t)]$$

当输入为 $\alpha f_1(t) + \beta f_2(t)$ 时，相应的输出为

$$y(t) = \mathbf{T}[\alpha f_1(t) + \beta f_2(t)] = \cos[\alpha f_1(t) + \beta f_2(t)] \neq \alpha \cos[f_1(t)] + \beta \cos[f_2(t)]$$

即 $y(t) \neq \alpha y_1(t) + \beta y_2(t)$，故该系统为非线性系统。

又设输入 $f_1(t) = f(t-\tau)$，则相应输出为 $y_1(t) = \cos[f_1(t)] = \cos[f(t-\tau)] = y(t-\tau)$，故该系统为非时变系统。

(2) 同理，根据线性系统性质可判断系统 $y(n) = nf(n)$ 为线性系统。

下面分析系统是否为非时变系统。设输入信号为 $f_1(n) = f(n-n_0)$，则输出 $y_1(n) = nf_1(n) = nf(n-n_0) \neq y(n-n_0)$。因为对于非时变系统，应满足 $y(n-n_0) = (n-n_0)f(n-n_0)$，故该系统为时变系统。

习　题　1

1-1 试画出下列各信号波形图。

(1) $\varepsilon(t_0 - t),\ t_0 > 0$

(2) $\varepsilon(t_0 - 2t) - \varepsilon(-t_0 + 2t),\ t_0 > 0$

(3) $t\varepsilon(t)$

(4) $\dfrac{|t|}{2}[\varepsilon(t + 2) - \varepsilon(t - 2)]$

(5) $(t - 1)\varepsilon(t)$

(6) $(1 - t)[\varepsilon(t) - \varepsilon(t - 1)]$

1-2 试画出下列各信号波形图。

(1) $\mathrm{e}^{-(t-2)}\varepsilon(t - 3)$

(2) $\mathrm{e}^{-(t-1)}\varepsilon(-t)$

(3) $\mathrm{e}^{-t}\varepsilon(t) - \mathrm{e}^{t}\varepsilon(-t)$

(4) $\mathrm{e}^{-t}\varepsilon(1 - t)$

1-3 试画出下列各信号波形图。

(1) $(2 + 3\mathrm{e}^{-2t})\varepsilon(t)$

(2) $\varepsilon(\sin t)$

(3) $\sin(\pi t)\varepsilon(t)$

(4) $\sin\left(\dfrac{\pi t}{2}\right)[\varepsilon(t) - \varepsilon(t - 1)]$

(5) $2t\mathrm{e}^{-t}\varepsilon(t)$

(6) $\mathrm{e}^{-t}\cos(\pi t)\varepsilon(t)$

1-4 写出图 1-35 所示各信号的函数表达式。

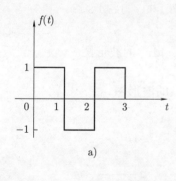 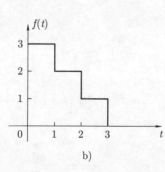 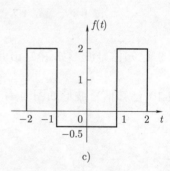

图 1-35　习题 1-4 图

1-5 写出图 1-36 所示信号的函数表达式。

1-6 已知信号 $f(t)$ 波形如图 1-37 所示，画出下列各信号波形图。

(1) $f(t - 2)\varepsilon(t)$

(2) $f(t - 1)\varepsilon(t - 2)$

(3) $f(2 - t)$

(4) $f(1 - t)\varepsilon(t)$

(5) $f(2 - 2t)$

(6) $f(2t + 1)\varepsilon(-t)$

(7) $f(t)[\delta(t) - \delta(t - 1)]$

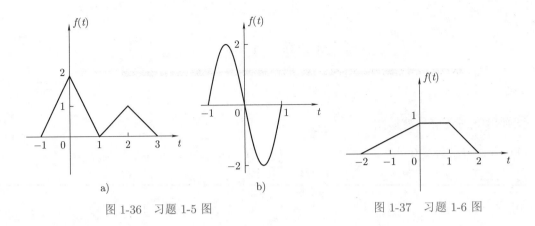

图 1-36　习题 1-5 图　　　　　　　　　图 1-37　习题 1-6 图

1-7 已知信号波形如图 1-38 所示，画出 $f(t)$ 波形图。

1-8 已知信号波形如图 1-39 所示，画出 $f(t)$、$\dfrac{\mathrm{d}f(t)}{\mathrm{d}t}$、$\dfrac{\mathrm{d}^2 f(t)}{\mathrm{d}t^2}$ 的波形图。

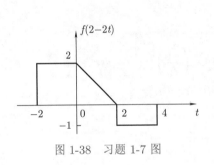

图 1-38　习题 1-7 图

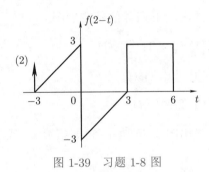

图 1-39　习题 1-8 图

1-9 已知信号波形如图 1-40 所示，画出 $f^{(-1)}(t) = \displaystyle\int_{-\infty}^{t} f(\tau)\mathrm{d}\tau$ 的波形图。

1-10 已知信号波形如图 1-41 所示，画出 $\dfrac{\mathrm{d}}{\mathrm{d}t}\left[f\left(1 - \dfrac{t}{2}\right) \right]$ 的波形图。

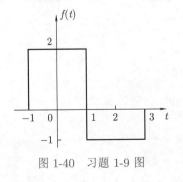

图 1-40　习题 1-9 图

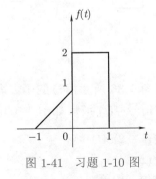

图 1-41　习题 1-10 图

1-11 已知各信号波形如图 1-42 所示，写出各信号一阶、二阶导数的表达式，并画出各
　　 信号一阶、二阶导数波形图。

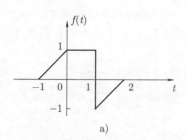
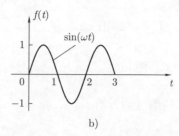

图 1-42 习题 1-11 图

1-12 已知信号波形如图 1-43 所示，试画出 $y(t) = f(t) - f(1-t)$ 的波形图。

1-13 已知信号波形如图 1-44 所示，画出 $y(t) = f(t) + f(2t)$ 和 $y(t) = f(t) - f\left(\dfrac{t}{2}\right)$ 的波形图。

1-14 已知信号波形如图 1-45 所示，试画出 $f_1(t) = f(t)f\left(1 - \dfrac{t}{2}\right)$ 及 $f_2(t) = f'(t)f(t)$ 的波形图。

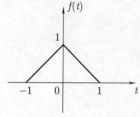

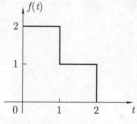
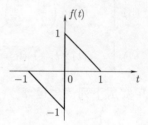

图 1-43 习题 1-12 图   图 1-44 习题 1-13 图   图 1-45 习题 1-14 图

1-15 已知信号 $f_1(t)$ 及 $f_2(t)$ 的波形如图 1-46 所示，求

(1) $f_1(t)f_2(t)$ (2) $f_1(-t)f_2(1-t)$

(3) $f_1(2t)f_2\left(1 + \dfrac{t}{2}\right)$ (4) $f_1(t)f_2(-1-t)$

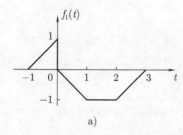
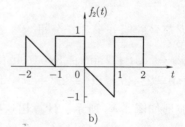

图 1-46 习题 1-15 图

1-16 完成下列积分运算。

(1) $\displaystyle\int_{-\infty}^{\infty} (t^3 - 2t^2 - 1)\delta(1 - 2t)\mathrm{d}t$ (2) $\displaystyle\int_{-\infty}^{\infty} \cos\left(3t - \dfrac{\pi}{4}\right)\delta(t)\mathrm{d}t$

(3) $\displaystyle\int_{-\infty}^{\infty} \mathrm{e}^{-(t-2)}\delta(t-1)\mathrm{d}t$ (4) $\displaystyle\int_{-\infty}^{\infty} \mathrm{e}^{-\mathrm{j}t}\left[\delta\left(t + \dfrac{\pi}{2}\right) - \delta\left(t - \dfrac{\pi}{2}\right)\right]\mathrm{d}t$

(5) $\displaystyle\int_{-\infty}^{\infty} \varepsilon(-t+2)\delta(t)\mathrm{d}t$ 　　　(6) $\displaystyle\int_{-\infty}^{\infty} \sin\left(2t+\frac{\pi}{2}\right)\delta(t+\pi)\mathrm{d}t$

(7) $\displaystyle\int_{-\infty}^{t} \mathrm{e}^{-t}\delta(t)\mathrm{d}t$ 　　　　(8) $\displaystyle\int_{-\infty}^{10} \delta(t)\frac{\sin 3t}{t}\mathrm{d}t$

1-17 完成下列信号的计算。

(1) $(3t^2+2)\delta\left(\dfrac{t}{2}\right)$ 　　　　(2) $\mathrm{e}^{-3t}\delta(5-2t)$

(3) $\sin\left(2t+\dfrac{\pi}{3}\right)\delta\left(t+\dfrac{\pi}{2}\right)$ 　　(4) $\mathrm{e}^{-(t-2)}\varepsilon(t)\delta(t-3)$

1-18 信号 $f(t)$ 波形如图 1-47 所示，完成下列信号运算。

(1) $f(t)\delta(t+4)$

(2) $f(t)\delta(3-2t)$

(3) $\displaystyle\int_{-\infty}^{\infty} f(t)\delta\left(\dfrac{1}{2}+\dfrac{t}{2}\right)\mathrm{d}t$

(4) $\displaystyle\int_{-1}^{1+} f(t)\delta(t-1)\mathrm{d}t$

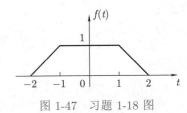

图 1-47　习题 1-18 图

1-19 完成下列信号运算。

(1) $\dfrac{\mathrm{d}^2}{\mathrm{d}t^2}[(\cos 2t+\sin t)\varepsilon(t)]$ 　　(2) $(1-t^2)\dfrac{\mathrm{d}}{\mathrm{d}t}[\mathrm{e}^{-t}\delta(t)]$

(3) $\displaystyle\int_{-\infty}^{\infty} \cos\left(\dfrac{\pi}{4}t\right)[\delta'(t)-\delta(t)]\mathrm{d}t$ 　(4) $\displaystyle\int_{-\infty}^{\infty} (2-t^2)\delta'(t)\mathrm{d}t$

(5) $\displaystyle\int_{-\infty}^{\infty} (t^3-3t^2+1)\delta'(t-3)\mathrm{d}t$ 　(6) $\displaystyle\int_{-\infty}^{\infty} \sin(\pi t)\delta(-1-2t)\mathrm{d}t$

(7) $\displaystyle\int_{-1}^{1} \delta(t^2-25)\mathrm{d}t$

1-20 求下列信号的偶分量和奇分量。

(1) $f(t)=\cos t+2\sin t+3\cos t\sin t$ 　　(2) $f(t)=\mathrm{e}^{-t}+\cos t$

(3) $f(t)=2+2t+2t^2+2t^3+2t^4$ 　　　(4) $f(t)=(1+t^3)\sin^3(\pi t)$

1-21 信号波形如图 1-48 所示，计算出这些信号的偶分量和奇分量，并画出对应的波形图。

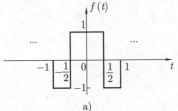

a)

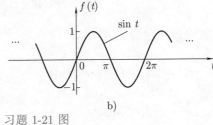

b)

图 1-48　习题 1-21 图

1-22 判断下列信号中哪些信号是能量信号，其能量值为多少？哪些是功率信号，它的平均功率是多少？

(1) $\dfrac{1}{2}\cos 3t$ (2) $2\mathrm{e}^{-\mathrm{j}\left(3t+\frac{\pi}{6}\right)}$

(3) $\mathrm{e}^{-2t}\sin(\omega_0 t)\varepsilon(t)$ (4) $(2t+1)\varepsilon(t)$

(5) $4\cos(\pi t)[\varepsilon(t+1)-\varepsilon(t-1)]$ (6) $\varepsilon(t-2)-\varepsilon(t-3)$

(7) $\dfrac{1}{1+t}\varepsilon(t)$

1-23 设系统方程如下，其中 $f(t)$ 表示系统输入，$y(t)$ 表示系统输出。判断下列系统是否为线性、非时变系统。

(1) $y(t)=\alpha f(t)+f(t^2)$ (2) $y(t)=2f(t)+3$

(3) $y(t)=f(t-t_0)$ (4) $y(t)=f(-t)$

(5) $y(t)=f^2(t)$ (6) $y(t)=f\left(\dfrac{t}{3}\right)$

(7) $y(t)=f(t)\cos(3t)$

1-24 某系统输入、输出关系如下，试问该系统是否为线性、非时变系统。

$$\begin{bmatrix} y_1(t) \\ y_2(t) \end{bmatrix}=\begin{bmatrix} 2 & 5 & 2 \\ 3 & 0 & t \end{bmatrix}\begin{bmatrix} f_1(t) \\ f_2(t) \\ f_3(t) \end{bmatrix}$$

1-25 设系统微分方程如下，其中 $f(t)$、$y(t)$ 分别为系统的输入和输出，判断下列系统是否为线性、非时变系统。

(1) $\dfrac{\mathrm{d}^2 y(t)}{\mathrm{d}t^2}+y(t)=2\dfrac{\mathrm{d}^2 f(t)}{\mathrm{d}t^2}+3f(t)$

(2) $\left[\dfrac{\mathrm{d}y(t)}{\mathrm{d}t}\right]^2+y(t)=3f(t)+2\left[\dfrac{\mathrm{d}f(t)}{\mathrm{d}t}\right]^2$

(3) $\dfrac{\mathrm{d}^2 y(t)}{\mathrm{d}t^2}+y(t)\dfrac{\mathrm{d}y(t)}{\mathrm{d}t}-y(t)=\displaystyle\int_{-\infty}^{t} f(\tau)\mathrm{d}\tau$

(4) $y(t)=\dfrac{\mathrm{d}}{\mathrm{d}t}[\mathrm{e}^{-2t}f(t)]$

(5) $\dfrac{\mathrm{d}^2 y(t)}{\mathrm{d}t^2}+\sin t\dfrac{\mathrm{d}y(t)}{\mathrm{d}t}+y^2(t)=f(t)$

1-26 判断下列系统是否为线性系统，其中 $f(t)$ 为激励信号，$x(0)$ 为初始状态，$y(t)$ 为响应。

(1) $y(t)=x(0)f(t)+\displaystyle\int_{-\infty}^{t} f(\tau)\mathrm{d}\tau$ (2) $y(t)=x(0)+f(\sin t)$

(3) $y(t)=\mathrm{e}^{-x(0)t}+\displaystyle\int_{0}^{t} f(\tau)\mathrm{d}\tau$ (4) $y(t)=\alpha x(0)+\beta\displaystyle\int_{0}^{t} f(\tau)\mathrm{d}\tau$

(5) $y(t)=x^2(0)+\beta f^2(t)$

1-27 判断下列系统是否为线性的、非时变的、因果的、稳定的。其中，a 和 A 均为常数。

(1) $y(t) = f(t-3)$　　　　　　　　(2) $y(t) = f(-t)$

(3) $y(t) = f\left(1 - \dfrac{t}{3}\right)$　　　　　(4) $y(t) = a^{f(t)}$

(5) $y(t) = f(t-1)f(t-2)$　　　　(6) $y(t) = f(t-1) + f(t-5)$

(7) $y(t) = tf(1-t)$　　　　　　　(8) $y(t) = A|f(t)|$

1-28 已知一 LTI 系统，当输入信号为 $f_1(t)$ 时，其输出信号为 $y_1(t)$，对应的波形分别如图 1-49a、b 所示。

(1) 当输入信号为 $f_2(t)$ 时，其波形如图 1-49c 所示，求对应的输出 $y_2(t)$，并画出其波形图；

(2) 当输入信号为 $f_3(t)$ 时，其波形如图 1-49d 所示，求对应的输出 $y_3(t)$，并画出其波形图。

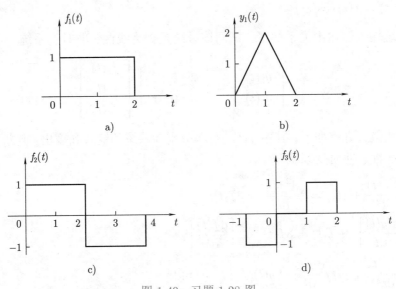

图 1-49　习题 1-28 图

1-29 求出图 1-50 所示模拟框图所描述的系统的微分方程。

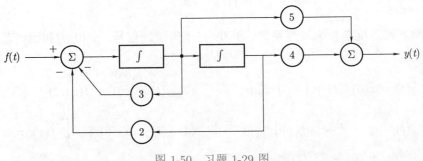

图 1-50　习题 1-29 图

1-30 画出下列系统方程所对应的系统模拟框图。

(1) $\dfrac{\mathrm{d}^2 y(t)}{\mathrm{d}t^2} + 2\dfrac{\mathrm{d}y(t)}{\mathrm{d}t} + y(t) = \dfrac{\mathrm{d}f(t)}{\mathrm{d}t} + 3f(t)$

(2) $\dfrac{\mathrm{d}^2 y(t)}{\mathrm{d}t^2} + 5\dfrac{\mathrm{d}y(t)}{\mathrm{d}t} + 6y(t) = f(t) - f(t-T)$

教师导航

信号和系统，这些抽象的概念可能令初学者费解。读者在学习本章内容时，应首先接受信号及系统的所有基本概念，并与周围较为熟悉的实际的电信号及电路进行比较，以便加深理解，从而顺利进入本门课程后续内容的学习。

本章的重点内容如下：

1) 信号的概念、分类和分解与合成。

2) 常用单元信号的描述。

3) 信号的基本运算。

4) 单位冲激信号的定义和性质。

5) 系统的定义和描述。

6) 线性、非时变、因果、稳定系统的特性。

第 2 章 连续时间信号与系统的时域分析

本章将在时间域下分析连续时间信号与系统。连续时间系统的时域分析一般可以采用输入-输出法，即在给定外界激励和系统初始状态的情况下通过求解系统的微分方程来获得系统的响应。此外，在时域下也可以采用状态变量法求解系统的响应，这种分析方法将在第 8 章进行讨论。

本章首先采用输入-输出法，基于求解常微分方程来解决 LTI 连续系统的时域响应。在此基础上进一步讨论系统的单位冲激响应，并借助于卷积积分解决 LTI 连续系统的零状态响应。单位冲激响应和卷积积分的引入，将使 LTI 连续系统的时域分析更加明晰和简捷，这些概念所表达的物理意义更加清晰，因而在系统理论中具有重要的作用。

2.1　LTI 连续系统的数学模型及其解

2.1.1　LTI 连续系统数学模型的建立

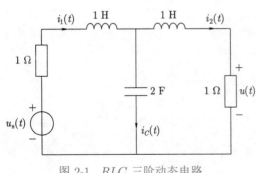

图 2-1　*RLC* 三阶动态电路

系统的概念是广义的，这里主要以电路系统为例来建立系统的数学模型，以明确系统输入和输出的关系的描述方式。图 2-1 所示的电路是一个 *RLC* 三阶动态电路。描述该电路系统的数学模型应该是三阶常微分方程，系统方程可通过电路理论的基尔霍夫电压和电流定律 (KVL、KCL) 及元件的伏安关系 (VAR) 来建立。

设该电路的激励为 $u_s(t)$，若以 $u(t)$ 为响应变量，建立系统微分方程的过程如下：

由 KCL 得

$$i_1(t) = i_2(t) + i_C(t) \tag{2-1}$$

由 KVL 得

$$Ri_1(t) + L\frac{\mathrm{d}i_1(t)}{\mathrm{d}t} + u_C(t) = u_s(t) \tag{2-2}$$

$$u_C(t) = L\frac{\mathrm{d}i_2(t)}{\mathrm{d}t} + u(t) \tag{2-3}$$

又由 VAR 得

$$u(t) = Ri_2(t) \tag{2-4}$$

$$i_C(t) = C\frac{\mathrm{d}u_C(t)}{\mathrm{d}t} \tag{2-5}$$

将式(2-1)∼ 式(2-5) 联立，可得以 $u(t)$ 为输出的系统微分方程为

$$\frac{\mathrm{d}^3u(t)}{\mathrm{d}t^3} + 2\frac{\mathrm{d}^2u(t)}{\mathrm{d}t^2} + 2\frac{\mathrm{d}u(t)}{\mathrm{d}t} + u(t) = \frac{1}{2}u_s(t) \tag{2-6}$$

式(2-6) 即为该电路系统的数学模型。可见，该电路系统的输入-输出关系是由一个三阶常系数线性非齐次微分方程所描述的。

例 2-1　　列出与图 2-2 所示系统模拟框图相对应的微分方程。

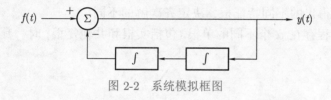

图 2-2　系统模拟框图

2.1 系统建模及其解

解　　由图 2-2 所示系统模拟框图可知，该系统含有两个积分器和一个加法器。在加法器处可得该系统的输入-输出关系为

$$y(t) = f(t) - \int_{-\infty}^{t}\mathrm{d}t\int_{-\infty}^{t}y(t)\mathrm{d}t$$

对上述方程求二阶导数，可得描述该系统的微分方程为

$$\frac{\mathrm{d}^2y(t)}{\mathrm{d}t^2} + y(t) = \frac{\mathrm{d}^2f(t)}{\mathrm{d}t^2}$$

一般而言，描述动态系统的方程都是微分方程。为不失一般性，设描述某连续时间系统的数学模型是 n 阶微分方程，即

$$a_ny^{(n)}(t) + a_{n-1}y^{(n-1)}(t) + \cdots + a_1y'(t) + a_0y(t)$$

$$= b_mf^{(m)}(t) + b_{m-1}f^{(m-1)}(t) + \cdots + b_1f'(t) + b_0f(t) \tag{2-7}$$

式中，$f(t)$ 为任意激励信号；$f^{(m)}(t)$ 为激励信号的 m 阶导数；$y(t)$ 为系统的响应；$y^{(n)}(t)$ 为响应的 n 阶导数。结合系统的初始状态，求解系统的微分方程即可以得到系统的时域响应。

2.1.2 微分方程的经典解

由微分方程理论可知, 常系数线性非齐次微分方程的完全解应为齐次解 (即齐次微分方程的通解) 与特解之和, 即

$$y(t) = y_{\mathrm{h}}(t) + y_{\mathrm{p}}(t) \tag{2-8}$$

式中, $y_{\mathrm{h}}(t)$ 为微分方程的齐次解; $y_{\mathrm{p}}(t)$ 为微分方程的特解。

1. 齐次解

齐次解就是齐次微分方程

$$a_n y_{\mathrm{h}}^{(n)}(t) + a_{n-1} y_{\mathrm{h}}^{(n-1)}(t) + \cdots + a_1 y_{\mathrm{h}}'(t) + a_0 y_{\mathrm{h}}(t) = 0 \tag{2-9}$$

的通解。根据微分方程理论, 对于式 (2-9) 应先求解特征方程。

设其特征根为 λ, 相应的特征方程为

$$a_n \lambda^n + a_{n-1} \lambda^{n-1} + \cdots + a_1 \lambda + a_0 = 0 \tag{2-10}$$

根据式 (2-10) 所得出的不同特征根, 决定齐次解的不同。

1) 当特征方程存在 n 个不同的单根 (包括实根和共轭复根) 时, 其解为

$$y_{\mathrm{h}}(t) = \sum_{i=1}^{n} C_i \mathrm{e}^{\lambda_i t} \tag{2-11}$$

式中, C_i 为待定常数, 由系统初始条件确定。

2) 当 λ_0 是特征方程的 r 重根且其余 $n-r$ 个根为单根时, 齐次解形式为

$$y_{\mathrm{h}}(t) = \sum_{i=1}^{r} C_i t^{r-i} \mathrm{e}^{\lambda_0 t} + \sum_{j=r+1}^{n} C_j \mathrm{e}^{\lambda_j t} \tag{2-12}$$

其中, C_i $(i = 1, 2, \cdots, r)$、C_j $(j = r+1, r+2, \cdots, n)$ 均为待定常数, 仍由系统初始条件确定。

例 2-2 已知微分方程为

$$y'''(t) - y''(t) + y'(t) - y(t) = f(t)$$

求其齐次解 $y_{\mathrm{h}}(t)$ 的形式。

解 该方程为常系数非齐次微分方程。首先将方程变为齐次微分方程

$$y_{\mathrm{h}}'''(t) - y_{\mathrm{h}}''(t) + y_{\mathrm{h}}'(t) - y_{\mathrm{h}}(t) = 0$$

其特征方程为 $\lambda^3 - \lambda^2 + \lambda - 1 = 0$, 可得特征根 $\lambda_1 = 1$, $\lambda_2 = \mathrm{j}$, $\lambda_3 = -\mathrm{j}$。这是 3 个不同单根 (包含一个实根, 两个共轭复根)。由式 (2-11) 可得齐次解为

$$y_{\mathrm{h}}(t) = C_1 \mathrm{e}^t + C_2 \mathrm{e}^{\mathrm{j}t} + C_3 \mathrm{e}^{-\mathrm{j}t} \tag{2-13}$$

根据欧拉公式又可将该解表示为

$$y_{\mathrm{h}}(t) = A_1\mathrm{e}^t + A_2\cos t + A_3\sin t \tag{2-14}$$

式(2-13) 及式 (2-14) 中各项前面的系数均为待定常数，由系统初始条件确定。

例 2-3　求解微分方程

$$y''(t) + 4y'(t) + 4y(t) = f(t)$$

的齐次解 $y_{\mathrm{h}}(t)$，已知 $y_{\mathrm{h}}(0) = 1$，$y_{\mathrm{h}}'(0) = 1$。

解　该方程的特征方程为 $\lambda^2 + 4\lambda + 4 = 0$，特征根为二重根 $\lambda_1 = \lambda_2 = -2$。由式 (2-12) 可得该方程齐次解为

$$y_{\mathrm{h}}(t) = C_1 t\mathrm{e}^{-2t} + C_2\mathrm{e}^{-2t} \tag{2-15}$$

其一阶导数为

$$y_{\mathrm{h}}'(t) = C_1\mathrm{e}^{-2t} - 2C_1 t\mathrm{e}^{-2t} - 2C_2\mathrm{e}^{-2t}$$

将给定的初始条件代入 $y_{\mathrm{h}}(t)$ 及 $y_{\mathrm{h}}'(t)$ 表达式中，可得待定常数 $C_1 = 3$，$C_2 = 1$。将两系数代入式 (2-15) 中，可得齐次解为

$$y_{\mathrm{h}}(t) = 3t\mathrm{e}^{-2t} + \mathrm{e}^{-2t}$$

2. 特解

微分方程的特解形式依赖于外界激励信号 $f(t)$ 的函数形式。表 2-1 列出了几种典型激励信号所对应的特解形式。

表 2-1　不同激励信号所对应的特解形式

激励 $f(t)$	特解 $y_{\mathrm{p}}(t)$	
t^m	$c_m t^m + c_{m-1}t^{m-1} + \cdots + c_1 t + c_0$	0 不是特征根
	$t^r(c_m t^m + c_{m-1}t^{m-1} + \cdots + c_1 t + c_0)$	0 是 r 重特征根
$\mathrm{e}^{\alpha t}$	$K\mathrm{e}^{\alpha t}$	α 不是特征根
	$(K_1 t + K_0)\mathrm{e}^{\alpha t}$	α 是单特征根
	$(K_r t^r + K_{r-1}t^{r-1} + \cdots + K_1 t + K_0)\mathrm{e}^{\alpha t}$	α 是 r 重特征根
$\cos(\beta t)$ 或 $\sin(\beta t)$	$B\cos(\beta t) + C\sin(\beta t)$ 或 $A\cos(\beta t + \theta)$	$\pm\mathrm{j}\beta$ 不是特征根

这里需要明确一点，表中特解的待定常数与齐次解中待定常数的确定过程是不同的。特解中的待定常数应由系统方程的自身来确定。

例 2-4　已知系统微分方程为

$$y''(t) + 3y'(t) + 2y(t) = f'(t) + 2f(t)$$

激励信号 $f(t) = t^2$，$t \geqslant 0$，且 $y(0) = 2$，$y'(0) = 1$，求其特解及完全解。

解 先求特解。设 $y_p(t)$ 表示系统方程的特解。由于 $\lambda = 0$ 不是特征根，经查表 2-1 可知

$$y_p(t) = C_2 t^2 + C_1 t + C_0 \tag{2-16}$$

式中，C_0、C_1、C_2 为待定常数。对 $y_p(t)$ 依次求导，有

$$y_p'(t) = 2C_2 t + C_1$$

$$y_p''(t) = 2C_2$$

将 $y_p(t)$、$y_p'(t)$、$y_p''(t)$ 及 $f(t)$ 代入系统方程中，得 $C_0 = 2$，$C_1 = -2$，$C_2 = 1$。将所得系数代入式 (2-16) 中，可得特解为

$$y_p(t) = t^2 - 2t + 2 \tag{2-17}$$

再求齐次解。系统方程对应的齐次微分方程为

$$y_h''(t) + 3y_h'(t) + 2y_h(t) = 0$$

相应的特征方程为 $\lambda^2 + 3\lambda + 2 = 0$，解得特征根为 $\lambda_1 = -1$，$\lambda_2 = -2$，则齐次解为

$$y_h(t) = C_3 e^{-t} + C_4 e^{-2t} \tag{2-18}$$

结合式 (2-17)，完全解可表示为

$$y(t) = y_h(t) + y_p(t) = C_3 e^{-t} + C_4 e^{-2t} + t^2 - 2t + 2 \tag{2-19}$$

对完全解求一阶导数，得

$$y'(t) = -C_3 e^{-t} - 2C_4 e^{-2t} + 2t - 2$$

将已知的初始条件代入 $y(t)$ 及 $y'(t)$ 的表达式中，可得待定常数 $C_3 = 3$，$C_4 = -3$，代入式 (2-19) 中，最终可确定该系统完全解为

$$y(t) = 3e^{-t} - 3e^{-2t} + t^2 - 2t + 2, \quad t \geqslant 0 \tag{2-20}$$

例 2-5 已知系统方程为

$$y''(t) + 2y'(t) + 5y(t) = f(t)$$

激励信号 $f(t) = 2\cos t$, $t \geqslant 0$，且 $y(0) = 1$，$y'(0) = \dfrac{1}{5}$，求系统的全响应。

解 写出系统方程对应的齐次微分方程为

$$y_h''(t) + 2y_h'(t) + 5y_h(t) = 0$$

对应的特征方程为 $\lambda^2 + 2\lambda + 5 = 0$，特征根为 $\lambda_1 = -1 + 2j$，$\lambda_2 = -1 - 2j$。故齐次解为

$$y_h(t) = C_1 e^{(-1+2j)t} + C_2 e^{(-1-2j)t} \tag{2-21}$$

由于 $\pm$j 不是特征根，令特解为

$$y_{\mathrm{p}}(t) = B_1 \cos t + B_2 \sin t \tag{2-22}$$

对 $y_{\mathrm{p}}(t)$ 依次求导，有

$$y_{\mathrm{p}}'(t) = -B_1 \sin t + B_2 \cos t$$

$$y_{\mathrm{p}}''(t) = -B_1 \cos t - B_2 \sin t$$

将 $y_{\mathrm{p}}(t)$、$y_{\mathrm{p}}'(t)$、$y_{\mathrm{p}}''(t)$ 及 $f(t)$ 代入题中给定的系统方程中，可得待定常数 $B_1 = \dfrac{2}{5}$，$B_2 = \dfrac{1}{5}$。将所得系数代入特解式 (2-22) 中，可得特解为

$$y_{\mathrm{p}}(t) = \frac{2}{5} \cos t + \frac{1}{5} \sin t \tag{2-23}$$

结合式 (2-21)，系统的全响应可表示为

$$y(t) = y_{\mathrm{h}}(t) + y_{\mathrm{p}}(t)$$

$$= C_1 \mathrm{e}^{(-1+2\mathrm{j})t} + C_2 \mathrm{e}^{(-1-2\mathrm{j})t} + \frac{2}{5} \cos t + \frac{1}{5} \sin t \tag{2-24}$$

求其一阶导数，可得

$$y'(t) = (-1+2\mathrm{j})C_1 \mathrm{e}^{(-1+2\mathrm{j})t} + (-1-2\mathrm{j})C_2 \mathrm{e}^{(-1-2\mathrm{j})t} - \frac{2}{5} \sin t + \frac{1}{5} \cos t \tag{2-25}$$

将已知初始条件代入式 (2-24) 及式 (2-25) 中，可得其待定常数 $C_1 = \dfrac{3}{10} - \dfrac{3}{20}\mathrm{j}$，$C_2 = \dfrac{3}{10} + \dfrac{3}{20}\mathrm{j}$。将 C_1 和 C_2 代入式 (2-24) 中，得系统全响应

$$y(t) = \underbrace{\left(\frac{3}{10} - \frac{3}{20}\mathrm{j}\right) \mathrm{e}^{(-1+2\mathrm{j})t} + \left(\frac{3}{10} + \frac{3}{20}\mathrm{j}\right) \mathrm{e}^{(-1-2\mathrm{j})t}}_{\substack{\text{自由响应 (齐次解)} \\ \text{暂态响应}}} + \underbrace{\frac{2}{5} \cos t + \frac{1}{5} \sin t}_{\substack{\text{强迫响应 (特解)} \\ \text{稳态响应}}}$$

$$= \underbrace{\frac{3}{5} \mathrm{e}^{-t} \cos(2t) + \frac{3}{10} \mathrm{e}^{-t} \sin(2t)}_{\substack{\text{自由响应 (齐次解)} \\ \text{暂态响应}}} + \underbrace{\frac{2}{5} \cos t + \frac{1}{5} \sin t}_{\substack{\text{强迫响应 (特解)} \\ \text{稳态响应}}} \tag{2-26}$$

通常把系统方程的特征根称为系统的固有频率。式(2-26) 所表达的完全响应中的齐次解称为自由响应，也可称为固有响应，其形式是由系统的固有频率所决定的，与外界激励无关。但从以上求解过程中可以注意到，齐次解的系数是与激励有关的。把完全响应中的特解称为强迫响应，其形式是由外界激励信号所决定的。式(2-26) 中自由响应随着 t 的增大逐渐消失，称为瞬态响应或暂态响应。当 $t \to \infty$ 时，随着暂态响应的消失，系统的响应只剩强迫响应分量，并且为稳定的信号 (呈现等幅振荡)，称之为稳态响应。可见，LTI 连续系统的完全响应可以分解为自由 (固有) 响应和强迫响应；而对于稳定的 LTI 连续系统，完全响应还可以分解为瞬态 (暂态) 响应和稳态响应。

2.1.3 零输入响应与零状态响应

上述关于系统的分析是从数学角度用经典解微分方程的方法求解系统的全响应。对于这种分析方法，只要已知系统方程和对应的初始条件，就可以求得全响应。然而，根据所讨论问题的需要，对于 LTI 连续系统全响应的分析也可以考虑零输入响应与零状态响应叠加的形式。这种求解系统响应的方法更便于分析系统的物理过程。

LTI 连续系统的零输入响应与系统状态密切相关，所以系统状态的分析是连续时间系统时域分析非常重要的环节。下面仅以电路系统为例来讨论系统的状态分析问题。

动态系统具有储能和记忆特性，这些特性可通过系统中一组状态变量来描述。换言之，系统的状态变量 $X(t)$ 必然与系统的储能密切相关。在动态电路系统中，状态变量即为电容的电压 $u_C(t)$ 和电感的电流 $i_L(t)$。

设 $t = t_0$ 为激励 $f(t)$ 作用于系统的起始时刻。这里为便于讨论，可将激励作用前的 $X(t_{0_-})$ 称为系统的原始状态，以区别激励作用后的初始状态 $X(t_{0_+})$。系统在 t_{0_-} 时刻的响应 $y(t_{0_-})$ 及其各阶导数 (可称为响应量的原始值) 应由原始状态 $X(t_{0_-})$ 来确定。而系统在 $t = t_{0_+}$ 瞬间的响应 $y(t_{0_+})$ 及其各阶导数不仅与初始状态 $X(t_{0_+})$ 有关，同时还与外界激励 $f(t_{0_+})$ 有关。通常称 $y(t_{0_+})$ 及其各阶导数 $y^{(i)}(t_{0_+})$ $(i = 1, 2, \cdots, n)$ 为响应量的初始值。

在求解描述 LTI 连续系统的微分方程时，待定常数需要通过响应量的初始值来确定，这就要求首先必须明确系统的初始状态 $X(t_{0_+})$。

一般而言，系统的状态变量在激励 $f(t)$ 进入系统前后瞬间，即从 $t = t_{0_-}$ 向 $t = t_{0_+}$ 转换的瞬间，将会发生两种情况：

其一，在 $t = t_0$ 时，系统在外界激励作用下，若流过电容元件的电流有界，电容储能不跃变，则状态变量 $u_C(t)$ 在电路转换瞬间连续，即

$$u_C(t_{0_+}) = u_C(t_{0_-}) \tag{2-27}$$

若电感元件两端的电压 $u_L(t)$ 有界，电感储能不跃变，则状态变量 $i_L(t)$ 在电路转换瞬间连续，即

$$i_L(t_{0_+}) = i_L(t_{0_-}) \tag{2-28}$$

其二，在 $t = t_0$ 时，若系统在外界激励作用下，流过电容元件的电流为冲激电流，或电感元件两端电压为冲激电压，此时动态元件的储能发生跃变，从而导致系统在从 $t = t_{0_-}$ 向 $t = t_{0_+}$ 转换的瞬间状态变量不再连续，即

$$X(t_{0_+}) \neq X(t_{0_-}) \tag{2-29}$$

对于电容元件，因电荷守恒，则有

$$\sum_k C_k u_{C_k}(t_{0_+}) = \sum_k C_k u_{C_k}(t_{0_-}) \tag{2-30}$$

而对于电感元件，因磁链守恒，则有

$$\sum_k L_k i_{L_k}(t_{0_+}) = \sum_k L_k i_{L_k}(t_{0_-}) \tag{2-31}$$

这种情况下，激励作用前后电路系统结构和动态元件数目一般会发生变化，需结合式 (2-30) 或式 (2-31) 以及电路的具体结构，方能基于电路系统的原始状态 $X(t_{0_-})$ 确定出系统的初始状态 $X(t_{0_+})$。

基于上面讨论的两种情况，在分析系统的初始状态时应注意从 $t = t_{0_-}$ 向 $t = t_{0_+}$ 的转换 (激励作用于系统前后) 瞬间状态变量是否跳变。对于 LTI 连续系统，在确定初始状态后，方可进一步确定响应量的初始值。

由以上分析可以看出，LTI 连续系统的全响应可看成两部分响应之和，即零输入响应与零状态响应的叠加。零输入响应是指当外界激励 $f(t) = 0$ 时，系统靠动态元件的初始储能所维持的响应。而零状态响应是指当动态元件的初始储能为零时，系统靠外界激励 $f(t)$ (在电路系统中就是电压源或电流源) 来维持的响应。显然，无论是零输入响应还是零状态响应，都需靠能量 (电源) 来维持。因此，不妨将零输入响应看成是系统内部特殊"电源"作用下的响应，即将初始状态 $X(t_{0_+})$ 等效成理想电压源或理想电流源。系统的全响应则是外部激励 $f(t)$ 及内部"特殊"电源 $X(t_{0_+})$ 共同作用的结果。

2.1.4 系统全响应求解实例

例 2-6 电路如图 2-3 所示，已知 $L = 2\,\mathrm{H}, C = \dfrac{1}{4}\,\mathrm{F}, R_1 = 1\,\Omega, R_2 = 5\,\Omega, i_s(t) = \varepsilon(t)\,\mathrm{A}$, $u_C(0_-) = 3\,\mathrm{V}$, $i_L(0_-) = 1\,\mathrm{A}$, 求 $i_L(t)$, $t \geqslant 0$。

解 根据电路整体约束 KVL 和 KCL 以及元件 VAR 约束关系，由 KCL 得

$$i_s(t) = i_L(t) + i_C(t)$$

由 KVL 得

$$u_L(t) + R_2 i_L(t) - R_1 i_C(t) - u_C(t) = 0$$

由 VAR 得

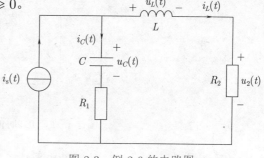

图 2-3 例 2-6 的电路图

$$u_L(t) = L\frac{\mathrm{d}i_L(t)}{\mathrm{d}t}, \quad u_C(t) = \frac{1}{C}\int_{-\infty}^{t} i_C(t)\mathrm{d}t$$

于是，以电感电流 $i_L(t)$ 为输出的系统方程为

$$\frac{\mathrm{d}^2 i_L(t)}{\mathrm{d}t^2} + 3\frac{\mathrm{d}i_L(t)}{\mathrm{d}t} + 2i_L(t) = \frac{1}{2}\frac{\mathrm{d}i_s(t)}{\mathrm{d}t} + 2i_s(t), \ t \geqslant 0 \tag{2-32}$$

考虑用零输入响应与零状态响应叠加的方法来求解系统的全响应。

首先求解零输入响应。设 $i_{Lzi}(t)$ 表示该电路的零输入响应。将式 (2-32) 变为齐次微分方程

$$\frac{\mathrm{d}^2 i_{Lzi}(t)}{\mathrm{d}t^2} + 3\frac{\mathrm{d}i_{Lzi}(t)}{\mathrm{d}t} + 2i_{Lzi}(t) = 0 \tag{2-33}$$

其特征方程为 $\lambda^2 + 3\lambda + 2 = 0$，解得特征根 $\lambda_1 = -1$, $\lambda_2 = -2$。则零输入响应的齐次解为

$$i_{Lzi}(t) = C_1 \mathrm{e}^{-t} + C_2 \mathrm{e}^{-2t}, \ t \geqslant 0 \tag{2-34}$$

对式 (2-34) 求导，得

$$i'_{Lzi}(t) = -C_1 e^{-t} - 2C_2 e^{-2t}, \ t \geqslant 0 \tag{2-35}$$

其中，待定常数 C_1、C_2 应由 $i_{Lzi}(0_+)$ 及 $i'_{Lzi}(0_+)$ 来确定。由于状态量 $i_L(t)$ 在 $t = 0$ 的换路前后瞬间保持连续，因而有

$$i_{Lzi}(0_+) = i_{Lzi}(0_-) = i_L(0_-) = 1 \text{ A}$$

由电感元件的 VAR 可知，当 $t = 0_+$ 时，可有

$$u_{Lzi}(0_+) = L \frac{\mathrm{d}i_{Lzi}(t)}{\mathrm{d}t} \bigg|_{t=0_+}$$

因而可得

$$i'_{Lzi}(0_+) = \frac{\mathrm{d}i_{Lzi}(t)}{\mathrm{d}t} \bigg|_{t=0_+} = \frac{u_{Lzi}(0_+)}{L} \tag{2-36}$$

式(2-36)中的 $u_{Lzi}(0_+)$ 可借助于 $t = 0_+$ 时的等效电路求得。该电路在零输入情况下 $t = 0_+$ 时刻的等效电路如图 2-4所示。

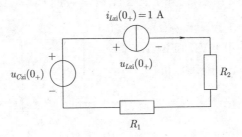

图 2-4　$t = 0_+$ 时的零输入等效电路

在图 2-4 所示的 $t = 0_+$ 的等效电路中，状态量 $u_C(t)$ 及 $i_L(t)$ 在 $t = 0$ 换路瞬间连续，因此在电容及电感元件处分别用电压源 $u_{Czi}(0_+)$ 及电流源 $i_{Lzi}(0_+)$ 来等效其作用结果，其中 $u_{Czi}(0_+) = u_{Czi}(0_-) = 3 \text{ V}$。但必须注意，作为非状态量 $u_L(t)$ 在 $t = 0$ 的换路瞬间可以发生跃变。其初始值 $u_{Lzi}(0_+)$ 为

2.2 线性微分方程的应用

$$u_{Lzi}(0_+) = u_{Czi}(0_+) - i_{Lzi}(0_+)(R_1 + R_2) = -3 \text{ V}$$

将 $u_{Lzi}(0_+) = -3\text{V}$ 代入式(2-36) 中，可得

$$i'_{Lzi}(0_+) = \frac{u_{Lzi}(0_+)}{L} = -\frac{3}{2} \text{ A/s}$$

将 $i_{Lzi}(0_+) = 1\text{A}$ 和 $i'_{Lzi}(0_+) = -\dfrac{3}{2}\text{A/s}$ 代入式 (2-34) 及式(2-35) 中，可得待定常数为 $C_1 = C_2 = \dfrac{1}{2}$。将系数代入式 (2-34) 中可得该电路的零输入响应为

$$i_{Lzi}(t) = \frac{1}{2}e^{-t} + \frac{1}{2}e^{-2t}, \ t \geqslant 0 \tag{2-37}$$

实际上，零输入响应在 $t < 0$ (激励进入系统之前) 已经存在，在 $t = 0_-$ 时的等效电路与图 2-4 所示的 $t = 0_+$ 时的等效电路是完全相同的，因而，零输入响应中的待定系数也可以用原始值 $i_{Lzi}(0_-)$ 和 $i'_{Lzi}(0_-)$ 来确定。

进一步求解零状态响应。此时系统方程为非齐次微分方程，即

$$\frac{\mathrm{d}^2 i_{Lzs}(t)}{\mathrm{d}t^2} + 3\frac{\mathrm{d}i_{Lzs}(t)}{\mathrm{d}t} + 2i_{Lzs}(t) = \frac{1}{2}\frac{\mathrm{d}i_s(t)}{\mathrm{d}t} + 2i_s(t),\ t \geqslant 0 \tag{2-38}$$

当 $t \geqslant 0$ 时，$i_s(t) = 1$，$i'_s(t) = 0$，则系统微分方程变为

$$\frac{\mathrm{d}^2 i_{Lzs}(t)}{\mathrm{d}t^2} + 3\frac{\mathrm{d}i_{Lzs}(t)}{\mathrm{d}t} + 2i_{Lzs}(t) = 2 \tag{2-39}$$

设方程式 (2-39) 的齐次解为

$$i_{Lzsh}(t) = A_1 \mathrm{e}^{-t} + A_2 \mathrm{e}^{-2t} \tag{2-40}$$

式中，A_1、A_2 为待定常数，由零状态情况下的初始值来确定。

由于 $t = 0$ 不是特征根，设方程式 (2-39) 的特解为

$$i_{Lzsp}(t) = K \tag{2-41}$$

式中，K 为待定常数。有

$$i'_{Lzsp}(t) = 0, \quad i''_{Lzsp}(t) = 0$$

将特解及其各阶导数代入式 (2-39) 中，可确定待定常数 $K = 1$。由此可得该系统零状态响应的完全解为

$$i_{Lzs}(t) = A_1 \mathrm{e}^{-t} + A_2 \mathrm{e}^{-2t} + 1 \tag{2-42}$$

其一阶导数为

$$i'_{Lzs}(t) = -A_1 \mathrm{e}^{-t} - 2A_2 \mathrm{e}^{-2t} \tag{2-43}$$

下面确定零状态响应的初始值。由于系统在 $t = 0_+$ 时为零状态，故系统在 $t = 0_+$ 的等效电路模型如图 2-5 所示。其中

$$u_{Czs}(0_+) = 0\ \mathrm{V},\ i_{Lzs}(0_+) = 0\ \mathrm{A}$$

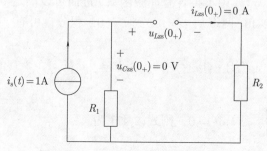

图 2-5 $t = 0_+$ 时的零状态等效电路

根据图 2-5 的电路模型，由 KVL 可得

$$u_{Lzs}(0_+) = 1 \text{ V}$$

又由电感元件的 VAR 可有

$$i'_{Lzs}(0_+) = \frac{u_{Lzs}(0_+)}{L} = \frac{1}{2} \text{ A/s}$$

将 $i_{Lzs}(0_+) = 0\text{A}$ 和 $i'_{Lzs}(0_+) = \frac{1}{2}\text{A/s}$ 代入式(2-42) 及式(2-43) 中，可得待定系数 $A_1 = -\frac{3}{2}$，$A_2 = \frac{1}{2}$。将两系数代入式(2-42) 中，可得零状态响应的形式为

$$i_{Lzs}(t) = -\frac{3}{2}e^{-t} + \frac{1}{2}e^{-2t} + 1, \ t \geqslant 0 \tag{2-44}$$

最后，由线性系统的叠加性可得该系统在 $t \geqslant 0$ 时的全响应为

$$i_L(t) = i_{Lzi}(t) + i_{Lzs}(t)$$

$$= \underbrace{\frac{1}{2}e^{-t} + \frac{1}{2}e^{-2t}}_{\text{零输入响应}} \underbrace{-\frac{3}{2}e^{-t} + \frac{1}{2}e^{-2t} + 1}_{\text{零状态响应}}$$

$$= \underbrace{e^{-2t} - e^{-t}}_{\substack{\text{自由响应} \\ \text{暂态响应}}} \underbrace{+1}_{\substack{\text{强迫响应} \\ \text{稳态响应}}} \tag{2-45}$$

例 2-7   已知系统微分方程为

$$y''(t) - 4y'(t) + 3y(t) = f'(t) + 3f(t)$$

且 $f(t) = \varepsilon(t)$，$y(0_-) = -1$，$y'(0_-) = 2$，求 $y(0_+)$ 和 $y'(0_+)$。

解   将激励代入系统方程中，可有

$$y''(t) - 4y'(t) + 3y(t) = \delta(t) + 3\varepsilon(t) \tag{2-46}$$

考虑系统在从 $t = 0_-$ 向 $t = 0_+$ 的转换过程中方程式两端冲激项的系数应相等，因而 $y''(t)$ 中应该含有冲激函数，而 $y'(t)$ 中不再含有冲激函数，进而可以确定 $y'(t)$ 不连续，而 $y(t)$ 应是连续函数，则对式(2-46) 两端从 $t = 0_-$ 到 $t = 0_+$ 积分，可有

$$\int_{0_-}^{0_+} [y''(t) - 4y'(t) + 3y(t)]dt = \int_{0_-}^{0_+} [\delta(t) + 3\varepsilon(t)]dt \tag{2-47}$$

其中 $\int_{0_-}^{0_+} y(t)dt = 0$，$\int_{0_-}^{0_+} \varepsilon(t)dt = 0$，则式(2-47) 为

$$[y'(0_+) - y'(0_-)] - 4[y(0_+) - y(0_-)] = 1 \tag{2-48}$$

因为 $y(t)$ 在 $t=0$ 是连续的, 可有 $y(0_+) = y(0_-)$。根据已知原始值 $y(0_-) = -1$, 得初始值为

$$y(0_+) = y(0_-) = -1$$

于是, 式(2-48) 则演变为 $y'(0_+) - y'(0_-) = 1$, 代入原始值 $y'(0_-) = 2$, 可得初始值为

$$y'(0_+) = 3$$

从以上两个例题的讨论可以看出, 初始值的确定并没有统一的范式, 应根据不同的已知条件采用不同的方法来解决。

2.2 单位冲激响应和单位阶跃响应

由 2.1 节的讨论可知, 对 LTI 连续系统的全响应求解过程的模拟框图如图 2-6 所示。其中 $f(t)$ 为激励信号, $x(0)$ 为系统的初始状态, $y_{zi}(t)$ 表示输入为零时仅由系统初始状态引起的响应 (零输入响应), $y_{zs}(t)$ 表示初始状态为零时由外界激励引起的响应 (零状态响应)。LTI 连续系统的全响应可以用零输入响应与零状态响应的叠加来求得。其中, 零输入响应就相当于求解微分方程的齐次解, 比较容易, 零状态响应的求解相比之下较为麻烦。如何能够简单易行地求解任意信号 $f(t)$ 作用于系统的零状态响应是我们更感兴趣的问题。为此, 先来研究两种非常重要的零状态响应——单位冲激响应和单位阶跃响应。

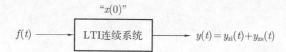

图 2-6 $f(t)$ 作用于 LTI 连续系统产生全响应的模拟框图

2.2.1 单位冲激响应

对于 LTI 连续系统, 当初始状态为零时, 在单位冲激信号 $\delta(t)$ 作用下的响应称为单位冲激响应, 常简称为冲激响应。换言之, 单位冲激响应就是单位冲激信号 $\delta(t)$ 作用下 LTI 连续系统的零状态响应, 通常用 $h(t)$ 表示, 模拟这一过程的系统框图如图 2-7 所示。

2.3 单位冲激响应I

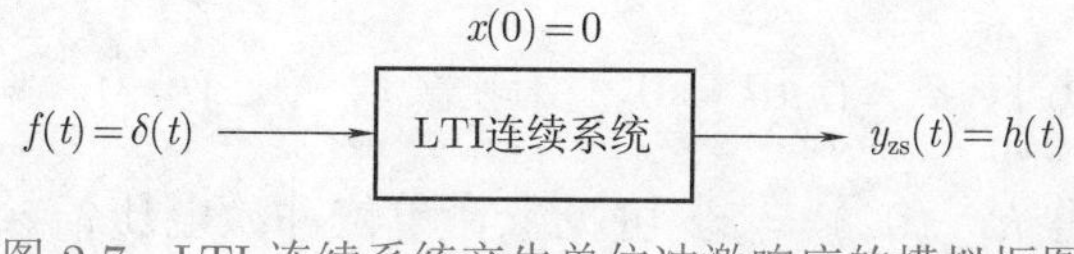

图 2-7 LTI 连续系统产生单位冲激响应的模拟框图

对于因果系统, 当 $t < 0$ 时, 一定有 $h(t) = 0$。而 LTI 因果系统的单位冲激响应在 $t > 0$ 时具有何种数学模型, 这是一个非常重要的问题, 是后续要讨论任意信号作用于

LTI 连续系统产生零状态响应的重要基础。下面从单位冲激信号 $\delta(t)$ 作用到 LTI 连续系统前后使系统状态发生变化这一角度来进行定性讨论。

由于单位冲激信号为广义函数，在 $t = 0_-$ 时，$\delta(t) = 0$，且系统处于零状态。

在 $t = 0$ 这一瞬间，此时外界激励信号 $\delta(t)$ 进入系统。由于 $\delta(t)$ 具有无限大的瞬时幅值，会导致系统的状态量发生跃变，因而系统在无穷小时间里存储一定能量。

而当 $t = 0_+$ 时，$\delta(t) = 0$，此后，即当 $t \geqslant 0_+$ 时，系统又处于零输入的情况，但在 $t = 0_+$ 时刻，系统中已存储了能量。

由此可见，当 $t \geqslant 0_+$ 时，系统的单位冲激响应与系统的零输入响应形式有关。由于零输入响应决定于系统的固有频率，因此系统的单位冲激响应能够反映系统的固有属性。

2.2.2　求解 LTI 连续系统单位冲激响应的方法

1. 直接求解

已知简单的系统模型和参数，直接计算单位冲激信号 $\delta(t)$ 作用下的零状态响应 $h(t)$。

例 2-8　在如图 2-8 所示的 RC 电路中，已知 $R = 1\Omega$，$C = 0.5$ F，求以电容电压为输出变量的单位冲激响应 $h_{u_C}(t)$。

解　由电路的 KVL 约束关系可得

$$Ri_C(t) + u_C(t) = u_s(t)$$

又由电容元件的 VAR 得

$$i_C(t) = C\frac{\mathrm{d}u_C(t)}{\mathrm{d}t}$$

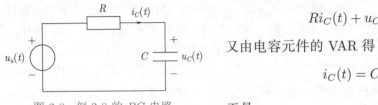

图 2-8　例 2-8 的 RC 电路

于是

$$RC\frac{\mathrm{d}u_C(t)}{\mathrm{d}t} + u_C(t) = u_s(t) \tag{2-49}$$

令外界激励 $u_s(t) = \delta(t)$，此时的输出 $u_C(t)$ 即为单位冲激响应，用 $h_{u_C}(t)$ 表示，则式(2-49) 可变为

$$RC\frac{\mathrm{d}h_{u_C}(t)}{\mathrm{d}t} + h_{u_C}(t) = \delta(t) \tag{2-50}$$

从式(2-50) 可知，当 $t \geqslant 0_+$ 时，$h_{u_C}(t)$ 具有零输入响应 (方程的齐次解) 解答形式。将式(2-50) 两端从 $t = 0_-$ 到 $t = 0_+$ 积分可得

$$RCh_{u_C}(0_+) - RCh_{u_C}(0_-) + \int_{0_-}^{0_+} h_{u_C}(t)\mathrm{d}t = \int_{0_-}^{0_+} \delta(t)\mathrm{d}t = 1$$

因为 $u_C(t)$ 有界，所以 $\int_{0_-}^{0_+} h_{u_C}(t)\mathrm{d}t = 0$。由题意 $h_{u_C}(0_-) = 0$，则可得 $h_{u_C}(0_+) = \dfrac{1}{RC}$，将已知的参数代入可得 $h_{u_C}(0_+) = 2$。可见，在单位冲激电压信号 $\delta(t)$ 作用下电容电压在换路瞬间取值发生跃变，从 0 变到 2。

进一步求解 $t \geqslant 0$ 后的单位冲激响应。解式(2-50) 的齐次微分方程可得

$$h_{u_C}(t) = h_{u_C}(0_+)\mathrm{e}^{-\frac{t}{RC}}\varepsilon(t) = 2\mathrm{e}^{-2t}\varepsilon(t) \tag{2-51}$$

2. 通过单位阶跃响应求解单位冲激响应

按照第 1 章奇异信号的讨论可知，单位冲激信号与单位阶跃信号的关系为 $\delta(t) = \dfrac{\mathrm{d}\varepsilon(t)}{\mathrm{d}t}$，则对于 LTI 连续系统而言，一定会有

$$h(t) = \frac{\mathrm{d}g(t)}{\mathrm{d}t} \tag{2-52}$$

式中，$g(t)$ 为系统的单位阶跃响应。

这种方法更适用于较为简单的一阶动态电路系统，因为对于这种系统容易通过一阶电路瞬态分析的三要素公式求出单位阶跃响应 $g(t)$，然后再通过求其一阶导数求得单位冲激响应 $h(t)$。例 2-8 即可用此方法求解单位冲激响应，读者可自行验证。

2.4 单位冲激响应 Ⅱ

3. 冲激函数匹配法

以一阶微分方程为例，给出一阶常微分方程如下：

$$y'(t) + a_0 y(t) = b_0 f(t) \tag{2-53}$$

式中，a_0、b_0 为常数，由系统自身的参数来决定；$y(t)$ 为系统的响应；$f(t)$ 为任意激励信号。

令 $f(t) = \delta(t)$，则 $y(t) = y_{zs}(t) = h(t)$，系统微分方程演变为

$$h'(t) + a_0 h(t) = b_0 \delta(t) \tag{2-54}$$

考虑到 $t \geqslant 0_+$ 后，外界激励不存在，即 $\delta(t) = 0$，则 $h(t)$ 应具有零输入响应的形式。由于特征根为 $\lambda = -a_0$，则单位冲激响应的解为

$$h(t) = A\mathrm{e}^{-a_0 t}\varepsilon(t) \tag{2-55}$$

其一阶导数为

$$h'(t) = -a_0 A\mathrm{e}^{-a_0 t}\varepsilon(t) + A\mathrm{e}^{-a_0 t}\delta(t) = -a_0 A\mathrm{e}^{-a_0 t}\varepsilon(t) + A\delta(t) \tag{2-56}$$

式中，A 为待定常数，这里采用冲激函数匹配法来确定待定常数。所谓冲激函数匹配法，也可称为冲激平衡法，就是将式(2-55) 及式(2-56)式中 $h(t)$、$h'(t)$ 代入式(2-54) 中，平衡等式两端冲激项 $\delta(t)$ 前面的系数，从而确定待定常数 A。

将式(2-55) 及式(2-56) 代入式(2-54) 中，可得

$$-a_0 A\mathrm{e}^{-a_0 t}\varepsilon(t) + A\delta(t) + a_0 A\mathrm{e}^{-a_0 t}\varepsilon(t) = b_0 \delta(t) \tag{2-57}$$

比较式 (2-57) 两端 $\delta(t)$ 前面的系数可得 $A = b_0$，将其代入式(2-55) 式中可得单位冲激响应为

$$h(t) = b_0 \mathrm{e}^{-a_0 t}\varepsilon(t) \tag{2-58}$$

将以上方法推广到 n 阶微分方程的情况。设系统的微分方程为

$$a_n y^{(n)}(t) + a_{n-1} y^{(n-1)}(t) + \cdots + a_1 y'(t) + a_0 y(t)$$

$$= b_m f^{(m)}(t) + b_{m-1} f^{(m-1)}(t) + \cdots + b_1 f'(t) + b_0 f(t) \tag{2-59}$$

式中，$f(t)$ 为激励；$y(t)$ 为响应。激励和响应各项前相应的系数均为常数。

令激励为 $f(t) = \delta(t)$，响应 $y(t) = h(t)$，此时系统方程式(2-59) 变为

$$a_n h^{(n)}(t) + a_{n-1} h^{(n-1)}(t) + \cdots + a_1 h'(t) + a_0 h(t)$$

$$= b_m \delta^{(m)}(t) + b_{m-1} \delta^{(m-1)}(t) + \cdots + b_1 \delta'(t) + b_0 \delta(t) \tag{2-60}$$

式(2-60) 的右端不仅包含了冲激信号 $\delta(t)$，而且包含了冲激信号的各阶导数项。为使方程两端所包含的各项奇异函数项相等，必须考虑方程中 n、m 的取值，它们的取值关系到冲激响应的数学结构。下面以系统方程的特征根为 n 个单根为例加以分析。

若 $n > m$，为使方程式(2-60) 两端的各冲激项平衡，单位冲激响应只需具有零输入响应形式，即单位冲激响应的形式为

$$h(t) = \left(\sum_{i=1}^{n} C_i e^{\lambda_i t} \right) \varepsilon(t) \tag{2-61}$$

若 $n = m$，单位冲激响应中除具有方程齐次解形式之外，还应包含一项冲激函数项，方能满足方程式(2-60) 两端冲激函数最高阶导数项平衡。因而，这种情况下单位冲激响应的形式为

$$h(t) = \left(\sum_{i=1}^{n} C_i e^{\lambda_i t} \right) \varepsilon(t) + B\delta(t) \tag{2-62}$$

按此规律，当 $n < m$ 时，单位冲激响应中还必须包含冲激函数的导数项，以平衡方程式(2-60) 两端各冲激项。所以，此情况下单位冲激响应应具有以下形式，即

$$h(t) = \left(\sum_{i=1}^{n} C_i e^{\lambda_i t} \right) \varepsilon(t) + B_0 \delta(t) + B_1 \delta'(t) + \cdots + B_{m-n} \delta^{(m-n)}(t) \tag{2-63}$$

式(2-61)~ 式(2-63) 中的 C_i 及 B，B_0，B_1，$\cdots$，B_{m-n} 等都为待定常数，通过平衡方程两端冲激函数及冲激函数各阶导数的系数来确定。

例 2-9 已知 RC 电路如图 2-9 所示，求以 $u_C(t)$ 为输出变量的单位冲激响应 $h_{u_C}(t)$。

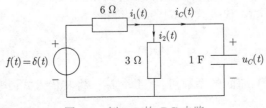

图 2-9 例 2-9 的 RC 电路

解 根据电路 KCL、KVL 及元件的 VAR，可有

由 KCL 得

$$i_1(t) = i_2(t) + i_C(t) \tag{2-64}$$

由 KVL 得

$$u_C(t) = h_{u_C}(t) = -6i_1(t) + \delta(t) \tag{2-65}$$

由 VAR 得

$$i_C(t) = \frac{\mathrm{d}u_C(t)}{\mathrm{d}t} = \frac{\mathrm{d}h_{u_C}(t)}{\mathrm{d}t} \tag{2-66}$$

$$i_2(t) = \frac{u_C(t)}{3} = \frac{1}{3}h_{u_C}(t) \tag{2-67}$$

将式(2-64)~ 式(2-67) 四式联立可得

$$\frac{\mathrm{d}h_{u_C}(t)}{\mathrm{d}t} + \frac{1}{3}h_{u_C}(t) = \frac{1}{6}[\delta(t) - h_{u_C}(t)] \tag{2-68}$$

整理得

$$\frac{\mathrm{d}h_{u_C}(t)}{\mathrm{d}t} + \frac{1}{2}h_{u_C}(t) = \frac{1}{6}\delta(t) \tag{2-69}$$

该系统方程输出及输入微分的阶数 $n = 1 > m = 0$，故冲激响应解的形式为

$$h_{u_C}(t) = A\mathrm{e}^{\lambda t}\varepsilon(t) = A\mathrm{e}^{-0.5t}\varepsilon(t) \tag{2-70}$$

其一阶导数为

$$h'_{u_C}(t) = -0.5A\mathrm{e}^{-0.5t}\varepsilon(t) + A\mathrm{e}^{-0.5t}\delta(t) = -0.5A\mathrm{e}^{-0.5t}\varepsilon(t) + A\delta(t) \tag{2-71}$$

将式(2-70) 及式(2-71) 代入式(2-69) 中，比较等式两端 $\delta(t)$ 前面的系数，可得待定系数 $A = \frac{1}{6}$。于是，单位冲激响应为

$$h_{u_C}(t) = \frac{1}{6}\mathrm{e}^{-0.5t}\varepsilon(t) \tag{2-72}$$

例 2-10 已知 RC 电路如图 2-10 所示，求以 $u_R(t)$ 为输出变量的单位冲激响应。

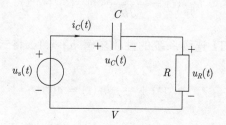

图 2-10 例 2-10 的 RC 电路

解 由电路的 KVL 可有

$$u_C(t) + u_R(t) = u_s(t) \tag{2-73}$$

由电容元件的 VAR 可有

$$u_C(t) = \frac{1}{C} \int_{-\infty}^{t} i_C(t)\mathrm{d}t \tag{2-74}$$

由电阻元件的 VAR 可有

$$i_R(t) = i_C(t) = \frac{u_R(t)}{R} \tag{2-75}$$

将式(2-73)~ 式(2-75) 三式联立可得系统方程为

$$u_R'(t) + \frac{1}{RC}u_R(t) = u_s'(t) \tag{2-76}$$

令激励信号 $u_s(t) = \delta(t)$，则 $u_R(t) = h_{u_R}(t)$，式(2-76) 改写为

$$h_{u_R}'(t) + \frac{1}{RC}h_{u_R}(t) = \delta'(t) \tag{2-77}$$

式(2-77) 左端微分阶数 $n = 1$ 与右端微分阶数 $m = 1$ 相等，故单位冲激响应解的形式为

$$h_{u_R}(t) = A\mathrm{e}^{-\frac{t}{RC}}\varepsilon(t) + B\delta(t) \tag{2-78}$$

其一阶导数为

$$\begin{aligned}
h_{u_R}'(t) &= -\frac{A}{RC}\mathrm{e}^{-\frac{t}{RC}}\varepsilon(t) + A\mathrm{e}^{-\frac{t}{RC}}\delta(t) + B\delta'(t) \\
&= -\frac{A}{RC}\mathrm{e}^{-\frac{t}{RC}}\varepsilon(t) + A\delta(t) + B\delta'(t)
\end{aligned} \tag{2-79}$$

将式(2-78) 及式(2-79) 代入式(2-77) 中，平衡等式两端 $\delta(t)$ 及 $\delta'(t)$ 的系数可得待定常数 $A = -\frac{1}{RC}$，$B = 1$。由此可得单位冲激响应为

$$h_{u_R}(t) = -\frac{1}{RC}\mathrm{e}^{-\frac{t}{RC}}\varepsilon(t) + \delta(t) \tag{2-80}$$

此外，也可以利用 LTI 连续系统的性质求解 $h_{u_R}(t)$。将式 (2-77) 改写为

$$h_0'(t) + \frac{1}{RC}h_0(t) = \delta(t) \tag{2-81}$$

按照式 (2-61) 的形式求出 $h_0(t)$，根据 LTI 连续系统的微分性质可知 $h_{u_R}(t) = h_0'(t)$，将 $h_0(t)$ 求一阶导数，即可得 $h_{u_R}(t)$ 仍如式 (2-80) 所示的结果，读者可自行验证。

2.2.3 单位阶跃响应及其求解方法

当 LTI 连续系统的初始状态为零时，在单位阶跃信号作用下的响应称为系统的单位阶跃响应，简称阶跃响应，以 $g(t)$ 表示。仍可概括出 3 种方法求解 LTI 连续系统的单位阶跃响应。

1. 利用三要素法求解 $g(t)$（适用于一阶电路）

例 2-11　已知 RC 电路如图 2-11 所示，求以 $u_C(t)$ 为输出的单位阶跃响应 $g_{u_C}(t)$。

解　由题意，该电路的激励信号 $u_s(t) = \varepsilon(t)$，即当 $t > 0$ 时，1 V 的电压源作用于电路。由于单位阶跃响应是零状态响应，显然应有 $u_C(0_-) = 0$。当 $t = 0_+$ 后输入信号进入系统，依据换路定理可有 $u_C(0_+) = u_C(0_-) = 0$。而当该电路达到稳态 $(t = \infty)$ 时有 $u_C(\infty) = 0.5$ V。根据电路结构及

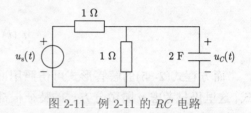

图 2-11　例 2-11 的 RC 电路

元件参数容易求得时间常数为 $\tau = R_0 C = 0.5 \times 2$ s $= 1$ s。由三要素公式，可得

$$g_{u_C}(t) = u_C(\infty) + [u_C(0_+) - u_C(\infty)]\mathrm{e}^{-\frac{t}{\tau}}, t > 0$$

$$= \left[0.5 + (0 - 0.5)\,\mathrm{e}^{-t}\right]\varepsilon(t)$$

$$= 0.5(1 - \mathrm{e}^{-t})\varepsilon(t)$$

2. 由 $h(t)$ 求解 $g(t)$

当已知单位冲激响应 $h(t)$ 时，可对其积分求得单位阶跃响应，对于 LTI 因果系统，有

$$g(t) = \int_{0_-}^{t} h(t)\mathrm{d}t \tag{2-82}$$

3. 列解微分方程法（经典法）求解 $g(t)$

求解单位阶跃响应与求解单位冲激响应不同，在 $t \geqslant 0_+$ 时 $\delta(t) = 0$，但 $\varepsilon(t) \neq 0$，故单位阶跃响应的解答形式要比单位冲激响应稍显复杂。考虑 n 阶 LTI 连续系统，微分方程为

$$a_n y^{(n)}(t) + a_{n-1} y^{(n-1)}(t) + \cdots + a_1 y'(t) + a_0 y(t)$$

$$= b_m f^{(m)}(t) + b_{m-1} f^{(m-1)}(t) + \cdots + b_1 f'(t) + b_0 f(t) \tag{2-83}$$

令激励信号 $f(t) = \varepsilon(t)$，响应 $y(t)$ 则表示为单位阶跃响应 $g(t)$，于是式 (2-83) 可变为

$$a_n g^{(n)}(t) + a_{n-1} g^{(n-1)}(t) + \cdots + a_1 g'(t) + a_0 g(t)$$

$$= b_m \varepsilon^{(m)}(t) + b_{m-1} \varepsilon^{(m-1)}(t) + \cdots + b_1 \varepsilon'(t) + b_0 \varepsilon(t)$$

$$= b_m \delta^{(m-1)}(t) + b_{m-1} \delta^{(m-2)}(t) + \cdots + b_1 \delta(t) + b_0 \varepsilon(t) \tag{2-84}$$

将方程式(2-84) 分解为两部分, 其中一部分为

$$a_n g^{(n)}(t) + a_{n-1} g^{(n-1)}(t) + \cdots + a_1 g'(t) + a_0 g(t)$$

$$= b_m \delta^{(m-1)}(t) + b_{m-1} \delta^{(m-2)}(t) + \cdots + b_1 \delta(t) \tag{2-85}$$

另一部分为

$$a_n g^{(n)}(t) + a_{n-1} g^{(n-1)}(t) + \cdots + a_1 g'(t) + a_0 g(t) = b_0 \varepsilon(t) \tag{2-86}$$

容易求得方程式(2-86) 的任意一个特解为

$$g_{\mathrm{p}}(t) = \frac{b_0}{a_0} \varepsilon(t) \tag{2-87}$$

而方程式(2-85)的解答形式可仿照用冲激函数匹配法求解 $h(t)$ 的形式, 这里仍只考虑 n 阶微分方程的特征根都是单根。于是, 方程式(2-85)的解可表示为

2.5 单位阶跃响应

当 $n \geqslant m$ 时

$$g(t) = \left(\sum_{i=1}^{n} C_i \mathrm{e}^{\lambda_i t} \right) \varepsilon(t) \tag{2-88}$$

当 $n < m$ 时

$$g(t) = \left(\sum_{i=1}^{n} C_i \mathrm{e}^{\lambda_i t} \right) \varepsilon(t) + B_0 \delta(t) + B_1 \delta'(t) + \cdots + B_{m-1-n} \delta^{(m-1-n)}(t) \tag{2-89}$$

方程式(2-84) 的解应为方程式(2-85) 和式(2-86) 的解的叠加。综合式 (2-87)~ 式(2-89), n 阶 LTI 连续系统的单位阶跃响应的解答形式可表示为

当 $n \geqslant m$ 时

$$g(t) = \left(\sum_{i=1}^{n} C_i \mathrm{e}^{\lambda_i t} \right) \varepsilon(t) + \frac{b_0}{a_0} \varepsilon(t) \tag{2-90}$$

当 $n < m$ 时

$$g(t) = \left(\sum_{i=1}^{n} C_i \mathrm{e}^{\lambda_i t} \right) \varepsilon(t) + B_0 \delta(t) + B_1 \delta'(t) + \cdots + B_{m-1-n} \delta^{(m-1-n)}(t) + \frac{b_0}{a_0} \varepsilon(t) \tag{2-91}$$

2.3 卷积方法和 LTI 连续系统的零状态响应

卷积 (convolution) 方法在信号与系统理论中占有重要地位。卷积本身是一个数学问题, 这里将它作为一种工具来讨论任意信号作用下系统的零状态响应。对于 LTI 连续系统而言, 若外界激励信号为单位冲激信号 $\delta(t)$, 则所产生的零状态响应为 $h(t)$; 若外界激

励信号为单位阶跃信号 $\varepsilon(t)$，相应的零状态响应为 $g(t)$。这两个重要的零状态响应均能反映系统的固有属性。那么如果一个任意信号 $f(t)$ 作用到 LTI 连续系统上，由此而产生的零状态响应如何？与系统的这两个重要的零状态响应——单位冲激响应和单位阶跃响应有着怎样的关系？为解决这一问题，首先研究将任意信号 $f(t)$ 向脉冲信号族分解的过程。

2.3.1 将任意信号表示为无穷多冲激信号之和

如果将施于 LTI 连续系统的任意信号 $f(t)$ 分解成无穷多的矩形窄脉冲，当脉冲宽度趋于零时，矩形脉冲的极限则为冲激信号。而 $f(t)$ 作用下的零状态响应是无穷多冲激脉冲作用于系统产生的零状态响应之和。

设任意连续信号 $f(t)$，将其近似地分解为无限多个脉冲宽度相等 (均为 $\Delta\tau$) 的矩形窄脉冲信号，如图 2-12 所示。对于任意一个矩形窄脉冲，其脉冲宽度为 $\Delta\tau$，高度为 $f(k\Delta\tau)$，k 取整数。分解过程如下：

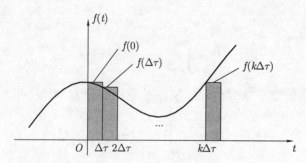

图 2-12 将任意信号 $f(t)$ 分解为矩形窄脉冲信号

...

第 0 个矩形脉冲可表示为

$$f_0(t) = f(0)[\varepsilon(t) - \varepsilon(t - \Delta\tau)]$$

第 1 个矩形脉冲可表示为

$$f_1(t) = f(\Delta\tau)[\varepsilon(t - \Delta\tau) - \varepsilon(t - 2\Delta\tau)]$$

...

第 k 个矩形脉冲可表示为

$$f_k(t) = f(k\Delta\tau)[\varepsilon(t - k\Delta\tau) - \varepsilon(t - (k+1)\Delta\tau)]$$

...

将无穷多个矩形脉冲叠加后可近似恢复到原信号 $f(t)$，即

$$f(t) \approx \sum_{k=-\infty}^{\infty} f_k(t)$$

$$= \cdots + f(0)[\varepsilon(t) - \varepsilon(t - \Delta\tau)] + f(\Delta\tau)[\varepsilon(t - \Delta\tau) - \varepsilon(t - 2\Delta\tau)] + \cdots +$$

2.6 卷积积分

$$f(k\Delta\tau)[\varepsilon(t - k\Delta\tau) - \varepsilon(t - (k+1)\Delta\tau)] + \cdots$$

$$= \sum_{k=-\infty}^{\infty} f(k\Delta\tau)\frac{\varepsilon(t - k\Delta\tau) - \varepsilon[t - (k+1)\Delta\tau]}{\Delta\tau}\Delta\tau \tag{2-92}$$

为了精确恢复原信号 $f(t)$，取脉冲宽度 $\Delta\tau \to 0$，则式 (2-92) 可表示为

$$f(t) = \lim_{\Delta\tau\to 0} \sum_{k=-\infty}^{\infty} f(k\Delta\tau)\frac{\varepsilon(t - k\Delta\tau) - \varepsilon(t - k\Delta\tau - \Delta\tau)}{\Delta\tau}\Delta\tau \tag{2-93}$$

当 $\Delta\tau \to 0$ 时，$k\Delta\tau \to \tau$，$\lim\limits_{\Delta\tau\to 0} f(k\Delta\tau) = f(\tau)$，同时离散求和变成连续积分，并且

$$\lim_{\Delta\tau\to 0} \frac{\varepsilon(t - k\Delta\tau) - \varepsilon(t - k\Delta\tau - \Delta\tau)}{\Delta\tau} = \lim_{\Delta\tau\to 0}\frac{\varepsilon(t - \tau) - \varepsilon(t - \tau - \Delta\tau)}{\Delta\tau} = \delta(t - \tau)$$

于是，式 (2-93) 变为

$$f(t) = \int_{-\infty}^{\infty} f(\tau)\delta(t - \tau)\mathrm{d}\tau \tag{2-94}$$

在数学上，定义信号 $f_1(t)$ 与信号 $f_2(t)$ 的卷积积分为

$$f_1(t) * f_2(t) = \int_{-\infty}^{\infty} f_1(\tau)f_2(t - \tau)\mathrm{d}\tau \tag{2-95}$$

卷积积分 (convolution integral) 通常简称为卷积。引入卷积的数学符号 "$*$"，则式 (2-94) 可表示为

$$f(t) = \int_{-\infty}^{\infty} f(\tau)\delta(t - \tau)\mathrm{d}\tau = f(t) * \delta(t) \tag{2-96}$$

式 (2-96) 表明，任意信号 $f(t)$ 与单位冲激信号卷积都会再现 $f(t)$。

2.3.2　任意信号作用下 LTI 连续系统的零状态响应

由上面讨论可知，当对系统求任意外界激励信号 $f(t)$ 作用下的零状态响应时，实际上就是求外界激励信号 $\int_{-\infty}^{\infty} f(\tau)\delta(t - \tau)\mathrm{d}\tau$ 作用下的零状态响应。

2.7 LTI 连续系统
零状态响应

对 LTI 连续系统，设系统的单位冲激响应为 $h(t)$，依据 LTI 连续系统线性性质、非时变性质和积分性质，则有如下关系：

$$f(t) = \delta(t) \xrightarrow{\text{定义}} y_{\mathrm{zs}}(t) = h(t)$$

$$f(t) = \delta(t - \tau) \xrightarrow{\text{非时变性}} y_{\mathrm{zs}}(t) = h(t - \tau)$$

$$f(t) = f(\tau)\delta(t - \tau) \xrightarrow{\text{齐次性}} y_{\mathrm{zs}}(t) = f(\tau)h(t - \tau)$$

$$f(t) = \int_{-\infty}^{\infty} f(\tau)\delta(t-\tau)\mathrm{d}\tau \xrightarrow{\text{积分性}} y_{\mathrm{zs}}(t) = \int_{-\infty}^{\infty} f(\tau)h(t-\tau)\mathrm{d}\tau$$

引入卷积积分，则有

$$y_{\mathrm{zs}}(t) = f(t) * h(t) = \int_{-\infty}^{\infty} f(\tau)h(t-\tau)\mathrm{d}\tau \tag{2-97}$$

式 (2-97) 表明，LTI 连续系统的零状态响应等于外界激励信号 $f(t)$ 与系统单位冲激响应 $h(t)$ 的卷积。

　　一般而言，如果 $f(t)$ 和 $h(t)$ 都是双边的无起因信号，那么卷积积分式 (2-97) 的积分限应为 $-\infty \sim \infty$。但对于两信号的不同定义域，其积分限将会发生变化。

　　若输入为有起因信号，即当 $t < 0$ 时，$f(t) = 0$，可记作 $f(t)\varepsilon(t)$。此种情况系统的零状态响应为

$$y_{\mathrm{zs}}(t) = \int_{-\infty}^{\infty} f(\tau)\varepsilon(\tau)h(t-\tau)\mathrm{d}\tau = \int_{0_-}^{\infty} f(\tau)h(t-\tau)\mathrm{d}\tau \tag{2-98}$$

若系统为因果系统，当 $t < 0$ 时，$h(t) = 0$，可记作 $h(t)\varepsilon(t)$。此种情况系统的零状态响应为

$$y_{\mathrm{zs}}(t) = \int_{-\infty}^{\infty} f(\tau)h(t-\tau)\varepsilon(t-\tau)\mathrm{d}\tau = \int_{-\infty}^{t} f(\tau)h(t-\tau)\mathrm{d}\tau \tag{2-99}$$

若输入为有起因信号 $f(t)\varepsilon(t)$，同时系统为因果系统 $h(t)\varepsilon(t)$，则零状态响应为

$$y_{\mathrm{zs}}(t) = \int_{-\infty}^{\infty} f(\tau)\varepsilon(\tau)h(t-\tau)\varepsilon(t-\tau)\mathrm{d}\tau = \int_{0_-}^{t} f(\tau)h(t-\tau)\mathrm{d}\tau \tag{2-100}$$

　　在上述讨论中，积分下限定为 0_-，是为了避免丢失激励信号和冲激响应信号中可能包含的冲激函数项。

　　例 2-12　RC 电路如图 2-13a 所示，外界激励信号 $u_{\mathrm{s}}(t) = \mathrm{e}^{-t}\varepsilon(t)$，其波形如图 2-13b 所示，求 $u_C(t)$，$t \geqslant 0$。

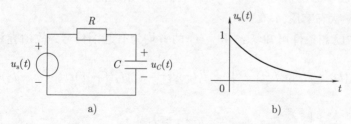

图 2-13　例 2-12 的 RC 电路及激励信号

2.8 用卷积法求零
状态响应

　　解　由题意可知，$u_C(0_-) = 0$，故该系统的响应为零状态响应。于是，有

$$u_C(t) = u_{\mathrm{s}}(t) * h_{u_C}(t) \tag{2-101}$$

根据一阶电路的三要素公式，系统的单位阶跃响应为

$$g_{u_C}(t) = \left(1 - \mathrm{e}^{-\frac{t}{RC}}\right)\varepsilon(t)$$

又根据式(2-52)，可有

$$h_{u_C}(t) = g'_{u_C}(t) = \frac{1}{RC}\mathrm{e}^{-\frac{t}{RC}}\varepsilon(t) \tag{2-102}$$

由式(2-101)有

$$u_C(t) = \mathrm{e}^{-t}\varepsilon(t) * \frac{1}{RC}\mathrm{e}^{-\frac{t}{RC}}\varepsilon(t)$$

$$= \int_{-\infty}^{\infty} \mathrm{e}^{-\tau}\varepsilon(\tau)\frac{1}{RC}\mathrm{e}^{-\frac{1}{RC}(t-\tau)}\varepsilon(t-\tau)\mathrm{d}\tau$$

按前述所讨论的卷积积分限的变化式 (2-100)，有

$$u_C(t) = \frac{1}{RC}\int_0^t \mathrm{e}^{-\left[\frac{t}{RC}-\left(\frac{1}{RC}-1\right)\tau\right]}\mathrm{d}\tau$$

$$= \frac{1}{1-RC}\left(\mathrm{e}^{-t} - \mathrm{e}^{-\frac{t}{RC}}\right)\varepsilon(t) \tag{2-103}$$

式(2-103) 中积分结果只有在积分上限大于下限时才有意义，因而在积分结果之后乘以 $\varepsilon(t)$，以标识出卷积结果的定义域。

2.3.3 卷积积分的计算方法

式(2-97) 给出了用卷积积分法求解任意信号作用下 LTI 连续系统零状态响应的理论依据。下面讨论卷积计算的具体方法。

1. 定义法

定义法是依据卷积积分的定义式，根据两信号的定义域进一步明确积分上下限，进而直接进行积分运算。

例 2-13 已知激励信号 $f(t) = f_1(t)\varepsilon(t-t_1)$，系统的单位冲激响应 $h(t) = f_2(t)\varepsilon(t-t_2)$，求系统的零状态响应 $y_{\mathrm{zs}}(t)$ 。

解 由题中已知条件可知 $f(t)$ 和 $h(t)$ 两者均为有起因信号，故由卷积积分定义式有

$$y_{\mathrm{zs}}(t) = f(t) * h(t) = \int_{-\infty}^{\infty} f_1(\tau)\varepsilon(\tau-t_1)f_2(t-\tau)\varepsilon(t-\tau-t_2)\mathrm{d}\tau$$

$$= \int_{t_1}^{t-t_2} f_1(\tau)f_2(t-\tau)\mathrm{d}\tau, t > t_1 + t_2$$

$$= \left[\int_{t_1}^{t-t_2} f_1(\tau)f_2(t-\tau)\mathrm{d}\tau\right]\varepsilon(t-t_1-t_2) \tag{2-104}$$

式(2-104) 的积分结果最后仍然要乘以延迟阶跃信号 $\varepsilon(t-t_1-t_2)$，以明确卷积积分结果的定义域。

2. 图解法

图解法是利用图解的形式完成卷积积分 $f_1(t) * f_2(t)$ 的运算。具体求解步骤如下：

1) 变量替换：将两个信号的时间变量由 t 换成 τ，即 $f_1(t) \to f_1(\tau)$，$f_2(t) \to f_2(\tau)$。注意，在这一过程中信号波形不变。

2) 反转：在两个信号中选择其中一个做反转运算。如将 $f_2(\tau)$ 反转，即 $f_2(\tau) \to f_2(-\tau)$。

2.9 卷积积分图解法

3) 平移：将反转后的信号 $f_2(-\tau)$ 沿时间轴平移 t 得 $f_2(t-\tau)$。当 $t > 0$ 时，$f_2(-\tau)$ 的波形沿 τ 轴向右平移 t 个单位；当 $t < 0$ 时，$f_2(-\tau)$ 的波形沿 τ 轴向左平移。

4) 乘积与积分：在平移 $f_2(-\tau)$ 的过程中，计算 $f_1(\tau)$ 与 $f_2(t-\tau)$ 重叠区间内乘积并积分，即分区间完成 $\displaystyle\int_{-\infty}^{\infty} f_1(\tau)f_2(t-\tau)\mathrm{d}\tau$ 运算。积分过程中应注意 τ 是积分变量，而 t 只是积分过程中的参变量。每一区间内的积分限由两个函数重叠区间的边界坐标决定。

此外，在两个信号中选择其中哪一个为反转并平移信号并不会影响卷积的结果。

例 2-14　已知激励信号 $f_1(t) = \begin{cases} 1, & 0 < t < 1 \\ 0, & \text{其他} \end{cases}$，$f_2(t) = \begin{cases} t, & 0 \leqslant t < 2 \\ 0, & \text{其他} \end{cases}$。用图解法求 $y(t) = f_1(t) * f_2(t)$。

解　解题过程如图 2-14 所示。首先做变量替换，将 $f_1(t)$ 换成 $f_1(\tau)$，$f_2(t)$ 换成 $f_2(\tau)$，并作相应波形图，如图 2-14a、b 所示。

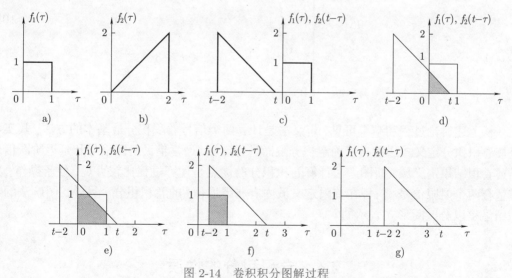

图 2-14　卷积积分图解过程

选择 $f_2(\tau)$ 作为反转信号，将其反转并平移。根据两个信号的定义域，将 $f_1(\tau)$ 与 $f_2(t-\tau)$ 分别在各重叠区间内相乘并积分，具体如下：

1) 当 $t < 0$ 时，如图 2-14c 所示，积分结果为

$$y(t) = 0$$

2) 当 $0 \leqslant t < 1$ 时，如图 2-14d 所示，积分结果为

$$y(t) = \int_0^t f_1(\tau) f_2(t-\tau) \mathrm{d}\tau = \int_0^t 1 \times (t-\tau) \mathrm{d}\tau = \frac{1}{2} t^2$$

3) 当 $1 \leqslant t < 2$ 时，如图 2-14e 所示，积分结果为

$$y(t) = \int_0^1 1 \times (t-\tau) \mathrm{d}\tau = t - \frac{1}{2}$$

4) 当 $2 \leqslant t < 3$ 时，如图 2-14f 所示，积分结果为

$$y(t) = \int_{t-2}^1 1 \times (t-\tau) \mathrm{d}\tau = -\frac{1}{2} t^2 + t + \frac{3}{2}$$

5) 当 $t \geqslant 3$ 时，如图 2-14g 所示，积分结果为

$$y(t) = 0$$

综上所述，卷积积分结果分区间表示为

$$y(t) = \begin{cases} 0, & t < 0 \\ \dfrac{1}{2} t^2, & 0 \leqslant t < 1 \\ t - \dfrac{1}{2}, & 1 \leqslant t < 2 \\ -\dfrac{1}{2} t^2 + t + \dfrac{3}{2}, & 2 \leqslant t < 3 \\ 0, & t \geqslant 3 \end{cases} \tag{2-105}$$

从上述讨论过程和结果可见，定义法是计算两个信号卷积积分最基本的方法，其实质是按卷积积分定义式通过直接确定积分限而进行计算，通常借助阶跃信号和延迟阶跃信号描述卷积结果定义域。而图解法计算卷积积分的优点是计算过程比较直观，便于操作，尤其适合两个时限信号 (信号在有限定义域内有非零取值) 的卷积积分。另外，图解法的卷积结果是以分区间形式表示的。

2.4 卷积积分的性质

卷积积分是一种数学运算，具有许多重要的性质。灵活运用卷积积分的性质，将使卷积积分的计算更加便捷，从而大大简化卷积积分的运算过程。以下讨论的卷积积分都是收敛的，在计算和证明过程中，可以交换求导和积分顺序，也可以交换二重积分顺序。

2.4.1　卷积积分代数运算

1. 交换律

$$f_1(t) * f_2(t) = f_2(t) * f_1(t) \tag{2-106}$$

证明　由卷积定义式

$$f_1(t) * f_2(t) = \int_{-\infty}^{\infty} f_1(\tau) f_2(t-\tau) \mathrm{d}\tau$$

2.10 卷积积分性质

令 $\xi = t - \tau$，代入上式有

$$f_1(t) * f_2(t) = \int_{\infty}^{-\infty} f_1(t-\xi) f_2(\xi)(-\mathrm{d}\xi)$$

$$= \int_{-\infty}^{\infty} f_2(\xi) f_1(t-\xi) \mathrm{d}\xi$$

$$= f_2(t) * f_1(t)$$

这一性质说明，在计算两个函数卷积积分时，无论反转其中哪一个信号，卷积结果不变。

2. 分配律

$$f_1(t) * [f_2(t) + f_3(t)] = f_1(t) * f_2(t) + f_1(t) * f_3(t) \tag{2-107}$$

证明　由卷积积分表达式可有

$$f_1(t) * [f_2(t) + f_3(t)] = \int_{-\infty}^{\infty} f_1(\tau)[f_2(t-\tau) + f_3(t-\tau)] \mathrm{d}\tau$$

$$= \int_{-\infty}^{\infty} f_1(\tau) f_2(t-\tau) \mathrm{d}\tau + \int_{-\infty}^{\infty} f_1(\tau) f_3(t-\tau) \mathrm{d}\tau$$

$$= f_1(t) * f_2(t) + f_1(t) * f_3(t)$$

利用式 (2-107) 可以求解两个子系统并联组成的系统的单位冲激响应 $h(t)$。系统模拟框图如图 2-15a 所示。由此可以得到系统的零状态响应为

$$y_{\mathrm{zs}}(t) = f(t) * h_1(t) + f(t) * h_2(t) = f(t) * [h_1(t) + h_2(t)]$$

根据这一结果，图 2-15a 所示模拟框图可以等效为图 2-15b 所示。可见，两个子系统并联组成的系统的单位冲激响应为两个子系统各自单位冲激响应之和，即

$$h(t) = h_1(t) + h_2(t) \tag{2-108}$$

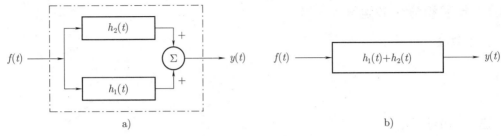

图 2-15　两个子系统并联

进一步推广可以得出，由 n 个子系统并联组成的总系统的单位冲激响应等于 n 个并联子系统的各单位冲激响应之和，即

$$h(t) = \sum_{i=1}^{n} h_i(t) \tag{2-109}$$

式中，$h_i(t)$ 为第 i 个子系统的单位冲激响应。

3. 结合律

$$[f_1(t) * f_2(t)] * f_3(t) = f_1(t) * [f_2(t) * f_3(t)] \tag{2-110}$$

卷积结合律的证明可按照卷积积分定义式展开，在证明过程中注意变量替换并交换积分顺序。读者可自行完成证明过程。

利用卷积积分的结合律可求解两个子系统级联组成的系统的单位冲激响应。系统模拟框图如图 2-16a 所示，由此可得系统零状态响应为

$$y_{zs}(t) = [f(t) * h_1(t)] * h_2(t) = f(t) * [h_1(t) * h_2(t)]$$

根据这一结果，可以将图 2-16a 等效成图 2-16b 所示。由此可见，两个子系统级联组成的系统的单位冲激响应等于两个子系统的单位冲激响应的卷积，即

$$h(t) = h_1(t) * h_2(t) \tag{2-111}$$

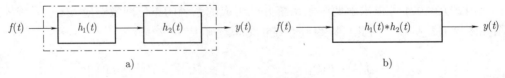

图 2-16　两个子系统级联

将此结果推广到 n 个系统级联，n 个子系统级联组成的总系统的单位冲激响应等于 n 个级联子系统各单位冲激响应的卷积，即

$$h(t) = h_1(t) * h_2(t) * \cdots * h_n(t) \tag{2-112}$$

2.4.2　卷积积分的微分、积分性质

1. 微分性质

若 $y(t) = f_1(t) * f_2(t)$，则有

$$y'(t) = f_1'(t) * f_2(t) = f_1(t) * f_2'(t) \tag{2-113}$$

证明　由卷积积分定义式

$$y(t) = f_1(t) * f_2(t) = \int_{-\infty}^{\infty} f_1(\tau) f_2(t - \tau) \mathrm{d}\tau$$

有

$$y'(t) = \frac{\mathrm{d}}{\mathrm{d}t} \int_{-\infty}^{\infty} f_1(\tau) f_2(t - \tau) \mathrm{d}\tau$$

交换微分与积分的运算顺序，有

$$y'(t) = \int_{-\infty}^{\infty} f_1(\tau) \frac{\mathrm{d}}{\mathrm{d}t} f_2(t - \tau) \mathrm{d}\tau = f_1(t) * f_2'(t)$$

根据卷积积分的交换律，也有

$$y'(t) = f_1'(t) * f_2(t)$$

将上述结果推广到卷积积分的 n 阶导数上，有

$$y^{(n)}(t) = f_1^{(n)}(t) * f_2(t) = f_1(t) * f_2^{(n)}(t) \tag{2-114}$$

2. 积分性质

若 $y(t) = f_1(t) * f_2(t)$，则有

$$y^{(-1)}(t) = f_1^{(-1)}(t) * f_2(t) = f_1(t) * f_2^{(-1)}(t) \tag{2-115}$$

其中，$y^{(-1)}(t) = \int_{-\infty}^{t} y(\tau) \mathrm{d}\tau$。

该性质的证明读者可自行完成。将卷积一次积分性质推广到 n 次积分上，可有

$$y^{(-n)}(t) = f_1^{(-n)}(t) * f_2(t) = f_1(t) * f_2^{(-n)}(t) \tag{2-116}$$

3. 微、积分综合性质

若 $y(t) = f_1(t) * f_2(t)$，且 $f_1(-\infty) = f_2(-\infty) = 0$，则有

$$y(t) = f_1'(t) * f_2^{(-1)}(t) = f_1^{(-1)}(t) * f_2'(t) \tag{2-117}$$

对于卷积积分的微、积分综合过程，其成立是以对 $f_1(t) * f_2(t)$ 进行一次微分、一次积分后仍能还原为 $f_1(t) * f_2(t)$ 为前提条件，由于

$$\int_{-\infty}^{t} \frac{\mathrm{d}[f_1(\tau) * f_2(\tau)]}{\mathrm{d}\tau} \mathrm{d}\tau = f_1(t) * f_2(t) - \lim_{t \to -\infty} [f_1(t) * f_2(t)]$$

故必须使 $\lim\limits_{t \to -\infty} [f_1(t) * f_2(t)] = 0$。若 $f_1(-\infty) = f_2(-\infty) = 0$，则可满足此极限等于零。

证明 由卷积微分性质，有

$$y'(t) = f_1'(t) * f_2(t) \tag{2-118}$$

又由卷积的积分性质有

$$y^{(-1)}(t) = f_1^{(-1)}(t) * f_2(t) \tag{2-119}$$

对式 (2-118) 积分一次有

$$[y'(t)]^{(-1)} = f_1'(t) * f_2^{(-1)}(t)$$

于是，可得

$$y(t) = f_1'(t) * f_2^{(-1)}(t)$$

同理，对式 (2-119) 微分一次有

$$[y^{(-1)}(t)]' = f_1^{(-1)}(t) * f_2'(t)$$

因此，可有

$$y(t) = f_1^{(-1)}(t) * f_2'(t)$$

将式 (2-117) 推广到高阶卷积运算上，可有

$$y^{(i+j)}(t) = f_1^{(i)}(t) * f_2^{(j)}(t) \tag{2-120}$$

i、j 可为正整数或负整数，当 i、j 为正整数时为微分运算，当 i、j 为负整数时为积分运算。

根据卷积积分的微分性质和积分性质的综合，对于因果系统，零状态响应也可以通过激励信号的一阶导数与单位阶跃响应的卷积积分求得。

$$y_{\mathrm{zs}}(t) = f(t) * h(t) = f'(t) * h^{(-1)}(t) = f'(t) * g(t) = \int_{-\infty}^{\infty} f'(\tau)g(t-\tau)\mathrm{d}\tau \tag{2-121}$$

这一结果也称为杜阿梅尔积分 (Duhamel Integral)。

2.4.3 卷积积分的再现性质

单位冲激信号 $\delta(t)$ 与任意信号 $f(t)$ 进行卷积运算时，满足下列卷积积分的再现性质：

$$f(t) * \delta(t) = f(t) \tag{2-122}$$

$$f(t) * \delta(t - t_0) = f(t - t_0) \tag{2-123}$$

$$f(t - t_1) * \delta(t - t_2) = f(t - t_1 - t_2) \tag{2-124}$$

利用卷积的微分与积分性质，可得

$$f(t) * \delta'(t) = f'(t) * \delta(t) = f'(t) \tag{2-125}$$

$$f(t) * \varepsilon(t) = f^{(-1)}(t) * \varepsilon'(t) = f^{(-1)}(t) * \delta(t) = f^{(-1)}(t) \tag{2-126}$$

式 (2-126) 要求 $f(-\infty) = 0$。仍可将式 (2-125) 及式 (2-126) 推广到高阶微分及积分运算上。

例 2-15　计算两个单位阶跃信号的卷积。

解　根据单位阶跃信号和单位冲激信号之间的关系及卷积的微分、积分性质可有

$$\varepsilon(t) * \varepsilon(t) = \varepsilon^{(-1)}(t) * \varepsilon'(t) = \varepsilon^{(-1)}(t) * \delta(t) = \varepsilon^{(-1)}(t) = t\varepsilon(t) \tag{2-127}$$

例 2-16　若 $f(t) * t\varepsilon(t) = (t + \mathrm{e}^{-t} - 1)\varepsilon(t)$，且 $f(-\infty) = 0$，求 $f(t)$。

解　首先，对等式左端两次运用卷积的微、积分综合性质，等式右端保持不变，于是有

$$f^{(-1)}(t) * \varepsilon(t) = (t + \mathrm{e}^{-t} - 1)\varepsilon(t)$$

$$f^{(-2)}(t) * \delta(t) = (t + \mathrm{e}^{-t} - 1)\varepsilon(t)$$

再根据卷积的再现性质，有

$$f^{(-2)}(t) = (t + \mathrm{e}^{-t} - 1)\varepsilon(t) \tag{2-128}$$

对式 (2-128) 两侧同时求导，有

$$f^{(-1)}(t) = (1 - \mathrm{e}^{-t})\varepsilon(t) + (t + \mathrm{e}^{-t} - 1)\delta(t) = (1 - \mathrm{e}^{-t})\varepsilon(t) \tag{2-129}$$

再次对式 (2-129) 两侧同时求导，于是可得 $f(t)$，即

$$f(t) = \mathrm{e}^{-t}\varepsilon(t) + (1 - \mathrm{e}^{-t})\delta(t) = \mathrm{e}^{-t}\varepsilon(t)$$

例 2-17　已知信号 $f(t)$ 的波形图如图 2-17a 所示，冲激信号的波形图如图 2-17b～d 所示。直接画出图 2-17a 信号分别与图 2-17b～d 信号卷积结果的波形。

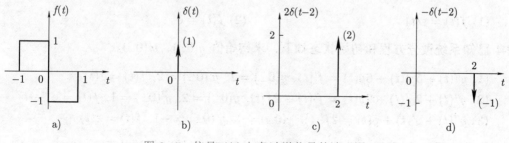

图 2-17　信号 $f(t)$ 与各冲激信号的波形图

解 根据任意信号与冲激信号卷积的再现性可得 $f(t) * \delta(t)$、$f(t) * [2\delta(t-2)]$、$f(t) * [-\delta(t-2)]$ 的结果分别如图 2-18a、b、c 所示。

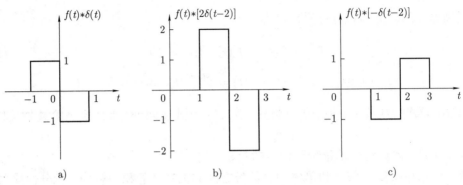

a)   b)   c)

图 2-18 信号 $f(t)$ 与各冲激信号卷积的波形图

习 题 2

2-1 求解下列齐次微分方程。

(1) $y''(t) + 3y'(t) + 2y(t) = 0$, $y(0) = 1$, $y'(0) - 2$

(2) $y'''(t) - y''(t) - y'(t) + y(t) = 0$, $y(0) = 0$, $y'(0) = 2$, $y''(0) = 1$

(3) $y''(t) + 4y'(t) + 4y(t) = 0$, $y(0) = 3$, $y'(0) = 1$

(4) $y''(t) + 3y'(t) = 0$, $y(0) = 1$, $y'(0) = 1$

(5) $y''(t) + 2y'(t) = 0$, $y(0) = 0$, $y'(0) = 2$

2-2 求解系统微分方程 $\dfrac{\mathrm{d}y(t)}{\mathrm{d}t} + 2y(t) = f(t)$ 在给定外界激励 $f(t)$ 时的特解。

(1) $f(t) = 3$ (2) $f(t) = \mathrm{e}^{-\frac{t}{2}}$ (3) $f(t) = \cos 2t$ (4) $f(t) = t^2$

2-3 已知系统微分方程为 $\dfrac{\mathrm{d}^2 y(t)}{\mathrm{d}t^2} + 4\dfrac{\mathrm{d}y(t)}{\mathrm{d}t} + 3y(t) = f(t)$，初始条件为 $y(0) = 1$, $y'(0) = 3$。

当输入信号 $f(t)$ 取以下两种形式时，求系统的全响应 $y(t)$。

(1) $f(t) = \varepsilon(t)$ (2) $f(t) = \mathrm{e}^{-t}$

2-4 已知系统微分方程和初始状态如下，求初始值 $y(0_+)$、$y'(0_+)$。

(1) $y''(t) + 5y'(t) + 6y(t) = f'(t)$, $y(0_-) = 1$, $y'(0_-) = 2$, $f(t) = \varepsilon(t)$

(2) $y''(t) + 2y'(t) + 2y(t) = f'(t) + 2f(t)$, $y(0_-) = 2$, $y'(0_-) = 1$, $f(t) = \mathrm{e}^{-t}\varepsilon(t)$

(3) $y''(t) + y'(t) + y(t) = 2f'(t)$, $y(0_-) = 1$, $y'(0_-) = -1$, $f(t) = \varepsilon(t)$

2-5 电路如图 2-19 所示，已知 $R = 1\Omega$, $C = 2\,\mathrm{F}$, 电路的初始状态 $u_C(0_-) = 1\,\mathrm{V}$, 求

激励为如下形式时，以 $u_C(t)$ 为输出的全响应。

(1) $i_s(t) = \varepsilon(t)$　　　　　　　　　　　　(2) $i_s(t) = 2e^{-\frac{1}{2}t}\varepsilon(t)$

2-6　电路如图 2-20 所示，求以 $i_1(t)$ 为输出变量的系统的零状态响应。其中输入信号 $i_s(t) = \varepsilon(t)$。

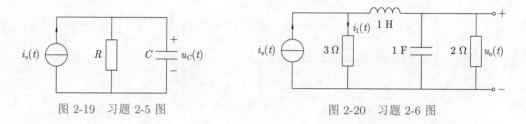

图 2-19　习题 2-5 图　　　　　　　　图 2-20　习题 2-6 图

2-7　仍取如图 2-20 所示的电路，求以 $u_o(t)$ 为输出的系统的全响应。已知激励信号 $i_s(t) = \varepsilon(t)$，$u_o(0_+) = 0$ V，$u_o'(0_+) = -1$ V/s。

2-8　已知系统微分方程为 $\dfrac{dy(t)}{dt} + 3y(t) = f(t)$，若激励信号 $f(t)$ 为如下形式，求系统的零状态响应。

(1) $f(t) = \varepsilon(t)$　　　(2) $f(t) = \delta(t)$　　　(3) $f(t) = \delta'(t)$

2-9　已知系统微分方程为 $y''(t) + 2y'(t) + 2y(t) = f'(t) + f(t)$，判断该系统的单位冲激响应在 $t = 0$ 时是否发生跳变，为什么？

2-10　系统微分方程如下，求单位冲激响应和单位阶跃响应。

(1) $\dfrac{d^2 y(t)}{dt^2} + 4y(t) = 2\dfrac{df(t)}{dt} + f(t)$

(2) $\dfrac{dy(t)}{dt} + 2y(t) = 2\dfrac{df(t)}{dt}$

(3) $\dfrac{d^2 y(t)}{dt^2} - 6\dfrac{dy(t)}{dt} + 8y(t) = \dfrac{d^3 f(t)}{dt^3} + 2\dfrac{df(t)}{dt}$

2-11　系统模拟框图如图 2-21 所示，求系统的单位冲激响应。

2-12　系统模拟框图如图 2-22 所示，求系统的单位冲激响应，并画出波形图。

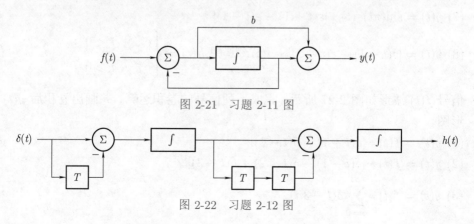

图 2-21　习题 2-11 图

图 2-22　习题 2-12 图

2-13 电路如图 2-23 所示，列出以 $u_R(t)$ 为输出变量的系统微分方程，并求其单位冲激响应 $h_{u_R}(t)$ 和单位阶跃响应 $g_{u_R}(t)$。

2-14 电路如图 2-24 所示，已知 $L_1 = L_2 = 1\,\mathrm{H}$，$R = 1\,\Omega$，求以 $u_{L_2}(t)$ 为求解变量的单位冲激响应和单位阶跃响应。

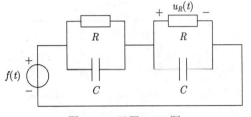

图 2-23　习题 2-13 图

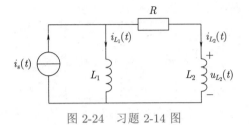

图 2-24　习题 2-14 图

2-15 电路如图 2-25 所示，列出以 $i_R(t)$ 为输出变量的系统微分方程，并求解系统的单位冲激响应。设 $R = 1\,\Omega$，$L = 1\,\mathrm{H}$，$C = 1\,\mathrm{F}$。

2-16 求图 2-26 所示电路的单位冲激响应 $h_{u_C}(t)$。

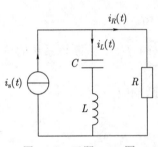

图 2-25　习题 2-15 图

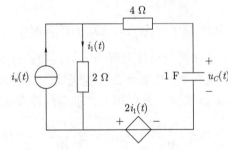

图 2-26　习题 2-16 图

2-17 完成下列信号的卷积运算。

(1) $y(t) = t\varepsilon(t) * \mathrm{e}^{-t}\varepsilon(t)$ 　　　　　(2) $y(t) = \mathrm{e}^{-t}\varepsilon(t) * \mathrm{e}^{-2t}\varepsilon(t)$

(3) $y(t) = \varepsilon(t-2) * \mathrm{e}^{-t}\varepsilon(t)$ 　　　　(4) $y(t) = \varepsilon(t-1) * [\varepsilon(t) - \varepsilon(t-2)]$

(5) $y(t) = [\varepsilon(t) - \varepsilon(t-2)] * \mathrm{e}^{-2t}\varepsilon(t)$ 　　(6) $y(t) = t\varepsilon(t) * \varepsilon(t+3)$

(7) $y(t) = \sin(\pi t)\varepsilon(t) * [\varepsilon(t+1) - \varepsilon(t-1)]$

(8) $y(t) = [\varepsilon(t+1) - \varepsilon(t-2)] * h(t)$，其中 $h(t) = \begin{cases} \mathrm{e}^t, & t < 0 \\ \mathrm{e}^{-t}, & t \geqslant 0 \end{cases}$

2-18 信号 $f(t)$ 波形如图 2-27 所示，完成下列信号的卷积运算，并画出卷积后 $y(t)$ 的波形图。

(1) $y(t) = f(t) * [\delta(t+1) - \delta(t-1)]$

(2) $y(t) = f(t) * [\delta(t-1) - \delta(t-2) + \delta(t-3)]$

(3) $y(t) = f(t) * \displaystyle\sum_{n=0}^{\infty} \delta(t-3n)$

2-19 信号 $f(t)$ 的波形如图 2-28 所示，完成下列信号的卷积运算，并画出卷积后 $y(t)$ 的波形图。

(1) $y(t) = f(t) * \delta(t)$ (2) $y(t) = f(t) * [\delta(t+1) + \delta(t-2)]$

2-20 信号 $f_1(t)$、$f_2(t)$ 的波形如图 2-29 所示，完成下列信号的卷积运算，并画出卷积后的波形图。

(1) $f_1(t) * f_2(t)$ (2) $f_1(t-2) * f_2(t)$

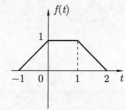
图 2-27 习题 2-18 图

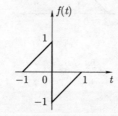
图 2-28 习题 2-19 图

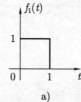
图 2-29 习题 2-20 图

2-21 某 LTI 连续系统的单位冲激响应 $h(t)$ 波形及激励信号 $f(t)$ 的波形如图 2-30 所示，求系统的零状态响应。

2-22 某 LTI 连续系统的单位冲激响应 $h(t)$ 的波形及激励信号 $f(t)$ 的波形如图 2-31 所示，求系统的零状态响应。

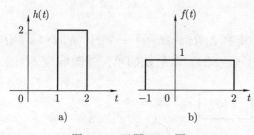
图 2-30 习题 2-21 图

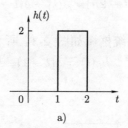
图 2-31 习题 2-22 图

2-23 各信号波形如图 2-32 所示，求如下信号的卷积运算。

(1) $f_1(t) * f_2(t)$ (2) $f_1(t) * f_3(t)$ (3) $f_3(t) * f_4(t)$

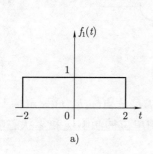
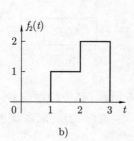
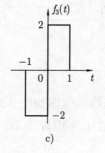
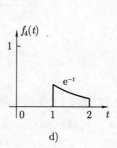

图 2-32 习题 2-23 图

2-24 某 LTI 连续系统的单位冲激响应的波形如图 2-33a、b 所示，激励信号的波形如图 2-33c、d 所示，按如下要求求解系统的零状态响应 $y_{zs}(t)$。

(1) $y_{zs}(t) = h_1(t) * f_1(t)$　　(2) $y_{zs}(t) = h_1(t) * f_2(t)$　　(3) $y_{zs}(t) = h_2(t) * f_2(t)$

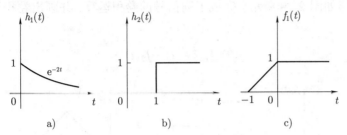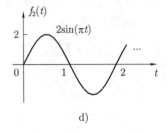

图 2-33　习题 2-24 图

2-25 完成下列信号的卷积运算。

(1) $\delta(t-1) * \cos(2t)\varepsilon(t)$

(2) $f(t-t_1) * \delta(t+t_2)$

(3) $e^{-2t}\varepsilon(t) * \varepsilon(t)$

(4) $\sin(2t)\varepsilon(t) * \sum\limits_{n=0}^{\infty} \delta(t-n)$

(5) $\dfrac{\mathrm{d}}{\mathrm{d}t}\left[e^{-\frac{1}{2}t}\varepsilon(t)\right] * \varepsilon(t)$

(6) $e^{-t}\varepsilon(t) * \varepsilon(t) * \delta(t-t_0)$

(7) $\delta'(t-1) * e^{-2t}\varepsilon(t)$

(8) $t\varepsilon(t) * \varepsilon(t)$

(9) $\sum\limits_{n=0}^{\infty}(-1)^n \delta(t-2n) * [\delta(t) - \delta(t-2)]$

2-26 某 LTI 连续系统框图如图 2-34 所示，其中 $h_1(t) = h_2(t) = \varepsilon(t)$，$h_3(t) = \delta'(t)$，$h_4(t) = \varepsilon(t-1)$，$h_5(t) = \delta(t-1)$，$h_6(t) = -\delta(t)$，求系统的单位冲激响应 $h(t)$。

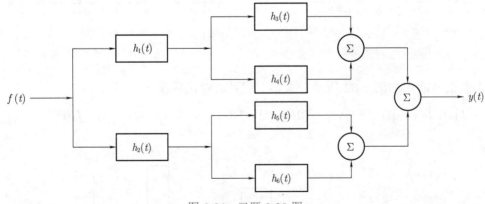

图 2-34　习题 2-26 图

2-27 某 LTI 连续系统模拟框图如图 2-35 所示，其中激励信号 $f(t) = \varepsilon(t)$，$h_1(t) = \delta(t-1)$，$h_2(t) = \varepsilon(t)$，$h_3(t) = \delta(t)$，$h_4(t) = -\delta(t-2)$。求系统的单位冲激响应和零状态响应。

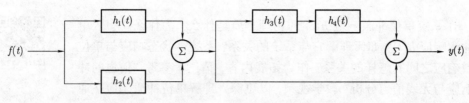

图 2-35 习题 2-27 图

2-28 系统模拟框图如图 2-36 所示，当输入 $f(t) = \varepsilon(t) - \varepsilon(t - 2\pi)$ 时，求系统的零状态响应。

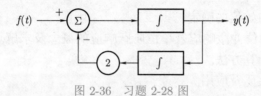

图 2-36 习题 2-28 图

2-29 系统模拟框图如图 2-37 所示，当输入为 $f(t) = \varepsilon(t)$ 时，求系统的零状态响应。

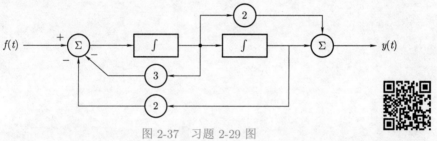

图 2-37 习题 2-29 图

2.11 卷积积分的应用

2-30 某 LTI 连续系统的激励信号 $f(t)$ 与零状态响应 $y_{zs}(t)$ 的关系为

$$y_{zs}(t) = \int_{-\infty}^{\infty} e^{-(t-\xi)} f(\xi - 3) d\xi$$

求该系统的单位冲激响应。

教师导航

本章采用经典分析法，解决了连续时间信号与系统的时域分析问题。通过本章的学习，读者应能体会到数学中的线性常微分方程在 LTI 连续系统分析中的重要地位，它链接了系统中输入与输出的关系。跳出数学层面，读者更应重视系统分析过程中的物理实质。读者在学习本章的内容时，可思考以下问题：

1) LTI 连续系统的零输入响应和零状态响应与描述系统的微分方程的解的形式有怎样的联系？如何确定零输入响应和零状态响应解答形式中的待定系数？

2) 系统的零输入响应和零状态响应在 $t = 0_-$ 时的原始值是否等于 $t = 0_+$ 时的初始值，为什么？

3) 系统单位冲激响应 $h(t)$ 的物理本质是什么? 为什么要引入单位冲激响应 $h(t)$? 如何理解它与系统的关系? 系统零状态响应与单位冲激响应之间有怎样的关系? 作为拓展内容, 请读者参考 "信道的冲激响应与无线信道分析" 教学视频, 以更深入理解单位冲激响应在通信系统分析中的重要地位。

2.12 信道的冲激响应与无线信道分析

本章的重点内容如下:

1) LTI 连续系统 (电路系统或系统的模拟框图) 的数学模型的建立及求解。

2) 待求响应量初始值的确定。

3) LTI 系统的单位冲激响应及单位阶跃响应的概念及求解。

4) 卷积积分的计算方法。

5) 卷积积分的性质及应用。

6) 用卷积法求解 LTI 连续系统的零状态响应。

第 3 章 连续时间信号的频域分析

第 2 章主要介绍了连续时间信号与系统的时域分析。从本章开始，将从时域分析转为在变换域下分析连续时间信号与系统。在变换域分析中，首先讨论的是傅里叶级数 (Fourier series) 和傅里叶变换 (Fourier transform)。傅里叶级数和傅里叶变换是以法国数学家和物理学家 J. B. J. 傅里叶 (Jean Baptiste Joseph Fourier, 1768—1830) 的名字而命名的。傅里叶在向巴黎科学院提交的一篇关于热传导的论文中首次提出周期信号可以表示成无穷多正弦信号 (或复指数信号) 之和。而傅里叶变换是在傅里叶级数基础上发展起来的。这种基于傅里叶级数和傅里叶变换的分析方法不仅应用于电力工程、通信和控制领域，而且在力学、光学、量子物理和各种线性系统分析等许多有关数学、物理和工程技术领域中得到广泛而普遍的应用。本章将借助于傅里叶级数和傅里叶变换，引入周期及非周期信号的频谱，进而建立起连续时间信号在时域和频域之间的转换关系。

3.1 周期信号的傅里叶级数

在 1.5 节介绍信号的分解方法时，其中一种分解方法就是把任意信号分解为正交函数。可以证明，三角函数集 $\{1,\ \sin(n\omega_1 t),\ \cos(n\omega_1 t)\}$ $(n = 1, 2, \cdots)$ 和复指数函数集 $\{e^{jn\omega_1 t}\}$ $(n = 0, \pm1, \pm2, \cdots)$ 在 $(t_0, t_0 + T)$ 内 (这里 $T = 2\pi/\omega_1$) 分别满足式 (1-43) 和式 (1-45)，且均满足式 (1-44)，因而它们分别是完备的正交函数集。满足一定条件的周期信号 $f_T(t)$ 可以分别用三角函数线性组合及周期复指数函数表示，称之为傅里叶级数。

3.1.1 三角函数形式的傅里叶级数

按照傅里叶级数理论，任何一个周期为 T 的周期信号 $f_T(t)$，可以用如下的三角级数表示，即

3.1 三角函数形式的傅里叶级数

$$f_T(t) = a_0 + a_1 \cos(\omega_1 t) + b_1 \sin(\omega_1 t) + a_2 \cos(2\omega_1 t) + b_2 \sin(2\omega_1 t) + \cdots +$$

$$a_n \cos(n\omega_1 t) + b_n \sin(n\omega_1 t) + \cdots$$

$$= a_0 + \sum_{n=1}^{\infty} [a_n \cos(n\omega_1 t) + b_n \sin(n\omega_1 t)] \tag{3-1}$$

式中，a_0 为周期信号在一周期内的平均值；a_n、b_n 为傅里叶系数；ω_1 为基波角频率，它与信号周期 T 之间的关系为

$$\omega_1 = \frac{2\pi}{T} \tag{3-2}$$

由周期信号平均值的定义式可得直流分量 a_0 如式 (3-3) 所示，根据用正交函数的线性组合表示周期信号的系数确定方法即式 (1-47)，可得傅里叶系数 a_n、b_n 分别如式 (3-4) 和式 (3-5) 所示。

$$a_0 = \frac{1}{T} \int_{-T/2}^{T/2} f_T(t)\mathrm{d}t \tag{3-3}$$

$$a_n = \frac{2}{T} \int_{-T/2}^{T/2} f_T(t)\cos(n\omega_1 t)\mathrm{d}t, \ n = 1, 2, \cdots \tag{3-4}$$

$$b_n = \frac{2}{T} \int_{-T/2}^{T/2} f_T(t)\sin(n\omega_1 t)\mathrm{d}t, \ n = 1, 2, \cdots \tag{3-5}$$

若令

$$A_n = \sqrt{a_n^2 + b_n^2}, \ n = 1, 2, \cdots \tag{3-6}$$

$$\cos\varphi_n = \frac{a_n}{A_n}, \ n = 1, 2, \cdots \tag{3-7}$$

$$\sin\varphi_n = -\frac{b_n}{A_n}, \ n = 1, 2, \cdots \tag{3-8}$$

$$\varphi_n = \arctan\left(\frac{-b_n}{a_n}\right), \ n = 1, 2, \cdots \tag{3-9}$$

则

$$a_n \cos(n\omega_1 t) + b_n \sin(n\omega_1 t) = A_n[\cos\varphi_n \cos(n\omega_1 t) - \sin\varphi_n \sin(n\omega_1 t)]$$

$$= A_n \cos(n\omega_1 t + \varphi_n), \ n = 1, 2, \cdots$$

式 (3-1) 又可有如下形式：

$$f_T(t) = A_0 + \sum_{n=1}^{\infty} A_n \cos(n\omega_1 t + \varphi_n) \tag{3-10}$$

式 (3-10) 又称为周期信号谐波形式的傅里叶级数。其中，$A_0 = a_0$，仍为周期信号的平均值，它是周期信号 $f_T(t)$ 中所包含的直流分量，其值仍由式 (3-3) 决定。而式 (3-10) 中当 $n = 1$ 时的分量 $A_1 \cos(\omega_1 t + \varphi_1)$ 称为基波，它的角频率 ω_1 即为基波角频率，与周期 T 之间满足式 (3-2)。$A_n \cos(n\omega_1 t + \varphi_n)$ 为 n 次谐波分量，$n\omega_1$ 称为 n 次谐频。而相应的 A_n 为 n 次谐波分量的振幅 (又称实振幅)，φ_n 为 n 次谐波分量的初位相。

式 (3-1) 与式 (3-10) 两式的物理含义是相同的，都表明了任意周期信号皆可以用直流分量和无穷多谐波分量之和来表示。必须说明的是，这里能够用傅里叶级数表示的"任

意" 周期信号必须满足狄利克雷 (Dirichlet) 条件，即周期信号 $f_T(t)$ 需要满足如下一组充分条件：

1) $f_T(t)$ 在一周期内，如果有间断点，间断点的数目应该是有限个。

2) $f_T(t)$ 在一周期内，极大值和极小值的数目应该是有限个。

3) $f_T(t)$ 在一周期内必须满足绝对可积，即 $\int_{t_0}^{t_0+T} |f(t)|\mathrm{d}t$ 等于有限值。

例 3-1　求图 3-1 所示周期三角脉冲信号的傅里叶级数。

解　$f_T(t)$ 是偶函数，在一个周期内的表达式为

$$f_T(t) = \frac{2A}{T}|t|, \quad -\frac{T}{2} \leqslant t \leqslant \frac{T}{2} \qquad (3\text{-}11)$$

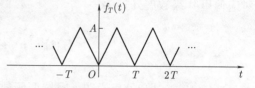

图 3-1　周期三角脉冲信号

其傅里叶系数为

$$a_0 = \frac{1}{T}\int_{-T/2}^{T/2} f_T(t)\mathrm{d}t = \frac{2}{T}\int_0^{T/2} \frac{2A}{T}t\mathrm{d}t = \frac{A}{2} \qquad (3\text{-}12)$$

$$a_n = \frac{2}{T}\int_{-T/2}^{T/2} f_T(t)\cos(n\omega_1 t)\mathrm{d}t = \frac{4}{T}\int_0^{T/2} \frac{2A}{T}t\cos\left(\frac{2n\pi t}{T}\right)\mathrm{d}t$$

$$= \begin{cases} -\dfrac{4A}{n^2\pi^2}, & n = 1,3,5,\cdots \\ 0, & n = 2,4,6,\cdots \end{cases} \qquad (3\text{-}13)$$

$$b_n = \frac{2}{T}\int_{-T/2}^{T/2} f_T(t)\sin(n\omega_1 t)\mathrm{d}t = 0, \ n = 1,2,\cdots \qquad (3\text{-}14)$$

将直流分量式 (3-12) 和式 (3-13)、式(3-14) 的傅里叶系数代入式 (3-1) 中可得

$$f_T(t) = \frac{A}{2} - \frac{4A}{\pi^2}\left[\cos(\omega_1 t) + \frac{1}{3^2}\cos(3\omega_1 t) + \frac{1}{5^2}\cos(5\omega_1 t) + \cdots\right] \qquad (3\text{-}15)$$

通过此例题可以看到，周期信号的傅里叶级数展开式需经过积分运算才能确定傅里叶系数。当信号比较复杂时，将给周期信号分解带来一定的困难。通常可以通过傅里叶级数的一些基本特性来简化积分运算。

3.1.2　傅里叶级数的特性

傅里叶级数有一些典型的特征，利用傅里叶级数的基本特性，可以简化傅里叶系数的计算。

3.2 函数对称性与
傅里叶级数

1. 函数的对称性与傅里叶系数的关系

1) 若周期信号是时间 t 的偶函数，即

$$f_T(t) = f_T(-t) \qquad (3\text{-}16)$$

其波形关于纵轴对称，如图 3-2 所示。这类函数的傅里叶系数为

$$a_0 = \frac{2}{T} \int_0^{T/2} f_T(t)\mathrm{d}t \tag{3-17}$$

$$a_n = \frac{4}{T} \int_0^{T/2} f_T(t)\cos(n\omega_1 t)\mathrm{d}t,\ n = 1, 2, \cdots \tag{3-18}$$

$$b_n = 0,\ n = 1, 2, \cdots \tag{3-19}$$

对应傅里叶级数展开式为

$$f_T(t) = a_0 + \sum_{n=1}^{\infty} a_n \cos(n\omega_1 t) \tag{3-20}$$

式(3-18)~ 式(3-20) 说明，时域偶函数的傅里叶级数展开式中不含正弦分量，而余弦分量系数 a_n 和直流分量可通过半周期内积分求得。

2) 若周期信号是时间 t 的奇函数，即

$$f_T(t) = -f_T(-t) \tag{3-21}$$

其波形关于坐标原点对称，如图 3-3 所示。这类函数的傅里叶系数为

$$a_n = 0,\ n = 0, 1, 2, \cdots \tag{3-22}$$

$$b_n = \frac{4}{T} \int_0^{T/2} f_T(t)\sin(n\omega_1 t)\mathrm{d}t,\ n = 1, 2, \cdots \tag{3-23}$$

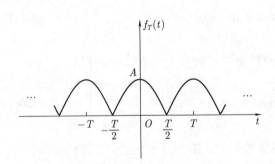

图 3-2   周期信号 $f_T(t)$ 为偶函数

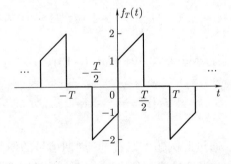

图 3-3   周期信号 $f_T(t)$ 为奇函数

对应傅里叶级数展开式为

$$f_T(t) = \sum_{n=1}^{\infty} b_n \sin(n\omega_1 t) \tag{3-24}$$

式 (3-22)~ 式(3-24) 表明，时域奇函数的傅里叶级数展开式中不含直流和余弦分量，其正弦分量系数 b_n 可通过半周期内积分求得。

3) 若周期信号是时间 t 的奇谐函数，即

$$f_T(t) = -f_T\left(t \pm \frac{T}{2}\right) \tag{3-25}$$

其波形如图 3-4 所示。

从奇谐函数的波形上看，若图形沿时间轴平移 $T/2$，则与原周期信号波形关于横轴呈现镜像对称。这类函数的傅里叶系数为

$$a_n = \begin{cases} \dfrac{4}{T} \displaystyle\int_0^{T/2} f_T(t)\cos(n\omega_1 t)\mathrm{d}t, & n = 1,3,5,\cdots \\ 0, & n = 0,2,4,\cdots \end{cases} \tag{3-26}$$

$$b_n = \begin{cases} \dfrac{4}{T} \displaystyle\int_0^{T/2} f_T(t)\sin(n\omega_1 t)\mathrm{d}t, & n = 1,3,5,\cdots \\ 0, & n = 2,4,6,\cdots \end{cases} \tag{3-27}$$

对应傅里叶级数展开式为

$$f_T(t) = \sum_{n=1}^{\infty} a_{2n-1}\cos[(2n-1)\omega_1 t] + b_{2n-1}\sin[(2n-1)\omega_1 t] \tag{3-28}$$

式(3-26)~ 式(3-28) 表明了时域下奇谐函数的傅里叶级数中只含奇次谐波分量。

4) 若周期信号是时间 t 的偶谐函数，即

$$f_T(t) = f_T\left(t \pm \frac{T}{2}\right) \tag{3-29}$$

其波形如图 3-5 所示。

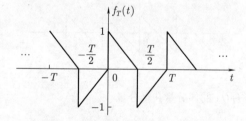

图 3-4　周期信号 $f_T(t)$ 为奇谐函数

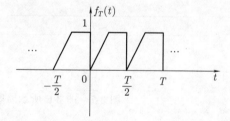

图 3-5　周期信号 $f_T(t)$ 为偶谐函数

从偶谐函数的波形上看，图形沿 t 轴平移半周期后，与原周期信号波形重合。这类函数的傅里叶系数为

$$a_0 = \frac{2}{T} \int_0^{T/2} f_T(t)\mathrm{d}t \tag{3-30}$$

$$a_n = \begin{cases} \dfrac{4}{T} \displaystyle\int_0^{T/2} f_T(t)\cos(n\omega_1 t)\mathrm{d}t, & n = 2,4,6,\cdots \\ 0, & n = 1,3,5,\cdots \end{cases} \tag{3-31}$$

$$b_n = \begin{cases} \dfrac{4}{T} \displaystyle\int_0^{T/2} f_T(t)\sin(n\omega_1 t)\mathrm{d}t, & n = 2,4,6,\cdots \\ 0, & n = 1,3,5,\cdots \end{cases} \tag{3-32}$$

对应傅里叶级数展开式为

$$f_T(t) = a_0 + \sum_{n=1}^{\infty} a_{2n}\cos(2n\omega_1 t) + b_{2n}\sin(2n\omega_1 t) \tag{3-33}$$

式(3-30)～式(3-33) 表明了时域下偶谐函数的傅里叶级数中含有直流和偶次谐波分量。

若周期信号 $f_T(t)$ 不具有上述任何对称性，一般情况下可以先将周期信号分解为奇、偶分量，进一步求偶分量 $f_e(t)$ 和奇分量 $f_o(t)$ 的傅里叶级数，可分别按各自的对称性求其相应的傅里叶系数，然后综合得出原周期信号 $f_T(t)$ 的傅里叶级数。

例 3-2   利用函数的对称性定性分析图 3-6 所示周期锯齿波信号 $f_T(t)$ 的傅里叶级数中所含的频率成分。

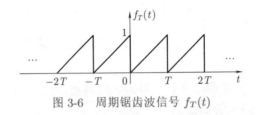

图 3-6   周期锯齿波信号 $f_T(t)$

解 $f_T(t)$ 不满足函数的任何对称性，为定性确定其频率分量，可先将该周期信号分解为奇、偶分量，对应的偶分量 $f_e(t)$ 和奇分量 $f_o(t)$ 分别如图 3-7a 和 b 所示。

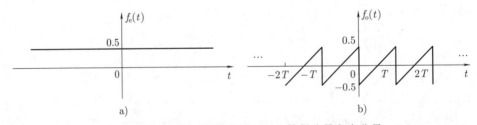

图 3-7   图 3-6 所示周期信号 $f_T(t)$ 的偶分量和奇分量

由于 $f_e(t)$ 为偶函数且等于常数，所以 $f_e(t)$ 分量的傅里叶级数中只含直流成分。而 $f_o(t)$ 为奇函数，则 $a_0 = a_n = 0$, $b_n \neq 0$, $n = 1, 2, \cdots$，故 $f_o(t)$ 分量的傅里叶级数中只含正弦成分。因此，图 3-6 所示周期锯齿波信号 $f_T(t)$ 对应的傅里叶级数展开式中只含直流和正弦分量。

2. 傅里叶系数的微分特性

设任意周期信号为 $f_T(t)$，其傅里叶级数展开式中 n 次谐波振幅为 A_n，初相为 φ_n。又设 $f_T(t)$ 的 m（m 为正整数）阶导数用 $f_T^{(m)}(t)$ 表示，其傅里叶级数展开式中的 n 次谐波振幅为 $A_n^{(m)}$，初相为 $\varphi_n^{(m)}$。由傅里叶级数表达式 (3-1) 或式 (3-10) 不难证明：

$$A_n^{(m)} = (n\omega_1)^m A_n, \ n = 1, 2, \cdots \tag{3-34}$$

$$\varphi_n^{(m)} = \varphi_n + \frac{\pi}{2}m, \ n = 1, 2, \cdots \tag{3-35}$$

或

$$A_n = \frac{A_n^{(m)}}{(n\omega_1)^m}, \ n = 1, 2, \cdots \tag{3-36}$$

$$\varphi_n = \varphi_n^{(m)} - \frac{\pi}{2}m, \ n = 1, 2, \cdots \tag{3-37}$$

例 3-3 求图 3-6 所示周期锯齿波 $f_T(t)$ 的傅里叶级数。

解 根据信号图像直接做微分运算可得周期锯齿波 $f_T(t)$ 的一阶导数 $f_T'(t)$ 及二阶导数 $f_T''(t)$ 的图像如图 3-8a、b 所示。图 3-8b 所示的 $f_T''(t)$ 是奇函数，所以 $f_T''(t)$ 的傅里叶系数 $a_n^{(2)} = 0$，只需计算 $b_n^{(2)}$ 即可。

$$b_n^{(2)} = \frac{2}{T} \int_{-T/2}^{T/2} f_T''(t) \sin(n\omega_1 t) \mathrm{d}t = \frac{2}{T} \int_{-T/2}^{T/2} [-\delta'(t)] \sin(n\omega_1 t) \mathrm{d}t$$

$$= \frac{2}{T} [\sin(n\omega_1 t)]' \big|_{t=0} = \frac{2n\omega_1}{T}, \ n = 1, 2, \cdots$$

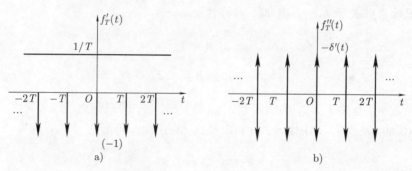

图 3-8 图 3-6 所示周期锯齿波的一阶导数 $f_T'(t)$ 及二阶导数 $f_T''(t)$ 的波形

故

$$A_n^{(2)} = \sqrt{\left(a_n^{(2)}\right)^2 + \left(b_n^{(2)}\right)^2} = \frac{2n\omega_1}{T}, \ n = 1, 2, \cdots$$

$$\varphi_n^{(2)} = \arctan \frac{-b_n^{(2)}}{a_n^{(2)}} = -\frac{\pi}{2}, \ n = 1, 2, \cdots$$

由傅里叶级数微分特性可得 $f_T(t)$ 的傅里叶系数为

$$A_n = \frac{A_n^{(2)}}{(n\omega_1)^2} = \frac{2}{n\omega_1 T} = \frac{1}{n\pi}, \ n = 1, 2, \cdots$$

$$\varphi_n = \varphi_n^{(2)} - 2 \times \frac{\pi}{2} = -\frac{\pi}{2} - \pi = -\frac{3\pi}{2} \ \text{或} \ \frac{\pi}{2}, \ n = 1, 2, \cdots$$

$$A_0 = \frac{1}{T} \int_0^T f_T(t) \mathrm{d}t = \frac{1}{T} \int_0^T \frac{t}{T} \mathrm{d}t = \frac{1}{2}$$

由此可得周期锯齿波的傅里叶级数为

$$f_T(t) = A_0 + \sum_{n=1}^{\infty} A_n \cos(n\omega_1 t + \varphi_n) = \frac{1}{2} + \sum_{n=1}^{\infty} \frac{1}{n\pi} \cos\left(n\omega_1 t + \frac{\pi}{2}\right)$$

$$= \frac{1}{2} - \frac{1}{\pi} \sum_{n=1}^{\infty} \frac{1}{n} \sin(n\omega_1 t) \tag{3-38}$$

3. 傅里叶系数的奇偶特性

设任意周期信号 $f_T(t)$ 的傅里叶系数为 a_n 和 b_n，则有

$$a_{-n} = \frac{2}{T} \int_{-T/2}^{T/2} f_T(t) \cos(-n\omega_1 t) \mathrm{d}t = \frac{2}{T} \int_{-T/2}^{T/2} f_T(t) \cos(n\omega_1 t) \mathrm{d}t = a_n, \ n = 1, 2, \cdots$$

$$b_{-n} = \frac{2}{T} \int_{-T/2}^{T/2} f_T(t) \sin(-n\omega_1 t) \mathrm{d}t = -\frac{2}{T} \int_{-T/2}^{T/2} f_T(t) \sin(n\omega_1 t) \mathrm{d}t = -b_n, \ n = 1, 2, \cdots$$

可见，傅里叶系数关于 $n\omega_1$ 具有如下对称性：

$$a_n = a_{-n}, \ n = 1, 2, \cdots \tag{3-39}$$

$$b_n = -b_{-n}, \ n = 1, 2, \cdots \tag{3-40}$$

即傅里叶系数 a_n 是关于 $n\omega_1$ 的偶函数，b_n 是关于 $n\omega_1$ 的奇函数。

将式 (3-39) 及式 (3-40) 代入式 (3-6) 及式 (3-9) 中，可有

$$A_n = A_{-n}, \ n = 1, 2, \cdots \tag{3-41}$$

$$\varphi_n = -\varphi_{-n}, \ n = 1, 2, \cdots \tag{3-42}$$

由此可见，A_n 是关于 $n\omega_1$ 的偶函数，φ_n 是关于 $n\omega_1$ 的奇函数。

3.1.3　指数形式的傅里叶级数

利用欧拉公式，可有

3.3 指数形式的傅里叶级数

$$\cos(n\omega_1 t + \varphi_n) = \frac{1}{2} \left[\mathrm{e}^{\mathrm{j}(n\omega_1 t + \varphi_n)} + \mathrm{e}^{-\mathrm{j}(n\omega_1 t + \varphi_n)} \right]$$

式(3-10) 可进一步写为

$$f_T(t) = A_0 + \sum_{n=1}^{\infty} \frac{A_n}{2} \left[\mathrm{e}^{\mathrm{j}(n\omega_1 t + \varphi_n)} + \mathrm{e}^{-\mathrm{j}(n\omega_1 t + \varphi_n)} \right]$$

$$= A_0 + \sum_{n=1}^{\infty} \frac{A_n}{2} \mathrm{e}^{\mathrm{j}\varphi_n} \mathrm{e}^{\mathrm{j}n\omega_1 t} + \sum_{n=1}^{\infty} \frac{A_n}{2} \mathrm{e}^{-\mathrm{j}\varphi_n} \mathrm{e}^{-\mathrm{j}n\omega_1 t}$$

将上式第 3 项中的 n 用 $-n$ 替换，则

$$f_T(t) = A_0 + \sum_{n=1}^{\infty} \frac{A_n}{2} e^{j\varphi_n} e^{jn\omega_1 t} + \sum_{n=-1}^{-\infty} \frac{A_{-n}}{2} e^{-j\varphi_{-n}} e^{-j(-n)\omega_1 t}$$

根据式 (3-41) 及式 (3-42) 可得

$$f_T(t) = A_0 + \sum_{n=1}^{\infty} \frac{A_n}{2} e^{j\varphi_n} e^{jn\omega_1 t} + \sum_{n=-1}^{-\infty} \frac{A_n}{2} e^{j\varphi_n} e^{jn\omega_1 t} \tag{3-43}$$

令

$$\dot{F}_0 = A_0, \ \dot{F}_n = \frac{A_n}{2} e^{j\varphi_n}, \ n = \pm 1, \pm 2, \cdots \tag{3-44}$$

则式 (3-43) 进一步变化为

$$f_T(t) = \dot{F}_0 + \sum_{n=1}^{\infty} \dot{F}_n e^{jn\omega_1 t} + \sum_{n=-\infty}^{-1} \dot{F}_n e^{jn\omega_1 t}$$

即

$$f_T(t) = \sum_{n=-\infty}^{\infty} \dot{F}_n e^{jn\omega_1 t} \tag{3-45}$$

称式 (3-45) 为指数形式的傅里叶级数。其中，$\dot{F}_n$ 为傅里叶复系数，也可称为复振幅。式(3-45)表明，任意周期信号 $f_T(t)$ 可分解为一系列不同频率的虚指数信号 $\{e^{jn\omega_1 t}\}$，其各分量的复振幅为 $\dot{F}_n$。

需要说明一点，式 (3-45) 中当 n 取负值时，$n\omega_1$ 为负频率，这是数学运算引入的结果，没有实在的物理意义。

根据式 (3-44)，结合式 (3-4)和式 (3-5)，可有

$$\dot{F}_n = \frac{A_n}{2} e^{j\varphi_n} = \frac{1}{2}(A_n \cos\varphi_n + jA_n \sin\varphi_n) = \frac{1}{2}(a_n - jb_n)$$

$$= \frac{1}{2}\left[\frac{2}{T}\int_{-T/2}^{T/2} f_T(t)\cos(n\omega_1 t)dt - j\frac{2}{T}\int_{-T/2}^{T/2} f_T(t)\sin(n\omega_1 t)dt\right]$$

$$= \frac{1}{T}\int_{-T/2}^{T/2} f_T(t)e^{-jn\omega_1 t}dt, \ n = \pm 1, \pm 2, \cdots \tag{3-46}$$

$$\dot{F}_0 = A_0 = \frac{1}{T}\int_{-T/2}^{T/2} f_T(t)dt \tag{3-47}$$

式(3-46) 也可由式 (1-48) 直接求得。由式 (3-45) 和式 (3-46) 可以看出，指数形式的傅里叶级数比三角函数形式的傅里叶级数更为简洁，特别是傅里叶系数的计算更简单，指数形式的傅里叶系数只需计算复系数 $\dot{F}_n$。

另外，将式 (3-45) 两侧同时对时间求 m 阶导数，即

$$f_T^{(m)}(t) = \sum_{n=-\infty}^{\infty} (jn\omega_1)^m \dot{F}_n e^{jn\omega_1 t} \tag{3-48}$$

从而可得 $f_T(t)$ 的 m 阶导数 $f_T^{(m)}(t)$ 的傅里叶系数为

$$\dot{F}_n^{(m)} = (\mathrm{j}n\omega_1)^m \dot{F}_n \tag{3-49}$$

进一步则可得证傅里叶系数的微分特性式 (3-34)~ 式(3-37)。

例 3-4　将图 3-9 所示周期信号 $f_T(t)$ 展开为指数形式的傅里叶级数。

解　由图 3-9 可知，$f_T(t)$ 的周期为 T，基波角频率为 $\omega_1 = \dfrac{2\pi}{T}$，而 $f_T(t)$ 在一个周期内的表达式为

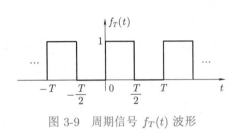

图 3-9　周期信号 $f_T(t)$ 波形

$$f_T(t) = \begin{cases} 1, & 0 < t < \dfrac{T}{2} \\ 0, & \dfrac{T}{2} < t < T \end{cases}$$

由式 (3-46) 及式 (3-47) 可得

$$\dot{F}_n = \frac{1}{T}\int_{-T/2}^{T/2} f_T(t)\mathrm{e}^{-\mathrm{j}n\omega_1 t}\mathrm{d}t = \frac{1}{T}\int_0^{T/2} \mathrm{e}^{-\mathrm{j}n\omega_1 t}\mathrm{d}t = \begin{cases} \dfrac{1}{\mathrm{j}n\pi}, & n = \pm 1, \pm 3, \pm 5, \cdots \\ 0, & n = \pm 2, \pm 4, \pm 6, \cdots \end{cases}$$

$$\dot{F}_0 = \frac{1}{T}\int_{-T/2}^{T/2} f_T(t)\mathrm{d}t = \frac{1}{T}\int_0^{T/2} \mathrm{d}t = \frac{1}{2}$$

由此可得指数形式的傅里叶级数为

$$f_T(t) = \frac{1}{2} + \sum_{n=-\infty}^{\infty} \frac{1}{\mathrm{j}(2n-1)\pi}\mathrm{e}^{\mathrm{j}(2n-1)\omega_1 t} \tag{3-50}$$

3.2　周期矩形脉冲信号的频谱

3.2.1　周期信号的频谱

3.1 节通过傅里叶级数展开的形式描述了时域周期信号对应的频域表述，可以看到傅里叶系数是频率的函数。为了更直观地反映信号的各频率成分，通常将周期信号傅里叶级数展开式中的谐波振幅 A_n 和相位 φ_n （或复振幅 $\dot{F}_n$）随频率 $n\omega_1$ 的变化关系称为周期信号的频谱，并可通过图像的形式表示出来，即频谱图。频谱图是以谐波频率 $n\omega_1$ 为横轴，把周期信号所包含各谐波的振幅和相位分别用等比例的竖直线在各谐频点上描绘出来，频谱图包括幅度谱和相位谱。在每个谐频点上代表各谐波分量振幅 A_n 和相位 φ_n 的竖直线称为谱线。可用连接各谱线顶点的虚线 (称为包络线) 来反映各谐波分量振幅及相位随频率变化的规律。图 3-1 所示的周期三角脉冲信号，其幅度谱及相位谱分别如图 3-10a、b 所示。

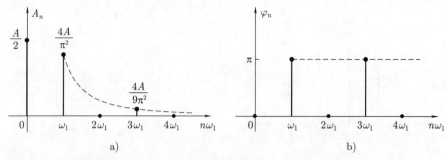

图 3-10 图 3-1 所示周期三角脉冲的幅度谱及相位谱

对于谐波形式的傅里叶级数, n 取正整数, 所以频谱图中的谱线仅存在于纵轴右半平面, 称为单边谱。而指数形式傅里叶级数中 n 可以取任何整数, 因此描绘 $\dot{F}_n$ 随频率变化的频谱图 (包括幅度谱 $|\dot{F}_n| \sim n\omega_1$ 和相位谱 $\varphi_n \sim n\omega_1$) 在纵轴的两侧都有谱线存在, 称为双边谱。根据式 (3-44), 双边谱中的幅度谱具有偶对称性, 相位谱则是奇对称的。

3.4 周期信号的频谱

例 3-5 已知某信号 $f(t)$ 可表示为如下形式:

$$f(t) = 3 + 6\cos\left(100\pi t - \frac{\pi}{4}\right) + 4\sin(200\pi t) - 2\cos(300\pi t)$$

画出 $f(t)$ 的频谱图。

解 将 $f(t)$ 表达式中的各频率分量统一用谐波形式表示, 即

$$f(t) = 3 + 6\cos\left(100\pi t - \frac{\pi}{4}\right) + 4\cos\left(200\pi t - \frac{\pi}{2}\right) + 2\cos(300\pi t - \pi)$$

基频 $\omega_1 = 100\pi$ rad/s。具体分析详见表 3-1, 表中涉及的双边谱只讨论了正频率分量, 由式 (3-44) 可知, 对于正频率分量, $|\dot{F}_n| = \frac{1}{2}A_n$, 而辐角 (相位) 与 n 次谐波的初相角相等。负频率分量的谱线只需做出与正频率分量对应的偶对称 (幅度谱) 和奇对称 (相位谱) 图形。单边谱和双边谱分别如图 3-11a 和 b 所示。

表 3-1 例 3-5 的分析过程

n	振幅		相位
$n = 0$ (直流分量)	$A_0 = |\dot{F}_0| = 3$		
$n = 1$ (基频分量)	实振幅	$A_1 = 6$	$\varphi_1 = -\dfrac{\pi}{4}$
	复振幅	$|\dot{F}_1| = \dfrac{A_1}{2} = 3$	$\varphi_1 = -\dfrac{\pi}{4}$
$n = 2$ (二次谐波)	实振幅	$A_2 = 4$	$\varphi_2 = -\dfrac{\pi}{2}$
	复振幅	$|\dot{F}_2| = \dfrac{A_2}{2} = 2$	$\varphi_2 = -\dfrac{\pi}{2}$
$n = 3$ (三次谐波)	实振幅	$A_3 = 2$	$\varphi_3 = -\pi$
	复振幅	$|\dot{F}_3| = \dfrac{A_3}{2} = 1$	$\varphi_3 = -\pi$

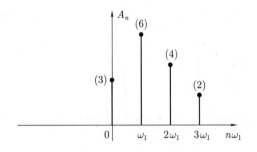
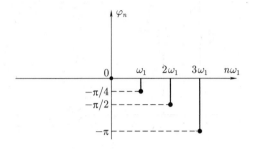

a) 单边谱

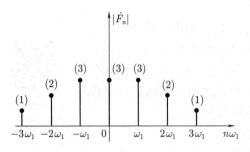
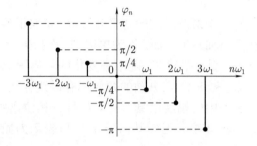

b) 双边谱

图 3-11　例 3-5 信号 $f(t)$ 的单边谱及双边谱

3.2.2　周期矩形脉冲信号的频谱

设周期为 T，幅度为 E，脉冲宽度为 τ 的周期矩形脉冲如图 3-12 所示。$f_T(t)$ 在一个周期内的表达式为

$$f_T(t) = \begin{cases} E, & |t| < \dfrac{\tau}{2} \\ 0, & \dfrac{\tau}{2} < |t| < \dfrac{T}{2} \end{cases}$$

3.5 矩形脉冲串的
傅里叶级数

相应的复振幅为

$$\dot{F}_n = \frac{1}{T} \int_{-T/2}^{T/2} f_T(t) \mathrm{e}^{-jn\omega_1 t}\mathrm{d}t = \frac{1}{T} \int_{-\tau/2}^{\tau/2} E\mathrm{e}^{-jn\omega_1 t}\mathrm{d}t = \frac{2E}{n\omega_1 T} \sin\left(\frac{n\omega_1\tau}{2}\right)$$

$$= \frac{E\tau}{T} \frac{\sin\left(\dfrac{n\omega_1\tau}{2}\right)}{\dfrac{n\omega_1\tau}{2}} = \frac{E\tau}{T} \mathrm{Sa}\left(\frac{n\omega_1\tau}{2}\right), \ n = 0, \pm 1, \pm 2, \pm 3, \cdots \tag{3-51}$$

可见，$\dot{F}_n$ 具有抽样函数的形式。为明确频谱图特征，做如下讨论：

零交叉点：取 $\dfrac{n\omega_1\tau}{2} = k\pi$ 时，可得零交叉点为

3.6 矩形脉冲串的
频谱分析

$$n\omega_1 = \frac{2k\pi}{\tau}, \ k = \pm 1, \pm 2, \pm 3, \cdots$$

谱线间隔为

$$\omega_1 = \frac{2\pi}{T}$$

坐标原点至第一零值点内谱线个数为

$$N = \frac{2\pi}{\tau}/\omega_1 = \frac{T}{\tau}$$

由以上讨论结果可以画出周期矩形脉冲信号的频谱图，如图 3-13 所示。

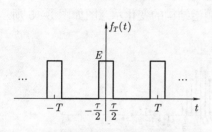

图 3-12 周期矩形脉冲

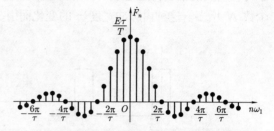

图 3-13 周期矩形脉冲信号的频谱图

图 3-13 将幅度和相位随频率的变化关系一并表示出来。需要注意的是，只有在 $\dot{F}_n$ 为实函数时，才可以将幅度谱和相位谱合在一张图中描述；当 $\dot{F}_n$ 为复函数时，其幅度谱和相位谱应分开画。在画双边谱时需考虑 $|\dot{F}_n|$ 为 $n\omega_1$ 的偶函数，φ_n 为 $n\omega_1$ 的奇函数。对于频谱图 3-13，如果将幅度谱和相位谱分开画，则幅度谱表达式为

$$|\dot{F}_n| = \left| \frac{E\tau}{T} \mathrm{Sa}\left(\frac{n\omega_1\tau}{2}\right) \right|, \ n = 0, \pm1, \pm2, \pm3, \cdots \tag{3-52}$$

而由图 3-13 可知，当 $\dot{F}_n > 0$ 时，$\varphi_n = 0$；当 $\dot{F}_n < 0$ 时，$\varphi_n = \pm\pi$，这里对应正频率分量，取 $\varphi_n = \pi$。于是，周期矩形脉冲信号的幅度谱及相位谱如图 3-14a 和 b 所示。

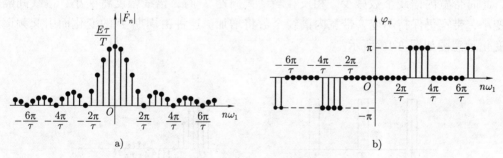

图 3-14 周期矩形脉冲信号的幅度谱及相位谱

从周期矩形脉冲信号的频谱图 3-13 或图 3-14a 可见，周期矩形脉冲信号的能量主要集中在坐标原点到第一个零交叉点之间的频率范围内。把从坐标原点到第一个零交叉点的频率范围定义为该周期矩形脉冲信号的带宽，用 B_ω 或 B_f 来表示，即

$$B_\omega = \frac{2\pi}{\tau} \quad \text{或} \quad B_f = \frac{1}{\tau} \tag{3-53}$$

由式 (3-53) 可知，时域上脉冲信号所持续的时间 τ 与频域的带宽 B_ω 成反比关系。

3.2.3 周期矩形脉冲信号的频谱结构

周期矩形脉冲信号的周期 T 及脉冲宽度 τ 将影响其频谱结构。具体分析如下：

当保持周期 T 不变时，谱线间隔 $\omega_1 = \dfrac{2\pi}{T}$ 不变。增大脉冲宽度 τ 时，谱线的幅度将增大，带宽将变窄，而谱线间隔仍不变，由此导致带宽内谱线个数减少。反之，当将脉冲宽度 τ 减小时，谱线的幅度将随之减小，带宽 B_ω 变宽，由于谱线间隔仍不变，由此导致带宽内谱线个数 N 增多。这种由脉冲宽度 τ 的变化而引起的频谱结构的变化示意图如图 3-15 所示。

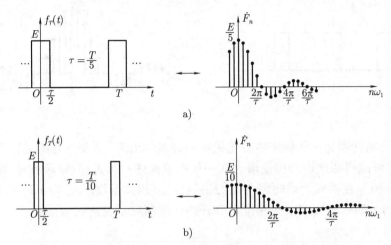

图 3-15　周期矩形脉冲信号的脉冲宽度 τ 对其频谱结构的影响

当保持脉冲宽度 τ 不变而周期 T 变化时，谱线过零点的坐标并不改变，即带宽不变。当减小周期 T 时，谱线幅度将增大，谱线间隔 $\omega_1 = \dfrac{2\pi}{T}$ 也变大，由于带宽 $B_\omega = \dfrac{2\pi}{\tau}$ 不变，此时带宽内谱线个数减少。相反，当增大周期 T 时，谱线幅度将变小，谱线间隔也将变小，带宽仍保持不变，带宽内谱线个数将增加。这种由周期 T 的变化而引起频谱结构变化示意图如图 3-16 所示。

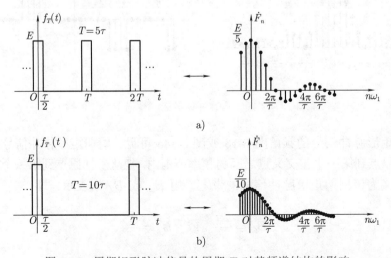

图 3-16　周期矩形脉冲信号的周期 T 对其频谱结构的影响

3.2.4　周期信号频谱的特点

由矩形周期信号的频谱结构可知，周期信号频谱应具有以下 3 个特征：

1) 周期信号的频谱是频率不连续的离散线状谱，即周期信号的频谱具有离散性。

2) 只有当频率为基频 ω_1 的整数倍时，复振幅 $\dot{F}_n$ 才有定义，而每一条谱线仅代表一个谐波分量。这说明周期信号频谱具有谐波性。

3) 由周期信号的幅度谱可知，各次谐波的振幅随频率 $n\omega_1$ 增大而衰减，最终将在无穷大频率处趋于零。所以，周期信号的频谱具有收敛性。

上述周期信号频谱的 3 个主要特点——离散性、谐波性、收敛性，为所有周期信号共有的特点。

3.3　傅里叶变换和非周期信号的频谱

在 3.2 节中所讨论的周期矩形脉冲信号的频谱结构很清楚地表明，在脉冲宽度一定的前提下，带宽内谱线的密度和幅度均与信号的周期密切相关，周期越大，谱线越密且幅度越小。当信号周期无限增大时，其谱线间隔与谱线幅度都趋于无穷小，此时谱线将连成一片。另一方面，尽管谱值趋于无穷小，但各频率分量的谱线仍将保持一定的比例关系，即频谱的分布依然存在，无限多无穷小量之和仍然是一个有限值，这将取决于信号的能量。由此可见，当周期 T 趋于无穷大时，周期信号已过渡到非周期信号，此时，离散的线状谱已无法再描述非周期信号的频谱。事实上，如果周期脉冲的周期足够长，使得后一脉冲到来之前，前一脉冲的作用已经消失，即可看作非周期信号。所以，非周期信号的频谱研究更具有普遍意义。由于非周期信号的频谱不能再采用周期信号的离散线状谱进行表征，需引入新的物理量——频谱密度函数，以此来讨论非周期信号的频域描述。

下面从周期信号的傅里叶级数出发，引出非周期信号的频谱密度函数。

3.3.1　频谱密度函数

周期信号 $f_T(t)$ 的指数形式的傅里叶级数为

$$f_T(t) = \sum_{n=-\infty}^{\infty} \dot{F}_n e^{jn\omega_1 t}$$

3.7 傅里叶正变换
和逆变换

其中傅里叶复系数为

$$\dot{F}_n = \frac{1}{T} \int_{-T/2}^{T/2} f_T(t) e^{-jn\omega_1 t} dt, \ n = 0, \pm 1, \pm 2, \cdots$$

将傅里叶复系数表达式两端同乘以信号的周期 T，可得

$$\dot{F}_n T = \int_{-T/2}^{T/2} f_T(t) e^{-jn\omega_1 t} dt, \ n = 0, \pm 1, \pm 2, \cdots \tag{3-54}$$

当 $T \to \infty$ 时，时域周期信号 $f_T(t)$ 将过渡到非周期信号 $f(t)$，此时离散频率 $n\omega_1$ 将变为连续频率 ω ，则式 (3-54) 可写作

$$\lim_{T \to \infty} \dot{F}_n T = \lim_{T \to \infty} \int_{-T/2}^{T/2} f_T(t)\mathrm{e}^{-\mathrm{j}n\omega_1 t}\mathrm{d}t = \int_{-\infty}^{\infty} f(t)\mathrm{e}^{-\mathrm{j}\omega t}\mathrm{d}t$$

该式右端积分后，一般是连续频率 ω 的复函数，用 $F(\mathrm{j}\omega)$ 表示，即

$$F(\mathrm{j}\omega) = \int_{-\infty}^{\infty} f(t)\mathrm{e}^{-\mathrm{j}\omega t}\mathrm{d}t \tag{3-55}$$

由于

$$F(\mathrm{j}\omega) = \lim_{T \to \infty} \dot{F}_n T = \lim_{\omega_1 \to 0} \frac{2\pi \dot{F}_n}{\omega_1}$$

而 $\dfrac{2\pi \dot{F}_n}{\omega_1}$ 代表单位频率的谱值，因而把 $F(\mathrm{j}\omega)$ 称为原函数 $f(t)$ 的频谱密度函数，或简称频谱函数。式 (3-55) 也称为原函数 $f(t)$ 的傅里叶变换。

若将周期信号 $f_T(t)$ 的指数形式的傅里叶级数取 $T \to \infty$ 时的极限，可有

$$f(t) = \lim_{T \to \infty} f_T(t) = \lim_{T \to \infty} \sum_{n=-\infty}^{\infty} \frac{\dot{F}_n T}{T}\mathrm{e}^{\mathrm{j}n\omega_1 t} = \lim_{T \to \infty} \sum_{n=-\infty}^{\infty} \frac{\dot{F}_n T}{2\pi}\mathrm{e}^{\mathrm{j}n\omega_1 t}\omega_1 \tag{3-56}$$

当 $T \to \infty$ 时，$\dot{F}_n T \to F(\mathrm{j}\omega)$，$n\omega_1 \to \omega$ ，$\omega_1 = \Delta(n\omega_1) \to \mathrm{d}\omega$，同时离散求和变成连续的积分。于是，式(3-56) 变为

$$f(t) = \frac{1}{2\pi} \int_{-\infty}^{\infty} F(\mathrm{j}\omega)\mathrm{e}^{\mathrm{j}\omega t}\mathrm{d}\omega \tag{3-57}$$

式(3-55) 是将 $f(t)$ 变换为 $F(\mathrm{j}\omega)$，称为傅里叶正变换，简称傅里叶变换；式 (3-57) 是将 $F(\mathrm{j}\omega)$ 变换为 $f(t)$，称为傅里叶逆变换 (inverse Fourier transform) 或傅里叶反变换。习惯上，采用如下符号描述傅里叶正变换和逆变换，即傅里叶正变换表示为

$$F(\mathrm{j}\omega) = \mathscr{F}[f(t)] = \int_{-\infty}^{\infty} f(t)\mathrm{e}^{-\mathrm{j}\omega t}\mathrm{d}t \tag{3-58}$$

傅里叶逆变换表示为

$$f(t) = \mathscr{F}^{-1}[F(\mathrm{j}\omega)] = \frac{1}{2\pi} \int_{-\infty}^{\infty} F(\mathrm{j}\omega)\mathrm{e}^{\mathrm{j}\omega t}\mathrm{d}\omega \tag{3-59}$$

两者的关系也可采用如下符号表示，即

$$f(t) \longleftrightarrow F(\mathrm{j}\omega)$$

式中双箭头 " $\longleftrightarrow$ " 表示对应关系，表明时域信号 $f(t)$ 与频域信号 $F(\mathrm{j}\omega)$ 是一对傅里叶变换对。

一般而言，$F(j\omega)$ 是关于 ω 的复函数，因此可将其写成

$$F(j\omega) = |F(j\omega)|e^{j\varphi(\omega)} \tag{3-60}$$

式中，$|F(j\omega)|$ 表示频谱函数 $F(j\omega)$ 的幅度随频率的变化关系，称为幅频函数，相应地，$|F(j\omega)| \sim \omega$ 曲线称为幅度谱；而 $\varphi(\omega)$ 反映频谱函数 $F(j\omega)$ 的相位随频率的变化关系，称为相频函数，对应的 $\varphi(\omega) \sim \omega$ 曲线称为相位谱。

将式 (3-60) 代入式 (3-57) 中，可得

$$\begin{aligned}
f(t) &= \frac{1}{2\pi} \int_{-\infty}^{\infty} |F(j\omega)|e^{j[\omega t + \varphi(\omega)]}d\omega \\
&= \frac{1}{2\pi} \left\{ \int_{-\infty}^{\infty} |F(j\omega)| \cos[\omega t + \varphi(\omega)]d\omega + j \int_{-\infty}^{\infty} |F(j\omega)| \sin[\omega t + \varphi(\omega)]d\omega \right\}
\end{aligned}$$

当 $f(t)$ 为实函数时，$|F(j\omega)|$ 和 $\varphi(\omega)$ 分别是 ω 的偶函数和奇函数，那么上式的第二项积分为零，于是有

$$f(t) = \frac{1}{\pi} \int_0^{\infty} |F(j\omega)| \cos[\omega t + \varphi(\omega)]d\omega \tag{3-61}$$

式 (3-61) 表明，非周期信号可以表示为无穷多连续频率谐波分量之和 (积分)，这与周期信号的傅里叶级数的物理本质是相同的。

必须指出，函数 $f(t)$ 的傅里叶变换存在的充分条件是在无限区间内 $f(t)$ 满足绝对可积条件，即要求

$$\int_{-\infty}^{\infty} |f(t)|dt < \infty \tag{3-62}$$

但这并非必要条件。借助广义函数概念，许多不满足绝对可积条件的函数也可以进行傅里叶变换，这将为信号与系统分析带来极大方便。

3.3.2　典型非周期信号的傅里叶变换

这里将根据式 (3-55) 的傅里叶变换定义式，对一些典型非周期信号的傅里叶变换进行讨论，以方便后续复杂信号的频域分析。

1. 单位冲激信号的频谱

将 $f(t) = \delta(t)$ 代入式 (3-55) 中，同时考虑到冲激信号的抽样性质，可得

$$F(j\omega) = \mathscr{F}[\delta(t)] = \int_{-\infty}^{\infty} \delta(t)e^{-j\omega t}dt = 1$$

即

$$\delta(t) \longleftrightarrow 1 \tag{3-63}$$

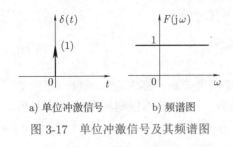

a) 单位冲激信号   b) 频谱图

图 3-17 单位冲激信号及其频谱图

这一结果表明,单位冲激信号的频谱为常数 1,即在整个频率范围 $(-\infty, \infty)$ 内,频谱分布是均匀的,各频率分量不仅幅度相同,相位也相同。此外,由于单位冲激信号在时域上持续时间无限小,而相对应的频宽却趋于无穷大。这一点也印证了前面讨论周期矩形脉冲信号频谱结构时得出的脉冲宽度与频带宽度成反比的结论。

单位冲激信号及其频谱图分别如图 3-17a、b 所示。

2. 门信号的频谱

门宽为 τ, 门高为 1 的矩形脉冲信号 (门信号) 为

3.8 常用信号傅里
叶变换 I

$$g_\tau(t) = \begin{cases} 1, & -\dfrac{\tau}{2} < t < \dfrac{\tau}{2} \\ 0, & \text{其他} \end{cases}$$

由式 (3-55) 可求得其频谱函数为

$$F(\mathrm{j}\omega) = \int_{-\infty}^{\infty} f(t)\mathrm{e}^{-\mathrm{j}\omega t}\mathrm{d}t = \int_{-\tau/2}^{\tau/2} \mathrm{e}^{-\mathrm{j}\omega t}\mathrm{d}t = \frac{1}{\mathrm{j}\omega}\left(\mathrm{e}^{\mathrm{j}\omega\frac{\tau}{2}} - \mathrm{e}^{-\mathrm{j}\omega\frac{\tau}{2}}\right)$$

$$= \tau\frac{\sin\left(\dfrac{\omega\tau}{2}\right)}{\dfrac{\omega\tau}{2}} = \tau\mathrm{Sa}\left(\frac{\omega\tau}{2}\right) \tag{3-64}$$

门信号的时域波形及其频谱图分别如图 3-18a、b 所示。

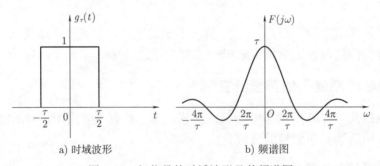

a) 时域波形   b) 频谱图

图 3-18 门信号的时域波形及其频谱图

由式 (3-64) 可知,非周期矩形脉冲信号频谱中为零值的频率与周期矩形脉冲信号频谱的零值点是一样的,即 $2\pi/\tau$, $4\pi/\tau$,$\cdots$。这一结果进一步表明,非周期矩形脉冲的频带宽度也与脉冲宽度成反比。

3. 单边指数信号的频谱

单边指数信号的表达式为

$$f(t) = \mathrm{e}^{-\beta t}\varepsilon(t),\ \beta > 0$$

将其代入式 (3-55) 中, 得其频谱函数为

$$F(\mathrm{j}\omega) = \int_{-\infty}^{\infty} f(t)\mathrm{e}^{-\mathrm{j}\omega t}\mathrm{d}t = \int_{0}^{\infty} \mathrm{e}^{-\beta t}\mathrm{e}^{-\mathrm{j}\omega t}\mathrm{d}t = \frac{1}{\beta + \mathrm{j}\omega} \tag{3-65}$$

由于所得频谱函数是复函数, 故其幅频函数为

$$|F(\mathrm{j}\omega)| = \frac{1}{\sqrt{\beta^2 + \omega^2}} \tag{3-66}$$

相频函数为

$$\varphi(\omega) = -\arctan\frac{\omega}{\beta} \tag{3-67}$$

单边指数信号的时域波形及其频谱图分别如图 3-19a、b 所示, 其中图 3-19b 分别给出了幅度谱 $|F(\mathrm{j}\omega)| \sim \omega$ 和相位谱 $\varphi(\omega) \sim \omega$ 的图像。

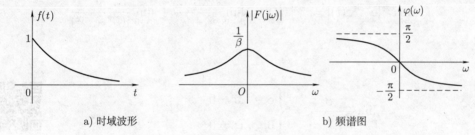

a) 时域波形 b) 频谱图

图 3-19 单边指数信号的时域波形及其频谱图

4. 双边指数信号的频谱

双边指数信号的表达式为

$$f(t) = \mathrm{e}^{-\beta|t|}, -\infty < t < \infty$$

式中, $\beta > 0$。将 $f(t)$ 代入式 (3-55) 中, 可得其频谱函数为

$$F(\mathrm{j}\omega) = \int_{-\infty}^{\infty} f(t)\mathrm{e}^{-\mathrm{j}\omega t}\mathrm{d}t = \int_{-\infty}^{0} \mathrm{e}^{\beta t}\mathrm{e}^{-\mathrm{j}\omega t}\mathrm{d}t + \int_{0}^{\infty} \mathrm{e}^{-\beta t}\mathrm{e}^{-\mathrm{j}\omega t}\mathrm{d}t$$

$$= \frac{1}{\beta - \mathrm{j}\omega} + \frac{1}{\beta + \mathrm{j}\omega} = \frac{2\beta}{\beta^2 + \omega^2} \tag{3-68}$$

双边指数信号的时域波形及其频谱图分别如图 3-20a、b 所示。

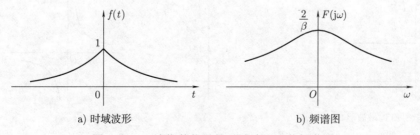

a) 时域波形 b) 频谱图

图 3-20 双边指数信号的时域波形及其频谱图

5. 单位阶跃信号的频谱

由单位阶跃信号的定义可知，该信号不满足绝对可积条件式 (3-62)，故直接通过式 (3-55) 的傅里叶变换定义式不可能求出其频谱。但事实上该信号的频谱是存在的，可采用取极限的方法求得。

将单位阶跃信号看作单边指数信号 $e^{-\beta t}\varepsilon(t)$ $(\beta > 0)$ 在 $\beta \to 0$ 时的极限，即

$$\varepsilon(t) = \lim_{\beta \to 0} e^{-\beta t}\varepsilon(t) \tag{3-69}$$

利用式 (3-65) 的结果，可有

$$\mathscr{F}[e^{-\beta t}\varepsilon(t)] = \frac{1}{\beta + j\omega} = \frac{\beta}{\beta^2 + \omega^2} + \frac{\omega}{j(\beta^2 + \omega^2)} \tag{3-70}$$

将式 (3-70) 两端同时取极限，可有

$$\lim_{\beta \to 0} \mathscr{F}[e^{-\beta t}\varepsilon(t)] = \mathscr{F}[\varepsilon(t)] = \lim_{\beta \to 0} \frac{\beta}{\beta^2 + \omega^2} + \lim_{\beta \to 0} \frac{\omega}{j(\beta^2 + \omega^2)}$$

其中

$$\lim_{\beta \to 0} \frac{\beta}{\beta^2 + \omega^2} = \begin{cases} \infty, & \omega = 0 \\ 0, & \omega \neq 0 \end{cases}$$

3.9 常用信号傅里叶变换 Ⅱ

显然，这一项符合冲激信号的定义，其冲激强度应为

$$\int_{-\infty}^{\infty} \frac{\beta}{\beta^2 + \omega^2} d\omega = \arctan \frac{\omega}{\beta}\bigg|_{-\infty}^{\infty} = \frac{\pi}{2} - \left(-\frac{\pi}{2}\right) = \pi$$

而

$$\lim_{\beta \to 0} \frac{\omega}{j(\beta^2 + \omega^2)} = \frac{1}{j\omega}$$

由此可得

$$\mathscr{F}[\varepsilon(t)] = \pi\delta(\omega) + \frac{1}{j\omega} \tag{3-71}$$

单位阶跃信号的时域波形及其频谱图如图 3-21a、b 所示，其中图 3-21b 的频谱图中分别画出了频谱函数的实部 $R(\omega)$ 和虚部 $X(\omega)$ 的图像。

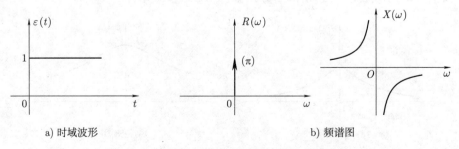

a) 时域波形   b) 频谱图

图 3-21   单位阶跃信号的时域波形及其频谱图

3.4 傅里叶变换性质

傅里叶正、反变换揭示了一个时域信号 $f(t)$ 和与之对应的频域信号 $F(\mathrm{j}\omega)$ 之间的内在联系，说明了同一信号既可在时域下表示，也可在频域下描述。本节主要讨论傅里叶变换的性质，这些性质从不同的角度揭示了信号时、频间的转换关系。同时，也为求解复杂信号的频谱函数提供更为便捷的方法。

1. 对偶性质

若

$$f(t) \longleftrightarrow F(\mathrm{j}\omega)$$

则

$$F(\mathrm{j}t) \longleftrightarrow 2\pi f(-\omega) \tag{3-72}$$

证明　由傅里叶逆变换定义式

$$f(t) = \frac{1}{2\pi}\int_{-\infty}^{\infty} F(\mathrm{j}\omega)\mathrm{e}^{\mathrm{j}\omega t}\mathrm{d}\omega$$

有

$$f(-t) = \frac{1}{2\pi}\int_{-\infty}^{\infty} F(\mathrm{j}\omega)\mathrm{e}^{-\mathrm{j}\omega t}\mathrm{d}\omega$$

3.10 傅里叶变换
对偶性质

做变量替换，将 ω 换成 t，同时将 t 换成 ω，上式可变为

$$f(-\omega) = \frac{1}{2\pi}\int_{-\infty}^{\infty} F(\mathrm{j}t)\mathrm{e}^{-\mathrm{j}\omega t}\mathrm{d}t$$

得

$$2\pi f(-\omega) = \int_{-\infty}^{\infty} F(\mathrm{j}t)\mathrm{e}^{-\mathrm{j}\omega t}\mathrm{d}t$$

对比傅里叶变换的定义式，即得

$$F(\mathrm{j}t) \longleftrightarrow 2\pi f(-\omega)$$

例 3-6　求常值函数 $f(t) = 1$ 的频谱。

解　常数 1 不满足绝对可积条件式 (3-62)，因而不能依据傅里叶积分变换求其频谱函数。根据傅里叶变换对

$$\delta(t) \longleftrightarrow 1$$

由傅里叶变换的对偶性可得 $1(t) \longleftrightarrow 2\pi\delta(-\omega)$。由于冲激信号是偶函数，则有

$$1 \longleftrightarrow 2\pi\delta(\omega) \tag{3-73}$$

常值函数 $f(t) = 1$ 的时域波形及频谱图分别如图 3-22a、b 所示。

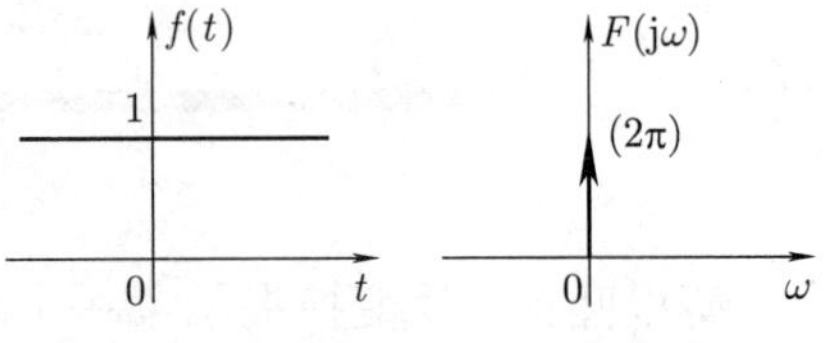

例 3-7 求函数 $f(t) = \dfrac{\sin t}{t}$ 的频谱函数。

解 $f(t) = \dfrac{\sin t}{t} = \mathrm{Sa}(t)$，根据傅里叶变换对

$$g_\tau(t) \longleftrightarrow \tau\mathrm{Sa}\left(\frac{\omega\tau}{2}\right)$$

利用傅里叶变换对偶性质，有

图 3-22 $f(t) = 1$ 的时域波形及频谱图

a) 时域波形   b) 频谱图

$$2\pi g_\tau(-\omega) \longleftrightarrow \tau\mathrm{Sa}\left(\frac{t\tau}{2}\right)$$

令 $\tau = 2$，将上式改写为

$$2\mathrm{Sa}(t) \longleftrightarrow 2\pi g_2(\omega)$$

于是

$$\mathrm{Sa}(t) \longleftrightarrow \pi g_2(\omega) \tag{3-74}$$

2. 共轭对称性质

设

$$f(t) \longleftrightarrow F(\mathrm{j}\omega) = R(\omega) + \mathrm{j}X(\omega)$$

式中，$R(\omega)$ 表示 $F(\mathrm{j}\omega)$ 的实部；$X(\omega)$ 表示 $F(\mathrm{j}\omega)$ 的虚部。由傅里叶变换定义式

$$
\begin{aligned}
F(\mathrm{j}\omega) &= \int_{-\infty}^{\infty} f(t)\mathrm{e}^{-\mathrm{j}\omega t}\mathrm{d}t \\
&= \int_{-\infty}^{\infty} f(t)\cos(\omega t)\mathrm{d}t - \mathrm{j}\int_{-\infty}^{\infty} f(t)\sin(\omega t)\mathrm{d}t
\end{aligned}
$$

显然，若 $f(t)$ 是实函数

$$R(\omega) = \int_{-\infty}^{\infty} f(t)\cos(\omega t)\mathrm{d}t \tag{3-75}$$

$$X(\omega) = -\int_{-\infty}^{\infty} f(t)\sin(\omega t)\mathrm{d}t \tag{3-76}$$

则

$$R(-\omega) = \int_{-\infty}^{\infty} f(t)\cos(-\omega t)\mathrm{d}t = \int_{-\infty}^{\infty} f(t)\cos(\omega t)\mathrm{d}t = R(\omega) \tag{3-77}$$

$$X(-\omega) = -\int_{-\infty}^{\infty} f(t)\sin(-\omega t)\mathrm{d}t = \int_{-\infty}^{\infty} f(t)\sin(\omega t)\mathrm{d}t = -X(\omega) \tag{3-78}$$

由此可见，$F(\mathrm{j}\omega)$ 的实部 $R(\omega)$ 是 ω 的偶函数，$F(\mathrm{j}\omega)$ 的虚部 $X(\omega)$ 是 ω 的奇函数。进一步可以看出，若 $f(t)$ 是关于 t 的实偶函数，其傅里叶变换 $F(\mathrm{j}\omega)$ 是关于 ω 的实偶函数；若 $f(t)$ 是关于 t 的实奇函数，其傅里叶变换 $F(\mathrm{j}\omega)$ 是关于 ω 的虚奇函数。

由傅里叶变换定义式进一步可以证明,若 $f(t)$ 是虚函数,则 $F(\mathrm{j}\omega)$ 的实部 $R(\omega)$ 是 ω 的奇函数,$F(\mathrm{j}\omega)$ 的虚部 $X(\omega)$ 是 ω 的偶函数。并且, 若 $f(t)$ 是关于 t 的虚偶函数,其傅里叶变换 $F(\mathrm{j}\omega)$ 是关于 ω 的虚偶函数; 若 $f(t)$ 是关于 t 的虚奇函数,其傅里叶变换 $F(\mathrm{j}\omega)$ 是关于 ω 的实奇函数。

无论 $f(t)$ 是实函数还是虚函数,因为频谱密度函数 $F(\mathrm{j}\omega)$ 的模为

$$|F(\mathrm{j}\omega)| = \sqrt{R^2(\omega) + X^2(\omega)}$$

3.11 傅里叶变换
共轭对称性质

则

$$|F(-\mathrm{j}\omega)| = \sqrt{R^2(-\omega) + X^2(-\omega)} = \sqrt{R^2(\omega) + X^2(\omega)} = |F(\mathrm{j}\omega)| \tag{3-79}$$

即 $|F(\mathrm{j}\omega)|$ 是关于 ω 的偶函数。而 $F(\mathrm{j}\omega)$ 的辐角为

$$\varphi(\omega) = \arctan\frac{X(\omega)}{R(\omega)}$$

则

$$\varphi(-\omega) = \arctan\frac{X(-\omega)}{R(-\omega)} = \arctan\left[-\frac{X(\omega)}{R(\omega)}\right] = -\arctan\frac{X(\omega)}{R(\omega)} = -\varphi(\omega) \tag{3-80}$$

即 $F(\mathrm{j}\omega)$ 的辐角 $\varphi(\omega)$ 是 ω 的奇函数。进一步还可得出

$$f(-t) \longleftrightarrow F(-\mathrm{j}\omega) \tag{3-81}$$

$$f^*(t) \longleftrightarrow F^*(-\mathrm{j}\omega) \tag{3-82}$$

$$f^*(-t) \longleftrightarrow F^*(\mathrm{j}\omega) \tag{3-83}$$

式 (3-81) 又称为傅里叶变换的时间反演性质。

3. 线性性质

若

$$f_1(t) \longleftrightarrow F_1(\mathrm{j}\omega), \quad f_2(t) \longleftrightarrow F_2(\mathrm{j}\omega)$$

3.12 傅里叶变换
线性性质

则

$$\alpha f_1(t) + \beta f_2(t) \longleftrightarrow \alpha F_1(\mathrm{j}\omega) + \beta F_2(\mathrm{j}\omega) \tag{3-84}$$

式中,α、β 为常数。

利用傅里叶变换定义式很容易证明该特性。由此特性可以看出,傅里叶变换是一种线性运算,它满足齐次性和叠加性。

例 3-8　求符号函数 $\mathrm{sgn}(t)$ 的傅里叶变换。

解　符号函数的表达式为 $\mathrm{sgn}(t) = \begin{cases} 1, & t > 0 \\ -1, & t < 0 \end{cases}$。显然该函数不满足式 (3-62) 的绝对可积条件,所以不能利用傅里叶变换定义式求解。但符号函数可以表示为

$$\mathrm{sgn}(t) = 2\varepsilon(t) - 1 \tag{3-85}$$

将式 (3-85) 两端同时取傅里叶变换，由于 $1 \longleftrightarrow 2\pi\delta(\omega)$，$\varepsilon(t) \longleftrightarrow \pi\delta(\omega) + \dfrac{1}{\mathrm{j}\omega}$，则由线性性质可得

$$\mathscr{F}[\mathrm{sgn}(t)] = \mathscr{F}[2\varepsilon(t) - 1] = 2\left[\pi\delta(\omega) + \frac{1}{\mathrm{j}\omega}\right] - 2\pi\delta(\omega) = \frac{2}{\mathrm{j}\omega} \tag{3-86}$$

符号函数 $\mathrm{sgn}(t)$ 的时域波形及其频谱图如图 3-23a、b 所示。

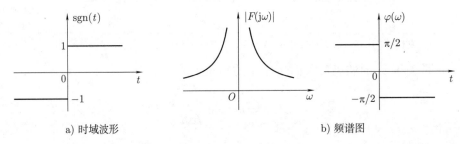

a) 时域波形　　　　　　　　　　　b) 频谱图

图 3-23　符号函数 $\mathrm{sgn}(t)$ 的时域波形及其频谱图

4. 频移性质

若

$$f(t) \longleftrightarrow F(\mathrm{j}\omega)$$

则

$$f(t)\mathrm{e}^{\pm\mathrm{j}\omega_0 t} \longleftrightarrow F[\mathrm{j}(\omega \mp \omega_0)] \tag{3-87}$$

3.13 傅里叶变换
频移性质

证明　由傅里叶变换定义式，可有

$$\mathscr{F}[f(t)\mathrm{e}^{\pm\mathrm{j}\omega_0 t}] = \int_{-\infty}^{\infty} f(t)\mathrm{e}^{\pm\mathrm{j}\omega_0 t}\mathrm{e}^{-\mathrm{j}\omega t}\mathrm{d}t = \int_{-\infty}^{\infty} f(t)\mathrm{e}^{-\mathrm{j}(\omega \mp \omega_0)t}\mathrm{d}t = F[\mathrm{j}(\omega \mp \omega_0)]$$

这一结果表明，将 $f(t)$ 乘以因子 $\mathrm{e}^{\mathrm{j}\omega_0 t}$，对应于频谱函数 $F(\mathrm{j}\omega)$ 沿 ω 轴右移 ω_0；乘以因子 $\mathrm{e}^{-\mathrm{j}\omega_0 t}$，对应于频谱函数 $F(\mathrm{j}\omega)$ 沿 ω 轴左移 ω_0。

频移特性在通信技术中有着重要的实际应用，如调制、解调、变频、多路通信等。虽然虚指数 $\mathrm{e}^{\pm\mathrm{j}\omega_0 t}$ 无法直接产生，但根据欧拉公式，可以将它们用正、余弦信号表示。在通信技术中，就是采用 $f(t)$ 与 $\cos(\omega_0 t)$ 或 $\sin(\omega_0 t)$ 相乘的手段来实现频谱搬移。

设 $f(t) \longleftrightarrow F(\mathrm{j}\omega)$，那么

$$f_1(t) = f(t)\cos(\omega_0 t) = f(t)\frac{\mathrm{e}^{\mathrm{j}\omega_0 t} + \mathrm{e}^{-\mathrm{j}\omega_0 t}}{2} = \frac{1}{2}f(t)\mathrm{e}^{\mathrm{j}\omega_0 t} + \frac{1}{2}f(t)\mathrm{e}^{-\mathrm{j}\omega_0 t}$$

由频移性质可得

$$f(t)\cos(\omega_0 t) \longleftrightarrow \frac{1}{2}F[\mathrm{j}(\omega - \omega_0)] + \frac{1}{2}F[\mathrm{j}(\omega + \omega_0)] = F_1(\mathrm{j}\omega) \tag{3-88}$$

式 (3-88) 称为调制定理。$f(t)$ 称为调制信号；$\cos(\omega_0 t)$ 为高频正弦 (余弦) 信号，称为载波信号；$f_1(t) = f(t)\cos(\omega_0 t)$ 则为幅度按 $f(t)$ 波形变化的高频振荡信号，称为已调信

号，也称为调幅信号。由式 (3-88) 可以将调制定理概括为：已调信号的频谱就是将调制信号 $f(t)$ 的频谱 $F(j\omega)$ 一分为二，左右平移，振幅减半。

例 3-9 求 $\cos(\omega_0 t)$ 及 $\sin(\omega_0 t)$ 的频谱函数。

解 由于 $1 \longleftrightarrow 2\pi\delta(\omega)$，根据调制定理，有

$$\cos(\omega_0 t) \longleftrightarrow \pi[\delta(\omega + \omega_0) + \delta(\omega - \omega_0)] \tag{3-89}$$

根据欧拉公式，有

$$\sin(\omega_0 t) = \frac{1}{2j}\left(e^{j\omega_0 t} - e^{-j\omega_0 t}\right)$$

根据 $1 \longleftrightarrow 2\pi\delta(\omega)$ 及傅里叶变换的频移性质和线性性质，有

$$\mathscr{F}[\sin(\omega_0 t)] = \frac{1}{2j}[2\pi\delta(\omega - \omega_0) - 2\pi\delta(\omega + \omega_0)]$$

整理可得

$$\sin(\omega_0 t) \longleftrightarrow j\pi[\delta(\omega + \omega_0) - \delta(\omega - \omega_0)] \tag{3-90}$$

在通信系统中，信号从发射端传输到接收端，往往要进行调制和解调，模拟框图如图 3-24 所示。无线电通信是通过空间辐射电磁波传输信号。一方面，低频电磁辐射易被地表吸收，造成信号能量损失；另一方面，天线尺寸一般为发射信号波长的 1/10 或更大，如果发射低频信号 (如语音信号)，天线尺寸过大则难以实现。把低频信号加载到高频载波信号上，即经过信号调制，实现将频谱搬移到高频段，可以克服以上困难。另外，若各发射端发射的信号频率相同，如果不经过调制，则同频率信号混在一起，各接收端无法接收。经过信号调制过程，各发射端将同一频率的信号分别加载到不同频率的载波上，各接收端通过解调，分离出各自所需的信号，从而实现同一信道的"多路复用"。

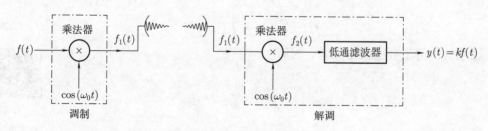

图 3-24 调制和解调模拟框图

调制和解调过程信号的时、频对应关系示意图如图 3-25 所示，其中，图 3-25a 为调制信号 $f(t)$ 及其频谱图；图 3-25b 为调制过程中的 $f_1(t) = f(t)\cos(\omega_0 t)$ 及其频谱图；图 3-25c 为解调过程中的 $f_2(t) = f_1(t)\cos(\omega_0 t) = f(t)\cos^2(\omega_0 t)$ 及其频谱图。可见，在调制和解调过程中经过了两次频谱搬移。

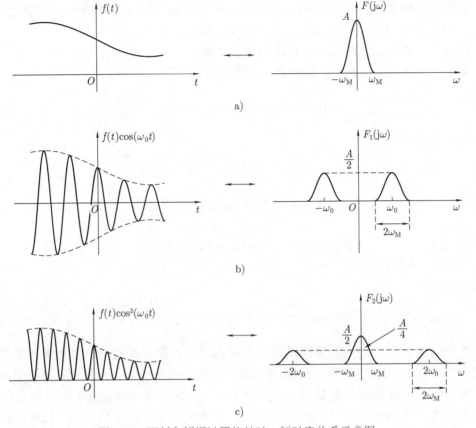

图 3-25 调制和解调过程信号时、频对应关系示意图

5. 时移性质

若

$$f(t) \longleftrightarrow F(\text{j}\omega)$$

则

$$f(t \pm t_0) \longleftrightarrow F(\text{j}\omega)\text{e}^{\pm \text{j}\omega t_0} \tag{3-91}$$

证明 由傅里叶变换定义式，可有

$$\mathscr{F}[f(t - t_0)] = \int_{-\infty}^{\infty} f(t - t_0)\text{e}^{-\text{j}\omega t}\text{d}t$$

3.14 时移性质和
尺度变换性质

令 $\xi = t - t_0$，则有

$$\mathscr{F}[f(t - t_0)] = \int_{-\infty}^{\infty} f(\xi)\text{e}^{-\text{j}\omega(\xi + t_0)}\text{d}\xi = \text{e}^{-\text{j}\omega t_0} \int_{-\infty}^{\infty} f(\xi)\text{e}^{-\text{j}\omega \xi}\text{d}\xi = F(\text{j}\omega)\text{e}^{-\text{j}\omega t_0}$$

同理可证

$$f(t + t_0) \longleftrightarrow F(\text{j}\omega)\text{e}^{\text{j}\omega t_0}$$

傅里叶变换的时移性质表明，将信号 $f(t)$ 沿时间轴平移后，其幅度谱不变，而只是发生相应的相移。

6. 尺度变换性质

若

$$f(t) \longleftrightarrow F(\mathrm{j}\omega)$$

则

$$f(at) \longleftrightarrow \frac{1}{|a|} F\left(\mathrm{j}\frac{\omega}{a}\right), \ a \neq 0 \tag{3-92}$$

证明 由傅里叶变换定义式，可有

$$\mathscr{F}[f(at)] = \int_{-\infty}^{\infty} f(at)\mathrm{e}^{-\mathrm{j}\omega t}\mathrm{d}t$$

做变量替换，令 $at = \xi$，得

当 $a < 0$ 时，有

$$\mathscr{F}[f(at)] = \int_{\infty}^{-\infty} f(\xi)\mathrm{e}^{-\mathrm{j}\omega \frac{\xi}{a}}\mathrm{d}\left(\frac{\xi}{a}\right) = -\int_{-\infty}^{\infty} \frac{1}{a} f(\xi)\mathrm{e}^{-\mathrm{j}\frac{\omega}{a}\xi}\mathrm{d}\xi = -\frac{1}{a} F\left(\mathrm{j}\frac{\omega}{a}\right)$$

当 $a > 0$ 时，有

$$\mathscr{F}[f(at)] = \int_{-\infty}^{\infty} f(\xi)\mathrm{e}^{-\mathrm{j}\omega \frac{\xi}{a}}\mathrm{d}\left(\frac{\xi}{a}\right) = \int_{-\infty}^{\infty} \frac{1}{a} f(\xi)\mathrm{e}^{-\mathrm{j}\frac{\omega}{a}\xi}\mathrm{d}\xi = \frac{1}{a} F\left(\mathrm{j}\frac{\omega}{a}\right)$$

综上两种讨论，可有

$$f(at) \longleftrightarrow \frac{1}{|a|} F\left(\mathrm{j}\frac{\omega}{a}\right)$$

由尺度变换性质可知，信号在时域中的尺度变化将导致其在频域中的尺度也发生变化，信号在时域中压缩 ($|a| > 1$)，则对应于频域信号扩展；反之，信号在时域中扩展 ($0 < |a| < 1$)，则对应于频域信号压缩。以门信号及其频谱为例，由图 3-26 加以说明信号的这种时、频变换关系，可以看出信号的有效时宽与有效频宽互为反比。

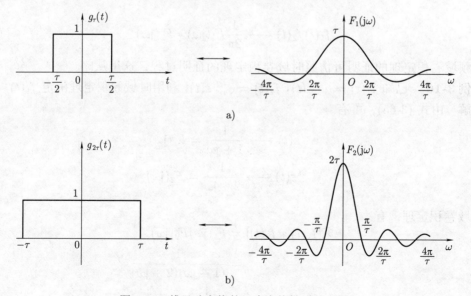

图 3-26 傅里叶变换的尺度变换性质示意图

不难证明，当 $f(t)$ 既有尺度变换又发生时移时，则有

$$f(at \pm b) \longleftrightarrow \frac{1}{|a|} F\left(\mathrm{j}\frac{\omega}{a}\right) \mathrm{e}^{\pm \mathrm{j}\frac{b}{a}\omega} \tag{3-93}$$

式中，a 与 b 为实数，但 $a \neq 0$。

7. 卷积定理

(1) 时域卷积定理　若

$$f_1(t) \longleftrightarrow F_1(\mathrm{j}\omega), \quad f_2(t) \longleftrightarrow F_2(\mathrm{j}\omega)$$

则

$$f_1(t) * f_2(t) \longleftrightarrow F_1(\mathrm{j}\omega)F_2(\mathrm{j}\omega) \tag{3-94}$$

3.15 傅里叶变换
卷积定理

证明　由傅里叶变换定义式和卷积积分定义式，有

$$\begin{aligned}
\mathscr{F}[f_1(t) * f_2(t)] &= \int_{-\infty}^{\infty}\left[\int_{-\infty}^{\infty} f_1(\tau)f_2(t-\tau)\mathrm{d}\tau\right]\mathrm{e}^{-\mathrm{j}\omega t}\mathrm{d}t \\
&= \int_{-\infty}^{\infty} f_1(\tau)\left[\int_{-\infty}^{\infty} f_2(t-\tau)\mathrm{e}^{-\mathrm{j}\omega t}\mathrm{d}t\right]\mathrm{d}\tau \\
&= \int_{-\infty}^{\infty} f_1(\tau)F_2(\mathrm{j}\omega)\mathrm{e}^{-\mathrm{j}\omega\tau}\mathrm{d}\tau \\
&= F_1(\mathrm{j}\omega)F_2(\mathrm{j}\omega)
\end{aligned}$$

上述证明过程中，用到了傅里叶变换的时移性质。

(2) 频域卷积定理　若

$$f_1(t) \longleftrightarrow F_1(\mathrm{j}\omega), \quad f_2(t) \longleftrightarrow F_2(\mathrm{j}\omega)$$

则

$$f_1(t)f_2(t) \longleftrightarrow \frac{1}{2\pi}F_1(\mathrm{j}\omega) * F_2(\mathrm{j}\omega) \tag{3-95}$$

频域卷积定理的证明可仿照时域卷积定理的证明过程，这里从略。

例 3-10　已知 $f_1(t) = \mathrm{e}^{-t}\varepsilon(t)$，$f_2(t) = \mathrm{e}^{-2t}\varepsilon(t)$，利用时域卷积定理确定 $f_1(t) * f_2(t)$。

解　由式 (3-65)，可有

$$\mathrm{e}^{-t}\varepsilon(t) \longleftrightarrow \frac{1}{1+\mathrm{j}\omega} = F_1(\mathrm{j}\omega)$$

$$\mathrm{e}^{-2t}\varepsilon(t) \longleftrightarrow \frac{1}{2+\mathrm{j}\omega} = F_2(\mathrm{j}\omega)$$

由时域卷积定理，有

$$\begin{aligned}
\mathscr{F}[f_1(t) * f_2(t)] &= F_1(\mathrm{j}\omega)F_2(\mathrm{j}\omega) \\
&= \frac{1}{(1+\mathrm{j}\omega)(2+\mathrm{j}\omega)} \\
&= \frac{1}{1+\mathrm{j}\omega} - \frac{1}{2+\mathrm{j}\omega}
\end{aligned} \tag{3-96}$$

对式 (3-96) 取傅里叶逆变换，得

$$f_1(t) * f_2(t) = e^{-t}\varepsilon(t) * e^{-2t}\varepsilon(t) = \mathscr{F}^{-1}\left(\frac{1}{1+j\omega} - \frac{1}{2+j\omega}\right) = e^{-t}\varepsilon(t) - e^{-2t}\varepsilon(t)$$

8. 时域微、积分性质

(1) 微分性质　若

$$f(t) \longleftrightarrow F(j\omega)$$

3.16 傅里叶变换
时域微分性质

则

$$f'(t) = \frac{\mathrm{d}f(t)}{\mathrm{d}t} \longleftrightarrow j\omega F(j\omega) \tag{3-97}$$

证明　由傅里叶逆变换定义式，可有

$$f(t) = \frac{1}{2\pi}\int_{-\infty}^{\infty} F(j\omega)e^{j\omega t}\mathrm{d}\omega$$

将上式对时间求导，有

$$f'(t) = \frac{1}{2\pi}\int_{-\infty}^{\infty} F(j\omega)j\omega e^{j\omega t}\mathrm{d}\omega$$

将以上两式相比较，可有

$$f'(t) \longleftrightarrow j\omega F(j\omega)$$

将式 (3-97) 的结果推广到时域下的 n 阶导数的情况，有

$$f^{(n)}(t) \longleftrightarrow (j\omega)^n F(j\omega) \tag{3-98}$$

(2) 积分性质　若

$$f(t) \longleftrightarrow F(j\omega)$$

则

$$f^{(-1)}(t) = \int_{-\infty}^{t} f(\xi)\mathrm{d}\xi \longleftrightarrow \pi F(0)\delta(\omega) + \frac{1}{j\omega}F(j\omega) \tag{3-99}$$

式中，$F(0) = F(j\omega)|_{\omega=0} = \int_{-\infty}^{\infty} f(t)\mathrm{d}t$。

证明　由于

$$f^{(-1)}(t) = \int_{-\infty}^{t} f(\xi)\mathrm{d}\xi = f^{(-1)}(t) * \delta(t) = f(t) * \varepsilon(t)$$

将该式两端取傅里叶变换，并利用时域卷积定理，可有

$$\mathscr{F}[f^{(-1)}(t)] = \mathscr{F}[f(t) * \varepsilon(t)] = F(j\omega)\left[\pi\delta(\omega) + \frac{1}{j\omega}\right]$$

$$= \pi F(0)\delta(\omega) + \frac{1}{\mathrm{j}\omega}F(\mathrm{j}\omega)$$

其中

$$F(0) = F(\mathrm{j}\omega)|_{\omega=0} = \left[\int_{-\infty}^{\infty} f(t)\mathrm{e}^{-\mathrm{j}\omega t}\mathrm{d}t\right]_{\omega=0} = \int_{-\infty}^{\infty} f(t)\mathrm{d}t$$

事实上，式(3-99)成立隐含了条件 $f^{(-1)}(-\infty) = 0$。严格地讲，对时域信号 $f(t)$ 的一阶导数 $f'(t)$ 积分，其结果并不一定等于 $f(t)$，只有在 $f(-\infty) = 0$ 时，两者才相等。所以，综合考虑式 (3-97) 及式 (3-99)，傅里叶变换的时域微、积分性质可如下表述：

3.17 傅里叶变换
时域积分性质

若

$$f(t) \longleftrightarrow F(\mathrm{j}\omega), \quad f'(t) \longleftrightarrow \psi(\mathrm{j}\omega)$$

则

$$F(\mathrm{j}\omega) = \frac{\psi(\mathrm{j}\omega)}{\mathrm{j}\omega} + [f(-\infty) + f(+\infty)]\pi\delta(\omega) \tag{3-100}$$

式(3-100) 的证明略。

例 3-11　求 $\delta'(t)$ 的频谱函数。

解　由 $\delta(t) \longleftrightarrow 1$，根据傅里叶变换的时域微分性质，有

$$\mathscr{F}[\delta'(t)] = \mathrm{j}\omega \cdot 1$$

即

$$\delta'(t) \longleftrightarrow \mathrm{j}\omega \tag{3-101}$$

式 (3-101) 可推广为

$$\delta^{(n)}(t) \longleftrightarrow (\mathrm{j}\omega)^n \tag{3-102}$$

例 3-12　求图 3-27a 所示的三角脉冲信号 $f_\triangle(t)$ 的频谱函数 $F(\mathrm{j}\omega)$。

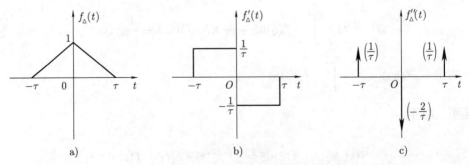

图 3-27　例 3-12 的三角脉冲信号及其导数

解　将 $f_\triangle(t)$ 分别求一阶、二阶导数，如图 3-27b、c 所示。由图 3-27c 可知

$$f_\triangle''(t) = \frac{1}{\tau}\delta(t+\tau) - \frac{2}{\tau}\delta(t) + \frac{1}{\tau}\delta(t-\tau)$$

设 $f''_\triangle(t) \longleftrightarrow \psi(\mathrm{j}\omega)$，基于 $\delta(t) \longleftrightarrow 1$，并由傅里叶变换的时移性质和线性性质，有

$$\psi(\mathrm{j}\omega) = \frac{1}{\tau}\mathrm{e}^{\mathrm{j}\omega\tau} - \frac{2}{\tau} + \frac{1}{\tau}\mathrm{e}^{-\mathrm{j}\omega\tau} = -\frac{4}{\tau}\sin^2\left(\frac{\omega\tau}{2}\right)$$

由傅里叶变换时域微分性质式 (3-98)，有

$$F(\mathrm{j}\omega) = \frac{1}{(\mathrm{j}\omega)^2}\psi(\mathrm{j}\omega) = \tau\mathrm{Sa}^2\left(\frac{\omega\tau}{2}\right)$$

即

$$f_\triangle(t) \longleftrightarrow \tau\mathrm{Sa}^2\left(\frac{\omega\tau}{2}\right) \tag{3-103}$$

例 3-13　求 $\varepsilon(t)$ 的频谱函数。

解　由 $\delta(t) \longleftrightarrow F(\mathrm{j}\omega) = 1$，根据傅里叶变换的时域积分性质，有

$$\varepsilon(t) = \delta^{(-1)}(t) \longleftrightarrow \pi F(0)\delta(\omega) + \frac{1}{\mathrm{j}\omega}F(\mathrm{j}\omega) = \pi\delta(\omega) + \frac{1}{\mathrm{j}\omega}$$

例 3-14　信号 $f(t)$ 的波形如图 3-28a 所示，求其频谱函数 $F(\mathrm{j}\omega)$。

解　由信号的微分运算可得 $f'(t)$ 的波形如图 3-28b 所示。

由 $f'(t)$ 的波形图可知 $f'(t) = \dfrac{1}{\tau}g_\tau(t)$，设 $f'(t) \longleftrightarrow \psi(\mathrm{j}\omega)$，则

$$\psi(\mathrm{j}\omega) = \frac{1}{\tau}\tau\mathrm{Sa}\left(\frac{\omega\tau}{2}\right) = \mathrm{Sa}\left(\frac{\omega\tau}{2}\right)$$

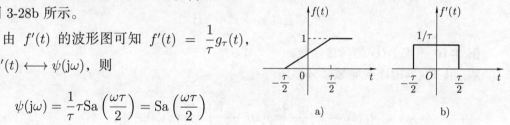

图 3-28　例 3-14 的信号 $f(t)$ 及导数 $f'(t)$

由式 (3-100) 可得

$$F(\mathrm{j}\omega) = \frac{\psi(\mathrm{j}\omega)}{\mathrm{j}\omega} + [f(-\infty) + f(+\infty)]\pi\delta(\omega)$$

$$= \frac{1}{\mathrm{j}\omega}\mathrm{Sa}\left(\frac{\omega\tau}{2}\right) + (0+1)\pi\delta(\omega) = \frac{1}{\mathrm{j}\omega}\mathrm{Sa}\left(\frac{\omega\tau}{2}\right) + \pi\delta(\omega)$$

例 3-15　求符号函数 $\mathrm{sgn}(t)$ 的频谱函数 $F(\mathrm{j}\omega)$。

解　由于 $\mathrm{sgn}'(t) = 2\delta(t)$，设 $\mathrm{sgn}'(t) \longleftrightarrow \psi(\mathrm{j}\omega)$，则其频谱 $\psi(\mathrm{j}\omega) = 2$。由式 (3-100) 可得

$$F(\mathrm{j}\omega) = \frac{\psi(\mathrm{j}\omega)}{\mathrm{j}\omega} + [f(-\infty) + f(+\infty)]\pi\delta(\omega)$$

$$= \frac{2}{\mathrm{j}\omega} + (-1+1)\pi\delta(\omega) = \frac{2}{\mathrm{j}\omega}$$

9. 频域微、积分性质

(1) 微分性质　若

3.18 频域微、积分
性质

$$f(t) \longleftrightarrow F(j\omega)$$

则

$$tf(t) \longleftrightarrow j\frac{dF(j\omega)}{d\omega} \tag{3-104}$$

证明　由傅里叶变换的定义式

$$F(j\omega) = \int_{-\infty}^{\infty} f(t)e^{-j\omega t}dt$$

两侧同时对 ω 求导，有

$$\frac{dF(j\omega)}{d\omega} = \int_{-\infty}^{\infty} f(t)(-jt)e^{-j\omega t}dt \longleftrightarrow -jtf(t)$$

利用线性性质整理，即可得证式 (3-104)。进一步推广，可有

$$t^n f(t) \longleftrightarrow j^n F^{(n)}(j\omega) \tag{3-105}$$

例 3-16　求 $t\varepsilon(t)$ 的频谱函数。

解　由式 (3-104) 的频域微分性质可有

$$t\varepsilon(t) \longleftrightarrow j\frac{d}{d\omega}\left[\pi\delta(\omega) + \frac{1}{j\omega}\right] = j\pi\delta'(\omega) - \frac{1}{\omega^2} \tag{3-106}$$

例 3-17　已知 $f(t) \longleftrightarrow F(j\omega)$，求 $(1-t)f(1-t)$ 的频谱函数。

解

$$(1-t)f(1-t) = f(1-t) - tf(1-t)$$

由式 (3-93)可有

$$f(1-t) \longleftrightarrow F(-j\omega)e^{-j\omega}$$

又由式 (3-104)可有

$$tf(1-t) \longleftrightarrow j\frac{d}{d\omega}\left[F(-j\omega)e^{-j\omega}\right] = j\frac{dF(-j\omega)}{d\omega}e^{-j\omega} + F(-j\omega)e^{-j\omega}$$

则

$$(1-t)f(1-t) \longleftrightarrow -j\frac{dF(-j\omega)}{d\omega}e^{-j\omega} \tag{3-107}$$

(2) 积分性质 若

$$f(t) \longleftrightarrow F(\mathrm{j}\omega)$$

则

$$\frac{f(t)}{-\mathrm{j}t} + f(0)\pi\delta(t) \longleftrightarrow \int_{-\infty}^{\omega} F(\mathrm{j}\omega)\mathrm{d}\omega \tag{3-108}$$

其中

$$f(0) = f(t)|_{t=0} = \frac{1}{2\pi}\int_{-\infty}^{\infty} F(\mathrm{j}\omega)\mathrm{d}\omega$$

证明 因为

$$\int_{-\infty}^{\omega} F(\mathrm{j}\omega)\mathrm{d}\omega = F^{(-1)}(\mathrm{j}\omega) = F^{(-1)}(\mathrm{j}\omega) * \delta(\mathrm{j}\omega)$$

利用卷积微、积分综合性质，有

$$F^{(-1)}(\mathrm{j}\omega) * \delta(\mathrm{j}\omega) = F(\mathrm{j}\omega) * \varepsilon(\omega)$$

由于

$$\varepsilon(t) \longleftrightarrow \pi\delta(\omega) + \frac{1}{\mathrm{j}\omega}$$

由傅里叶变换的时间反演性质，有

$$\varepsilon(-t) \longleftrightarrow \pi\delta(-\omega) + \frac{1}{-\mathrm{j}\omega} = \pi\delta(\omega) + \frac{1}{-\mathrm{j}\omega}$$

根据傅里叶变换对偶性质，有

$$2\pi\varepsilon(\omega) \longleftrightarrow \pi\delta(t) + \frac{1}{-\mathrm{j}t}$$

由傅里叶变换的频域卷积定理可知

$$f(t)\mathscr{F}^{-1}[\varepsilon(\omega)] \longleftrightarrow \frac{1}{2\pi}F(\mathrm{j}\omega) * \varepsilon(\omega)$$

所以

$$F^{(-1)}(\mathrm{j}\omega) = F(\mathrm{j}\omega) * \varepsilon(\omega) \longleftrightarrow 2\pi f(t)\frac{1}{2\pi}\left[\pi\delta(t) + \frac{1}{-\mathrm{j}t}\right] = \pi f(0)\delta(t) + \frac{f(t)}{-\mathrm{j}t}$$

式(3-108) 得证。

为了方便读者查阅，表 3-2 列出了以上所讨论的傅里叶变换的各种性质。

表 3-2 傅里叶变换的性质

性质	时域 $f(t) \longleftrightarrow F(j\omega)$ 频域		
对偶性质	$F(jt)$		$2\pi f(-\omega)$
共轭对称性质	$f(t)$ 为实函数		$\begin{array}{l}\|F(j\omega)\| = \|F(-j\omega)\| \\ \varphi(\omega) = -\varphi(-\omega) \\ R(\omega) = R(-\omega) \\ X(\omega) = -X(-\omega)\end{array}$
		$f(t) = f(-t)$	$F(j\omega) = R(\omega),\ X(\omega) = 0$
		$f(t) = -f(-t)$	$F(j\omega) = jX(\omega),\ R(\omega) = 0$
	$f(t)$ 为虚函数		$\begin{array}{l}\|F(j\omega)\| = \|F(-j\omega)\| \\ \varphi(\omega) = -\varphi(-\omega) \\ R(\omega) = -R(-\omega) \\ X(\omega) = X(-\omega)\end{array}$
		$f(t) = -f(-t)$	$F(j\omega) = R(\omega),\ X(\omega) = 0$
		$f(t) = f(-t)$	$F(j\omega) = jX(\omega),\ R(\omega) = 0$
时间反演性质	$f(-t)$		$F(-j\omega)$
线性性质	$\alpha f_1(t) + \beta f_2(t)$		$\alpha F_1(j\omega) + \beta F_2(j\omega)$
频移性质	$f(t)e^{\pm j\omega_0 t}$		$F[j(\omega \mp \omega_0)]$
时移性质	$f(t \pm t_0)$		$F(j\omega)e^{\pm j\omega t_0}$
尺度变换性质	$f(at),\ a \neq 0$		$\frac{1}{\|a\|}F\left(j\frac{\omega}{a}\right)$
时域卷积定理	$f_1(t) * f_2(t)$		$F_1(j\omega)F_2(j\omega)$
频域卷积定理	$f_1(t)f_2(t)$		$\frac{1}{2\pi}F_1(j\omega) * F_2(j\omega)$
时域微分性质	$f^{(n)}(t)$		$(j\omega)^n F(j\omega)$
时域积分性质	$f^{(-1)}(t)$		$\pi F(0)\delta(\omega) + \frac{1}{j\omega}F(j\omega)$
频域微分性质	$t^n f(t)$		$j^n F^{(n)}(j\omega)$
频域积分性质	$\pi f(0)\delta(t) + \frac{1}{-jt}f(t)$		$F^{(-1)}(j\omega)$

3.5 周期信号的傅里叶变换

前面几节分别讨论了周期信号的傅里叶级数和非周期信号的傅里叶变换，在此基础上，能否把非周期信号和周期信号的频域分析统一起来？本节将讨论周期信号的傅里叶变换，以及傅里叶变换和傅里叶级数之间的关系，从而进一步扩大傅里叶变换的应用范围。

在 3.4 节阐述傅里叶变换的频移性质时，已经得出了余弦信号 $\cos(\omega_0 t)$ 和正弦信号 $\sin(\omega_0 t)$ 的频谱函数如式 (3-89) 和式 (3-90) 所示，即

$$\cos(\omega_0 t) \longleftrightarrow \pi[\delta(\omega + \omega_0) + \delta(\omega - \omega_0)]$$

$$\sin(\omega_0 t) \longleftrightarrow j\pi[\delta(\omega + \omega_0) - \delta(\omega - \omega_0)]$$

除了正弦 (余弦) 信号，其他周期信号的傅里叶变换形式如何？下面将讨论周期信号傅里叶变换的一般形式。

3.5.1 周期信号的傅里叶变换的一般形式

将周期信号 $f_T(t)$ 按指数形式傅里叶级数展开，即

$$f_T(t) = \sum_{n=-\infty}^{\infty} \dot{F}_n e^{jn\omega_1 t}$$

3.19 周期信号的
傅里叶变换

取傅里叶变换，可有

$$\mathscr{F}[f_T(t)] = \mathscr{F}\left[\sum_{n=-\infty}^{\infty} \dot{F}_n e^{jn\omega_1 t}\right]$$

交换求和与取傅里叶变换的运算顺序，可有

$$\mathscr{F}[f_T(t)] = \sum_{n=-\infty}^{\infty} \mathscr{F}\left[\dot{F}_n e^{jn\omega_1 t}\right] = \sum_{n=-\infty}^{\infty} \dot{F}_n \mathscr{F}\left[e^{jn\omega_1 t}\right] = \sum_{n=-\infty}^{\infty} \dot{F}_n 2\pi\delta(\omega - n\omega_1)$$

由此可得周期信号的傅里叶变换为

$$f_T(t) \longleftrightarrow 2\pi \sum_{n=-\infty}^{\infty} \dot{F}_n \delta(\omega - n\omega_1) \tag{3-109}$$

其中

$$\dot{F}_n = \frac{1}{T}\int_{-T/2}^{T/2} f_T(t) e^{-jn\omega_1 t} dt, \; n = 0, \pm 1, \pm 2, \cdots$$

式 (3-109) 表明，任何周期信号的傅里叶变换是一系列冲激信号，冲激强度为 $2\pi\dot{F}_n$，冲激发生在基频整数倍上。而正弦和余弦信号的傅里叶变换则是式 (3-109) 中只有 $n = \pm 1$ 的特殊情况。

例 3-18　冲激序列 $\delta_T(t)$ 如图 3-29a 所示，求其傅里叶变换 $F(j\omega)$。

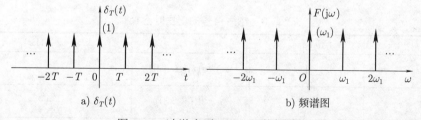

a) $\delta_T(t)$ 　　　　　　　　　　b) 频谱图

图 3-29　冲激序列 $\delta_T(t)$ 及其频谱图

解　由于

$$\dot{F}_n = \frac{1}{T}\int_{-T/2}^{T/2} \delta_T(t) e^{-jn\omega_1 t} dt = \frac{1}{T}\int_{-T/2}^{T/2} \delta(t) e^{-jn\omega_1 t} dt = \frac{1}{T}, \; n = 0, \pm 1, \pm 2, \cdots$$

将 $\dot{F}_n$ 代入式 (3-109) 中，可得

$$\delta_T(t) \longleftrightarrow F(j\omega) = \frac{2\pi}{T} \sum_{n=-\infty}^{\infty} \delta(\omega - n\omega_1) = \omega_1 \sum_{n=-\infty}^{\infty} \delta(\omega - n\omega_1) \tag{3-110}$$

其频谱图如图 3-29b 所示。

3.5.2 傅里叶系数与傅里叶变换

若从周期信号 $f_T(t)$ 中截取 $\left(-\dfrac{T}{2}, \dfrac{T}{2}\right)$ 的一个周期的信号，用 $f_0(t)$ 表示，其对应的傅里叶变换用 $F_0(\mathrm{j}\omega)$ 表示，则

$$F_0(\mathrm{j}\omega) = \int_{-\infty}^{\infty} f_0(t)\mathrm{e}^{-\mathrm{j}\omega t}\mathrm{d}t = \int_{-\frac{T}{2}}^{\frac{T}{2}} f_T(t)\mathrm{e}^{-\mathrm{j}\omega t}\mathrm{d}t \tag{3-111}$$

而周期信号 $f_T(t)$ 的傅里叶系数 $\dot{F}_n$ 为

$$\dot{F}_n = \frac{1}{T} \int_{-\frac{T}{2}}^{\frac{T}{2}} f_T(t)\mathrm{e}^{-\mathrm{j}n\omega_1 t}\mathrm{d}t \tag{3-112}$$

比较式 (3-111) 和式 (3-112)，不难发现

$$\dot{F}_n = \left. \frac{F_0(\mathrm{j}\omega)}{T} \right|_{\omega=n\omega_1} \tag{3-113}$$

根据这一关系，重新审视例 3-18 的解法。取周期信号 $\delta_T(t)$ 在 $\left(-\dfrac{T}{2}, \dfrac{T}{2}\right)$ 内的信号，即 $f_0(t) = \delta(t)$，其傅里叶变换 $F_0(\mathrm{j}\omega) = 1$，则由式 (3-113) 可得

$$\dot{F}_n = \left. \frac{F_0(\mathrm{j}\omega)}{T} \right|_{\omega=n\omega_1} = \frac{1}{T}$$

将其代入式 (3-109) 中，即可求得式 (3-110) 的结果。

现将前面几节中利用傅里叶变换定义式和傅里叶变换性质求解的常用简单信号及其傅里叶变换，以及周期信号的傅里叶变换一般式列于表 3-3 中，以方便读者查阅。

表 3-3 常用信号的傅里叶变换

$f(t)$	$F(\mathrm{j}\omega)$	$f(t)$	$F(\mathrm{j}\omega)$
$\delta(t)$	1	$\mathrm{e}^{-\beta t}\varepsilon(t)(\beta>0)$	$\dfrac{1}{\beta+\mathrm{j}\omega}$
1	$2\pi\delta(\omega)$	$\mathrm{e}^{-\beta\|t\|}(\beta>0)$	$\dfrac{2\beta}{\beta^2+\omega^2}$
$\varepsilon(t)$	$\pi\delta(\omega)+\dfrac{1}{\mathrm{j}\omega}$	$\mathrm{sgn}(t)$	$\dfrac{2}{\mathrm{j}\omega}$
$g_\tau(t)$	$\tau\mathrm{Sa}\left(\dfrac{\omega\tau}{2}\right)$	$\cos(\omega_0 t)$	$\pi[\delta(\omega+\omega_0)+\delta(\omega-\omega_0)]$
$\mathrm{Sa}(t)$	$\pi g_2(\omega)$	$\sin(\omega_0 t)$	$\mathrm{j}\pi[\delta(\omega+\omega_0)-\delta(\omega-\omega_0)]$
$\delta^{(n)}(t)$	$(\mathrm{j}\omega)^n$	$\delta_T(t)$	$\omega_1\displaystyle\sum_{n=-\infty}^{\infty}\delta(\omega-n\omega_1),\ \omega_1=\dfrac{2\pi}{T}$
$f_\triangle(t)$	$\tau\mathrm{Sa}^2\left(\dfrac{\omega\tau}{2}\right)$	$f_T(t)$	$2\pi\displaystyle\sum_{n=-\infty}^{\infty}\dot{F}_n\delta(\omega-n\omega_1),\ \omega_1=\dfrac{2\pi}{T}$

注：$f_\triangle(t) = \left(1-\dfrac{|t|}{\tau}\right)[\varepsilon(t+\tau)-\varepsilon(t-\tau)]$ 是三角脉冲信号；$f_T(t)$ 代表周期为 T 的周期信号。

3.6 能量谱和功率谱、帕塞瓦尔定理

第 1 章已给出能量信号及功率信号的定义，本节将在频域中讨论其能量谱及功率谱，并由此给出非常重要的帕塞瓦尔定理。

3.6.1 周期信号的功率、帕塞瓦尔恒等式

由式 (1-3) 可知，时域下周期信号的平均功率 $P = \dfrac{1}{T}\displaystyle\int_{-T/2}^{T/2} |f_T(t)|^2 \mathrm{d}t$，将该式中的 $f_T(t)$

展开为指数形式的傅里叶级数，即 $f_T(t) = \displaystyle\sum_{n=-\infty}^{\infty} \dot{F}_n \mathrm{e}^{\mathrm{j}n\omega_1 t}$，将此式代入功率表达式中，并

设 $f_T(t)$ 是实函数，于是

$$P = \frac{1}{T}\int_{-T/2}^{T/2} f_T(t) \left[\sum_{n=-\infty}^{\infty} \dot{F}_n \mathrm{e}^{\mathrm{j}n\omega_1 t}\right]\mathrm{d}t$$

交换求和与积分的先后顺序，上式变为

$$P = \sum_{n=-\infty}^{\infty} \dot{F}_n \left[\frac{1}{T}\int_{-T/2}^{T/2} f_T(t)\mathrm{e}^{\mathrm{j}n\omega_1 t}\mathrm{d}t\right]$$

$$= \sum_{n=-\infty}^{\infty} \dot{F}_n \dot{F}_{-n} = \sum_{n=-\infty}^{\infty} |\dot{F}_n|^2 \tag{3-114}$$

式(3-114) 为周期信号的平均功率在频域中的表述，称为功率的帕塞瓦尔恒等式。其中，$\dot{F}_n$ 为傅里叶复系数，它与 $\dot{F}_{-n}$ 构成共轭复数。

式 (3-114) 还可以用实振幅 A_n 来表示，即

$$P = \sum_{n=-\infty}^{\infty} |\dot{F}_n|^2 = |\dot{F}_0|^2 + 2\sum_{n=1}^{\infty} |\dot{F}_n|^2$$

$$= A_0^2 + 2\sum_{n=1}^{\infty} \left(\frac{A_n}{2}\right)^2 = A_0^2 + \sum_{n=1}^{\infty} \left(\frac{A_n}{\sqrt{2}}\right)^2 \tag{3-115}$$

式 (3-115) 表明，周期信号的平均功率等于直流分量的平方与各次谐波分量有效值的平方和，即

$$P = P_0 + \sum_{n=1}^{\infty} P_n \tag{3-116}$$

把周期信号的平均功率 P 随频率的变化关系称为周期信号的功率谱，其描述的是各次谐波分量的平均功率与谐频 $n\omega_1$ 的对应关系，可用功率谱图来表示。周期信号的功率谱只涉及傅里叶复系数 $\dot{F}_n$ 的模量，与相位无关。

例 3-19 某 $1\ \Omega$ 电阻两端的电压为

$$u(t) = \left[2 + 3\cos\left(\omega_1 t - \frac{\pi}{4}\right) + 2\sin(2\omega_1 t) - \cos(3\omega_1 t)\right]\ \text{V}$$

求其功率和电压有效值 U_{eff}。

解 根据式 (3-115) 或式 (3-116)，求各次谐波的功率再叠加，即

$$P = A_0^2 + \sum_{n=1}^{\infty}\left(\frac{A_n}{\sqrt{2}}\right)^2$$

$$= A_0^2 + \left(\frac{A_1}{\sqrt{2}}\right)^2 + \left(\frac{A_2}{\sqrt{2}}\right)^2 + \left(\frac{A_3}{\sqrt{2}}\right)^2$$

$$= 2^2 + \left(\frac{3}{\sqrt{2}}\right)^2 + \left(\frac{2}{\sqrt{2}}\right)^2 + \left(\frac{1}{\sqrt{2}}\right)^2 = 11\text{W}$$

进而可以求得有效值。由于 $P = U_{\text{eff}}^2/R$，可得电压有效值为

$$U_{\text{eff}} = \sqrt{PR} = \sqrt{11}\ \text{V}$$

3.6.2 非周期信号的能量谱、帕塞瓦尔定理

由时域能量信号的定义式 (1-2) 可有 $E = \int_{-\infty}^{\infty}|f(t)|^2\mathrm{d}t$，非周期信号 $f(t)$ 满足傅里叶逆变换，即 $f(t) = \frac{1}{2\pi}\int_{-\infty}^{\infty}F(\mathrm{j}\omega)\mathrm{e}^{\mathrm{j}\omega t}\mathrm{d}\omega$。将该式代入能量表达式中，对于实信号 $f(t)$，有

$$E = \int_{-\infty}^{\infty}f(t)\left[\frac{1}{2\pi}\int_{-\infty}^{\infty}F(\mathrm{j}\omega)\mathrm{e}^{\mathrm{j}\omega t}\mathrm{d}\omega\right]\mathrm{d}t$$

交换时间与频率变量的积分顺序，有

$$E = \frac{1}{2\pi}\int_{-\infty}^{\infty}F(\mathrm{j}\omega)\left[\int_{-\infty}^{\infty}f(t)\mathrm{e}^{\mathrm{j}\omega t}\mathrm{d}t\right]\mathrm{d}\omega$$

$$= \frac{1}{2\pi}\int_{-\infty}^{\infty}F(\mathrm{j}\omega)F(-\mathrm{j}\omega)\mathrm{d}\omega$$

$$= \frac{1}{2\pi}\int_{-\infty}^{\infty}|F(\mathrm{j}\omega)|^2\mathrm{d}\omega \tag{3-117}$$

式 (3-117) 即为信号能量的频域表达式，称为能量的帕塞瓦尔定理。定义 $\mathscr{E}(\omega) = |F(\mathrm{j}\omega)|^2$ 为能量密度谱函数，简称能量谱，表示单位频率的信号能量。$\mathscr{E}(\omega)$ 是关于 ω 的偶函数，只决定于频谱函数的模量，与相位无关。

显然，由时域及频域的能量表达式可有

$$E = \int_{-\infty}^{\infty}f^2(t)\mathrm{d}t = \frac{1}{2\pi}\int_{-\infty}^{\infty}|F(\mathrm{j}\omega)|^2\mathrm{d}\omega = \frac{1}{2\pi}\int_{-\infty}^{\infty}\mathscr{E}(\omega)\mathrm{d}\omega \tag{3-118}$$

该式表明信号经过时频变换后，其总能量不变。

3.6.3 非周期信号的功率谱

对于某些非周期信号，如单位阶跃信号 $\varepsilon(t)$，其能量是无界的，但其平均功率有限。从非周期信号 $f(t)$ 截取一段 $|t| \leqslant \dfrac{T}{2}$ 的信号 $f_0(t)$，其对应的傅里叶变换为 $F_0(\mathrm{j}\omega)$。根据式 (1-3) 及能量帕塞瓦尔等式 (3-117)，可将功率表示为

$$P = \frac{1}{2\pi} \int_{-\infty}^{\infty} \lim_{T \to \infty} \frac{|F_0(\mathrm{j}\omega)|^2}{T} \mathrm{d}\omega = \frac{1}{2\pi} \int_{-\infty}^{\infty} \mathscr{P}(\omega) \mathrm{d}\omega \qquad (3\text{-}119)$$

其中

$$\mathscr{P}(\omega) = \lim_{T \to \infty} \frac{|F_0(\mathrm{j}\omega)|^2}{T} \qquad (3\text{-}120)$$

称为功率密度谱函数，简称功率谱，代表单位频率的信号功率。$\mathscr{P}(\omega)$ 是关于 ω 的偶函数，只决定于频谱函数 $F_0(\mathrm{j}\omega)$ 的模量，与相位无关。

对于周期信号，$f_0(t)$ 则是从周期信号中截取的一个周期内信号，可以证明式 (3-119) 的表述与式 (3-114) 的本质是一致的。

需要说明的是，无论是周期信号还是非周期信号，傅里叶复系数 $\dot{F}_n(n\omega_1)$ 及频谱函数 $F(\mathrm{j}\omega)$ 都必须是收敛的，故信号的能量主要集中在低频分量上。

例 3-20　应用帕塞瓦尔公式求积分 $\displaystyle\int_{-\infty}^{\infty} \frac{1}{\omega^2 + \alpha^2} \mathrm{d}\omega$。

解　设 $f(t) \longleftrightarrow F(\mathrm{j}\omega)$，由能量帕塞瓦尔公式 (3-118)，可有

$$E = \int_{-\infty}^{\infty} f^2(t)\mathrm{d}t = \frac{1}{2\pi} \int_{-\infty}^{\infty} |F(\mathrm{j}\omega)|^2 \mathrm{d}\omega = \int_{-\infty}^{\infty} \frac{1}{\omega^2 + \alpha^2} \mathrm{d}\omega$$

由此可得

$$|F(\mathrm{j}\omega)|^2 = \frac{2\pi}{\omega^2 + \alpha^2} = F(\mathrm{j}\omega)F(-\mathrm{j}\omega)$$

令 $F(\mathrm{j}\omega) = \dfrac{\sqrt{2\pi}}{\alpha + \mathrm{j}\omega}$，则 $F(-\mathrm{j}\omega) = \dfrac{\sqrt{2\pi}}{\alpha - \mathrm{j}\omega}$。由单边指数信号的傅里叶变换对，可有

$$F(\mathrm{j}\omega) = \frac{\sqrt{2\pi}}{\alpha + \mathrm{j}\omega} \longleftrightarrow \sqrt{2\pi}\mathrm{e}^{-\alpha t}\varepsilon(t) = f(t)$$

可得待求积分为

$$\int_{-\infty}^{\infty} \frac{1}{\omega^2 + \alpha^2} \mathrm{d}\omega = \int_{-\infty}^{\infty} f^2(t)\mathrm{d}t = 2\pi \int_{-\infty}^{\infty} \left[\mathrm{e}^{-\alpha t}\varepsilon(t)\right]^2 \mathrm{d}t$$

$$= 2\pi \int_{0}^{\infty} \mathrm{e}^{-2\alpha t}\mathrm{d}t = \frac{\pi}{\alpha}$$

习 题 3

3-1 求图 3-30 所示波形的三角函数形式的傅里叶级数。

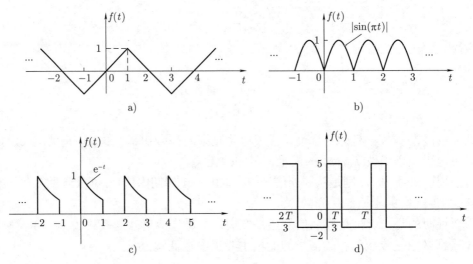

图 3-30 习题 3-1 图

3-2 求图 3-31 所示波形的傅里叶复系数 $\dot{F}_n$。

3-3 图 3-32 所示信号仅为某信号在 1/4 周期的波形，试根据下列情况，分别绘出一个完整周期 $(0, T)$ 内的波形 $f_T(t)$。

    (1) $f_T(t)$ 为偶函数，且为奇半波对称；

    (2) $f_T(t)$ 为偶函数，且为偶半波对称；

    (3) $f_T(t)$ 为奇函数，且只含偶次谐波分量；

    (4) $f_T(t)$ 为奇函数，且只含奇次谐波分量。

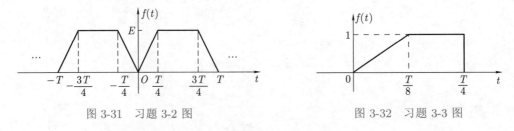

图 3-31 习题 3-2 图   图 3-32 习题 3-3 图

3-4 求图 3-33 所示波形的直流分量。

3-5 分析图 3-34 所示波形，分别包含哪些频率成分。

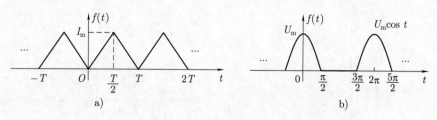

图 3-33　习题 3-4 图

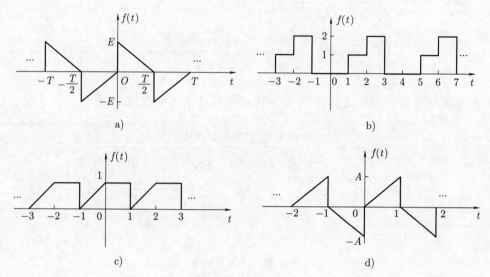

图 3-34　习题 3-5 图

3-6　求图 3-35 所示波形的傅里叶级数，并做出幅度谱及相位谱。

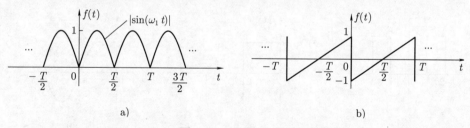

图 3-35　习题 3-6 图

3-7　已知周期信号的傅里叶级数展开式为

$$f(t) = 3 + 3\cos(2t) + 2\sin\left(4t - \frac{\pi}{4}\right) - \cos\left(6t - \frac{\pi}{3}\right)$$

(1) 画出单边幅度谱和相位谱；

(2) 画出双边幅度谱和相位谱。

3-8　已知周期信号 $f(t)$ 的双边谱如图 3-36 所示。

(1) 写出复指数形式的傅里叶级数；

(2) 画出与之对应的单边谱；

(3) 写出三角函数形式的傅里叶级数。

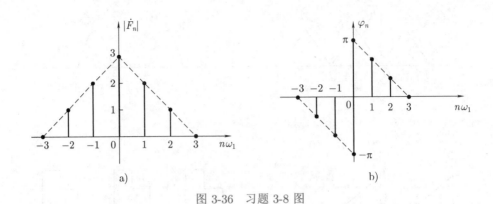

图 3-36　习题 3-8 图

3-9 按傅里叶变换的定义式计算图 3-37 所示各脉冲信号的频谱函数。

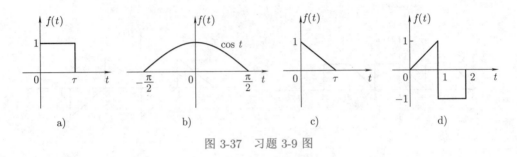

图 3-37　习题 3-9 图

3-10 按习题 3-9 计算结果，利用傅里叶变换的线性和时移性质求图 3-38 所示各信号的频谱函数。

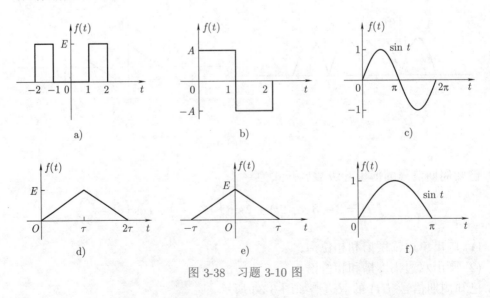

图 3-38　习题 3-10 图

3-11 已知 $f(t) \longleftrightarrow F(\mathrm{j}\omega)$，证明：

 (1) 若 $f(t)$ 是关于 t 的实偶函数，则 $F(\mathrm{j}\omega)$ 是关于 ω 的实偶函数；

 (2) 若 $f(t)$ 是关于 t 的实奇函数，则 $F(\mathrm{j}\omega)$ 是关于 ω 的虚奇函数。

3-12 信号 $f(t)$ 可以表示为偶分量 $f_{\rm e}(t)$ 与奇分量 $f_{\rm o}(t)$ 之和, 且 $\mathscr{F}[f(t)] = F(\mathrm{j}\omega)$, 证明:

(1) 若 $f(t)$ 是实函数, 则

$$\mathscr{F}[f_{\rm e}(t)] = \mathrm{Re}[F(\mathrm{j}\omega)], \ \mathscr{F}[f_{\rm o}(t)] = \mathrm{jIm}[F(\mathrm{j}\omega)]$$

(2) 若 $f(t)$ 是复函数, 可表示为 $f(t) = f_{\rm r}(t) + \mathrm{j}f_{\rm i}(t)$, 则

$$\mathscr{F}[f_{\rm r}(t)] = \frac{1}{2}\left[F(\mathrm{j}\omega) + F^*(-\mathrm{j}\omega)\right]$$

$$\mathscr{F}[f_{\rm i}(t)] = \frac{1}{2\mathrm{j}}\left[F(\mathrm{j}\omega) - F^*(-\mathrm{j}\omega)\right]$$

其中, $F^*(-\mathrm{j}\omega) = \mathscr{F}[f^*(t)]$。

3-13 求下列频谱函数 $F(\mathrm{j}\omega)$ 的原函数 $f(t)$:

(1) $F(\mathrm{j}\omega) = \mathrm{j}\pi\mathrm{sgn}(\omega)$ \qquad\qquad (2) $F(\mathrm{j}\omega) = \dfrac{\sin(5\omega)}{\omega}$

(3) $F(\mathrm{j}\omega) = \dfrac{(\mathrm{j}\omega)^2 + \mathrm{j}5\omega - 8}{(\mathrm{j}\omega)^2 + \mathrm{j}6\omega + 5}$

3-14 已知 $f_1(t) \longleftrightarrow F_1(\mathrm{j}\omega)$, 且信号 $f_1(t)$ 和 $f_2(t)$ 的波形如图 3-39a 和 b 所示, 求 $f_2(t)$ 的频谱函数 $F_2(\mathrm{j}\omega)$。

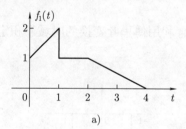
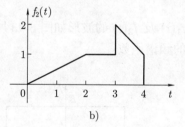

图 3-39　习题 3-14 图

3-15 利用傅里叶变换的尺度变换性质求信号 $f(t) = \mathrm{e}^{\alpha t}\varepsilon(-t)$ $(\alpha > 0)$ 的频谱函数。

3-16 利用傅里叶变换的频移性质和已知单位阶跃信号的频谱, 推导出单边余弦信号 $\cos(\omega_0 t)\varepsilon(t)$ 和单边正弦信号 $\sin(\omega_0 t)\varepsilon(t)$ 的频谱函数。

3-17 求图 3-40 所示信号的频谱函数, 并画出频谱图。

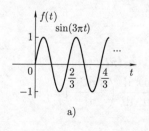
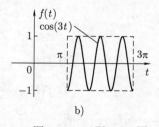
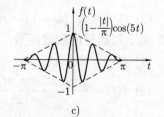

图 3-40　习题 3-17 图

3-18 利用调制定理求 $f(t) = [3 + 3\cos(\omega_1 t)]\cos(\omega_0 t)$ 的频谱函数, 并画出频谱图。

3-19 利用傅里叶变换的时域微分性质求图 3-41 所示波形的频谱函数。

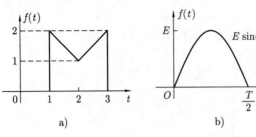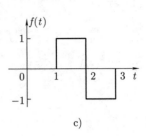

图 3-41　习题 3-19 图

3-20 求图 3-42 所示波形的频谱函数。

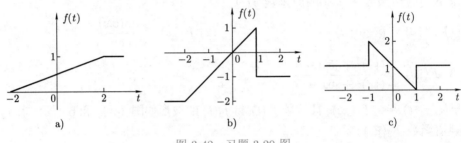

图 3-42　习题 3-20 图

3-21 信号 $f_1(t)$ 及 $f_2(t)$ 的波形如图 3-43 所示。利用傅里叶变换的时域卷积定理求 $f_1(t) *$ $f_2(t)$ 的频谱函数。

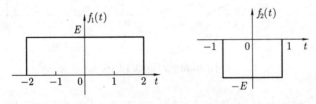

图 3-43　习题 3-21 图

3-22 求下列信号的傅里叶逆变换，并画出时域波形图。

(1) $F_1(\mathrm{j}\omega) = \cos\omega \sin\dfrac{\omega}{2}$　　　　(2) $F_2(\mathrm{j}\omega) = \dfrac{\sin(3\omega)}{\omega}\mathrm{e}^{\mathrm{j}\left(3\omega + \frac{\pi}{2}\right)}$

(3) $F_3(\mathrm{j}\omega) = \varepsilon(\omega - 1) - \varepsilon(\omega - 2)$

3-23 求下列信号的频谱函数。

(1) $f(t) = \mathrm{e}^{-3t}\varepsilon(t - 2)$　　　　(2) $f(t) = \mathrm{e}^{-t}\cos(\pi t)\varepsilon(t)$

(3) $f(t) = \dfrac{\sin(2\pi t)}{t}\dfrac{\sin(\pi t)}{2t}$　　　　(4) $f(t) = \dfrac{\sin t}{\pi t}\dfrac{\mathrm{d}}{\mathrm{d}t}\left(\dfrac{\sin 2t}{\pi t}\right)$

3-24 设 $f(t) \longleftrightarrow F(\mathrm{j}\omega)$，$f'(t) \longleftrightarrow \psi(\mathrm{j}\omega)$，证明：

$$F(\mathrm{j}\omega) = \frac{\psi(\mathrm{j}\omega)}{\mathrm{j}\omega} + [f(\infty) + f(-\infty)]\pi\delta(\omega)$$

3-25 用傅里叶变换的频域积分性质求 $f(t) = \dfrac{\sin t}{t}$ 的频谱函数。

3-26 利用傅里叶变换性质，求图 3-44 所示各波形的频谱函数，并画出频谱图。

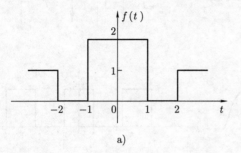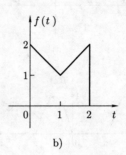

图 3-44　习题 3-26 图

3-27 已知 $f(t) \longleftrightarrow F(j\omega)$，利用傅里叶变换性质，求下列信号的频谱函数。

(1) $t\dfrac{\mathrm{d}f(t-1)}{\mathrm{d}t}$

(2) $te^{-2t}\varepsilon(t)$

(3) $te^{-3|t-1|}$

(4) $(t-3)f(t-1)$

(5) $tf\left(\dfrac{t}{2}\right)$

(6) $(t-1)f(-t)$

(7) $(2-t)f(t-2)$

(8) $(t-1)f(-t+1)$

3-28 利用傅里叶变换性质，求下列信号的傅里叶逆变换。

(1) $F(j\omega) = \dfrac{j\omega}{(1+j\omega)^2}$

(2) $F(j\omega) = \dfrac{1}{3+j(\omega+2)}$

(3) $F(j\omega) = \dfrac{4\sin(2\omega-4)}{2\omega-4} - \dfrac{\sin(2\omega+4)}{2\omega+4}$

(4) $F(j\omega) = \dfrac{2\sin^2\omega}{\omega^2}$

(5) $F(j\omega) = \dfrac{\mathrm{d}}{\mathrm{d}\omega}\left[2\sin(4\omega)\dfrac{\sin(2\omega)}{\omega}\right]$

(6) $F(j\omega)$ （波形见图 3-45a）

(7) $F(j\omega)$ （波形见图 3-45b）

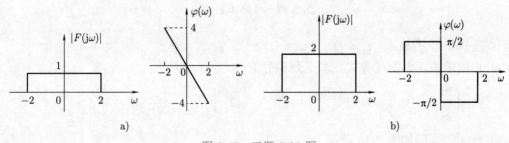

图 3-45　习题 3-28 图

3-29 求图 3-46 所示各周期信号的傅里叶变换。

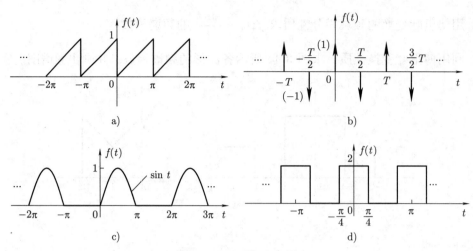

图 3-46 习题 3-29 图

3-30 求下列信号的频谱函数。

(1) $f(t) = \dfrac{2a}{a^2 + t^2}$

(2) $f(t) = \displaystyle\int_0^\infty \dfrac{\sin^4(\alpha t)}{t^4}\mathrm{d}t$

(3) $f(t) = [te^{-2t}\sin(4t)]\varepsilon(t)$

(4) $f(t) = \dfrac{\mathrm{d}}{\mathrm{d}t}[te^{-2t}\sin(4t)\varepsilon(t)]$

(5) $f(t)$ (波形见图 3-47a)

(6) $f(t)$ $\big[$波形见图 3-47b，已知 $f_0(t) \longleftrightarrow F_0(\mathrm{j}\omega)\big]$

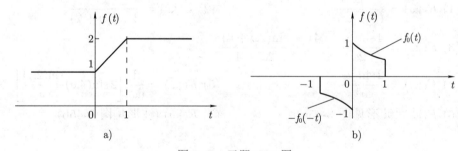

图 3-47 习题 3-30 图

3-31 已知信号 $f(t) * f'(t) = (1-t)\mathrm{e}^{-t}\varepsilon(t)$，求 $f(t)$。

3-32 利用帕塞瓦尔能量等式，求下列积分值。

(1) $\displaystyle\int_{-\infty}^{\infty} \mathrm{Sa}^2(t)\mathrm{d}t$

(2) $\displaystyle\int_{-\infty}^{\infty} \dfrac{1}{(1+t^2)^2}\mathrm{d}t$

3-33 $f(t)$ 的波形如图 3-48 所示。

(1) 求每个信号的频谱函数，并画出频谱图；

(2) 求每个信号的能量密度谱函数，并画出能量谱；

(3) 用帕塞瓦尔定理求每个信号的能量。

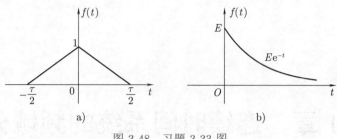

图 3-48 习题 3-33 图

教师导航

变换，就是将一种表现形式转换到另一种表现形式上。本章引入了傅里叶级数及傅里叶变换，讨论了连续时间信号时、频变换关系。傅里叶变换在确定信号的分析和处理中发挥重要作用。然而，对于随机信号分析 (超出本书范畴)，傅里叶变换则会显现出一定的问题。作为拓展内容，读者可参考教学视频"傅里叶变换与小波变换"，以期对傅里叶变换有更深入的认识。

3.20 傅里叶变换
与小波变换

傅里叶变换沟通了信号时、频之间的联系，提供了一种积分变换的数学思想和处理问题的数学手段。将傅里叶级数和傅里叶变换应用于确定信号的分析时，具有实际意义的物理概念及应用便都一一体现出来，如谐波、频谱、带宽等概念和调制、解调的物理过程及其原理。在学习本章关于连续时间信号的傅里叶分析过程中，你将如何理解如下问题：

1) 为何选择正、余弦函数或正、负复指数函数作为基元函数？

2) 傅里叶系数 a_n、b_n 及复系数 $\dot{F}_n$ 的物理含义是什么？

3) 周期信号的频谱与非周期信号频谱的显著区别是什么？

4) 傅里叶变换性质在信号的时、频变换中具有怎样的作用？

5) 周期信号的傅里叶变换与傅里叶级数之间有什么关系？

本章的重点内容如下：

1) 周期信号傅里叶级数各种表达形式及各种傅里叶系数的计算。

2) 周期信号的频谱概念及周期矩形脉冲信号的频谱。

3) 周期信号频谱的三大特点。

4) 非周期信号的傅里叶变换及逆变换定义式。

5) 典型信号的傅里叶变换对。

6) 傅里叶变换的主要性质。

7) 周期信号的傅里叶变换。

8) 功率谱与能量谱。

第 4 章 连续时间系统的频域分析

在第 3 章中借助于傅里叶级数、傅里叶积分变换对周期及非周期信号的频谱进行了讨论。本章将在此基础上，进一步在频域下对 LTI 连续时间系统进行分析。在通信和控制系统的理论研究和实际应用中，频域分析法相比于经典的时域分析法具有许多突出的优点，这一点已在第 3 章关于连续时间信号的时、频变换中表现出来。频域分析法是基于傅里叶变换而开展的，因而也称为傅里叶分析。傅里叶分析法不仅在通信和控制领域，而且在电力工程、物理、医学、工程技术等众多领域得到普遍而广泛的应用。可以说，傅里叶分析法渗透在与 IT 产业相关的所有领域。

关于 LTI 连续系统的频域分析，是把时域中求解 LTI 连续系统响应问题通过傅里叶级数或傅里叶变换转换到频域中，然后再通过傅里叶逆变换返回时域，最终获得时域下的响应形式。采用傅里叶分析法，将使 LTI 连续系统的分析得以简化，在使之成为行之有效、无可替代的方法的同时，也将充分展现时频变换在许多有实际意义的物理过程的分析中所带来的绝妙之处。

在频域下分析 LTI 连续系统响应的关键是明确能够反映系统固有属性的频率响应函数。本章将从频率响应函数开始展开关于 LTI 连续系统的频域分析。

4.1 频率响应函数

由 LTI 连续系统的时域分析可知，当输入信号为 $f(t)$，系统单位冲激响应为 $h(t)$ 时，系统的零状态响应 $y_{zs}(t) = f(t) * h(t)$。由傅里叶变换的时域卷积定理，对该式两端同时取傅里叶变换，可有

4.1 频率响应函数

$$\mathscr{F}[y_{zs}(t)] = \mathscr{F}[f(t)]\mathscr{F}[h(t)]$$

令 $f(t) \longleftrightarrow F(j\omega)$，$y_{zs}(t) \longleftrightarrow Y_{zs}(j\omega)$，$h(t) \longleftrightarrow H(j\omega)$，则有

$$Y_{zs}(j\omega) = F(j\omega)H(j\omega) \tag{4-1}$$

由式 (4-1) 可定义系统的频率响应函数为

$$H(j\omega) = \frac{Y_{zs}(j\omega)}{F(j\omega)} \tag{4-2}$$

频率响应函数也称为系统函数。从以上分析可见，系统函数即系统单位冲激响应的傅里叶变换，因而系统函数反映系统自身的特性，它由系统结构及参数来决定，而与系统的外加激励及系统的初始状态无关。一般情况下，$H(j\omega)$ 是关于 ω 的复函数，通常表示为

$$H(j\omega) = |H(j\omega)|e^{j\varphi(\omega)} \tag{4-3}$$

式中，$|H(j\omega)|$ 为系统的响应幅度与激励幅度之比，称为幅频特性函数；$\varphi(\omega)$ 描述了系统响应与激励的相位关系，称为相频特性函数。

例 4-1　已知系统微分方程为

$$y''(t) + 7y'(t) + 12y(t) = 2f'(t) + f(t)$$

求系统的频率响应函数 $H(j\omega)$。

解　将系统微分方程两端同时取傅里叶变换，令 $f(t) \longleftrightarrow F(j\omega)$，$y(t) \longleftrightarrow Y(j\omega)$，这里的 $Y(j\omega)$ 是零状态响应的频谱函数。由傅里叶变换的时域微分性质和线性性质，可有

$$(j\omega)^2 Y(j\omega) + 7j\omega Y(j\omega) + 12Y(j\omega) = 2j\omega F(j\omega) + F(j\omega)$$

按式 (4-2) 可有系统函数为

$$H(j\omega) = \frac{Y(j\omega)}{F(j\omega)} = \frac{2j\omega + 1}{(j\omega)^2 + 7j\omega + 12}$$

显然，该系统函数 $H(j\omega)$ 是复函数，与外界激励及系统初始状态无关，它仅由系统的结构和参数来决定。更确切地讲，系统函数决定于系统方程。

若描述一个 n 阶 LTI 连续系统的微分方程为

$$a_n y^{(n)}(t) + a_{n-1} y^{(n-1)}(t) + \cdots + a_0 y(t) = b_m f^{(m)}(t) + b_{m-1} f^{(m-1)}(t) + \cdots + b_0 f(t) \tag{4-4}$$

将式 (4-4) 两侧同时取傅里叶变换，则由式 (4-2) 可得系统的频率响应函数为

$$H(j\omega) = \frac{b_m (j\omega)^m + b_{m-1}(j\omega)^{m-1} + \cdots + b_0}{a_n (j\omega)^n + a_{n-1}(j\omega)^{n-1} + \cdots + a_0} \tag{4-5}$$

例 4-2　已知某 LTI 连续系统的单位冲激响应 $h(t) = 2e^{-3t}\varepsilon(t)$，求系统函数 $H(j\omega)$。

解　系统的频率响应函数即为系统单位冲激响应的傅里叶变换，由单边指数信号的傅里叶变换对，可得系统函数为

$$H(j\omega) = \mathscr{F}[h(t)] = \mathscr{F}[2e^{-3t}\varepsilon(t)] = \frac{2}{3 + j\omega}$$

例 4-3　已知 LTI RC 电路的相量模型图及端口输入相量 $\dot{U}_1$ 和输出相量 $\dot{U}_2$ 的参考极性如图 4-1 所示，求该电路的系统函数，并绘出幅频特性及相频特性曲线。

解 因 $\dot{U}_1$ 为激励相量，$\dot{U}_2$ 为响应相量。按式 (4-2)，结合电路结构，可得该电路的系统函数为

$$H(\mathrm{j}\omega) = \frac{\dot{U}_2}{\dot{U}_1} = \frac{\dfrac{1}{\mathrm{j}\omega C}}{R + \dfrac{1}{\mathrm{j}\omega C}} = \frac{1}{1 + \mathrm{j}\omega RC} \tag{4-6}$$

其幅频特性函数为

$$|H(\mathrm{j}\omega)| = \frac{1}{\sqrt{1 + (\omega RC)^2}} \tag{4-7}$$

相频特性函数为

$$\varphi(\omega) = -\arctan(\omega RC) \tag{4-8}$$

相应的幅频特性和相频特性曲线分别如图 4-2a 和 b 所示，这里只画出了正频率部分的频率响应特性曲线。

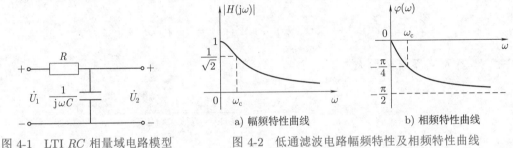

图 4-1　LTI RC 相量域电路模型　　图 4-2　低通滤波电路幅频特性及相频特性曲线

通过系统函数 $H(\mathrm{j}\omega)$ 的幅频特性曲线可以看出，ω 越大，$|H(\mathrm{j}\omega)|$ 越小。这说明信号通过此电路时，高频信号被抑制，而低频信号更容易通过。这是典型的 RC 低通滤波电路，具有"通低频、阻高频"的系统特征。当

$$|H(\mathrm{j}\omega)| = \frac{1}{\sqrt{2}} \tag{4-9}$$

时的频率定义为截止频率 (cut off frequency)，或半功率点频率，通常用 ω_c 表示。显然，该滤波电路的截止频率 $\omega_c = \dfrac{1}{RC}$，把 $0 \sim \omega_c$ 的频率范围称为低通滤波电路的通频带。

4.2　非正弦周期信号作用于 LTI 连续系统的稳态响应

在电路分析课程中，已详尽地讨论了如何用相量法分析正弦周期信号作用于电路的稳态响应。若一个非正弦周期信号激励于 LTI 电路系统，其稳态响应如何？根据第 3 章讨论可知，周期信号可以分解为一系列谐波分量，而每个谐波分量都是存在于 $(-\infty, \infty)$ 之间的单一频率的正弦波。按线性系统的特征，LTI 电路在非正弦周期信号激励下产生的响应，

可看作激励信号中每个谐波分量分别单独作用时产生响应分量的叠加。对于稳定系统，系统的固有频率 (即系统方程的特征根) 都是负值，随着时间的增长，系统的暂态过程已经结束 (暂态响应趋于零)，系统处于稳定状态。由此分析可以确定，当非正弦周期信号作用于 LTI 电路时，其稳态响应可通过相量法和叠加定理综合求得。

例 4-4 LTI RL 电路如图 4-3a 所示，已知 $R = 50\ \Omega$，$L = 25\ \text{mH}$。激励信号 $u_\text{s}(t)$ 的波形如图 4-3b 所示，$T = 1\ \text{ms}$。求稳态响应 $u_L(t)$。

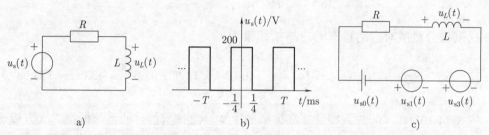

图 4-3 LTI RL 电路、输入信号 $u_\text{s}(t)$ 以及将 $u_\text{s}(t)$ 分解后的等效电路

解 由于激励信号 $u_\text{s}(t)$ 的周期为 $T = 1\ \text{ms}$，则基波角频率 $\omega_1 = \dfrac{2\pi}{T} = 2\pi \times 10^3\ (\text{rad/s})$。将激励信号 $u_\text{s}(t)$ 进行傅里叶级数展开，可有

$$u_\text{s}(t) = 100 + \frac{400}{\pi}\cos\omega_1 t - \frac{400}{3\pi}\cos 3\omega_1 t + \frac{400}{5\pi}\cos 5\omega_1 t - \frac{400}{7\pi}\cos 7\omega_1 t + \cdots \quad (4\text{-}10)$$

由式 (4-10)，可将 $u_\text{s}(t)$ 看成是由一个直流分量和奇次谐波分量所组成激励源，这相当于把一个直流电压源和无穷多个交流电压源串联作用于电路上，如图 4-3c 所示 (只取到 3 次谐波)。因为周期信号的频谱具有收敛性，其能量主要集中在低频分量上，因而傅里叶级数只计算前几项即可。

进一步确定系统函数。基于图 4-3a 的电路结构，按照例 4-3 的方法，可得该电路系统函数为

$$H(\text{j}\omega) = \frac{\dot{U}_L(\text{j}\omega)}{\dot{U}_\text{s}(\text{j}\omega)} = \frac{\text{j}\omega L}{R + \text{j}\omega L} \quad (4\text{-}11)$$

利用叠加定理，让各次谐波分量单独作用并求其响应相量。

当 $\omega = 0 \times \omega_1 = 0$ 时，根据式 (4-11)，系统函数为

$$H(\text{j}0\omega_1) = H(\text{j}0) = 0$$

则响应振幅相量 (直流分量) 为

$$\dot{U}_{L0\text{m}} = \dot{U}_{\text{s}0\text{m}}(\text{j}0)H(\text{j}0) = 0\ \text{V}$$

当 $\omega = \omega_1$ 时，根据式 (4-11)，结合元件参数和基频 ω_1，可得系统函数为

$$H(\text{j}\omega_1) = \frac{\text{j}\omega_1 L}{R + \text{j}\omega_1 L} = 0.95\angle 17.65°$$

4.2 周期信号作用
下系统的稳态响应

则基波分量所对应的稳态响应振幅相量为

$$\dot{U}_{L1m} = \dot{U}_{s1m}(j\omega_1)H(j\omega_1) = \left(\frac{400}{\pi}\angle 0°\right) \times (0.95\angle 17.65°) = 121\angle 17.65° \text{ V}$$

当 $\omega = 3\omega_1$ 时，根据式 (4-11)，系统函数为

$$H(j3\omega_1) = \frac{j3\omega_1 L}{R + j3\omega_1 L} = 0.99\angle 6.06°$$

则 3 次谐波分量所对应的稳态响应振幅相量为

$$\dot{U}_{L3m} = \dot{U}_{s3m}(j3\omega_1)H(j3\omega_1) = \left(\frac{400}{3\pi}\angle -180°\right) \times (0.99\angle 6.06°) = 42.2\angle -173.94° \text{ V}$$

按式 (4-10)，3 次谐波振幅是基波振幅的 1/3，其能量 (信号能量与振幅二次方成比例) 已达到基波信号能量的 1/9，表明 5 次以上谐波分量的能量已经远远小于基频信号的能量，因此傅里叶级数只取到 3 次谐波分量即可。各次谐波分量对应的稳态响应时域形式为

$$u_{L0}(t) = 0$$

$$u_{L1}(t) = 121\cos(\omega_1 t + 17.65°)$$

$$u_{L3}(t) = 42.2\cos(3\omega_1 t - 173.94°)$$

将各次谐波分量的时域响应相加得该电路的稳态响应为

$$u_L(t) = u_{L0}(t) + u_{L1}(t) + u_{L3}(t) + \cdots$$

$$= 121\cos(\omega_1 t + 17.65°) + 42.2\cos(3\omega_1 t - 173.94°) + \cdots$$

4.3　非周期信号作用于 LTI 连续系统的零状态响应

在第 2 章中已经讨论过，在时域下，任意信号 $f(t)$ 作用于 LTI 连续系统的零状态响应可由输入信号与系统单位冲激响应的卷积积分求得。而相对应的频域解则由式 (4-1) 给出，这使得系统分析又增加了一种新的方法，从而使某些系统分析问题从不同的途径得以解决。

需要注意的是，式 (4-1) 只能在频域下求解系统零状态响应。若输入信号 $f(t)$ 是无始无终形式的信号，且从 $t = -\infty$ 进入系统，则可认为系统无初始储能，即系统的初始状态是零。而若输入信号 $f(t)$ 是有始信号，则系统的初始状态不一定为零，那么此时只能在频域下求解零状态响应，而零输入响应则应通过其他途径 (比如时域经典分析法) 进行求解。

例 4-5　LTI 电路如图 4-4a 所示，激励信号 $i_s(t)$ 如图 4-4b 所示，求 $i_0(t)$。

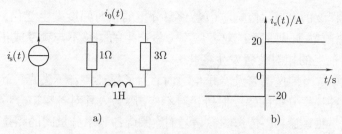

图 4-4 LTI 电路及其输入信号

解 由图 4-4b 可知，输入信号 $i_s(t) = 20\mathrm{sgn}(t)$。由于 $i_s(t)$ 是无始无终的非周期信号，所以可认为信号在 $t = -\infty$ 进入电路时，初始状态为零，则所求系统的零状态响应即为系统的全响应。

首先，求输入信号 $i_s(t)$ 的傅里叶变换，即

$$I_s(\mathrm{j}\omega) = \mathscr{F}[i_s(t)] = \frac{40}{\mathrm{j}\omega}$$

4.3 LTI 系统零状态响应

其次，求该电路的系统函数 $H(\mathrm{j}\omega)$。可根据一阶电路瞬态分析的三要素公式先求解单位阶跃响应 $g_{i_0}(t)$，则

$$g_{i_0}(t) = \frac{1}{4}(1 - \mathrm{e}^{-4t})\varepsilon(t)$$

对 $g_{i_0}(t)$ 求一阶导数，得单位冲激响应为

$$h_{i_0}(t) = \mathrm{e}^{-4t}\varepsilon(t)$$

对 $h_{i_0}(t)$ 取傅里叶变换，该电路系统函数为

$$H(\mathrm{j}\omega) = \mathscr{F}[h_{i_0}(t)] = \mathscr{F}[\mathrm{e}^{-4t}\varepsilon(t)] = \frac{1}{4 + \mathrm{j}\omega}$$

进一步，可求系统在频域下的零状态响应为

$$I_0(\mathrm{j}\omega) = I_s(\mathrm{j}\omega)H(\mathrm{j}\omega) = \frac{40}{\mathrm{j}\omega}\frac{1}{4 + \mathrm{j}\omega} = \frac{10}{\mathrm{j}\omega} - \frac{10}{4 + \mathrm{j}\omega}$$

最后，通过对 $I_0(\mathrm{j}\omega)$ 求傅里叶逆变换可得系统的时域响应为

$$i_0(t) = \mathscr{F}^{-1}[I_0(\mathrm{j}\omega)] = 5\mathrm{sgn}(t) - 10\mathrm{e}^{-4t}\varepsilon(t)$$

4.4 无失真传输

一般来说，激励信号通过通信系统后，其响应信号都会发生变化。在通信系统中出现信号失真主要体现在两方面，即幅度失真和相位失真。幅度失真是系统对信号中各频率分

量幅度产生不同程度的衰减，使响应中各频率分量的相对幅度发生变化，如在 4.2 节中所讨论的情况。而相位失真则是系统对各频率分量产生的相移不与频率成正比，使响应中各频率分量在时间轴上的相对位置发生变化。

在通信系统中，当传送语音及音乐信号时，为了保证声音不失真，重要的是使信号中各频率分量的幅度保持相对不变，因为人耳对各频率分量间的相位变化不是很敏感。当传送图像信号时，保持各频率分量间的相位关系，则是保证图像不失真的决定性条件。

4.4 无失真传输

需要说明的是，这里所说的信号失真是一种线性失真，不会在传输过程中产生新的频率分量。

设某一传输系统其输入信号为 $f(t)$，经过系统传输后的输出信号为 $y(t)$ (这里指零状态响应)，若输出信号与输入信号之间满足

$$y(t) = Kf(t - t_{\mathrm{d}}) \tag{4-12}$$

式中，$K > 0$，说明输入信号 $f(t)$ 经过系统后是无失真传输。

式 (4-12) 表示了输入与输出信号之间只有幅度大小的变化和出现时间先后的不同，而没有波形上的改变。

式 (4-12) 的物理含义可通过图 4-5 进行说明。该图表明了输出信号幅度是输入信号幅度的 K 倍，但在时间上延迟 t_{d}。

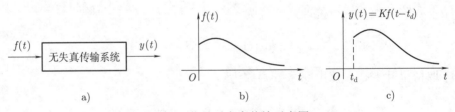

a)   b)   c)

图 4-5 信号无失真传输示意图

很显然，图 4-5 仅仅是从波形上来判断输出信号与输入信号之间是否存在失真。输出信号与输入信号在波形上是否能实现一致，其根本要决定于通信系统自身。为了实现无失真传输，必须研究传输系统满足的条件。因系统函数 $H(\mathrm{j}\omega)$ 能够反映系统的固有特性，所以从系统的输入-输出角度研究系统实现无失真传输所应具备的系统函数形式。

设

$$f(t) \longleftrightarrow F(\mathrm{j}\omega), \quad y(t) \longleftrightarrow Y(\mathrm{j}\omega)$$

对式 (4-12) 两端同时取傅里叶变换，并利用傅里叶变换的时移性质和线性性质，可得

$$Y(\mathrm{j}\omega) = KF(\mathrm{j}\omega)\mathrm{e}^{-\mathrm{j}\omega t_{\mathrm{d}}} \tag{4-13}$$

由式 (4-2) 可得无失真传输系统的系统函数为

$$H(\mathrm{j}\omega) = \frac{Y(\mathrm{j}\omega)}{F(\mathrm{j}\omega)} = K\mathrm{e}^{-\mathrm{j}\omega t_{\mathrm{d}}} \tag{4-14}$$

式 (4-14) 即为无失真传输系统的条件。

由 $H(\mathrm{j}\omega) = |H(\mathrm{j}\omega)|\mathrm{e}^{\mathrm{j}\varphi(\omega)}$，可得

幅度无失真条件为

$$|H(\mathrm{j}\omega)| = K \tag{4-15}$$

相位无失真条件为

$$\varphi(\omega) = -\omega t_{\mathrm{d}} \tag{4-16}$$

无失真传输系统的幅频特性如图 4-6a 所示，相频特性如图 4-6b 所示。

由式 (4-15)、式 (4-16) 及图 4-6 可知，若使幅度无失真，要求系统函数的幅度对一切频率均应为常数 K。实际上这种条件就是要求传输系统的通带无限宽。而若使相位无失真，必须使系统函数的相频特性是一条过原点、斜率为延迟时间的负值的直线，从而使信号中一切频率分量的相移均与频率成正比。

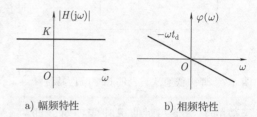

a) 幅频特性 　　b) 相频特性

图 4-6　无失真传输系统的幅频特性和相频特性

一般来说，式 (4-15)、式 (4-16) 的条件很难达到，可根据信号传输的具体要求，适当放宽这个条件。对于实际信号而言，其能量或功率主要集中在低频分量上，所以实际系统中只要有足够的带宽，就可以近似认为是一个无失真传输系统。

由于系统的单位冲激响应和系统函数是一对傅里叶变换对，对式 (4-14) 取傅里叶逆变换，得无失真传输系统的单位冲激响应为

$$h(t) = K\delta(t - t_{\mathrm{d}}) \tag{4-17}$$

这一结果也可以由式 (4-12) 将输入 $f(t)$ 直接换成 $\delta(t)$ 得到。这说明，无失真传输系统的单位冲激响应也是冲激信号，是输入的单位冲激信号的 K 倍并延迟了 t_{d} 时间。

4.5　理想低通滤波器

4.4 节中所讨论的无失真传输系统的条件是比较苛刻的，对于实际系统而言很难满足这个条件。所以，一般来说都会根据系统不同的功能，适当将此条件放宽。理想低通滤波器就是放宽无失真条件下的一种理想系统。

4.5.1　理想低通滤波器的单位冲激响应

4.5 理想低通滤波器

理想低通滤波器是实际滤波器的理想化模型，其系统函数可表示为

$$H(\mathrm{j}\omega) = \begin{cases} K\mathrm{e}^{-\mathrm{j}\omega t_{\mathrm{d}}}, & |\omega| < \omega_{\mathrm{c}} \\ 0, & |\omega| > \omega_{\mathrm{c}} \end{cases} \tag{4-18}$$

或者，将系统函数 $H(\mathrm{j}\omega)$ 改写为

$$H(\mathrm{j}\omega) = Kg_{2\omega_\mathrm{c}}\mathrm{e}^{-\mathrm{j}\omega t_\mathrm{d}} \tag{4-19}$$

其频率响应特性曲线如图 4-7 所示。

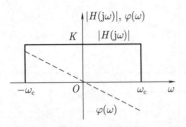

图 4-7　理想低通滤波器的频率响应特性

由式 (4-18)、式 (4-19) 及图 4-7 可知，理想低通滤波器的截止频率为 ω_c，在通带范围内，其幅频特性是常数 K，而频率高于 ω_c 的信号将被滤掉。同时在通带内，相应的相频特性与频率呈线性正比关系。换言之，对于频率小于 ω_c 的信号，可无失真通过理想低通滤波器，而频率高于 ω_c 的信号将不能通过该系统。

理想低通滤波器的单位冲激响应 $h(t)$ 与其系统函数的关系是一对傅里叶变换对，即

$$h(t) = \mathscr{F}^{-1}[H(\mathrm{j}\omega)]$$

由傅里叶逆变换定义

$$h(t) = \frac{1}{2\pi}\int_{-\infty}^{\infty}H(\mathrm{j}\omega)\mathrm{e}^{\mathrm{j}\omega t}\mathrm{d}\omega = \frac{1}{2\pi}\int_{-\omega_\mathrm{c}}^{\omega_\mathrm{c}}Kg_{2\omega_\mathrm{c}}\mathrm{e}^{-\mathrm{j}\omega t_\mathrm{d}}\mathrm{e}^{\mathrm{j}\omega t}\mathrm{d}\omega$$

$$= \frac{K}{2\pi}\int_{-\omega_\mathrm{c}}^{\omega_\mathrm{c}}\mathrm{e}^{-\mathrm{j}\omega t_\mathrm{d}}\mathrm{e}^{\mathrm{j}\omega t}\mathrm{d}\omega = \frac{K\omega_\mathrm{c}}{\pi}\mathrm{Sa}[\omega_\mathrm{c}(t-t_\mathrm{d})] \tag{4-20}$$

这一结果也可以基于门函数的傅里叶变换对，利用傅里叶变换的对偶性质和时移性质求得。这里不再赘述。

由式 (4-20) 的结果可知，对于理想低通滤波器而言，输入的是单位冲激信号 $\delta(t)$，如图 4-8a 所示，而输出的单位冲激响应 $h(t)$ 则是抽样信号，如图 4-8b 所示。显然该系统为失真系统。

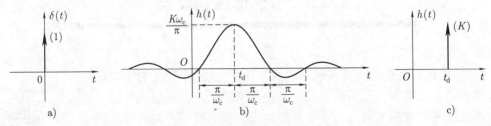

图 4-8　理想低通滤波器的输入 $\delta(t)$ 与输出 $h(t)$ 及其极限

从图 4-8b 可以看出，当 $\omega_\mathrm{c} \to \infty$ 时，t_d 两侧的零值点 $t_\mathrm{d} - \dfrac{\pi}{\omega_\mathrm{c}}$ 和 $t_\mathrm{d} + \dfrac{\pi}{\omega_\mathrm{c}}$ 将并入 t_d，$h(t)$ 的波形将演变为在 t_d 点出现的冲激信号，冲激强度为

$$\int_{-\infty}^{\infty}\frac{K\omega_\mathrm{c}}{\pi}\mathrm{Sa}[\omega_\mathrm{c}(t-t_\mathrm{d})]\mathrm{d}t = K$$

即系统的单位冲激响应为 $h(t) = K\delta(t - t_\mathrm{d})$，如图 4-8c 所示。可见，当 $\omega_\mathrm{c} \to \infty$ 时，理想低通滤波器近似为无失真传输系统。

此外，由式 (4-20) 及图 4-8b 都可以看到，该系统在 $t < 0$ 时，$h(t) \neq 0$，这说明在单位冲激信号进入系统之前，系统就已经有响应了。所以理想低通滤波器是非因果系统，是物理不可实现的。尽管如此，由于理想低通滤波器的频率响应特性比较简单，且较为接近实际系统的频率特性，故近似采用理想低通滤波器的频率响应特性，从而实现对实际系统的逐步修正和完善。

4.5.2 理想低通滤波器的单位阶跃响应

设理想低通滤波器的单位阶跃响应为 $g(t)$，它与系统的单位冲激响应 $h(t)$ 满足关系式

$$g(t) = \int_{-\infty}^{t} h(\tau)\mathrm{d}\tau \tag{4-21}$$

将理想低通滤波器的单位冲激响应的结果式 (4-20) 代入式 (4-21) 中，有

$$g(t) = \int_{-\infty}^{t} \frac{K\omega_\mathrm{c}}{\pi} \mathrm{Sa}[\omega_\mathrm{c}(\tau - t_\mathrm{d})]\mathrm{d}\tau$$

令 $\xi = \omega_\mathrm{c}(\tau - t_\mathrm{d})$，则上式可演变为

$$
\begin{aligned}
g(t) &= \frac{K}{\pi} \int_{-\infty}^{\omega_\mathrm{c}(t-t_\mathrm{d})} \mathrm{Sa}(\xi)\mathrm{d}\xi \\
&= \frac{K}{\pi} \int_{-\infty}^{0} \frac{\sin\xi}{\xi}\mathrm{d}\xi + \frac{K}{\pi} \int_{0}^{\omega_\mathrm{c}(t-t_\mathrm{d})} \frac{\sin\xi}{\xi}\mathrm{d}\xi \\
&= \frac{K}{\pi}\frac{\pi}{2} + \frac{K}{\pi}\mathrm{Si}[\omega_\mathrm{c}(t - t_\mathrm{d})] \\
&= \frac{K}{2} + \frac{K}{\pi}\mathrm{Si}[\omega_\mathrm{c}(t - t_\mathrm{d})]
\end{aligned}
\tag{4-22}
$$

其中，$\mathrm{Si}(t) = \int_{0}^{t} \frac{\sin\xi}{\xi}\mathrm{d}\xi$ 为正弦积分函数。该函数具有以下性质：

1) $\mathrm{Si}(t)$ 为奇函数，$\mathrm{Si}(t) = -\mathrm{Si}(-t)$。
2) $\lim\limits_{t \to 0} \mathrm{Si}(t) = 0$。
3) $\mathrm{Si}(\infty) = \frac{\pi}{2}$，$\mathrm{Si}(-\infty) = -\frac{\pi}{2}$。

图 4-9a 给出了单位阶跃信号波形，根据式 (4-22) 可绘出理想低通滤波器的单位阶跃响应时域波形，如图 4-9b 所示。由于单位阶跃响应是激励信号为单位阶跃信号 $\varepsilon(t)$ 时零状态响应，由式 (4-22) 及图 4-9 可知，相较于输入的单位阶跃信号，单位阶跃响应的波形出现失真。同时，该系统在 $t < 0$ 时，仍有输出 $g(t) \neq 0$。进一步说明理想低通滤波器是失真且非因果的系统。

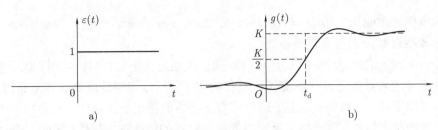

图 4-9　理想低通滤波器的输入 $\varepsilon(t)$ 及单位阶跃响应 $g(t)$

4.5.3　系统的物理可实现性

就时域而言，一个物理可实现的系统必须满足以下条件：

$$\begin{cases} h(t) = 0, & t < 0 \\ g(t) = 0, & t < 0 \end{cases} \tag{4-23}$$

即响应不应在激励之前出现，即系统必须满足因果条件。

就频域而言，一个物理可实现系统的幅频特性 $|H(\mathrm{j}\omega)|$ 必须是平方可积的，即

$$\int_{-\infty}^{\infty} |H(\mathrm{j}\omega)|^2 \mathrm{d}\omega < \infty \tag{4-24}$$

而且需满足佩利 (Payley)–维纳 (Wiener) 准则

$$\int_{-\infty}^{\infty} \frac{|\ln|H(\mathrm{j}\omega)||}{1+\omega^2} \mathrm{d}\omega < \infty \tag{4-25}$$

系统函数的幅频特性不满足佩利-维纳准则的系统，其响应将在激励前出现。若在某一限定频带内，$|H(\mathrm{j}\omega)| = 0$，则 $|\ln|H(\mathrm{j}\omega)|| \to \infty$，即违背了式 (4-25)。因此佩利-维纳准则不允许网络幅频特性在一频带内为零，$|H(\mathrm{j}\omega)|$ 的衰减不能过于迅速。按照这一条件，理想低通、高通、带通、带阻滤波器均是物理不可实现的系统。

需要注意的是，佩利-维纳准则没有对系统函数的相频特性进行约束，因而式 (4-24) 和式 (4-25) 只是物理可实现系统的必要条件，而非充分条件。

4.6　抽样和抽样定理

随着计算机的日益普及以及通信技术向数字化方向迅速发展，离散时间信号及系统得到了广泛应用。因离散时间信号的处理更为灵活和方便，在许多实际应用中，首先将连续时间信号转化为离散时间信号，经过加工和处理后，再将处理后的离散时间信号转化为连续时间信号。抽样和抽样定理则在连续时间信号和离散时间信号之间架起了一座桥梁，为两者之间的相互转化提供了理论依据。

4.6.1 信号的时域抽样

离散信号的获得一般通过对连续信号进行抽样而实现。利用抽样脉冲序列从连续时间信号抽取一系列的离散样值，这种将连续时间信号离散化的过程就是抽样过程。一般情况下都是采取等间隔抽样。

1. 自然抽样 (矩形脉冲抽样)

自然抽样的过程是通过电子开关来实现的。在图 4-10 中，图 4-10a 所示的连续时间信号 $f(t)$ 施加于图 4-10b 所示的电子开关的输入端 $a\ a'$。电子开关按周期 T_s 往复动作，导致 $f(t)$ 被断续接通到 $b\ b'$ 端。若设定开关每次与 a 点接通的时间为 τ，则 $b\ b'$ 端获得脉冲宽度为 τ 的抽样信号。这一过程也可通过图 4-10c 所示抽样模拟框图代表的系统来实现。连续时间信号 $f(t)$ 分别经图 4-10b、c 所示系统后的抽样信号 $f_s(t)$ 如图 4-10d 所示。图 4-10c 的抽样过程所需的矩形抽样脉冲序列 $p_{T_s}(t)$ 如图 4-10e 所示，故又将此抽样过程称为矩形脉冲抽样。

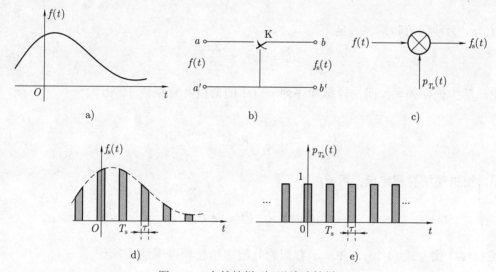

图 4-10 自然抽样 (矩形脉冲抽样)

2. 理想抽样 (冲激抽样)

理想抽样是将 4-10 所示抽样过程中的抽样脉冲序列 $p_{T_s}(t)$ 换成周期为 T_s 的单位冲激序列 $\delta_{T_s}(t)$，即连续时间信号 $f(t)$ 与单位冲激序列 $\delta_{T_s}(t)$ 相乘，如图 4-11a 所示，所得抽样信号 $f_s(t)$ 如图 4-11b 所示。显然，$f_s(t)$ 是加权的冲激序列，各点的冲激强度 (即权值) 等于连续时间信号 $f(t)$ 在该时刻的幅值。理想抽样也称为冲激抽样。

4.6.2 抽样信号的频谱

设连续时间信号 $f(t)$ 的傅里叶变换为 $F(j\omega)$，即 $f(t) \longleftrightarrow F(j\omega)$；任意抽样脉冲序列 $p_{T_s}(t)$ 的傅里叶变换为 $P(j\omega)$，即 $p_{T_s}(t) \longleftrightarrow P(j\omega)$；抽样信号 $f_s(t)$ 的傅里叶变换为 $F_s(j\omega)$，即 $f_s(t) \longleftrightarrow F_s(j\omega)$。

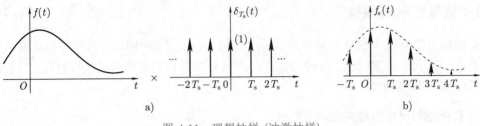

图 4-11　理想抽样 (冲激抽样)

因时域抽样过程是通过抽样脉冲序列 $p_{T_s}(t)$ 与连续时间信号 $f(t)$ 相乘来完成，即满足

$$f_s(t) = f(t)p_{T_s}(t) \tag{4-26}$$

4.6 抽样信号的频谱 I

而抽样脉冲序列 $p_{T_s}(t)$ 是周期信号，其傅里叶变换为

$$P(j\omega) = 2\pi \sum_{n=-\infty}^{\infty} \dot{P}_n \delta(\omega - n\omega_s) \tag{4-27}$$

其中，ω_s 为抽样角频率，满足

$$\omega_s = 2\pi f_s = \frac{2\pi}{T_s} \tag{4-28}$$

式中，f_s 为抽样频率。而抽样脉冲序列 $p_{T_s}(t)$ 的傅里叶复系数 $\dot{P}_n$ 由

$$\dot{P}_n = \frac{1}{T_s} \int_{-T_s/2}^{T_s/2} p_{T_s}(t)e^{-jn\omega_s t}dt \tag{4-29}$$

求得。根据频域卷积定理，可有

$$F_s(j\omega) = \frac{1}{2\pi}F(j\omega) * P(j\omega) \tag{4-30}$$

将式 (4-27) 代入式 (4-30)，并基于卷积的分配律和卷积再现性质，有

$$F_s(j\omega) = \frac{1}{2\pi}F(j\omega) * \left[2\pi \sum_{n=-\infty}^{\infty} \dot{P}_n \delta(\omega - n\omega_s) \right] = \sum_{n=-\infty}^{\infty} \dot{P}_n F[j(\omega - n\omega_s)] \tag{4-31}$$

式 (4-31) 表明，连续时间信号 $f(t)$ 在时域被抽样后，抽样信号 $f_s(t)$ 的频谱 $F_s(j\omega)$ 是 $f(t)$ 的频谱 $F(j\omega)$ 以抽样角频率 ω_s 为间隔，幅度按周期取样脉冲 $p_{T_s}(t)$ 的傅里叶复系数 $\dot{P}_n$ 的变化规律周期性延拓。

对于冲激抽样，单位冲激序列 $\delta_{T_s}(t)$ 的傅里叶系数按式 (4-29) 可得

$$\dot{P}_n = \frac{1}{T_s} = \frac{\omega_s}{2\pi} \tag{4-32}$$

按式 (4-31)，抽样信号 $f_s(t)$ 频谱 $F_s(j\omega)$ 是 $\frac{\omega_s}{2\pi}F(j\omega)$ 按频率间隔 ω_s 周期延拓。图 4-12 所示为时域理想抽样下各信号时频波形对应关系。

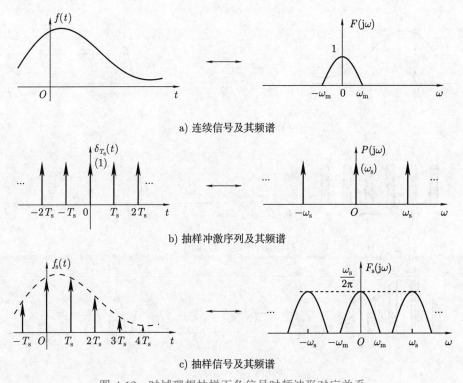

a) 连续信号及其频谱

b) 抽样冲激序列及其频谱

c) 抽样信号及其频谱

图 4-12　时域理想抽样下各信号时频波形对应关系

对于矩形脉冲抽样，矩形脉冲序列 $p_{T_s}(t)$ 的傅里叶系数按式 (4-29) 可
得

$$\dot{P}_n = \frac{\tau}{T_s}\mathrm{Sa}\left(\frac{n\omega_s\tau}{2}\right) \tag{4-33}$$

4.7 抽样信号的频
谱 Ⅱ

按式 (4-31)，抽样信号 $f_s(t)$ 频谱 $F_s(j\omega)$ 是 $F(j\omega)$ 幅度按式 (4-33) 的规
律以 ω_s 周期延拓。图 4-13 所示为时域矩形脉冲抽样下各信号时频波形对应关系。

4.6.3　时域抽样定理

设连续时间信号 $f(t)$ 的频谱 $F(j\omega)$ 的最高角频率为 ω_m，抽样脉冲序
列角频率为 ω_s。ω_s 与 ω_m 的不同取值关系决定了抽样信号的频谱 $F_s(j\omega)$
是否会发生混叠。

4.8 时域抽样定理

当 $\omega_s \geqslant 2\omega_m$ 时，抽样信号 $f_s(t)$ 的频谱 $F_s(j\omega)$ 不会发生频谱混叠，
如图 4-14a 和 b 所示。这种情况下，如果选择合适的理想低通滤波器，就
可保留原信号的频谱 $F(j\omega)$，从而恢复出原信号 $f(t)$。

当 $\omega_s < 2\omega_m$ 时，抽样信号 $f_s(t)$ 的频谱 $F_s(j\omega)$ 将发生频谱混叠，如图 4-14c 所示。

显然，抽样信号频谱 $F_s(j\omega)$ 发生频率混叠后，就会使信号在恢复过程中出现失真，从
而无法恢复出原连续时间信号 $f(t)$。可见，为了避免交混失真，抽样脉冲序列的角频率应
不小于被抽样的连续时间信号 $f(t)$ 频谱 $F(j\omega)$ 最高角频率的 2 倍。

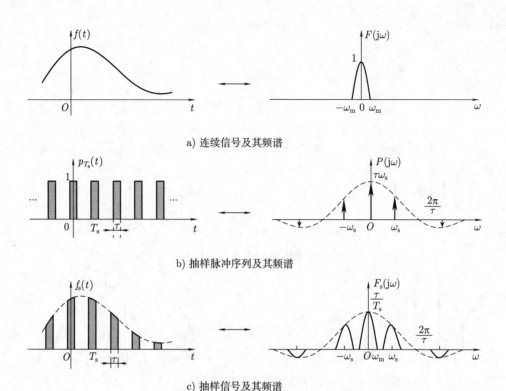

a) 连续信号及其频谱

b) 抽样脉冲序列及其频谱

c) 抽样信号及其频谱

图 4-13 时域矩形脉冲抽样下各信号时频波形对应关系

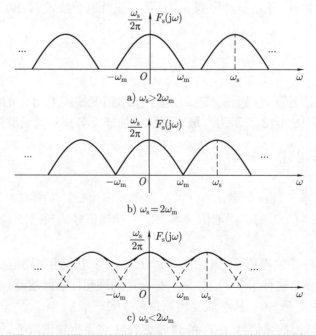

a) $\omega_s > 2\omega_m$

b) $\omega_s = 2\omega_m$

c) $\omega_s < 2\omega_m$

图 4-14 时域不同抽样角频率 ω_s 对应的抽样信号的频谱

时域抽样定理内容如下：

一个频谱受限于 $(-\omega_m, \omega_m)$ 频率范围内的连续时间信号 $f(t)$，可用它的等间隔抽样

值唯一地表示，而抽样间隔必须满足

$$T_s = \frac{1}{f_s} \leqslant \frac{1}{2f_m} \tag{4-34}$$

其中，$f_m = \omega_m/(2\pi)$，最大抽样间隔 $T_{smax} = \dfrac{1}{2f_m}$ 称为奈奎斯特 (Nyquist) 间隔，相对应的最小抽样频率 $f_s = 2f_m$ 称为奈奎斯特频率。

抽样定理在通信系统、信息传输理论方面占有十分重要的地位，是数字通信系统等许多近代通信方式的理论基础。

4.6.4 频域抽样定理

频域抽样是时域抽样的对偶形式，故基于时域抽样定理按对偶关系直接给出频域抽样定理内容。

若连续时间信号 $f(t)$ 是一个时间受限于 $(-t_m, t_m)$ 范围内的时限信号，在频域中以不大于 $\dfrac{1}{2t_m}$ 的频率间隔对 $f(t)$ 的频谱 $F(j\omega)$ 进行抽样，则抽样后的频谱 $F_s(j\omega)$ 可唯一地表示原信号 $f(t)$，即要求频率间隔 f_s 满足

$$f_s = \frac{1}{T_s} \leqslant \frac{1}{2t_m} \tag{4-35}$$

频域取样定理具体分析如下：

$$F_s(j\omega) = F(j\omega)P(j\omega) \tag{4-36}$$

由傅里叶变换的时域卷积定理有

$$f_s(t) = f(t) * p_{T_s}(t) \tag{4-37}$$

其中，连续时间信号 $f(t)$ 为时限信号，受限于时间范围 $(-t_m, t_m)$。

由于在频域中对 $F(j\omega)$ 进行等间隔为 ω_s 的理想抽样，所以有

$$P(j\omega) = \sum_{n=-\infty}^{\infty} \delta(\omega - n\omega_s) \tag{4-38}$$

由傅里叶逆变换可得抽样脉冲序列为

$$\delta_{T_s}(t) = \frac{1}{\omega_s} \sum_{n=-\infty}^{\infty} \delta(t - nT_s) \tag{4-39}$$

式中，$T_s = \dfrac{2\pi}{\omega_s}$。将式 (4-39) 代入式 (4-37) 中，根据卷积再现性质，可有

$$f_s(t) = \frac{1}{\omega_s} \sum_{n=-\infty}^{\infty} f(t - nT_s) \tag{4-40}$$

式 (4-40) 表明，在频域下对连续信号 $f(t)$ 的频谱 $F(\mathrm{j}\omega)$ 进行等间隔抽样，其结果是被抽样后的频谱 $F_\mathrm{s}(\mathrm{j}\omega)$ 所对应的时域信号 $f_\mathrm{s}(t)$ 以 T_s 为周期将信号 $\dfrac{1}{\omega_s}f(t)$ 周期延拓。图 4-15 给出了频域抽样下各信号的时频波形对应关系。若 $T_\mathrm{s} \geqslant 2t_\mathrm{m}$，则在时域中 $f_\mathrm{s}(t)$ 的波形不会发生混叠。在时域用矩形脉冲作为选通信号就可以无失真地恢复原信号。

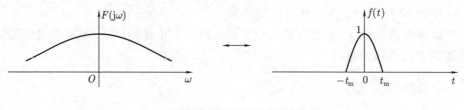

a) 频谱 $F(\mathrm{j}\omega)$ 与对应的时限信号 $f(t)$

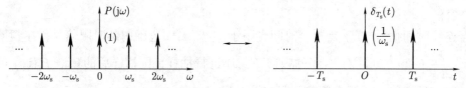

b) 频域抽样冲激序列与对应的时域冲激序列

c) 被抽样后的频谱与对应的时域信号

图 4-15   频域抽样下各信号的时频波形对应关系

习 题 4

4-1 RL 电路如图 4-16a 所示，已知 $R = 10\ \Omega$，$L = 10\ \mathrm{H}$，激励信号 $u_\mathrm{s}(t)$ 的波形如图 4-16b 所示，$T = 2\pi\ \mathrm{s}$。求以 $u(t)$ 为输出的稳态响应。（求到 3 次谐波为止）

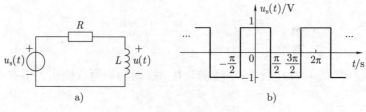

图 4-16   习题 4-1 图

4-2 RLC 电路如图 4-17a 所示，已知 $R = 2\ \Omega$，$L = 1\ \text{H}$，$C = \dfrac{1}{3}\ \text{F}$，激励信号 $u_s(t)$ 的波形如图 4-17b 所示，求电流 $i(t)$ 的稳态响应。

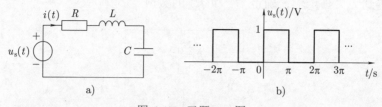

图 4-17　习题 4-2 图

4-3 求图 4-18 所示电路的系统函数 $H(\text{j}\omega)$。

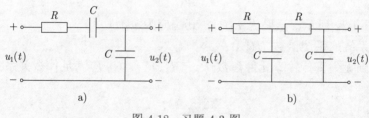

图 4-18　习题 4-3 图

4-4 已知系统微分方程为 $y''(t) + 5y'(t) + 6y(t) = f(t) - f(t-1)$，求该系统的系统函数 $H(\text{j}\omega)$。

4-5 电路如图 4-19 所示，已知激励信号 $u_s(t) = [10\cos(t) + 0.1\cos(2t)]$ V，$L_1 = 1\ \text{H}$，$C_1 = 1\ \text{F}$，$L_2 = 0.5\ \text{H}$，$C_2 = 0.5\ \text{F}$，求稳态响应 $u(t)$ 和 $i(t)$。

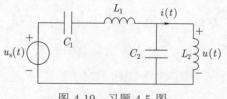

图 4-19　习题 4-5 图

4-6 已知线性系统的系统函数 $H(\text{j}\omega) = \dfrac{1 - \text{j}\omega}{1 + \text{j}\omega}$，当输入信号为阶跃信号时，求系统的零状态响应。

4-7 理想高通滤波器的幅频和相频特性曲线如图 4-20 所示，求该滤波器的单位冲激响应。

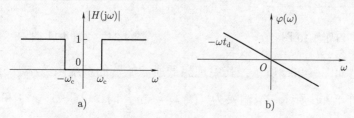

图 4-20　习题 4-7 图

4-8 电路如图 4-21 所示。

(1) 求该系统的系统函数 $H(j\omega) = \dfrac{U_2(j\omega)}{I_s(j\omega)}$;

(2) 为得到无失真传输，确定 R_1 和 R_2 的数值。

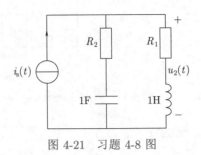

图 4-21   习题 4-8 图

4-9 电路如图 4-22 所示，激励为 $u_1(t)$，其响应为 $u_2(t)$。

(1) 求该系统的系统函数 $H(j\omega)$;

(2) 为得到无失真传输，元件参数 R_1、R_2、C_1、C_2 应满足什么关系?

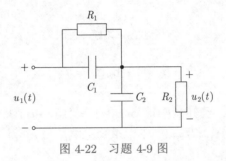

图 4-22   习题 4-9 图

4-10 若 LTI 连续系统的单位冲激响应 $h(t)$ 如图 4-23 所示，其中 $\tau = \dfrac{\pi}{2}$。激励信号 $f(t) = \cos t$，求响应 $y(t)$，并分析传输是否引起失真。

4-11 理想带通滤波器的频率响应特性如图 4-24 所示，其输入信号 $f(t) = \dfrac{1}{\pi}\mathrm{Sa}(2t)\cos(1000t)$，求输出信号 $y(t)$，并画出 $y(t)$ 的频谱图。

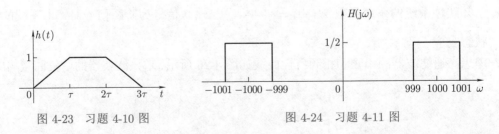

图 4-23   习题 4-10 图   图 4-24   习题 4-11 图

4-12 系统模型如图 4-25a 所示，其中理想低通滤波器的系统函数 $H(j\omega)$ 的幅频和相频特性如图 4-25b 所示，当输入为 $f(t) = \dfrac{2}{t}\sin\dfrac{t}{2}$ 时，求当 $\omega_c \geqslant \dfrac{1}{2}$ 和 $\omega_c < \dfrac{1}{2}$ 两种情况下的输出 $y(t)$。

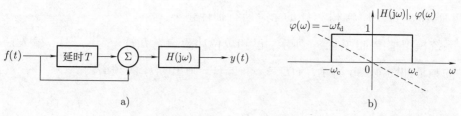

图 4-25 习题 4-12 图

4-13 已知理想低通滤波器的系统函数为 $H(j\omega) = g_{240}(\omega)$,输入信号为 $f(t) = 20\cos(100t)$
$\cos^2(10^4 t)$,求输出 $y(t)$,并画出 $y(t)$ 的频谱图。

4-14 图 4-26a 所示是抑制载波振幅调制的接收系统,若输入信号为 $f(t) = \dfrac{\sin t}{\pi t}\cos(1000t)$,
而载波信号为 $s(t) = \cos(1000t)$,低通滤波器的系统函数如图 4-26b 所示,求输出
信号 $y(t)$,画出 $x(t) = f(t)s(t)$ 的频谱 $X(j\omega)$。

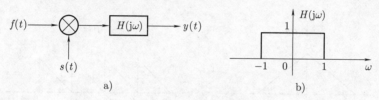

图 4-26 习题 4-14 图

4-15 系统模拟框图如图 4-26a 所示,取输入信号 $f(t) = \displaystyle\sum_{n=-\infty}^{\infty} e^{jnt}$,载波信号 $s(t) = \cos t$,

系统函数为 $H(j\omega) = \begin{cases} e^{-j\frac{\pi}{3}\omega}, & |\omega| < 1.5 \\ 0, & |\omega| > 1.5 \end{cases}$,求系统输出 $y(t)$。

4-16 系统模型如图 4-27 所示,其中输入信号 $f_1(t) = \varepsilon(t + 5 \times 10^{-5}) - \varepsilon(t - 5 \times 10^{-5})$,
$f_2(t) = \delta(t)$,低通滤波器系统函数分别为

$$H_1(j\omega) = \begin{cases} 1, & |\omega| < 2\pi \times 10^4 \\ 0, & |\omega| > 2\pi \times 10^4 \end{cases}, \quad H_2(j\omega) = \begin{cases} 1, & |\omega| < \pi \times 10^4 \\ 0, & |\omega| > \pi \times 10^4 \end{cases}$$

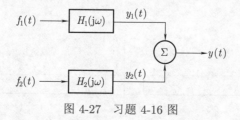

图 4-27 习题 4-16 图

(1) 画出 $F_1(j\omega)$ 和 $F_2(j\omega)$ 的频谱图;
(2) 画出 $H_1(j\omega)$ 和 $H_2(j\omega)$ 的频谱图;
(3) 画出 $Y_1(j\omega)$ 和 $Y_2(j\omega)$ 的频谱图;

(4) 求 $y_1(t)$、$y_2(t)$ 和 $y(t)$ 的奈奎斯特抽样频率。

4-17 系统模拟框图如图 4-28a 所示，已知单位冲激响应 $h(t) = \dfrac{\sin(5\pi t)}{\pi t}$，输入信号 $f(t)$ 的频谱如图 4-28b 所示，$x(t) = \cos(2\pi t)$，画出 $y(t)$ 的频谱图。

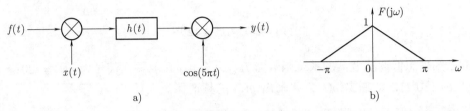

图 4-28　习题 4-17 图

4-18 一低通滤波器的频率响应特性曲线如图 4-29a 所示，输入信号 $f(t)$ 的波形如图 4-29b 所示，求输出 $y(t)$。

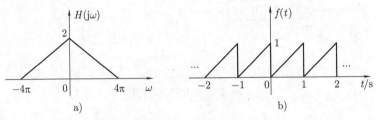

图 4-29　习题 4-18 图

4-19 已知某一系统的框图如图 4-30a 所示，其中 $\delta_T(t)$ 为周期冲激序列，周期 $T = 1\,\mathrm{s}$。若输入信号为周期信号，波形如图 4-30b 所示，画出 $y_{zs}(t)$ 的频谱。

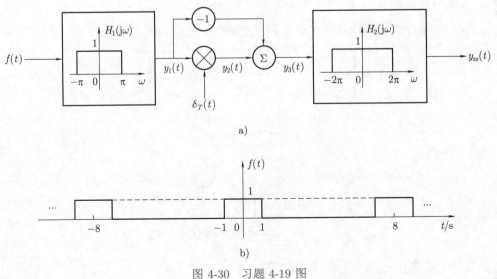

图 4-30　习题 4-19 图

4-20 求图 4-31 所示波形被理想抽样 (抽样周期为 T_s) 后抽样信号的频谱。

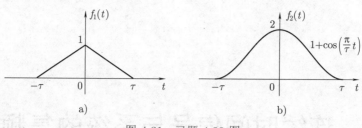

图 4-31　习题 4-20 图

4-21 某信号的频谱为 $F(\mathrm{j}\omega) = \mathrm{Sa}\left(\dfrac{\omega\tau}{2}\right)\mathrm{e}^{-\mathrm{j}\frac{\omega\tau}{2}}$，$\dfrac{\tau}{2} = 0.01\ \mathrm{s}$，求频带宽度，并分别求出此限带信号的奈奎斯特抽样角频率和奈奎斯特间隔。

4-22 分别求出脉冲宽度为 $1\ \mu\mathrm{s}$ 和 $2\ \mu\mathrm{s}$ 矩形脉冲的有效带宽和奈奎斯特抽样频率。

教师导航

　　本章在第 3 章所讨论的信号的傅里叶变换的基础上，深入讨论系统的傅里叶分析。读者在学习本章内容时需深刻体会时频变换在信号处理和系统分析中的许多实际应用问题。作为拓展内容，请读者参考教学视频"采样定理与稀疏压缩感知"和"傅里叶变换与 OFDM"。

4.9 采样定理与稀疏压缩感知

　　本章所涉及的系统是广义的系统，不仅仅限制于通信系统。读者通过学习本章内容应掌握分析系统的方法，为将来更灵活的设计系统和处理信号奠定坚实的基础。

4.10 傅里叶变换与 OFDM

　　本章的重点内容如下：

1) 频率响应函数或系统函数 $H(\mathrm{j}\omega)$ 的定义及其物理含义。

2) 非正弦周期信号作用于 LTI 连续系统的稳态响应。

3) 非周期信号作用于 LTI 连续系统的零状态响应。

4) 无失真传输系统的条件。

5) 理想低通滤波器的单位冲激响应及单位阶跃响应。

6) 抽样信号的频谱分析及时域抽样定理。

第 5 章　连续时间信号与系统的复频域分析

皮埃尔·西蒙·拉普拉斯 (Pierre Simon Laplace，1749—1827) 是法国数学家和天文学家，在研究天体问题的过程中，他创造和发展了许多数学方法。以他的名字命名的拉普拉斯变换 (Laplace transform)、拉普拉斯定理和拉普拉斯方程，在科学技术的各个领域有着广泛应用。

拉普拉斯变换 (简称拉氏变换) 是一种积分变换，它将连续时间信号从时域描述变换到复频域描述，将表示 LTI 连续系统的常系数线性微分方程转换为复变系数线性代数方程，进而可求得系统响应在复频域的表达式，再通过拉普拉斯逆变换便能得出时域响应。利用拉普拉斯变换对连续时间信号与系统的分析称为复频域分析，在 LTI 连续系统分析中起着重要作用。虽然傅里叶变换也是分析连续时间信号与系统的有力工具，但其存在局限性。因为即使引入了冲激函数，仍有许多信号的傅里叶变换并不存在。而一些不存在傅里叶变换的信号，其拉普拉斯变换却存在，这在一定程度上弥补了傅里叶变换的不足，使得拉普拉斯变换更有生命力。

本章首先从傅里叶变换引出拉普拉斯变换，阐明其物理内涵。然后讨论单边拉普拉斯变换的基本性质。利用拉普拉斯变换在复频域中对 LTI 连续系统进行分析。最后应用系统函数描述连续系统特性，并讨论如何判断系统的稳定性和因果性。

5.1　拉普拉斯变换

在前面章节中，讨论了连续信号的时域表示，并通过傅里叶变换来体现信号在频域的特点。但有些信号不满足绝对可积条件，如 $\varepsilon(t)$、$t\varepsilon(t)$、$\sin t\varepsilon(t)$ 等信号，因而不能直接由定义得出其傅里叶变换表达式。虽然借助冲激函数可以求出它们的傅里叶变换，但同时也增加了分析的难度。另外还有一些信号，如增长指数信号 $e^{\alpha t}\ (\alpha > 0)$，不存在傅里叶变换。为了简化某些信号的变换形式或运算过程，使更多信号存在变换，引入衰减因子 $e^{-\sigma t}$（σ 为任意实数)，得到拉普拉斯变换，进而在复频域对连续时间信号与系统进行深入分析。

5.1.1　从傅里叶变换到拉普拉斯变换

对于一个不满足绝对可积条件的信号 $f(t)$，如果用一个实指数函数 $e^{-\sigma t}$ 与之相乘，只要 σ 的数值选择得当，就可以使 $f(t)e^{-\sigma t}$ 满足绝对可积条件，并将 $e^{-\sigma t}$ 称为收敛因子。

对 $f(t)\mathrm{e}^{-\sigma t}$ 做傅里叶变换，有

$$\mathscr{F}[f(t)\mathrm{e}^{-\sigma t}] = \int_{-\infty}^{\infty} f(t)\mathrm{e}^{-\sigma t}\mathrm{e}^{-\mathrm{j}\omega t}\mathrm{d}t = \int_{-\infty}^{\infty} f(t)\mathrm{e}^{-(\sigma+\mathrm{j}\omega)t}\mathrm{d}t \tag{5-1}$$

令复数 $s = \sigma + \mathrm{j}\omega$，称其为复频率。则式 (5-1) 可写为

$$F(s) = \int_{-\infty}^{\infty} f(t)\mathrm{e}^{-st}\mathrm{d}t \tag{5-2}$$

代入傅里叶逆变换定义式，可得

$$f(t)\mathrm{e}^{-\sigma t} = \frac{1}{2\pi}\int_{-\infty}^{\infty} F(s)\mathrm{e}^{\mathrm{j}\omega t}\mathrm{d}\omega = \frac{1}{2\pi\mathrm{j}}\int_{\sigma-\mathrm{j}\infty}^{\sigma+\mathrm{j}\infty} F(s)\mathrm{e}^{\mathrm{j}\omega t}\mathrm{d}s \tag{5-3}$$

两边乘以 $\mathrm{e}^{\sigma t}$，得

$$f(t) = \frac{1}{2\pi\mathrm{j}}\int_{\sigma-\mathrm{j}\infty}^{\sigma+\mathrm{j}\infty} F(s)\mathrm{e}^{st}\mathrm{d}s \tag{5-4}$$

式 (5-2) 定义的函数 $F(s)$ 称为 $f(t)$ 的双边拉普拉斯变换 (bilateral Laplace transform)；式 (5-4) 称为 $F(s)$ 的拉普拉斯逆变换或拉普拉斯反变换 (inverse Laplace transform)。$f(t)$ 称为 $F(s)$ 的原函数，$F(s)$ 称为 $f(t)$ 的象函数。两者关系可表示为

5.1 拉普拉斯变换
与逆变换

$$f(t) \longleftrightarrow F(s)$$

将式 (5-4) 与傅里叶逆变换式 (3-59) 相比较可知，傅里叶逆变换是把时域信号 $f(t)$ 表示为无限多个角频率为 ω、复振幅为 $\dfrac{F(\mathrm{j}\omega)}{2\pi}\mathrm{d}\omega$ 的虚指数分量 $\mathrm{e}^{\mathrm{j}\omega t}$ 之和，而拉普拉斯逆变换是把时域信号 $f(t)$ 表示为无限多个复频率为 $s = \sigma + \mathrm{j}\omega$，复振幅为 $\dfrac{F(s)}{2\pi\mathrm{j}}\mathrm{d}s$ 的复指数分量 e^{st} 之和。

拉普拉斯变换与傅里叶变换的区别在于：傅里叶变换是将时域函数 $f(t)$ 变换为频域函数 $F(\mathrm{j}\omega)$，此处时域变量 t 和频域变量 ω 都是实数；而拉普拉斯变换是将时域函数 $f(t)$ 变换为复频域函数 $F(s)$，这里时域变量 t 是实数，复频域变量 s 是复数。可见，傅里叶变换建立了时域和频域之间的联系，而拉普拉斯变换建立了时域和复频域 (又称 s 域) 之间的联系。

5.2 拉普拉斯变换
收敛域

5.1.2　收敛域

当信号 $f(t)$ 乘以收敛因子 $\mathrm{e}^{-\sigma t}$ 后，就有可能满足绝对可积条件。是否一定满足，要看 $f(t)$ 的性质与 σ 的相对关系而定。使式 (5-2) 积分存在的所有复数 s 的集合称为拉普拉斯变换的收敛域 (region of convergence，ROC)。下面讨论因果信号即 $f(t) = 0,\ t < 0$ 和反因果信号即 $f(t) = 0,\ t > 0$ 以及双边信号的收敛域。

例 5-1　求因果信号 $\mathrm{e}^{s_0 t}\varepsilon(t)$ ($s_0 = \sigma_0 + \mathrm{j}\omega_0$ 为复常数) 的双边拉普拉斯变换。

解 根据式 (5-2)，有

$$F(s) = \int_{-\infty}^{\infty} e^{s_0 t} e^{-st} \varepsilon(t) \mathrm{d}t = \frac{e^{(\sigma_0 + j\omega_0)t} e^{-(\sigma + j\omega)t}}{-(s - s_0)} \Big|_0^{\infty} = \frac{e^{-(\sigma - \sigma_0)t} e^{-j(\omega - \omega_0)t}}{-(s - s_0)} \Big|_0^{\infty}$$

$$= \frac{1}{s - s_0} \left[1 - \lim_{t \to \infty} e^{-(\sigma - \sigma_0)t} e^{-j(\omega - \omega_0)t} \right] = \begin{cases} \dfrac{1}{s - s_0}, & \sigma > \sigma_0 \\ \text{不确定}, & \sigma = \sigma_0 \\ \text{无界}, & \sigma < \sigma_0 \end{cases}$$

所以

$$e^{s_0 t} \varepsilon(t) \longleftrightarrow \frac{1}{s - s_0}, \quad \mathrm{Re}[s] > \mathrm{Re}[s_0] \tag{5-5}$$

式中，$\mathrm{Re}[s]$ 表示复数 s 的实部。

一般地，因果信号的拉普拉斯变换的收敛域为 $\mathrm{Re}[s] > \mathrm{Re}[s_0]$，即在复平面上直线 $\sigma = \sigma_0$ 右侧的区域，如图 5-1a 所示阴影部分。

例 5-2 求反因果信号 $e^{s_1 t} \varepsilon(-t)$ ($s_1 = \sigma_1 + j\omega_1$ 为复常数) 的双边拉普拉斯变换。

解 根据式 (5-2)，有

$$F(s) = \int_{-\infty}^{\infty} e^{s_1 t} e^{-st} \varepsilon(-t) \mathrm{d}t = \frac{e^{(\sigma_1 + j\omega_1)t} e^{-(\sigma + j\omega)t}}{-(s - s_1)} \Big|_{-\infty}^{0} = \frac{e^{-(\sigma - \sigma_1)t} e^{-j(\omega - \omega_1)t}}{-(s - s_1)} \Big|_{-\infty}^{0}$$

$$= \frac{1}{-(s - s_1)} \left[1 - \lim_{t \to -\infty} e^{-(\sigma - \sigma_1)t} e^{-j(\omega - \omega_1)t} \right] = \begin{cases} -\dfrac{1}{s - s_1}, & \sigma < \sigma_1 \\ \text{不确定}, & \sigma = \sigma_1 \\ \text{无界}, & \sigma > \sigma_1 \end{cases}$$

所以

$$e^{s_1 t} \varepsilon(-t) \longleftrightarrow -\frac{1}{s - s_1}, \quad \mathrm{Re}[s] < \mathrm{Re}[s_1] \tag{5-6}$$

一般地，反因果信号的拉普拉斯变换的收敛域为 $\mathrm{Re}[s] < \mathrm{Re}[s_1]$，即在复平面上直线 $\sigma = \sigma_1$ 左侧的区域，如图 5-1b 所示阴影区域。

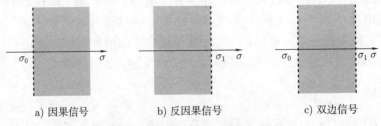

a) 因果信号   b) 反因果信号   c) 双边信号

图 5-1 双边拉普拉斯变换收敛域

下面考虑双边信号的拉普拉斯变换的收敛域。若有双边信号 $e^{s_1 t} \varepsilon(-t) + e^{s_0 t} \varepsilon(t)$ (s_0、s_1 为复常数)，它可看作一个因果信号与一个反因果信号的叠加。由例 5-1 和例 5-2 可知，该双边信号拉普拉斯变换的收敛域应为因果信号与反因果信号拉普拉斯变换收敛域的交集。

一般地，双边信号的拉普拉斯变换收敛域的形式为

$$\sigma_0 < \text{Re}[s] < \sigma_1$$

若 $\sigma_0 < \sigma_1$，拉普拉斯变换存在，收敛域为复平面上的带状区域，如图 5-1c 所示阴影区域。若 $\sigma_0 \geqslant \sigma_1$，拉普拉斯变换不存在。

5.1.3　单边拉普拉斯变换

考虑到实际信号都是因果信号，即 $f(t) = 0$，$t < 0$，式 (5-2) 可以写成

$$F(s) = \int_{0_-}^{\infty} f(t) \mathrm{e}^{-st} \mathrm{d}t \tag{5-7}$$

式 (5-7) 称为 $f(t)$ 的单边拉普拉斯变换 (unilateral Laplace transform)，记为 $\mathscr{L}[f(t)]$。此处积分下限选择 0_-，是因为考虑到 $f(t)$ 中包含 $\delta(t)$ 或其导数的情况。对于在 $t = 0$ 连续或只含有限个阶跃型不连续点的情况，积分下限为 0 或 0_- 并不影响积分结果。当信号在 $t = 0$ 处有冲激函数或其导数时，必须注意积分下限的取值。单边拉普拉斯逆变换仍为式 (5-4)，只是结果对 $t > 0$ 有效，记为 $\mathscr{L}^{-1}[F(s)]$。

下面讨论单边拉普拉斯变换的收敛域。

单边拉普拉斯变换存在定理　如果 $f(t)$ 在有限区间 $a < t < b$ (其中 $0 \leqslant a < b < \infty$) 内绝对可积，即 $\displaystyle\int_{-\infty}^{\infty} |f(t)| \mathrm{d}t < \infty$，且对于某个实数 σ_0 有

$$\lim_{t \to \infty} |f(t)| \mathrm{e}^{-\sigma t} = 0, \quad \sigma > \sigma_0 \tag{5-8}$$

则对于 $\text{Re}[s] > \sigma_0$，式 (5-7) 绝对且一致收敛。

凡满足式 (5-8) 的函数称为 "指数阶函数"。σ_0 称为收敛坐标，直线 $\sigma = \sigma_0$ 称为收敛轴。指数阶函数若具有发散性，可借助于衰减因子 $\mathrm{e}^{-\sigma t}$ 使之成为收敛函数。而一些比指数函数增长更快的信号如 $\mathrm{e}^{t^2}\varepsilon(t)$ 或 $t^t\varepsilon(t)$，则不是指数阶函数，找不到收敛坐标，拉普拉斯变换不存在。

满足定理条件的 $f(t)$ 存在单边拉普拉斯变换，其收敛域为 $\text{Re}[s] > \sigma_0$，即收敛轴以右半 s 面，而且积分是一致收敛的。因此，多重积分可以改变积分顺序，微分、积分也可交换运算顺序。

下面利用定义计算几个常用信号的单边拉普拉斯变换。

例 5-3　求单位阶跃信号 $\varepsilon(t)$ 的单边拉普拉斯变换。

解

5.3 常用信号单边
拉普拉斯变换

$$\mathscr{L}[\varepsilon(t)] = \int_0^{\infty} \mathrm{e}^{-st} \mathrm{d}t = -\left.\frac{\mathrm{e}^{-st}}{s}\right|_0^{\infty} = -\frac{1}{s}\left(\lim_{t \to \infty} \mathrm{e}^{-\sigma t}\mathrm{e}^{-\mathrm{j}\omega t} - 1\right) = \frac{1}{s} \tag{5-9}$$

式 (5-9) 的积分结果存在的条件为 $\sigma > 0$，即收敛域为 $\text{Re}[s] > 0$。若令因果信号 $\mathrm{e}^{s_0 t}\varepsilon(t)$ 中的 $s_0 = 0$，由式 (5-5) 也可得到相同结果。

例 5-4   求单位冲激信号 $\delta(t)$ 的单边拉普拉斯变换。

解

$$\mathscr{L}[\delta(t)] = \int_{0_-}^{\infty} \delta(t)\mathrm{e}^{-st}\mathrm{d}t = \int_{0_-}^{\infty} \delta(t)\mathrm{d}t = 1 \tag{5-10}$$

收敛域为整个复平面。

例 5-5   求 $t^n(n$ 为正整数$)$ 的单边拉普拉斯变换。

解   使用分部积分法，有

$$\mathscr{L}[t^n] = \int_0^{\infty} t^n \mathrm{e}^{-st}\mathrm{d}t = -\left.\frac{t^n}{s}\mathrm{e}^{-st}\right|_0^{\infty} + \frac{n}{s}\int_0^{\infty} t^{n-1}\mathrm{e}^{-st}\mathrm{d}t$$

$$= -\frac{1}{s}\left[\lim_{t\to\infty}(t^n\mathrm{e}^{-\sigma t}\mathrm{e}^{-\mathrm{j}\omega t}) - 0\right] + \frac{n}{s}\mathscr{L}[t^{n-1}]$$

当 $\sigma > 0$ 时，上式第一项中的极限为零，于是有

$$\mathscr{L}[t^n] = \frac{n}{s}\mathscr{L}[t^{n-1}]$$

依此类推，可得

$$\mathscr{L}[t^n] = \frac{n}{s}\frac{n-1}{s}\mathscr{L}[t^{n-2}] = \frac{n}{s}\frac{n-1}{s}\frac{n-2}{s}\mathscr{L}[t^{n-3}] = \cdots$$

$$= \frac{n}{s}\frac{n-1}{s}\frac{n-2}{s}\cdots\frac{2}{s}\frac{1}{s}\mathscr{L}[t^0] = \frac{n!}{s^n}\frac{1}{s}$$

即

$$t^n \longleftrightarrow \frac{n!}{s^{n+1}}, \quad \mathrm{Re}[s] > 0 \tag{5-11}$$

当 $n = 1$ 时

$$t \longleftrightarrow \frac{1}{s^2} \tag{5-12}$$

当 $n = 2$ 时

$$t^2 \longleftrightarrow \frac{2}{s^3} \tag{5-13}$$

必须指出，时域下 $t < 0$ 的信号对单边拉普拉斯变换没有贡献。单边拉普拉斯变换象函数 $F(s)$ 与时域信号 $f(t)$ 之间总是一对一的关系，且收敛域只有两种情况。对于有限时宽信号，象函数收敛域为整个复平面；对于定义域为 $(0, \infty)$ 的信号，象函数收敛域是收敛轴以右半复平面。正是由于单边拉普拉斯变换的收敛域如此单纯，即使不标出也不会造成混淆。因此，在本章的后续讨论中，不再标注单边拉普拉斯变换的收敛域。

单边拉普拉斯变换在分析具有初始条件、由线性常系数微分方程描述的因果系统中起着重要作用。在下节拉普拉斯变换的性质中可以看到，信号及其导数的初始值可以通过单边拉普拉斯变换融入 s 域中。所以如无特别说明，本书此后讨论的拉普拉斯变换均为单边拉普拉斯变换。

5.2　拉普拉斯变换的性质

实际信号可看作由基本信号所组成的复杂信号。除定义外，常通过拉普拉斯变换的基本性质来得到复杂信号的拉普拉斯变换。

1. 线性性质

若

$$f_1(t) \longleftrightarrow F_1(s), \quad f_2(t) \longleftrightarrow F_2(s)$$

则

$$\alpha f_1(t) + \beta f_2(t) \longleftrightarrow \alpha F_1(s) + \beta F_2(s) \tag{5-14}$$

式中，α、β 为任意常数。该性质容易通过单边拉普拉斯变换的定义式得证。

例 5-6　求 $\cos(\omega_0 t)\varepsilon(t)$、$\sin(\omega_0 t)\varepsilon(t)$ 的拉普拉斯变换。

解　由欧拉公式可知

$$\cos(\omega_0 t) = \frac{1}{2}\left(e^{j\omega_0 t} + e^{-j\omega_0 t}\right)$$

5.4 拉普拉斯变换
线性和复频移性质

根据式 (5-5) 给出的复指数信号的拉普拉斯变换对，可得

$$\mathscr{L}\left[e^{j\omega_0 t}\varepsilon(t)\right] = \frac{1}{s - j\omega_0}$$

$$\mathscr{L}\left[e^{-j\omega_0 t}\varepsilon(t)\right] = \frac{1}{s + j\omega_0}$$

由线性性质，可得

$$\mathscr{L}[\cos(\omega_0 t)\varepsilon(t)] = \frac{1}{2}\left(\frac{1}{s - j\omega_0} + \frac{1}{s + j\omega_0}\right) = \frac{s}{s^2 + \omega_0^2} \tag{5-15}$$

同理，可得

$$\mathscr{L}[\sin(\omega_0 t)\varepsilon(t)] = \frac{1}{2j}\left(\frac{1}{s - j\omega_0} - \frac{1}{s + j\omega_0}\right) = \frac{\omega_0}{s^2 + \omega_0^2} \tag{5-16}$$

2. 复频移性质

若

$$f(t) \longleftrightarrow F(s)$$

则对于任意复常数 $s_0 = \sigma_0 + j\omega_0$，有

$$f(t)e^{s_0 t} \longleftrightarrow F(s - s_0) \tag{5-17}$$

式 (5-17) 表明，时域信号乘以 $e^{s_0 t}$，相当于象函数在 s 域内平移 s_0。证明从略。

例 5-7 已知信号 $f(t) = \cos(\beta t)\mathrm{e}^{-\alpha t}\varepsilon(t)$, α、β 为实数。求 $F(s)$。

解 已知

$$\mathscr{L}[\cos(\beta t)\varepsilon(t)] = \frac{s}{s^2 + \beta^2}$$

利用复频移性质，有

$$F(s) = \frac{s + \alpha}{(s + \alpha)^2 + \beta^2} \tag{5-18}$$

同理，可得

$$\mathscr{L}[\sin(\beta t)\mathrm{e}^{-\alpha t}\varepsilon(t)] = \frac{\beta}{(s + \alpha)^2 + \beta^2} \tag{5-19}$$

3. 时间右移性质

若

$$f(t) \longleftrightarrow F(s)$$

5.5 拉普拉斯变换
时间右移性质

则对任意正实数 t_0，有

$$f(t - t_0)\varepsilon(t - t_0) \longleftrightarrow F(s)\mathrm{e}^{-st_0} \tag{5-20}$$

证明

$$\mathscr{L}[f(t - t_0)\varepsilon(t - t_0)] = \int_{0_-}^{\infty} f(t - t_0)\varepsilon(t - t_0)\mathrm{e}^{-st}\mathrm{d}t = \int_{t_0}^{\infty} f(t - t_0)\mathrm{e}^{-st}\mathrm{d}t$$

令 $\tau = t - t_0$，则上式变为

$$\int_0^{\infty} f(\tau)\mathrm{e}^{-s(\tau + t_0)}\mathrm{d}\tau = \mathrm{e}^{-st_0}\int_0^{\infty} f(\tau)\mathrm{e}^{-s\tau}\mathrm{d}\tau = \mathrm{e}^{-st_0}F(s)$$

该性质表明，信号在时域中延迟 t_0，其象函数将乘以 e^{-st_0}，称 e^{-st_0} 为时移因子。注意，单边拉普拉斯变换没有时间左移性质。

例 5-8 证明：有始周期信号

$$f_T(t) = \sum_{n=0}^{\infty} f_1(t - nT) \tag{5-21}$$

的拉普拉斯变换为 $F(s) = \dfrac{F_1(s)}{1 - \mathrm{e}^{-Ts}}$。其中 T 为周期，$f_1(t)$ 是 $f_T(t)$ 在 $0 \sim T$ 内的有限连续信号，且 $\mathscr{L}[f_1(t)] = F_1(s)$。

证明

$$f_T(t) = \sum_{n=0}^{\infty} f_1(t - nT) = f_1(t) + f_1(t - T) + f_1(t - 2T) + \cdots$$

根据单边拉普拉斯变换的时间右移性质和线性性质，$f_T(t)$ 的拉普拉斯变换如下：

$$F(s) = \left(1 + \mathrm{e}^{-Ts} + \mathrm{e}^{-2Ts} + \cdots\right)F_1(s) = \left(\lim_{n \to \infty} \frac{1 - \mathrm{e}^{-nTs}}{1 - \mathrm{e}^{-Ts}}\right)F_1(s)$$

即

$$\mathscr{L}[f_T(t)] = \frac{1}{1 - \mathrm{e}^{-Ts}} F_1(s) \tag{5-22}$$

式 (5-22) 表明，有始周期信号的拉普拉斯变换等于其第一个周期信号的拉普拉斯变换乘以 $\dfrac{1}{1 - \mathrm{e}^{-Ts}}$。

例 5-9　求图 5-2a 所示有始正弦波半波整流信号的拉普拉斯变换，其中 T 为周期，$\omega_0 = 2\pi/T$。

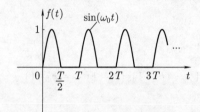
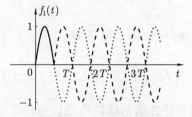

a) 有始正弦波半波整流信号　　　　　b) 第一周期半波信号的合成

图 5-2　有始正弦波半波整流信号及其第一周期半波信号的合成

解　如图 5-2b 所示，第一周期内正弦半波信号可表示为

$$f_1(t) = \sin(\omega_0 t)\varepsilon(t) + \sin\left[\omega_0\left(t - \frac{T}{2}\right)\right]\varepsilon\left(t - \frac{T}{2}\right)$$

根据有始正弦信号的拉普拉斯变换，并利用拉普拉斯变换的时间右移性质和线性性质，有

$$F_1(s) = \frac{\omega_0}{s^2 + \omega_0^2}\left(1 + \mathrm{e}^{-\frac{T}{2}s}\right)$$

利用式 (5-22)，有

$$F(s) = \frac{\omega_0}{s^2 + \omega_0^2}\frac{1 + \mathrm{e}^{-\frac{T}{2}s}}{1 - \mathrm{e}^{-Ts}} = \frac{\omega_0}{s^2 + \omega_0^2}\frac{1}{1 - \mathrm{e}^{-\frac{T}{2}s}}$$

例 5-10　已知信号 $f(t) = t$，其象函数 $F(s) = \dfrac{1}{s^2}$，试求下列信号的象函数。

(1) $f_1(t) = f(t-1)$　　　　　　　　(2) $f_2(t) = f(t-1)\varepsilon(t)$

(3) $f_3(t) = f(t-1)\varepsilon(t-1)$　　　　(4) $f_4(t) = f(t)\varepsilon(t-1)$

解　所求信号的波形分别如图 5-3a、b、c、d 所示。

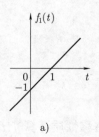
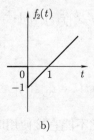
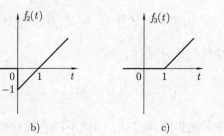
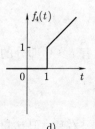

图 5-3　例 5-10 中的 4 个时域信号波形

$t > 0$ 时，$f_1(t) = f_2(t)$，即图 5-3a 和图 5-3b 所示信号在 $t > 0$ 时的波形相同，所以它们的拉普拉斯变换也相同。根据线性性质，可得

$$F_1(s) = F_2(s) = \mathscr{L}[(t-1)\varepsilon(t)] = \mathscr{L}[t\varepsilon(t)] - \mathscr{L}[\varepsilon(t)] = \frac{1}{s^2} - \frac{1}{s} = \frac{1-s}{s^2}$$

图 5-3c 所示信号 $f_3(t)$ 的拉普拉斯变换，根据时间右移性质得

$$F_3(s) = \mathscr{L}[f(t-1)\varepsilon(t-1)] = F(s)\mathrm{e}^{-s} = \frac{\mathrm{e}^{-s}}{s^2}$$

图 5-3d 所示信号可写为

$$f_4(t) = t\varepsilon(t-1) = (t-1+1)\varepsilon(t-1) = (t-1)\varepsilon(t-1) + \varepsilon(t-1)$$

利用时间右移性质与线性性质，可得

$$F_4(s) = \frac{\mathrm{e}^{-s}}{s^2} + \frac{\mathrm{e}^{-s}}{s} = \frac{1+s}{s^2}\mathrm{e}^{-s}$$

可见以上 4 种信号中，只有信号及其起点均向右做相同时移，才能直接用时间右移性质求拉普拉斯变换。

注意，当 $f(t)$ 为因果信号时

$$f(t) = f(t)\varepsilon(t)$$

且

$$f(t-t_0) = f(t-t_0)\varepsilon(t-t_0), \ t_0 > 0$$

因此

$$\mathscr{L}[f(t-t_0)] = \mathscr{L}[f(t-t_0)\varepsilon(t-t_0)] = \mathrm{e}^{-st_0}F(s)$$

当 $f(t)$ 为双边信号时

$$f(t) \neq f(t)\varepsilon(t)$$

但

$$F(s) = \mathscr{L}[f(t)] = \mathscr{L}[f(t)\varepsilon(t)]$$

即只有 $t > 0$ 部分的信号参与积分变换，而

$$\mathscr{L}[f(t-t_0)] = \mathscr{L}[f(t-t_0)\varepsilon(t)]$$

即信号右移，但其起点并未做相同的时移，因此不能直接使用时间右移性质计算 $f(t-t_0)$ 的单边拉普拉斯变换。

4. 尺度变换性质

若

$$f(t) \longleftrightarrow F(s)$$

则对任意正实数 a, 有

$$f(at) \longleftrightarrow \frac{1}{a} F\left(\frac{s}{a}\right) \tag{5-23}$$

证明

$$\mathscr{L}[f(at)] = \int_{0_-}^{\infty} f(at) \mathrm{e}^{-st} \mathrm{d}t$$

令 $x = at$, 则

$$\mathscr{L}[f(x)] = \frac{1}{a} \int_{0_-}^{\infty} f(x) \mathrm{e}^{-\frac{s}{a}x} \mathrm{d}x = \frac{1}{a} F\left(\frac{s}{a}\right)$$

结合时间右移性质, 进一步可有

$$f(at - t_0)\varepsilon(at - t_0) \longleftrightarrow \frac{1}{a} F\left(\frac{s}{a}\right) \mathrm{e}^{-s\frac{t_0}{a}} \tag{5-24}$$

5.6 拉普拉斯变换
尺度变换性质

例 5-11 求 $\varepsilon(at)$ 的拉普拉斯变换, 其中 a 为任意正实数。

解 由于 $\varepsilon(t) \longleftrightarrow \dfrac{1}{s}$, 根据尺度变换性质可得

$$\mathscr{L}[\varepsilon(at)] = \frac{1}{a}\left(\frac{1}{s/a}\right) = \frac{1}{s}$$

这个结果并不奇怪, 因为对于任意正实数 a, $\varepsilon(at) = \varepsilon(t)$。

5. 时域微分性质

若

$$f(t) \longleftrightarrow F(s)$$

则

$$\frac{\mathrm{d}f(t)}{\mathrm{d}t} \longleftrightarrow sF(s) - f(0_-) \tag{5-25}$$

证明 根据单边拉普拉斯变换定义式, 采用分部积分, 得

$$\int_{0_-}^{\infty} \frac{\mathrm{d}f(t)}{\mathrm{d}t} \mathrm{e}^{-st} \mathrm{d}t = f(t)\mathrm{e}^{-st}\Big|_{0_-}^{\infty} - \int_{0_-}^{\infty} f(t)\left(-s\mathrm{e}^{-st}\right) \mathrm{d}t$$

$$= \lim_{t \to \infty} \left[\mathrm{e}^{-st}f(t)\right] - f(0_-) + sF(s)$$

5.7 拉普拉斯变换
时域微分性质

因为 $f(t)$ 的拉普拉斯变换存在, 则在收敛域内必有

$$\lim_{t \to \infty} \left[\mathrm{e}^{-st}f(t)\right] = 0$$

因此，可得

$$\int_{0_-}^{\infty} \frac{\mathrm{d}f(t)}{\mathrm{d}t}\mathrm{e}^{-st}\mathrm{d}t = -f(0_-) + sF(s)$$

若令 n 为正整数，可将式 (5-25) 推广到 $f(t)$ 的 n 阶导数，即

$$f^{(n)}(t) \longleftrightarrow s^n F(s) - s^{n-1}f(0_-) - s^{n-2}f'(0_-) - \cdots - f^{(n-1)}(0_-)$$

$$= s^n F(s) - \sum_{m=0}^{n-1} s^{n-1-m}f^{(m)}(0_-) \tag{5-26}$$

若 $f(t)$ 是因果信号，即 $f(t) = 0$，$t < 0$，于是

$$f(0_-) = f'(0_-) = f''(0_-) = \cdots = f^{(n-1)}(0_-) = 0$$

因此

$$\frac{\mathrm{d}^n}{\mathrm{d}t^n}f(t) \longleftrightarrow s^n F(s) \tag{5-27}$$

6. 时域积分性质

若

$$f(t) \longleftrightarrow F(s)$$

则

$$\int_{0_-}^{t} f(\tau)\mathrm{d}\tau \longleftrightarrow \frac{F(s)}{s} \tag{5-28}$$

$$\int_{-\infty}^{t} f(\tau)\mathrm{d}\tau \longleftrightarrow \frac{F(s)}{s} + \frac{f^{(-1)}(0_-)}{s} \tag{5-29}$$

其中

$$f^{(-1)}(0_-) = \int_{-\infty}^{0_-} f(\tau)\mathrm{d}\tau = \int_{-\infty}^{t} f(\tau)\mathrm{d}\tau \bigg|_{t=0_-}$$

即 $f(t)$ 的积分在 $t = 0_-$ 的值。

证明　根据拉普拉斯正变换定义式，并利用分部积分，有

$$\mathscr{L}\left[\int_{0_-}^{t} f(\tau)\mathrm{d}\tau\right] = \int_{0_-}^{\infty}\left[\int_{0_-}^{t} f(\tau)\mathrm{d}\tau\right]\mathrm{e}^{-st}\mathrm{d}t$$

$$= \left[\frac{-\mathrm{e}^{-st}}{s}\int_{0_-}^{t} f(\tau)\mathrm{d}\tau\right]_{0_-}^{\infty} + \frac{1}{s}\int_{0_-}^{\infty} f(t)\mathrm{e}^{-st}\mathrm{d}t$$

$$= -\frac{1}{s}\lim_{t\to\infty}\left[\mathrm{e}^{-st}\int_{0_-}^{t} f(\tau)\mathrm{d}\tau\right] - \frac{-\mathrm{e}^0}{s}\int_{0_-}^{0_-} f(\tau)\mathrm{d}\tau + \frac{1}{s}F(s)$$

5.8 拉普拉斯变换
时域积分性质

$$= -\frac{1}{s} \lim_{t \to \infty} \left[e^{-st} \int_{0_-}^{t} f(\tau) d\tau \right] + \frac{1}{s} F(s)$$

如果 $f(t)$ 是指数阶的，那么它的积分也是指数阶的。因此上式中第一项等于零，可得

$$\mathscr{L} \left[\int_{0_-}^{t} f(\tau) d\tau \right] = \frac{1}{s} F(s)$$

式 (5-28) 得证。

当积分下限为 $-\infty$ 时，有

$$\int_{-\infty}^{t} f(\tau) d\tau = \int_{-\infty}^{0_-} f(\tau) d\tau + \int_{0_-}^{t} f(\tau) d\tau = f^{(-1)}(0_-) + \int_{0_-}^{t} f(\tau) d\tau$$

两边取拉普拉斯变换，有

$$\mathscr{L} \left[\int_{-\infty}^{t} f(\tau) d\tau \right] = \frac{f^{(-1)}(0_-)}{s} + \frac{F(s)}{s}$$

7. s 域微分性质

若

$$f(t) \longleftrightarrow F(s)$$

则对任意正整数 n，有

$$(-t)^n f(t) \longleftrightarrow \frac{d^n}{ds^n} F(s) \tag{5-30}$$

当 $n = 1$ 时

$$t f(t) \longleftrightarrow -\frac{d}{ds} F(s) \tag{5-31}$$

当 $n = 2$ 时

$$t^2 f(t) \longleftrightarrow \frac{d^2}{ds^2} F(s) \tag{5-32}$$

证明　由于

$$F(s) = \int_{0_-}^{\infty} f(t) e^{-st} dt$$

5.9 拉普拉斯变换
s 域微、积分性质

两边对 s 求导，得

$$\frac{d}{ds} F(s) = \int_{0_-}^{\infty} f(t) \frac{d}{ds} \left(e^{-st} \right) dt = \int_{0_-}^{\infty} [-t f(t)] e^{-st} dt$$

即

$$-t f(t) \longleftrightarrow \frac{dF(s)}{ds}$$

再乘以 $-t$，可得

$$(-t)^2 f(t) \longleftrightarrow \frac{\mathrm{d}^2}{\mathrm{d}s^2}F(s)$$

依此类推，可得

$$(-t)^n f(t) \longleftrightarrow \frac{\mathrm{d}^n}{\mathrm{d}s^n}F(s)$$

例 5-12   求 $\mathscr{L}\left[t^2 \mathrm{e}^{-\alpha t}\varepsilon(t)\right]$，$\alpha$ 为常数。

解   已知

$$\mathrm{e}^{-\alpha t}\varepsilon(t) \longleftrightarrow \frac{1}{s+\alpha}$$

由式 (5-32) 可得

$$\mathscr{L}\left[t^2 \mathrm{e}^{-\alpha t}\varepsilon(t)\right] = \frac{\mathrm{d}^2}{\mathrm{d}s^2}\left(\frac{1}{s+\alpha}\right) = -\frac{\mathrm{d}}{\mathrm{d}s}\frac{1}{(s+\alpha)^2} = \frac{2}{(s+\alpha)^3}$$

8. s 域积分性质

若

$$f(t) \longleftrightarrow F(s)$$

则

$$\frac{f(t)}{t} \longleftrightarrow \int_s^\infty F(\eta)\mathrm{d}\eta \tag{5-33}$$

证明

$$\int_s^\infty F(\eta)\mathrm{d}\eta = \int_s^\infty \left[\int_{0_-}^\infty f(t)\mathrm{e}^{-\eta t}\mathrm{d}t\right]\mathrm{d}\eta = \int_{0_-}^\infty f(t)\left[\int_s^\infty \mathrm{e}^{-\eta t}\mathrm{d}\eta\right]\mathrm{d}t$$

$$= \int_{0_-}^\infty \frac{f(t)}{-t}\left[\mathrm{e}^{-\eta t}\right]_s^\infty \mathrm{d}t = \int_{0_-}^\infty \frac{f(t)}{t}\mathrm{e}^{-st}\mathrm{d}t$$

对比单边拉普拉斯变换定义式，式 (5-33) 得证。

例 5-13   求抽样信号 $\mathrm{Sa}(t)$ 的拉普拉斯变换。

解   根据正弦函数的拉普拉斯变换，可知

$$\sin t \longleftrightarrow \frac{1}{s^2+1}$$

于是

$$\mathrm{Sa}(t) = \frac{\sin t}{t} \longleftrightarrow \int_s^\infty \frac{1}{\eta^2+1}\mathrm{d}\eta = \arctan(\eta)\big|_s^\infty = \frac{\pi}{2} - \arctan(s)$$

9. 卷积定理

若

$$f_1(t) \longleftrightarrow F_1(s), \quad f_2(t) \longleftrightarrow F_2(s)$$

则有

(1) 时域卷积

$$f_1(t) * f_2(t) \longleftrightarrow F_1(s)F_2(s) \tag{5-34}$$

(2) s 域卷积 (时域相乘)

$$f_1(t)f_2(t) \longleftrightarrow \frac{1}{2\pi\mathrm{j}} \int_{\sigma-\mathrm{j}\infty}^{\sigma+\mathrm{j}\infty} F_1(\eta)F_2(s-\eta)\mathrm{d}\eta \tag{5-35}$$

该性质形式与傅里叶变换卷积性质相似, 这里证明省略。

例 5-14　求 $\varepsilon(t) * \varepsilon(t)$ 的拉普拉斯变换。

解　已知 $\varepsilon(t) \longleftrightarrow \dfrac{1}{s}$, 则

$$\varepsilon(t) * \varepsilon(t) \longleftrightarrow \frac{1}{s}\frac{1}{s} = \frac{1}{s^2}$$

5.10 拉普拉斯变换卷积定理

10. 初值定理

若 $f(t) \longleftrightarrow F(s)$, 且 $\lim\limits_{s\to\infty} sF(s)$ 存在, 则 $f(t)$ 的初值为

$$f(0_+) = \lim_{t\to 0_+} f(t) = \lim_{s\to\infty} sF(s) \tag{5-36}$$

证明　由拉普拉斯变换定义式, 得

$$\mathscr{L}[f'(t)] = \int_{0_-}^{\infty} f'(t)\mathrm{e}^{-st}\mathrm{d}t = \int_{0_-}^{0_+} f'(t)\mathrm{e}^{-st}\mathrm{d}t + \int_{0_+}^{\infty} f'(t)\mathrm{e}^{-st}\mathrm{d}t$$

$$= f(0_+) - f(0_-) + \int_{0_+}^{\infty} f'(t)\mathrm{e}^{-st}\mathrm{d}t$$

5.11 拉普拉斯变换初值和终值定理

另一方面, 由时域微分性质, 可得

$$\mathscr{L}[f'(t)] = sF(s) - f(0_-)$$

于是, 得

$$f(0_+) + \int_{0_+}^{\infty} f'(t)\mathrm{e}^{-st}\mathrm{d}t = sF(s) \tag{5-37}$$

两边取极限, 有

$$f(0_+) + \lim_{s\to\infty}\int_{0_+}^{\infty} f'(t)\mathrm{e}^{-st}\mathrm{d}t = \lim_{s\to\infty} sF(s)$$

由于

$$\lim_{s \to \infty} \int_{0_+}^{\infty} f'(t) \mathrm{e}^{-st} \mathrm{d}t = \int_{0_+}^{\infty} f'(t) \left[\lim_{s \to \infty} \mathrm{e}^{-st} \right] \mathrm{d}t = 0$$

因此

$$f(0_+) = \lim_{s \to \infty} sF(s)$$

式 (5-36) 表明，可以利用 s 域象函数得到时域信号 $f(t)$ 的初值。注意，初值定理的使用条件是要求 $\lim\limits_{s \to \infty} sF(s)$ 存在，那么 $F(s)$ 必须为真分式，这在时域中意味着 $f(t)$ 在 $t = 0$ 处不包含冲激及其各阶导数。若 $F(s)$ 不是真分式，应利用长除法将 $F(s)$ 分解成关于 s 多项式与真分式之和的形式，即 $F(s) = Q(s) + F_0(s)$，其中 $Q(s)$ 是关于 s 的多项式，$F_0(s)$ 为真分式。根据时域微分性质，多项式 $Q(s)$ 中关于 s^m $(m = 0, 1, 2, \cdots)$ 的逆变换为 $\delta^{(m)}(t)$，而 $\delta(t)$ 及其各阶导数在 $t = 0_+$ 时刻都等于零，并不影响 $f(0_+)$ 的值。因此，$f(t)$ 的初值仅与真分式 $F_0(s)$ 有关，由 $F_0(s)$ 来决定初值大小，即

$$f(0_+) = \lim_{s \to \infty} sF_0(s) \tag{5-38}$$

例 5-15   已知象函数 $F(s) = \dfrac{2s+1}{s+3}$，试求原函数 $f(t)$ 的初值 $f(0_+)$。

解 $F(s)$ 的分子与分母同为 s 的一次多项式，不属于真分式。故先利用长除法将其分解为

$$F(s) = 2 - \frac{5}{s+3}$$

由式 (5-38) 得

$$f(0_+) = \lim_{s \to \infty} \frac{-5s}{s+3} = -5$$

若对 $F(s)$ 取反变换，可得 $f(t) = 2\delta(t) - 5\mathrm{e}^{-3t}\varepsilon(t)$，则 $f(0_+) = -5$，与上述计算结果一致。

11. 终值定理

若 $f(t) \longleftrightarrow F(s)$，且 $\lim\limits_{t \to \infty} f(t)$ 存在，则

$$f(\infty) = \lim_{t \to \infty} f(t) = \lim_{s \to 0} sF(s) \tag{5-39}$$

证明   利用式 (5-37)，两侧同时对 $s \to 0$ 取极限，左侧有

$$f(0_+) + \int_{0_+}^{\infty} f'(t) \left(\lim_{s \to 0} \mathrm{e}^{-st} \right) \mathrm{d}t = f(0_+) + f(\infty) - f(0_+) = f(\infty)$$

右侧极限为 $\lim\limits_{s \to 0} sF(s)$。于是，式 (5-39) 得证。

终值定理的使用条件是 $\lim\limits_{t \to \infty} f(t)$ 存在，是取 $s \to 0$ 时 $sF(s)$ 的极限，因此要求 $s = 0$ 的点应在 $sF(s)$ 的收敛域内，否则终值定理不适用，终值不存在。

例 5-16　已知 $f(t)$ 的拉普拉斯变换 $F(s)$ 如下，求 $f(\infty)$。

(1) $F(s) = \dfrac{1}{s+\alpha}$, $\alpha > 0$　　　　　　(2) $F(s) = \dfrac{s}{s^2+1}$

解　(1) 该象函数 $F(s)$ 的收敛域为 $\mathrm{Re}[s] > -\alpha$，则 $s = 0$ 在 $F(s)$ 以及 $sF(s)$ 收敛域内。应用终值定理，则

$$f(\infty) = \lim_{s\to 0} sF(s) = \lim_{s\to 0} \frac{s}{s+\alpha} = 0$$

根据单边指数信号的拉普拉斯变换对，容易得出该象函数的拉普拉斯逆变换并进行验证，有

$$f(t) = \mathscr{L}^{-1}\left[\frac{1}{s+\alpha}\right] = \mathrm{e}^{-\alpha t}\varepsilon(t)$$

则 $f(\infty) = 0$，与终值定理计算结果一致。

(2) 该象函数 $F(s)$ 的收敛域为 $\mathrm{Re}[s] > 0$，则 $s = 0$ 不在 $F(s)$ 以及 $sF(s)$ 收敛域内，终值定理不适用，故 $f(t)$ 的终值不存在。

根据例 5-6 的结果可知，该象函数的逆变换为 $f(t) = \mathscr{L}^{-1}\left[\dfrac{s}{s^2+1}\right] = \cos t\varepsilon(t)$，其终值并不存在，与上述结果一致。

表 5-1 和表 5-2 分别列出了拉普拉斯变换的性质以及常用信号的拉普拉斯变换，以方便读者查阅。

表 5-1　拉普拉斯变换的性质

性质	时域 $f(t) \longleftrightarrow F(s)$ 复频域	
线性性质	$\alpha f_1(t) + \beta f_2(t)$	$\alpha F_1(s) + \beta F_2(s)$
尺度变换性质	$f(at), a > 0$	$\dfrac{1}{a}F\left(\dfrac{s}{a}\right)$
时间右移性质	$f(t-t_0)\varepsilon(t-t_0), t_0 > 0$	$F(s)\mathrm{e}^{-st_0}$
复频移性质	$f(t)\mathrm{e}^{s_0 t}$	$F(s-s_0)$
时域微分性质	$f^{(n)}(t)$	$s^n F(s) - \displaystyle\sum_{m=0}^{n-1} s^{n-1-m} f^{(m)}(0_-)$
时域积分性质	$\displaystyle\int_{0_-}^{t} f(x)\mathrm{d}x$	$\dfrac{F(s)}{s}$
s 域微分性质	$(-t)^n f(t)$	$\dfrac{\mathrm{d}^n}{\mathrm{d}s^n}F(s)$
s 域积分性质	$\dfrac{f(t)}{t}$	$\displaystyle\int_{s}^{\infty} F(\eta)\mathrm{d}\eta$
时域卷积	$f_1(t) * f_2(t)$	$F_1(s)F_2(s)$
时域相乘	$f_1(t)f_2(t)$	$\dfrac{1}{2\pi\mathrm{j}}\displaystyle\int_{\sigma-\mathrm{j}\infty}^{\sigma+\mathrm{j}\infty} F_1(\eta)F_2(s-\eta)\mathrm{d}\eta$
初值定理	若 $F(s)$ 为真分式，则 $f(0_+) = \displaystyle\lim_{s\to\infty} sF(s)$	
终值定理	$f(\infty) = \displaystyle\lim_{t\to\infty} f(t) = \lim_{s\to 0} sF(s)$, $s = 0$ 的点在 $sF(s)$ 的收敛域内	

表 5-2   常用信号的拉普拉斯变换

$f(t)$	$F(s)$	$f(t)$	$F(s)$
$\delta(t)$	1	$\varepsilon(t)$	$\dfrac{1}{s}$
$e^{-\alpha t}\varepsilon(t)$	$\dfrac{1}{s+\alpha}$	$t^n e^{-\alpha t}\varepsilon(t)$	$\dfrac{n!}{(s+\alpha)^{n+1}}$
$\cos(\omega_0 t)\varepsilon(t)$	$\dfrac{s}{s^2+\omega_0^2}$	$\sin(\omega_0 t)\varepsilon(t)$	$\dfrac{\omega_0}{s^2+\omega_0^2}$
$\sinh(\beta t)\varepsilon(t)$	$\dfrac{\beta}{s^2-\beta^2}$	$\cosh(\beta t)\varepsilon(t)$	$\dfrac{s}{s^2-\beta^2}$

注：双曲正弦函数 $\sinh(x)=\dfrac{e^x-e^{-x}}{2}$，双曲余弦函数 $\cosh(x)=\dfrac{e^x+e^{-x}}{2}$。

5.3   拉普拉斯逆变换

由式 (5-4) 可知拉普拉斯逆变换为

$$f(t)=\frac{1}{2\pi j}\int_{\sigma-j\infty}^{\sigma+j\infty} F(s)e^{st}\mathrm{d}s,\quad t\geqslant 0 \tag{5-40}$$

积分路径是复平面上收敛域内平行于虚轴的直线。这个积分涉及复变函数理论中的留数定理，超出了本书讨论范围。

实际上，很少用积分形式来计算原函数，更为普遍的方法是利用查表法和部分分式展开法求反变换。

5.3.1   查表法

工程实践中，许多信号可以写为基本信号的线性组合，于是可以利用常用信号拉普拉斯变换表 5-2，并结合拉普拉斯变换的性质，求出反变换。

例 5-17   已知 $F(s)=\dfrac{1-2e^{-s}}{s+1}$，求原函数 $f(t)$。

解 $F(s)$ 可写为

$$F(s)=\frac{1}{s+1}-\frac{2}{s+1}e^{-s}$$

查表 5-2 可知

$$e^{-\alpha t}\varepsilon(t)\longleftrightarrow \frac{1}{s+\alpha}$$

根据拉普拉斯变换的时间右移性质和线性性质，可得

$$f(t)=e^{-t}\varepsilon(t)-2e^{-(t-1)}\varepsilon(t-1)$$

5.12 查表法求拉
普拉斯逆变换

例 5-18　已知周期为 4 的有始周期信号 $f(t)$ 的象函数 $F(s) = \dfrac{1}{1 + \mathrm{e}^{-2s}}$，求 $f(t)$。

解　象函数可写为

$$F(s) = \frac{1 - \mathrm{e}^{-2s}}{1 - \mathrm{e}^{-4s}}$$

根据有始周期信号的拉普拉斯变换

$$f_T(t) \longleftrightarrow \frac{F_1(s)}{1 - \mathrm{e}^{-Ts}}$$

其中，$F_1(s) = 1 - \mathrm{e}^{-2s}$，$T = 4$。查表 5-2 可知

$$\delta(t) \longleftrightarrow 1$$

根据时间右移性质和线性性质，得

$$f_1(t) = \delta(t) - \delta(t - 2)$$

所以

$$f(t) = \sum_{n=0}^{\infty} f_1(t - nT) = \sum_{n=0}^{\infty} f_1(t - 4n)$$

$$= \sum_{n=0}^{\infty} [\delta(t - 4n) - \delta(t - 2 - 4n)] = \sum_{n=0}^{\infty} (-1)^n \delta(t - 2n)$$

5.3.2　部分分式展开法

通常，$f(t)$ 的象函数 $F(s)$ 具有如下有理函数的形式：

$$F(s) = \frac{B(s)}{A(s)} = \frac{b_m s^m + b_{m-1} s^{m-1} + \cdots + b_0}{a_n s^n + a_{n-1} s^{n-1} + \cdots + a_0} \tag{5-41}$$

5.13 部分分式展开法

式中，分子多项式 $B(s)$ 和分母多项式 $A(s)$ 是关于 s 的实系数有理多项式，即 m 和 n 都是正整数，且系数 a_i $(i = 1, 2, \cdots, n)$ 和 b_j $(j = 1, 2, \cdots, m)$ 均为实数，并设分母中 s 的最高次项的系数 $a_n = 1$。一般假设 $B(s)$ 和 $A(s)$ 没有公因子，如果有公因子，应该约去。

若式 (5-41) 中的 $m < n$，则 $F(s)$ 为实系数有理真分式。部分分式展开就是把一个实系数有理真分式分解为多个低阶有理分式的线性组合，这些低阶的有理分式具有已知的拉普拉斯反变换。再根据线性性质，有理分式的反变换等于低阶分式的反变换之和。

在式 (5-41) 中，使 $B(s) = 0$ 的 s 值称为 $F(s)$ 的零点，使 $A(s) = 0$ 的 s 值称为 $F(s)$ 的极点。根据 $F(s)$ 的极点情况，写出展开式。

1. $F(s)$ 只有单极点

$F(s)$ 的极点均为单极点，即方程 $A(s) = 0$ 无重根。

将分母多项式 $A(s)$ 进行因式分解，$F(s)$ 写为

$$F(s) = \frac{B(s)}{(s - p_1)(s - p_2) \cdots (s - p_n)} \tag{5-42}$$

其中，p_1，p_2，$\cdots$，p_n 代表方程 $A(s) = 0$ 的 n 个根，且均不相同。$F(s)$ 可展开成

$$F(s) = \frac{C_1}{s - p_1} + \frac{C_2}{s - p_2} + \cdots + \frac{C_n}{s - p_n} = \sum_{k=1}^{n} \frac{C_k}{s - p_k} \tag{5-43}$$

式中，$C_k \ (k = 1, 2, \cdots, n)$ 为待定系数。

将 $F(s)$ 展开成各分式和之后，下一步要确定待定系数。

将式 (5-43) 两端同乘以 $(s - p_k)$，有

$$(s - p_k)F(s) = C_k + \sum_{\substack{i=1 \\ i \neq k}}^{n} \frac{C_i(s - p_k)}{s - p_i}$$

当 $s = p_k$ 时，因为各极点均不相等，所以上式右端第二项求和中的各项均为零，于是得到

$$C_k = (s - p_k)F(s)|_{s = p_k} \tag{5-44}$$

式 (5-44) 是确定展开式中待定系数的方法之一，下面讨论另一种计算方法。

由于 p_k 是 $A(s) = 0$ 的一个根，那么 $A(p_k) = 0$。式 (5-44) 可写为

$$C_k = \lim_{s \to p_k} (s - p_k) \frac{B(s)}{A(s) - A(p_k)} = \lim_{s \to p_k} \frac{B(s)}{\dfrac{A(s) - A(p_k)}{s - p_k}}$$

即

$$C_k = \frac{B(p_k)}{A'(p_k)} \tag{5-45}$$

其中，$A'(s)$ 为 $A(s)$ 的一阶导数。

由拉普拉斯变换对 $\mathrm{e}^{-\alpha t}\varepsilon(t) \longleftrightarrow \dfrac{1}{s + \alpha}$ 和线性性质，可得式 (5-43) 的反变换为

$$f(t) = (C_1\mathrm{e}^{p_1 t} + C_2\mathrm{e}^{p_2 t} + \cdots + C_n\mathrm{e}^{p_n t})\varepsilon(t)$$

例 5-19   求 $F(s) = \dfrac{s + 4}{s^3 - s^2 - 2s}$ 的反变换。

解 $F(s)$ 有 3 个单极点，故展开式为

$$F(s) = \frac{s + 4}{s(s + 1)(s - 2)} = \frac{C_1}{s} + \frac{C_2}{s + 1} + \frac{C_3}{s - 2}$$

利用式 (5-44) 确定待定系数:

$$C_1 = sF(s)|_{s=0} = \left.\frac{s+4}{(s+1)(s-2)}\right|_{s=0} = -2$$

$$C_2 = (s+1)F(s)|_{s=-1} = \left.\frac{s+4}{s(s-2)}\right|_{s=-1} = 1$$

$$C_3 = (s-2)F(s)|_{s=2} = \left.\frac{s+4}{s(s+1)}\right|_{s=2} = 1$$

因此

$$F(s) = -\frac{2}{s} + \frac{1}{s+1} + \frac{1}{s-2}$$

于是，反变换为

$$f(t) = \left(-2 + e^{-t} + e^{2t}\right)\varepsilon(t)$$

例 5-20 已知 $F(s) = \dfrac{s}{s^2 + 3s + 2}$，求其反变换 $f(t)$。

解 $F(s)$ 有两个单极点，展开式为

$$F(s) = \frac{s}{(s+1)(s+2)} = \frac{C_1}{s+1} + \frac{C_2}{s+2}$$

由式 (5-45) 确定待定系数，其中 $(s^2 + 3s + 2)' = 2s + 3$。于是

$$C_1 = \left.\frac{s}{2s+3}\right|_{s=-1} = -1$$

$$C_2 = \left.\frac{s}{2s+3}\right|_{s=-2} = 2$$

代入 $F(s)$，有

$$F(s) = -\frac{1}{s+1} + \frac{2}{s+2}$$

所以

$$f(t) = \left(-e^{-t} + 2e^{-2t}\right)\varepsilon(t)$$

下面考虑 $F(s)$ 有共轭复数单极点的情况。

令分母多项式 $A(s) = s^2 + a_1 s + a_0$，且 $a_1^2 - 4a_0 < 0$，则 $A(s) = 0$ 有一对共轭复根。这仍属于单极点的情况，因此可以按前述方法来确定待定系数。

另外，还可以采用"配方"法，即将分母多项式 $A(s)$ 写为两项平方和的形式，以便 $F(s)$ 形如因果正 (余) 弦函数的象函数，然后再求反变换。具体而言，因为 $F(s)$ 有共轭单极点，所以展开的部分分式对应的原函数是复指数函数，而复指数函数的实质是正 (余) 弦函数。根据正 (余) 弦函数的象函数和拉普拉斯变换的复频移性质可知

$$e^{-\alpha t}\cos(\beta t)\varepsilon(t) \longleftrightarrow \frac{s+\alpha}{(s+\alpha)^2 + \beta^2}$$

$$\mathrm{e}^{-\alpha t}\sin(\beta t)\varepsilon(t) \longleftrightarrow \frac{\beta}{(s+\alpha)^2+\beta^2}$$

考虑到上述情况，可以将象函数向形如 $\sin(\beta t)\varepsilon(t)$ 及 $\cos(\beta t)\varepsilon(t)$ 的象函数形式"靠拢"，即将展开式写为

$$F(s)=\frac{b_1 s+b_0}{s^2+a_1 s+a_0}=\frac{b_1 s+b_0}{\left(s+\dfrac{a_1}{2}\right)^2+a_0-\dfrac{a_1^2}{4}} \tag{5-46}$$

令

$$\alpha=\frac{a_1}{2}, \qquad \beta=\sqrt{a_0-\frac{a_1^2}{4}}$$

于是，式 (5-46) 可写为

$$F(s)=\frac{b_1(s+\alpha)+(b_0-b_1\alpha)}{(s+\alpha)^2+\beta^2}=\frac{b_1(s+\alpha)}{(s+\alpha)^2+\beta^2}+\frac{b_0-b_1\alpha}{(s+\alpha)^2+\beta^2} \tag{5-47}$$

式 (5-47) 中第一项的反变换为因果余弦函数，第二项的反变换为因果正弦函数。

例 5-21 已知 $F(s)=\dfrac{s}{s^2+2s+5}$，求其原函数 $f(t)$。

解 【方法一】单极点求法。

$F(s)$ 的一对共轭单极点为 $s_{1,2}=-1\pm\mathrm{j}2$，则

$$F(s)=\frac{C_1}{s+1-\mathrm{j}2}+\frac{C_2}{s+1+\mathrm{j}2}$$

由式 (5-44) 得

$$C_1=(s+1-\mathrm{j}2)F(s)|_{s=-1+\mathrm{j}2}=\left.\frac{s}{s+1+\mathrm{j}2}\right|_{s=-1+\mathrm{j}2}=\frac{2+\mathrm{j}}{4}$$

$$C_2=(s+1+\mathrm{j}2)F(s)|_{s=-1-\mathrm{j}2}=\left.\frac{s}{s+1-\mathrm{j}2}\right|_{s=-1-\mathrm{j}2}=\frac{2-\mathrm{j}}{4}$$

可见，待定系数也是一对共轭复数。因此，在共轭单极点情况下，待定系数只需计算其中一个，另一个取其共轭复数即可。

将求得的待定系数代入展开式，得

$$F(s)=\frac{2+\mathrm{j}}{4}\frac{1}{s+1-\mathrm{j}2}+\frac{2-\mathrm{j}}{4}\frac{1}{s+1+\mathrm{j}2}$$

反变换为

$$f(t)=\frac{2+\mathrm{j}}{4}\mathrm{e}^{-(1-\mathrm{j}2)t}\varepsilon(t)+\frac{2-\mathrm{j}}{4}\mathrm{e}^{-(1+\mathrm{j}2)t}\varepsilon(t)$$

$$=\left[\frac{1}{2}\left(\mathrm{e}^{\mathrm{j}2t}+\mathrm{e}^{-\mathrm{j}2t}\right)+\frac{\mathrm{j}}{4}\left(\mathrm{e}^{\mathrm{j}2t}-\mathrm{e}^{-\mathrm{j}2t}\right)\right]\mathrm{e}^{-t}\varepsilon(t)$$

由欧拉公式可得

$$f(t) = \left[\cos(2t) - \frac{1}{2}\sin(2t)\right] \mathrm{e}^{-t}\varepsilon(t)$$

注意，如有满足欧拉公式的情况，应一直计算到结果全部为实函数为止。

【方法二】"配方"法。

象函数可写为

$$F(s) = \frac{s}{s^2 + 2s + 5} = \frac{s + 1 - 1}{(s + 1)^2 + 4} = \frac{s + 1}{(s + 1)^2 + 2^2} - \frac{1}{2}\frac{2}{(s + 1)^2 + 2^2}$$

则反变换为

$$f(t) = \left[\cos(2t) - \frac{1}{2}\sin(2t)\right] \mathrm{e}^{-t}\varepsilon(t)$$

可见，利用"配方"法可以避免求复根和待定系数，减少其后的化简过程，从而使反变换的求解过程得到简化。

若 $F(s)$ 有单极点，其中含一对共轭复极点 $p_{1,2} = \alpha \pm \mathrm{j}\beta$，其他极点 p_3，p_4，$\cdots$，p_n 均为实数，那么展开式可写为

$$F(s) = \frac{b_1 s + b_0}{(s + \alpha)^2 + \beta^2} + \frac{C_3}{s - p_3} + \frac{C_4}{s - p_4} + \cdots + \frac{C_n}{s - p_n} \tag{5-48}$$

其中，C_3，C_4，$\cdots$，C_n 可以用式 (5-44) 或式 (5-45) 计算，但 b_1 和 b_0 不能采用此方法，可以在求出 C_3，C_4，$\cdots$，C_n 后，利用平衡系数法确定。关于平衡系数法，请参考下面关于 $F(s)$ 有重极点的内容。

2. $F(s)$ 有重极点

设 p_1 为 $F(s)$ 的 r $(r > 1)$ 重极点，即分母方程式 $A(s) = 0$ 有 r 个相等的根 p_1，其余 $n - r$ 个极点均为单极点，则展开式为

$$F(s) = \frac{C_1}{(s - p_1)^r} + \frac{C_2}{(s - p_1)^{r-1}} + \cdots + \frac{C_r}{s - p_1} + \sum_{i=r+1}^{n} \frac{C_i}{s - p_i} \tag{5-49}$$

式中，C_i $(i = r+1,\ r+2,\ \cdots,\ n)$ 与前述单极点的待定系数的求法相同。重极点项中对应的待定系数为

$$C_k = \frac{1}{(k-1)!} \left.\frac{\mathrm{d}^{k-1}}{\mathrm{d}s^{k-1}}[(s - p_1)^r F(s)]\right|_{s=p_1}, \quad k = 1, 2, \cdots, r \tag{5-50}$$

其中，$0! = 1$。

为避免求导，还可以利用平衡系数法求待定系数，即将展开式通分，令通分后的分子与 $F(s)$ 展开前的分子多项式 $B(s)$ 中同阶 s 项的系数相等，于是得到 n 个方程，联立这些方程，解出 n 个待定系数的值。

$F(s)$ 有重极点部分对应的逆变换可利用下列变换对求出

$$\frac{t^n}{n!}e^{-\alpha t}\varepsilon(t) \longleftrightarrow \frac{1}{(s+\alpha)^{n+1}} \tag{5-51}$$

式中，n 为正整数。

例 5-22 求 $F(s) = \dfrac{s+4}{(s+1)^2(s+2)}$ 的逆变换。

解 $F(s)$ 有一个二重极点和一个单极点，展开式为

$$F(s) = \frac{C_1}{(s+1)^2} + \frac{C_2}{s+1} + \frac{C_3}{s+2}$$

利用式 (5-50) 求待定系数：

$$C_1 = \frac{1}{0!}(s+1)^2 F(s)\bigg|_{s=-1} = \frac{s+4}{s+2}\bigg|_{s=-1} = 3$$

$$C_2 = \frac{1}{1!}\frac{\mathrm{d}}{\mathrm{d}s}\left[(s+1)^2 F(s)\right]\bigg|_{s=-1} = \frac{\mathrm{d}}{\mathrm{d}s}\left(\frac{s+4}{s+2}\right)\bigg|_{s=-1} = \frac{-2}{(s+2)^2}\bigg|_{s=-1} = -2$$

$$C_3 = (s+2)F(s)|_{s=-2} = \frac{s+4}{(s+1)^2}\bigg|_{s=-2} = 2$$

下面利用平衡系数法求待定系数。

先将展开式通分，取其分子与已知的 $F(s)$ 分子相等，有

$$C_1(s+2) + C_2(s+1)(s+2) + C_3(s+1)^2 = s+4$$

整理得

$$(C_2+C_3)s^2 + (C_1+3C_2+2C_3)s + 2C_1+2C_2+C_3 = s+4$$

比较等式两端同阶 s 项的系数，有

$$\begin{cases} C_2 + C_3 = 0 \\ C_1 + 3C_2 + 2C_3 = 1 \\ 2C_1 + 2C_2 + C_3 = 4 \end{cases}$$

解得 $C_1 = 3$, $C_2 = -2$, $C_3 = 2$。则

$$F(s) = \frac{3}{(s+1)^2} - \frac{2}{s+1} + \frac{2}{s+2}$$

于是，$F(s)$ 的逆变换为

$$f(t) = \left(3te^{-t} - 2e^{-t} + 2e^{-2t}\right)\varepsilon(t)$$

以上讨论的是 $F(s)$ 为有理真分式，即式 (5-41) 中 $m < n$ 的情况。如果 $m \geqslant n$，则要用长除法将 $F(s)$ 化成 s 的多项式与真分式之和的形式，即

$$F(s) = Q(s) + \frac{R(s)}{A(s)} \tag{5-52}$$

其中，商 $Q(s)$ 是 s 的 $(m-n)$ 阶多项式，其反变换可采用下列变换对

$$\delta^{(n)}(t) \longleftrightarrow s^n, \quad n = 0, 1, 2, \ldots \tag{5-53}$$

进行计算。余式 $R(s)$ 是阶数小于 n 的 s 的多项式，$\dfrac{R(s)}{A(s)}$ 仍是真分式，可使用前述的部分分式展开法求反变换。

例 5-23　求 $F(s) = \dfrac{s^3 + 6s^2 + 3s}{s^2 + 4s + 3}$ 的反变换。

解　利用长除法和真分式的部分分式展开法可得

$$F(s) = s + 2 - \frac{8s + 6}{s^2 + 4s + 3} = s + 2 + \frac{1}{s+1} - \frac{9}{s+3}$$

$F(s)$ 的反变换为

$$f(t) = \delta'(t) + 2\delta(t) + \left(\mathrm{e}^{-t} - 9\mathrm{e}^{-3t}\right)\varepsilon(t)$$

综上所述，当 $F(s)$ 为有理分式时，可利用查表法和部分分式展开法求拉普拉斯逆变换。当 $F(s)$ 为有理分式与 e^{-st_0} $(t_0 > 0)$ 相乘时，再借助拉普拉斯变换的时间右移性质得到原函数。

5.4　连续系统的复频域分析

由于单边拉普拉斯变换的积分下限为 0_-，因此象函数 $F(s)$ 中只包含 $t \geqslant 0$ 的信号 $f(t)$ 的信息。那么用拉普拉斯逆变换求出的原函数，仅仅是 $f(t)$ 的正时域部分，不能恢复出在 $t < 0_-$ 的那部分信号。然而在实际问题中，人们需要求出的通常只是系统在输入信号加入时刻 $(t = 0)$ 之后的输出信号，而对之前的输出一般不感兴趣。对于许多实际的 LTI 连续系统，特别是以真实时间变量信号描述的系统，都是用微分方程描述的因果系统。这类系统的数学描述，可以归结为具有非零初始条件的线性常系数微分方程。

对于 LTI 因果系统，零状态响应 $y_{\mathrm{zs}}(t)$ 仅由外施激励决定。在 $t < 0$ 时，输入信号还未加入系统，因此 $y_{\mathrm{zs}}(t) = 0$。而零输入响应 $y_{\mathrm{zi}}(t)$ 与外施激励无关，它取决于非零初始条件，在 $t < 0$ 时，$y_{\mathrm{zi}}(t) \neq 0$。双边拉普拉斯变换对求解零输入响应无能为力，而单边拉普拉斯变换尽管只决定于信号的非负时域部分，但却与系统的初始状态有关，可以把非零初始条件直接代入零输入响应的复频域表达式中。因此，单边拉普拉斯变换适于对 LTI 连续系统在 $t > 0$ 时的零输入响应、零状态响应以及完全响应的分析。

5.4.1 微分方程的复频域求解

设 LTI 连续系统的微分方程的一般式为

$$\sum_{i=0}^{n} a_i y^{(i)}(t) = \sum_{j=0}^{m} b_j f^{(j)}(t) \tag{5-54}$$

式中，$y(t)$ 为系统的响应；$f(t)$ 为系统的激励，并设 $t < 0$ 时，$f(t) = 0$。那么

$$f(0_-) = f'(0_-) = \cdots = f^{(n-1)}(0_-) = 0$$

对式 (5-54) 两边取拉普拉斯变换，利用时域微分性质，有

$$\sum_{i=0}^{n} a_i \left[s^i Y(s) - \sum_{p=0}^{i-1} s^{i-1-p} y^{(p)}(0_-) \right] = \sum_{j=0}^{m} b_j s^j F(s)$$

5.14 微分方程 s 域变换解

即

$$Y(s) = \frac{\sum\limits_{j=0}^{m} b_j s^j}{\sum\limits_{i=0}^{n} a_i s^i} F(s) + \frac{\sum\limits_{i=0}^{n} a_i \left[\sum\limits_{p=0}^{i-1} s^{i-1-p} y^{(p)}(0_-) \right]}{\sum\limits_{i=0}^{n} a_i s^i} \tag{5-55}$$

式 (5-55) 中第一项与系统初始状态无关，仅由激励决定，是系统的零状态响应的象函数 $Y_{zs}(s)$；第二项与激励无关，仅由系统初始状态决定，是零输入响应的象函数 $Y_{zi}(s)$。

例 5-24　已知系统方程

$$y''(t) + 3y'(t) + 2y(t) = 2f'(t) + 6f(t)$$

$y(0_-) = 2, y'(0_-) = 1$，激励 $f(t) = \varepsilon(t)$。求 $t > 0$ 时的零状态响应、零输入响应和全响应。

解　对系统方程两边取拉普拉斯变换，得

$$s^2 Y(s) - sy(0_-) - y'(0_-) + 3sY(s) - 3y(0_-) + 2Y(s) = 2sF(s) + 6F(s)$$

整理得

$$(s^2 + 3s + 2)Y(s) - [sy(0_-) + y'(0_-) + 3y(0_-)] = (2s + 6)F(s)$$

故

$$Y(s) = \frac{2s + 6}{s^2 + 3s + 2} F(s) + \frac{sy(0_-) + y'(0_-) + 3y(0_-)}{s^2 + 3s + 2}$$

零状态响应的象函数为

$$Y_{zs}(s) = \frac{2s + 6}{s^2 + 3s + 2} F(s) = \frac{2s + 6}{s^2 + 3s + 2} \frac{1}{s} = \frac{1}{s+2} - \frac{4}{s+1} + \frac{3}{s}$$

求 $Y_{zs}(s)$ 的反变换，得到零状态响应为

$$y_{zs}(t) = \left(\mathrm{e}^{-2t} - 4\mathrm{e}^{-t} + 3 \right) \varepsilon(t)$$

零输入响应的象函数为

$$Y_{zi}(s) = \frac{sy(0_-) + y'(0_-) + 3y(0_-)}{s^2 + 3s + 2} = \frac{2s+7}{(s+2)(s+1)} = -\frac{3}{s+2} + \frac{5}{s+1}$$

求 $Y_{zi}(s)$ 的反变换，得到零输入响应为

$$y_{zi}(t) = -3e^{-2t} + 5e^{-t}, \quad t > 0$$

全响应为

$$y(t) = y_{zs}(t) + y_{zi}(t) = -2e^{-2t} + e^{-t} + 3, \quad t > 0$$

由此可以看到，时域中微分方程转化为复频域中代数方程，求解过程更简单。

5.4.2　电路的 s 域模型及分析

在复频域分析电路时，可不必先列微分方程再取拉普拉斯变换，而是根据复频域电路模型，所建立的响应与激励的关系是复变系数的代数方程。通过解代数方程得到系统的复频域响应，再进行拉普拉斯反变换即可得出时域的响应。为讨论复杂电路的 s 域模型，需先从建立电路基本元件的 s 域模型入手。以下讨论中所涉及的电路元件皆为线性非时变元件，所构成的电路为线性非时变电路。为方便，将电压、电流的拉普拉斯变换分别称为象电压、象电流。

1. 电阻元件的 s 域等效电路模型

设时域中电阻元件的电流和电压分别为 $i_R(t)$ 和 $u_R(t)$，且电压、电流取关联参考方向，如图 5-4a 所示。其时域伏安关系为

$$u_R(t) = Ri_R(t) \tag{5-56}$$

5.15 s 域等效电路
分析 I

将式 (5-56) 两边取拉普拉斯变换，得

$$U_R(s) = RI_R(s) \tag{5-57}$$

由式 (5-57) 可见，电阻元件的 s 域模型仍然是阻值为 R 的电阻元件，如图 5-4b 所示。

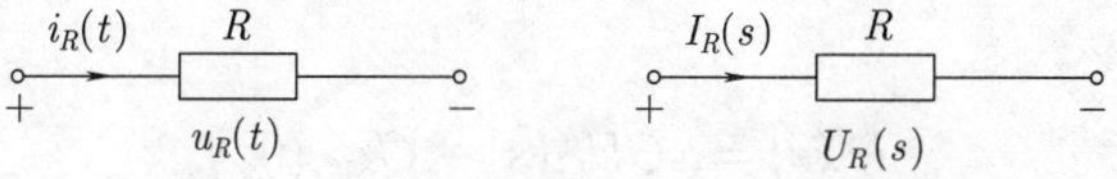

a) 时域电路模型　　　　　b) s 域电路模型

图 5-4　电阻元件电路模型

2. 电感元件的 s 域等效电路模型

设流过电感元件的电流为 $i_L(t)$，两端电压为 $u_L(t)$，两者取关联参考方向，如图 5-5a 所示。其时域伏安关系为

$$u_L(t) = L\frac{\mathrm{d}i_L(t)}{\mathrm{d}t} \tag{5-58}$$

将式 (5-58) 两边取拉普拉斯变换，根据拉普拉斯变换的时域微分性质和线性性质，有

$$U_L(s) = sLI_L(s) - Li_L(0_-) \tag{5-59}$$

也可写为

$$I_L(s) = \frac{1}{sL}U_L(s) + \frac{i_L(0_-)}{s} \tag{5-60}$$

式 (5-59) 表明，一个具有初始电流 $i_L(0_-)$ 的电感元件，其复频域模型可以表示为一个复阻抗 sL 与一个大小为 $Li_L(0_-)$ 的电压源串联，电压源极性与电感象电流方向满足非关联参考方向，如图 5-5b 所示，或者如式 (5-60) 表示的复阻抗 sL 与一个大小为 $\frac{i_L(0_-)}{s}$ 的电流源并联，如图 5-5c 所示。

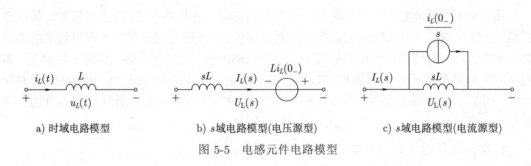

a) 时域电路模型　　　　　b) s 域电路模型(电压源型)　　　　c) s 域电路模型(电流源型)

图 5-5　电感元件电路模型

3. 电容元件的 s 域等效电路模型

设流过电容元件的电流为 $i_C(t)$，两端电压为 $u_C(t)$，参考方向如图 5-6a 所示。其时域伏安关系为

$$u_C(t) = u_C(0_-) + \frac{1}{C}\int_{0_-}^{t} i_C(x)\mathrm{d}x \tag{5-61}$$

两边取拉普拉斯变换，利用拉普拉斯变换的时域积分性质和线性性质，得

$$U_C(s) = \frac{u_C(0_-)}{s} + \frac{1}{sC}I_C(s) \tag{5-62}$$

或写为

$$I_C(s) = sCU_C(s) - Cu_C(0_-) \tag{5-63}$$

式 (5-62) 和式 (5-63) 表明，一个具有初始电压 $u_C(0_-)$ 的电容元件，其复频域模型为一个复阻抗 $\frac{1}{sC}$ 与一个大小为 $\frac{u_C(0_-)}{s}$ 的电压源串联，或者是复阻抗 $\frac{1}{sC}$ 与一个大小为 $Cu_C(0_-)$ 的电流源并联，分别如图 5-6b、c 所示。

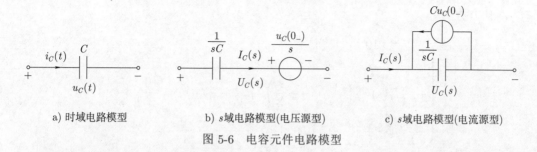

a) 时域电路模型　　　　b) s 域电路模型(电压源型)　　　c) s 域电路模型(电流源型)

图 5-6　电容元件电路模型

将时域电路中每个元件都用它的 s 域模型代替，电压 (电流) 表示为象电压 (象电流)，就可得到电路的 s 域模型，又称 s 域运算等效电路。在电路的 s 域模型中，电压与电流的关系是代数关系，可应用与电阻电路类似的分析方法求解电路的响应。

例 5-25　电路如图 5-7 所示。已知 $i_s(t) = 10$ A，$u_s(t) = 5\sin t\varepsilon(t)$ V。画出 $t > 0$ 时的 s 域电路模型，并列出 s 域网孔方程和节点方程。

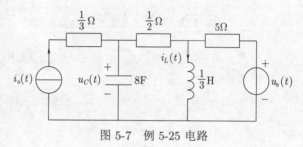

解　由题意，在 $t < 0$ 时，电路中只有直流电流源作用，当 $t = 0_-$ 时，电感相当于短路，电容相当于开路。根据图 5-7 所示电路结构，应有

图 5-7　例 5-25 电路

$$i_L(0_-) = i_s(0_-) = 10 \text{ A}$$

$$u_C(0_-) = \frac{1}{2}i_L(0_-) = 5 \text{ V}$$

当 $t > 0$ 时，电压源接入电路。画出电路的 s 域模型，并标出网孔电流，如图 5-8a 所示。其中两电源的拉普拉斯变换分别为

$$10 \longleftrightarrow \frac{10}{s}$$

$$5\sin t\varepsilon(t) \longleftrightarrow \frac{5}{s^2 + 1}$$

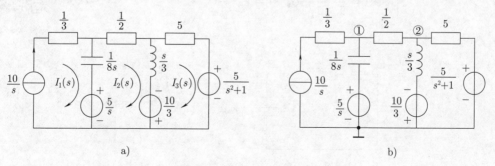

a)　　　　　　　　　　　　　　b)

图 5-8　例 5-25 题解电路

网孔方程为

$$
\begin{cases}
I_1(s) = \dfrac{10}{s} \\[2mm]
-\dfrac{1}{8s}I_1(s) + \left(\dfrac{1}{8s} + \dfrac{1}{2} + \dfrac{s}{3}\right)I_2(s) - \dfrac{s}{3}I_3(s) = \dfrac{10}{3} + \dfrac{5}{s} \\[2mm]
-\dfrac{s}{3}I_2(s) + \left(\dfrac{s}{3} + 5\right)I_3(s) = -\dfrac{5}{s^2+1} - \dfrac{10}{3}
\end{cases}
$$

标出参考点和节点序号的 s 域电路模型如图 5-8b 所示。节点方程为

$$
\begin{cases}
\left(\dfrac{1}{1/8s} + \dfrac{1}{1/2}\right)U_1(s) - \dfrac{1}{1/2}U_2(s) = \dfrac{10}{s} + \dfrac{5/s}{1/8s} \\[3mm]
-\dfrac{1}{1/2}U_1(s) + \left(\dfrac{1}{1/2} + \dfrac{1}{s/3} + \dfrac{1}{5}\right)U_2(s) = -\dfrac{10/3}{s/3} + \dfrac{5/(s^2+1)}{5}
\end{cases}
$$

注意，列写节点方程时，电路中与电流源串联的阻抗不计入自导纳或互导纳，实际电压源等效变换为实际电流源。

例 5-26　电路如图 5-9a 所示，已知 $u_C(0_-) = 0$，电源电压 $u_s(t)$ 如图 5-9b 所示，求 $u_C(t)$。

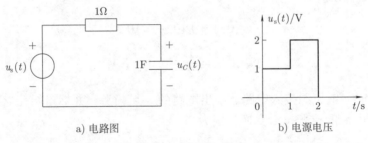

a) 电路图　　　　　　　　b) 电源电压

图 5-9　例 5-26 图

解　电路的 s 域模型如图 5-10a 所示。根据串联电路分压公式得

$$
U_C(s) = \frac{1/s}{1 + 1/s}U_s(s) = \frac{1}{s+1}U_s(s) \tag{5-64}
$$

5.16 s 域等效电路
分析 Ⅱ

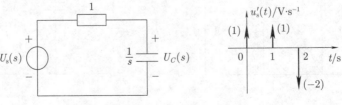

a) 电路的 s 域模型　　　　b) 电源电压的一阶导数

图 5-10　例 5-26 题解图

利用图 5-9b 对 $u_s(t)$ 求导，其图形如图 5-10b 所示。根据图形可得

$$u_s'(t) = \delta(t) + \delta(t-1) - 2\delta(t-2)$$

求拉普拉斯变换，得

$$u_s'(t) \longleftrightarrow 1 + e^{-s} - 2e^{-2s}$$

由时域积分性质，又因为 $u_s(t)$ 为因果信号，可得

$$U_s(s) = \frac{1}{s}\left(1 + e^{-s} - 2e^{-2s}\right)$$

代入式 (5-64)，得

$$U_C(s) = \frac{1}{s(s+1)}\left(1 + e^{-s} - 2e^{-2s}\right) = \left(\frac{1}{s} - \frac{1}{s+1}\right)\left(1 + e^{-s} - 2e^{-2s}\right)$$

$$= \left(\frac{1}{s} - \frac{1}{s+1}\right) + \left(\frac{1}{s} - \frac{1}{s+1}\right)e^{-s} - 2\left(\frac{1}{s} - \frac{1}{s+1}\right)e^{-2s}$$

求 $U_C(s)$ 的逆变换，得

$$u_C(t) = \left(1 - e^{-t}\right)\varepsilon(t) + \left[1 - e^{-(t-1)}\right]\varepsilon(t-1) - 2\left[1 - e^{-(t-2)}\right]\varepsilon(t-2)$$

5.5 系 统 函 数

拉普拉斯变换是连续系统分析与设计的有力工具，它不仅可以计算出系统对任意激励的完全响应，也可以通过系统函数求出对不同激励信号的零状态响应，还可以通过系统函数来描述系统的性质。

5.5.1 系统函数的概念

一个 LTI 因果系统，在激励作用于系统之前，如果系统没有初始储能，即初始状态为零，那么系统的零状态响应为

$$y_{zs}(t) = f(t) * h(t)$$

5.17 系统函数

对上式两边取拉普拉斯变换

$$Y_{zs}(s) = F(s)H(s)$$

于是，有

$$H(s) = \frac{Y_{zs}(s)}{F(s)} \tag{5-65}$$

式 (5-65) 表示的 $H(s)$ 称为系统函数，又称为传递函数。系统函数 $H(s)$ 是系统单位冲激响应 $h(t)$ 的象函数，仅取决于系统本身的特性，与系统实际的激励和初始状态无关。

若已知系统微分方程为

$$y^{(n)}(t) + a_{n-1}y^{(n-1)}(t) + \cdots + a_0 y(t) = b_m f^{(m)}(t) + b_{m-1}f^{(m-1)}(t) + \cdots + b_0 f(t) \quad (5\text{-}66)$$

设系统的激励 $f(t)$ 为因果信号，即 $f(t) = 0, \ t < 0$，且初始状态为零，即

$$y_{zs}^{(n-1)}(0_-) = \cdots = y_{zs}(0_-) = 0$$

将系统微分方程式 (5-66) 两边取拉普拉斯变换，再由式 (5-65) 可得

$$H(s) = \frac{Y_{zs}(s)}{F(s)} = \frac{b_m s^m + b_{m-1}s^{m-1} + \cdots + b_1 s + b_0}{s^n + a_{n-1}s^{n-1} + \cdots + a_1 s + a_0} \quad (5\text{-}67)$$

例 5-27 已知系统 $y''(t) + 3y'(t) + 2y(t) = 2f'(t) + 3f(t)$，求系统函数。

解 零状态响应也满足系统方程，此时对零状态下的系统方程两边取拉普拉斯变换，有

$$(s^2 + 3s + 2)Y_{zs}(s) = (2s + 3)F(s)$$

因此

$$H(s) = \frac{Y_{zs}(s)}{F(s)} = \frac{2s + 3}{s^2 + 3s + 2}$$

事实上，微分方程本身只是 LTI 连续系统的一种描述方式。当已知电路系统的结构和参数时，也可以用零状态下的电路的 s 域模型来确定 $H(s)$。

例 5-28 求图 5-11a 所示电路的系统函数 $H(s) = \dfrac{U_2(s)}{U_s(s)}$。

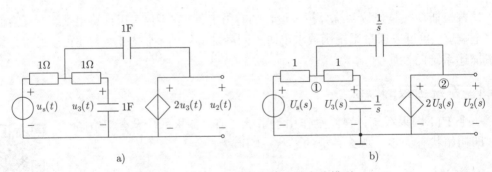

图 5-11 例 5-28 电路及其 s 域电路模型

解 电路的 s 域模型如图 5-11b 所示，根据 s 域等效电路模型，列节点方程如下：

5.18 LTI 系统的 s 域分析

$$\begin{cases} \left(1 + \dfrac{1}{1/s} + \dfrac{1}{1 + 1/s}\right) U_1(s) - \dfrac{1}{1/s} U_2(s) = \dfrac{U_s(s)}{1} \\ U_2(s) = 2U_3(s) \\ U_3(s) = \dfrac{1/s}{1 + 1/s} U_1(s) \end{cases}$$

可得

$$H(s) = \frac{U_2(s)}{U_s(s)} = \frac{2}{s^2 + s + 1}$$

5.5.2　系统的 s 域框图

系统模拟是用一些基本运算单元组成一个系统。1.6.2 节中给出了连续系统的时域模拟框图，本节介绍连续系统的复频域模拟框图。与时域框图类似，复频域中的基本运算单元有加法器、数乘器、积分器。

5.19 s 域框图

1) 加法器：加法器如图 5-12a 所示。

2) 数乘器：数乘器有两种画法，如图 5-12b 所示。

3) 积分器：在零初始状态下，s 域积分器如图 5-12c 所示。

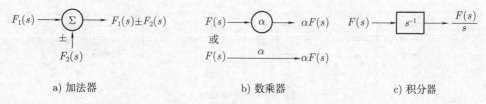

a) 加法器　　　　　　　　　b) 数乘器　　　　　　　c) 积分器

图 5-12　连续时间系统复频域中的基本运算单元

例 5-29　已知系统 s 域框图如图 5-13 所示，求系统函数。

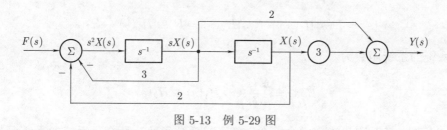

图 5-13　例 5-29 图

解　设最右端积分器的输出为 $X(s)$，那么两个加法器的输入-输出关系分别为

$$s^2 X(s) = -3sX(s) - 2X(s) + F(s)$$

$$Y(s) = 2sX(s) + 3X(s)$$

消去中间变量 $X(s)$，可得

$$Y(s) = \frac{2s + 3}{s^2 + 3s + 2} F(s)$$

系统函数为

$$H(s) = \frac{2s + 3}{s^2 + 3s + 2}$$

5.5.3　互联系统的系统函数

系统的基本连接方式有级联、并联和反馈互联 3 种。

1. 级联

由两个子系统构成的级联系统如图 5-14a 所示，两个子系统的系统函数分别为 $H_1(s)$ 和 $H_2(s)$，则可得

$$Y(s) = [F(s)H_1(s)]H_2(s) = F(s)H_1(s)H_2(s)$$

于是复合系统的系统函数为

$$H(s) = \frac{Y(s)}{F(s)} = H_1(s)H_2(s) \tag{5-68}$$

这表明，两个子系统级联时，复合系统的系统函数为两个子系统的系统函数之积，如图 5-14b 所示。这一结论可以推广到若干子系统级联的情况。

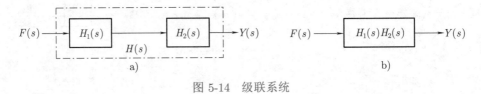

图 5-14　级联系统

2. 并联

由两个子系统并联构成的复合系统如图 5-15a 所示，可得

$$Y(s) = F(s)H_1(s) + F(s)H_2(s) = F(s)[H_1(s) + H_2(s)]$$

则并联系统的系统函数为

$$H(s) = \frac{Y(s)}{F(s)} = H_1(s) + H_2(s) \tag{5-69}$$

这表明，由两个子系统并联构成的复合系统，其系统函数为两个子系统的系统函数之和，如图 5-15b 所示。这一结果可以推广到若干子系统并联的情况。

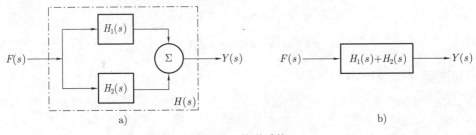

图 5-15　并联系统

3. 反馈互联

由两个子系统构成的反馈互联系统如图 5-16a 所示，有

$$Y(s) = X(s)H_1(s)$$

$$X(s) = F(s) - Y_2(s)$$

$$Y_2(s) = Y(s)H_2(s)$$

由此可得

$$Y(s) = [F(s) - Y(s)H_2(s)]H_1(s)$$

即

$$[1 + H_1(s)H_2(s)]Y(s) = H_1(s)F(s)$$

所以，反馈互联系统的系统函数为

$$H(s) = \frac{H_1(s)}{1 + H_1(s)H_2(s)} \tag{5-70}$$

反馈互联的复合系统可等效为图 5-16b 所示系统。

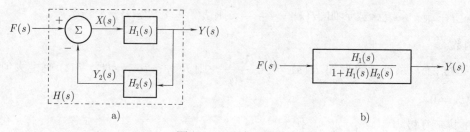

图 5-16　反馈互联系统

5.5.4　系统函数的零、极点分析

5.20 零极图

1. 系统函数的零点和极点

设系统函数表示为

$$H(s) = \frac{N(s)}{D(s)} \tag{5-71}$$

式中，$N(s)$、$D(s)$ 均为 s 的多项式。

使 $D(s) = 0$ 的 s 值称为 $H(s)$ 的极点，使 $N(s) = 0$ 的 s 值称为 $H(s)$ 的零点。把系统函数的零点 (用 "○" 表示) 与极点 (用 "×" 表示) 的位置表示在复平面 (s 平面) 上的图形，叫作系统函数的零、极点图，简称零极图。在同一位置附近画两个相同的符号表示二阶。若有 n 阶零点或极点，则注以 n。

结合式 (5-67)，不难得出，系统函数的极点即为系统方程的特征根。

例 5-30　已知 LTI 连续系统的系统函数为

$$H(s) = \frac{s^2(s-3)}{(s+1)(s^2+4s+5)}$$

画出其零极图。

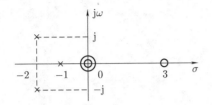

图 5-17 例 5-30 系统函数零极图

解 零点：$z_1 = z_2 = 0$，$z_3 = 3$。

极点：$p_1 = -1$，$p_{2,3} = \dfrac{-4 \pm \mathrm{j}\sqrt{4}}{2} = -2 \pm \mathrm{j}$。

零极图如图 5-17 所示。

2. 系统函数零、极点与单位冲激响应的模式

系统函数 $H(s)$ 与单位冲激响应 $h(t)$ 是一对拉普拉斯变换对。$H(s)$ 的极点阶数及位置不同，表明 $h(t)$ 的形式不同。因此，根据 $H(s)$ 的零、极点分布，可以明确 $h(t)$ 的模式。

对于因果 LTI 连续系统，其系统函数的分母分子多项式的系数均为实数，那么系统函数的极点只能是实极点或成对共轭复极点两种可能。

以下讨论中，α、β、b 均为实数，且 $\alpha > 0$，$\beta > 0$。

5.21 零极图与 $h(t)$ 模式

(1) 极点在左半复平面

1) 实极点。

一阶系统，系统函数形如 $H(s) = \dfrac{1}{s + \alpha}$，则 $h(t) = \mathrm{e}^{-\alpha t}\varepsilon(t)$，为指数衰减函数。

二阶系统，系统函数形如 $H(s) = \dfrac{1}{(s + \alpha)^2}$，则 $h(t) = t\mathrm{e}^{-\alpha t}\varepsilon(t)$，$h(t)$ 有极大值，但 $\lim\limits_{t \to \infty} h(t) = 0$。

2) 共轭复极点。

一阶系统，系统函数形如 $H(s) = \dfrac{\beta}{(s + \alpha)^2 + \beta^2}$，则 $h(t) = \mathrm{e}^{-\alpha t}\sin(\beta t)\varepsilon(t)$，为衰减振荡模式。

二阶系统，系统函数形如 $H(s) = \dfrac{2\beta(s + \alpha)}{[(s + \alpha)^2 + \beta^2]^2}$，则 $h(t) = t\mathrm{e}^{-\alpha t}\sin(\beta t)\varepsilon(t)$。当 $\alpha > 0$ 时，指数因子比随时间线性增长的因子变化的速率更快，因此 $\lim\limits_{t \to \infty} h(t) = 0$。

系统函数极点在左半复平面上的分布与所对应的单位冲激响应的模式见表 5-3。

(2) 极点在虚轴上

1) 实极点。

一阶系统，系统函数形如 $H(s) = \dfrac{1}{s}$，则 $h(t) = \varepsilon(t)$，为阶跃函数。

二阶系统，系统函数形如 $H(s) = \dfrac{1}{s^2}$，则 $h(t) = t\varepsilon(t)$，为增长函数。

2) 共轭复极点。

一阶系统，系统函数形如 $H(s) = \dfrac{\beta}{s^2 + \beta^2}$，则 $h(t) = \sin(\beta t)\varepsilon(t)$，为等幅振荡模式。

二阶系统，系统函数形如 $H(s) = \dfrac{2\beta s}{(s^2 + \beta^2)^2}$，则 $h(t) = t\sin(\beta t)\varepsilon(t)$，为增幅振荡模式。

表 5-3　系统函数左半复平面极点分布与单位冲激响应模式

$H(s)$	复平面上的极点	$h(t)$	$h(t)$ 时域波形图
$\dfrac{1}{s+\alpha}$	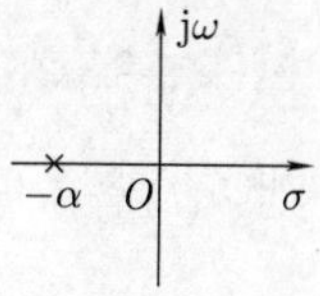	$\mathrm{e}^{-\alpha t}\varepsilon(t)$	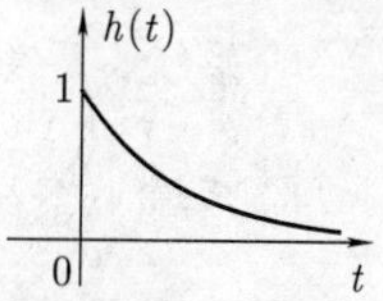
$\dfrac{1}{(s+\alpha)^2}$	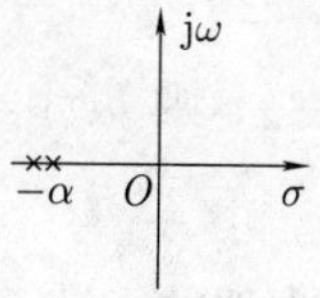	$t\mathrm{e}^{-\alpha t}\varepsilon(t)$	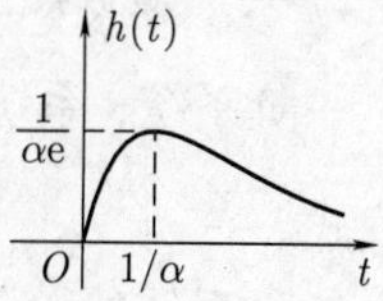
$\dfrac{\beta}{(s+\alpha)^2+\beta^2}$	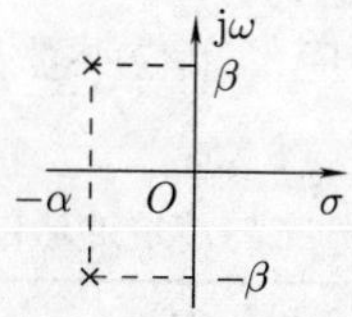	$\mathrm{e}^{-\alpha t}\sin(\beta t)\varepsilon(t)$	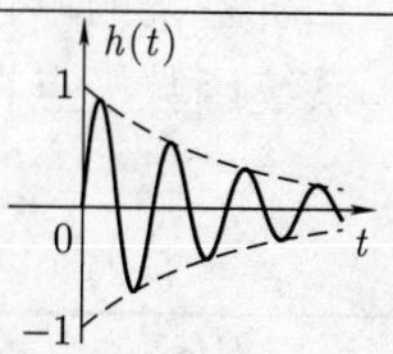

系统函数的极点在虚轴上的分布与所对应的单位冲激响应的模式见表 5-4。

表 5-4　系统函数虚轴上极点分布与单位冲激响应模式

$H(s)$	复平面上的极点	$h(t)$	$h(t)$ 时域波形图
$\dfrac{1}{s}$	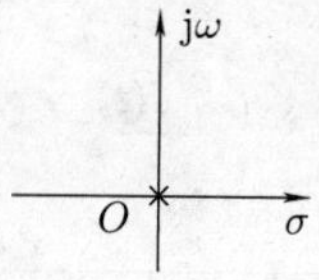	$\varepsilon(t)$	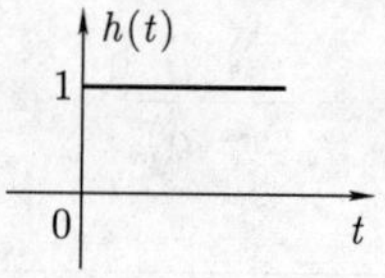
$\dfrac{1}{s^2}$	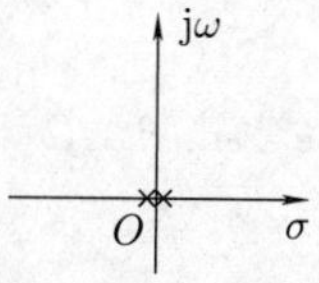	$t\varepsilon(t)$	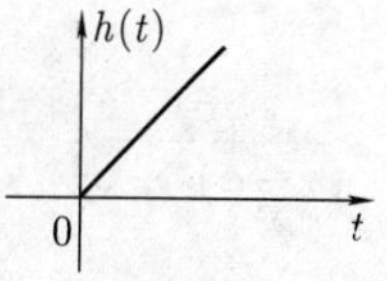
$\dfrac{\beta}{s^2+\beta^2}$	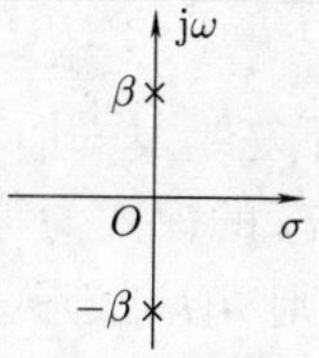	$\sin(\beta t)\varepsilon(t)$	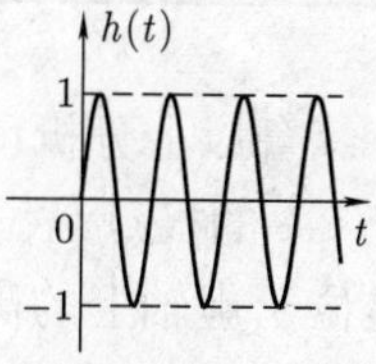
$\dfrac{2\beta s}{(s^2+\beta^2)^2}$	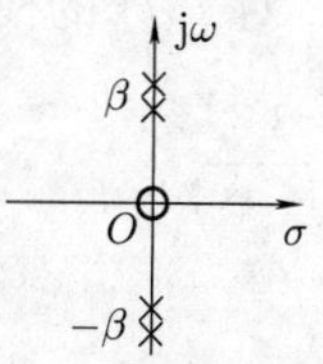	$t\sin(\beta t)\varepsilon(t)$	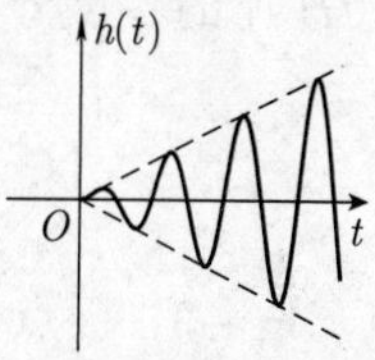

(3) 极点在右半复平面

1) 实极点。

一阶系统，系统函数形如 $H(s) = \dfrac{1}{s-\alpha}$，则 $h(t) = e^{\alpha t}\varepsilon(t)$，为增长指数函数。

二阶系统，系统函数形如 $H(s) = \dfrac{1}{(s-\alpha)^2}$，则 $h(t) = te^{\alpha t}\varepsilon(t)$，为增长指数函数。

2) 共轭复极点。

一阶系统，系统函数形如 $H(s) = \dfrac{\beta}{(s-\alpha)^2+\beta^2}$，则 $h(t) = e^{\alpha t}\sin(\beta t)\varepsilon(t)$，为增幅振荡模式。

二阶系统的单位冲激响应是随时间增长而不收敛的函数。

系统函数极点在右半复平面上的分布与所对应的单位冲激响应的模式见表 5-5。

表 5-5 系统函数右半复平面极点分布与单位冲激响应模式

$H(s)$	复平面上的极点	$h(t)$	$h(t)$ 时域波形图
$\dfrac{1}{s-\alpha}$	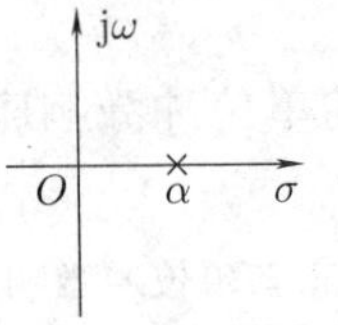	$e^{\alpha t}\varepsilon(t)$	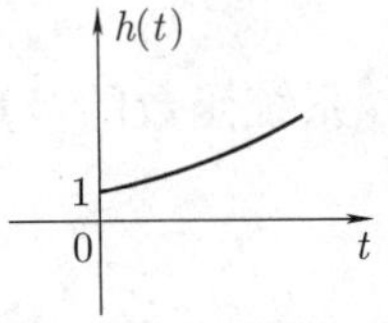
$\dfrac{1}{(s-\alpha)^2}$	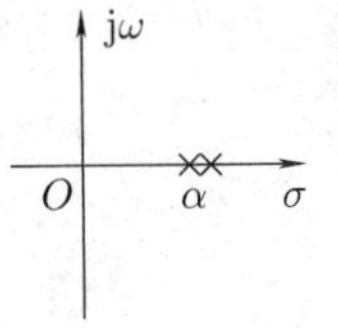	$te^{\alpha t}\varepsilon(t)$	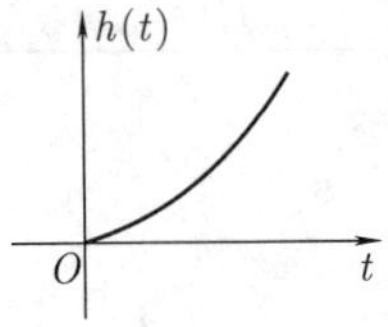
$\dfrac{\beta}{(s-\alpha)^2+\beta^2}$	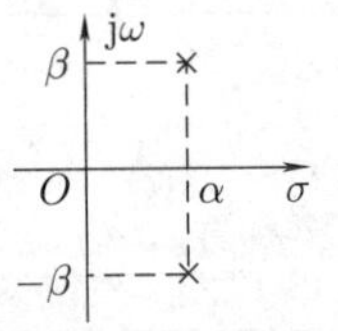	$e^{\alpha t}\sin(\beta t)\varepsilon(t)$	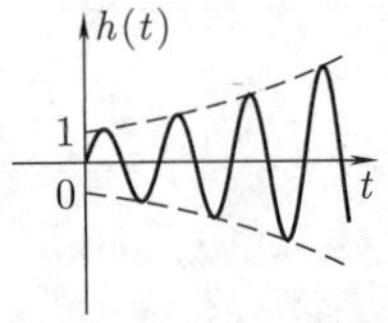

综合以上分析可以发现，若 $H(s)$ 的极点位于左半复平面，则 $h(t)$ 波形呈衰减模式；若 $H(s)$ 的极点是位于虚轴上的一阶极点，则 $h(t)$ 的模式为等幅振荡或阶跃函数；若极点是位于虚轴上的高阶极点或位于右半复平面，则 $h(t)$ 波形呈增长模式。

$H(s)$ 的零点分布只影响 $h(t)$ 的幅度和相位，对 $h(t)$ 的模式并无影响。如

$$H_1(s) = \frac{s+3}{(s+3)^2+4}$$

零点 $z = -3$，极点 $p_{1,2} = -3 \pm j2$，则

$$h_1(t) = e^{-3t}\cos(2t)\varepsilon(t)$$

若

$$H_2(s) = \frac{s+1}{(s+3)^2+4}$$

零点 $z = -1$，极点与 $H_1(s)$ 极点相同，则

$$h_2(t) = \mathrm{e}^{-3t}[\cos(2t) - \sin(2t)]\varepsilon(t) = \sqrt{2}\mathrm{e}^{-3t}\cos(2t + 45°)\varepsilon(t)$$

$h_2(t)$ 仍为与 $h_1(t)$ 同频率的衰减振荡，只是幅度和相位发生了变化。

5.6 LTI 连续系统的因果性与稳定性

1.7 节从输入-输出关系的角度给出了系统因果性与稳定性的定义。对于 LTI 连续系统，单位冲激响应与系统函数分别在时域与复频域表征系统的性质。下面利用这两个量，分别从时域和 s 域讨论如何判断系统的因果性与稳定性。

5.6.1 因果性

因果系统的零状态响应不出现于激励之前，所以时域下连续系统具有因果性的充要条件是

$$h(t) = 0, \quad t < 0 \tag{5-72}$$

换言之，LTI 连续系统为因果系统的充要条件是其单位冲激响应为因果信号。

5.1 节曾指出，因果信号的拉普拉斯变换的收敛域是收敛轴右半复平面，所以因果系统的系统函数 $H(s)$ 的收敛域为

$$\mathrm{Re}[s] > \sigma_0 \tag{5-73}$$

式 (5-73) 表明，在复频域中，系统具有因果性的充要条件是：系统函数 $H(s)$ 的收敛域为收敛坐标 σ_0 以右半复平面，即 $H(s)$ 的极点都在收敛轴 $\mathrm{Re}[s] = \sigma_0$ 的左侧。

5.6.2 稳定性

有界输入有界输出 (BIBO) 稳定系统，对任意的有界输入，其零状态响应也是有界的。在时域下，BIBO 稳定系统的充要条件为

$$\int_{-\infty}^{\infty} |h(t)|\mathrm{d}t \leqslant M < \infty \tag{5-74}$$

即系统的单位冲激响应是绝对可积的。

如果系统是因果的，BIBO 稳定性的充要条件可写为

$$\int_{0}^{\infty} |h(t)|\mathrm{d}t \leqslant M < \infty \tag{5-75}$$

在 s 域，通过系统函数 $H(s)$ 的极点分布来判断系统稳定性。结合表 5-3 ～ 表 5-5 可知，当极点位于虚轴以左半复平面时，$h(t)$ 在 $t \to \infty$ 时收敛于零，满足绝对可积条件，

系统稳定；当极点位于虚轴以右半复平面或在虚轴上有二阶以上的极点时，$h(t)$ 发散，不满足绝对可积条件，系统不稳定；当极点是位于虚轴上的一阶极点时，$h(t)$ 是一非零常数或等幅振荡模式，尽管不满足绝对可积条件，却是稳定的信号，处于前述稳定和不稳定两种状态的临界情况，称为临界稳定 (marginally stable) 状态。

需要特别指出，在研究仅由电感和电容元件构成的 LC 电路时，会出现系统函数在虚轴上有一阶极点的情况，$h(t)$ 呈等幅振荡。这种无源 LC 网络，可归入临界稳定或稳定系统。

5.22 零极图与系统特性

综上所述，一个既因果又稳定的系统，系统函数的全部极点应分布在左半开复平面内 (不含虚轴)。反之亦然。

除系统函数的极点分布外，还可以利用罗斯-霍尔维茨 (Routh-Hurwitz) 判据来确定系统是否具有稳定性，请读者参考有关书籍，本书不对此进行讨论。

下面简要阐述系统外部稳定性和内部稳定性。

对于连续系统，当 $t \to \infty$ 时，零输入响应收敛为零，即

$$\lim_{t \to \infty} y_{zi}(t) = 0 \tag{5-76}$$

称系统为渐进稳定的 (asymptotically stable)。因为零输入响应的模式决定于系统方程的特征根 (即系统的极点)，所以渐进稳定反映系统内部稳定性。而 BIBO 稳定则描述系统外部稳定性。一个内部稳定系统必为外部稳定的，即渐进稳定保证 BIBO 稳定；但 BIBO 稳定不能保证渐进稳定，即系统外部稳定性不能保证系统内部稳定性。

以图 5-14 所示的两个 LTI 子系统级联组成的系统为例加以分析。设 $H_1(s) = \dfrac{1}{s-1}$，$H_2(s) = \dfrac{s-1}{s+1}$，则系统函数 $H(s) = H_1(s)H_2(s) = \dfrac{1}{s+1}$。这里存在 $H_1(s)$ 的极点与 $H_2(s)$ 的零点相消情况，导致这个级联系统从外部看只有一个极点 $p = 1$，因而该级联系统的单位冲激响应为 $h(t) = \mathrm{e}^{-t}\varepsilon(t)$，满足绝对可积条件式 (5-74)，所以该系统是 BIBO 稳定的。

然而，该系统却不是渐进稳定的。因为两个子系统是独立的，每个子系统中产生的特征模式也是独立的。显然子系统 $H_1(s)$ 的特征模式 e^t (特征根 $p_1 = 1$) 不会因子系统 $H_2(s)$ 的存在而消除。换言之，从内部而言，该系统有两个极点 (即特征根) $p_1 = 1$ 和 $p_2 = -1$，系统的零输入响应模式为 e^t 和 e^{-t} 的组合。可见，零输入响应不满足式 (5-76)。因而，该系统虽满足 BIBO 稳定，但却不是渐进稳定的，即该系统隐藏内部不稳定性。

5.23 $H(s)$ 与零极图的应用举例

5.7　拉普拉斯变换与傅里叶变换的关系

本章开始从傅里叶变换引出了拉普拉斯变换的概念，将 $f(t)$ 乘以衰减因子 $\mathrm{e}^{-\sigma t}$，再进行傅里叶变换，得出了拉普拉斯变换。下面针对因果信号，讨论如何从拉普拉斯变换求傅里叶变换。

在 5.1.2 节中指出，因果信号的收敛域为 $\text{Re}[s] > \sigma_0$。基于拉普拉斯变换求傅里叶变换，根据收敛坐标 σ_0 的不同，可分为 3 种情况：

1. $\sigma_0 > 0$

此时虚轴在收敛域外。即在虚轴 $s = \text{j}\omega$ 处，$F(s) = \int_{0_-}^{\infty} f(t)\text{e}^{-st}\text{d}t$ 不收敛，因此 $f(t)$ 的傅里叶变换不存在。

2. $\sigma_0 < 0$

此时虚轴在收敛域内。令 $s = \text{j}\omega$，就可由拉普拉斯变换得到傅里叶变换，即

$$F(\text{j}\omega) = F(s)|_{s=\text{j}\omega} \tag{5-77}$$

可见，若 LTI 因果系统的 $H(s)$ 的收敛域包含虚轴 $s = \text{j}\omega$，则频率响应函数 $H(\text{j}\omega)$ 存在。所以，如果系统是因果且稳定的系统，即系统函数的极点均在左半开复平面，那么频率响应函数存在，且 $H(\text{j}\omega) = H(s)|_{s=\text{j}\omega}$。

3. $\sigma_0 = 0$

此时收敛域不包含虚轴。$f(t)$ 具有拉普拉斯变换，而其傅里叶变换也存在，但不能直接利用式 (5-77) 求得。

令

$$F(s) = F_a(s) + \sum_{n=1}^{N} \frac{K_n}{s - \text{j}\omega_n} \tag{5-78}$$

其中，$F_a(s)$ 的极点位于左半开复平面，ω_n 为虚轴上的极点，共有 N 个。K_n 为部分分式中的常系数。式 (5-78) 的反变换为

$$f(t) = f_a(t) + \sum_{n=1}^{N} K_n \text{e}^{\text{j}\omega_n t} \varepsilon(t) \tag{5-79}$$

其中，$f_a(t) = \mathscr{L}^{-1}[F_a(s)]$。式 (5-79) 的傅里叶变换为

$$\mathscr{F}[f(t)] = F_a(\text{j}\omega) + \mathscr{F}\left[\sum_{n=1}^{N} K_n \text{e}^{\text{j}\omega_n t}\varepsilon(t)\right]$$

$$= F_a(\text{j}\omega) + \sum_{n=1}^{N} K_n \left[\frac{1}{\text{j}(\omega - \omega_n)} + \pi\delta(\omega - \omega_n)\right]$$

$$= F_a(\text{j}\omega) + \sum_{n=1}^{N} \frac{K_n}{\text{j}\omega - \text{j}\omega_n} + \sum_{n=1}^{N} K_n\pi\delta(\omega - \omega_n)$$

由式 (5-78) 可知，上式中的前两项为 $F(s)$ 在 $s = \text{j}\omega$ 时的值，即

$$F(s)|_{s=\text{j}\omega} = F_a(\text{j}\omega) + \sum_{n=1}^{N} \frac{K_n}{\text{j}\omega - \text{j}\omega_n}$$

所以

$$\mathscr{F}[f(t)] = F(s)|_{s=\mathrm{j}\omega} + \sum_{n=1}^{N} K_n \pi \delta(\omega - \omega_n) \tag{5-80}$$

可见，若 $F(s)$ 在虚轴上有极点，则 $f(t)$ 的傅里叶变换中包含冲激函数或其导数。

习 题 5

5-1 求下列信号的拉普拉斯变换。

(1) $2 - \mathrm{e}^{-\alpha t}$

(2) $t\mathrm{e}^{-(t+3)}\varepsilon(t+3)$

(3) $\delta(t^2 - 9)$

(4) $\mathrm{e}^{-5t}[\varepsilon(t) - \varepsilon(t-5)]$

(5) $\sin(\alpha t)\cos(\beta t)\varepsilon(t)$

(6) $\dfrac{\sin(at)}{t}$

(7) $\cos(\omega_0 t + \varphi)\varepsilon(t)$

(8) $\displaystyle\int_0^t \sin(\pi\tau)\mathrm{d}\tau$

5-2 求图 5-18 所示有始周期信号的拉普拉斯变换。

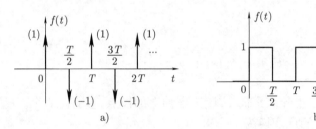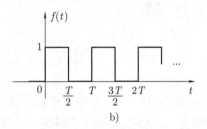

图 5-18　习题 5-2 图

5-3 求图 5-19 所示信号的拉普拉斯变换。

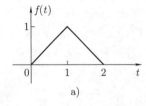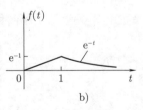

图 5-19　习题 5-3 图

5-4 已知象函数 $F(s)$，求原函数 $f(t)$。

(1) $\dfrac{s^3}{(s+1)^3}$

(2) $\dfrac{4s+5}{s^2+5s+6}$

(3) $\dfrac{4}{s(s^2+1)^2}$

(4) $\dfrac{s}{s^3+2s^2+9s+18}$

(5) $\dfrac{s+1}{(s+1)^2+4}$

(6) $\dfrac{\omega_0}{(s^2+\omega_0^2)(s+1)}$

(7) $\left(\dfrac{1-\mathrm{e}^{-s}}{s}\right)^2$

(8) $\ln\left(\dfrac{s}{s+9}\right)$

(9) $\dfrac{s\mathrm{e}^{-3s}+2}{s^2+2s+2}$

(10) $\dfrac{s^2+1+(s^2-1)\mathrm{e}^{-s}}{s^2(1+\mathrm{e}^{-s})}$

5-5 已知信号 $f(t)$ 的象函数 $F(s)$，求 $f(t)$ 的初值与终值。

(1) $F(s)=\dfrac{s+3}{(s+1)^2(s+2)}$

(2) $F(s)=\dfrac{s^2+2s+1}{s^3+4s^2+s-6}$

(3) $F(s)=\dfrac{1-\mathrm{e}^{-s}}{(s+1)^2+1}$

5-6 已知因果信号 $f(t)$ 的拉普拉斯变换 $F(s)=\dfrac{1}{s^2-s+1}$。求下列信号的拉普拉斯变换。

(1) $\mathrm{e}^{-t}f\left(\dfrac{t}{2}\right)$

(2) $\mathrm{e}^{-3t}f(2t-1)$

5-7 系统方程为 $y''(t)+3y'(t)+2y(t)=2f'(t)+f(t)$，激励 $f(t)=\mathrm{e}^{-3t}\varepsilon(t)$，$y(0_-)=3$，$y'(0_-)=2$，求全响应 $y(t)$，$t>0$。

5-8 系统方程为 $y''(t)+5y'(t)+4y(t)=f'(t)+2f(t)$，激励 $f(t)=\varepsilon(t)$，$y(0_+)=1$，$y'(0_+)=1$，求系统的全响应 $y(t)$，$t>0$。

5-9 电路如图 5-20 所示，开关在 $t=0$ 时刻打开之前一直处于闭合状态。求电感电流 $i(t)$，$t\geqslant 0$。

5-10 电路如图 5-21 所示，已知 $u_\mathrm{s}(t)=\mathrm{e}^{-2t}\varepsilon(t)$，求零状态响应 $u_L(t)$。

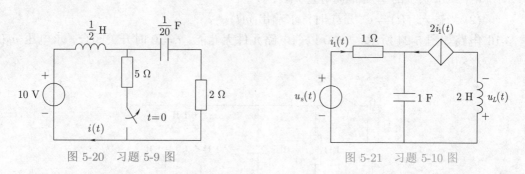

图 5-20　习题 5-9 图　　　　　　　　图 5-21　习题 5-10 图

5-11 已知电路及其输入电压 $u_\mathrm{s}(t)$ 波形分别如图 5-22a、b 所示，试求 $t>0$ 时的电流 $i(t)$。

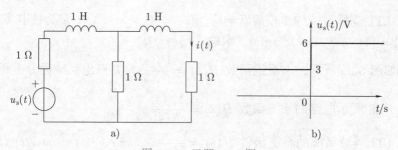

图 5-22　习题 5-11 图

5-12 已知系统方程如下，求系统函数 $H(s)$。

    (1) $y''(t) + 11y'(t) + 24y(t) = 5f'(t) + 3f(t)$

    (2) $y'''(t) + 3y''(t) + 2y'(t) = f'(t) + 3f(t)$

5-13 已知 LTI 连续系统的系统函数 $H(s) = \dfrac{s+5}{s^2 + 4s + 3}$，输入为 $f(t)$，输出为 $y(t)$。

    (1) 写出表示系统输入-输出关系的微分方程；

    (2) 若 $f(t) = e^{-2t}\varepsilon(t)$，求系统的零状态响应。

5-14 已知系统函数 $H(s)$ 的零、极点分布如图 5-23 所示，且 $H(0) = 5$。试写出系统函数 $H(s)$ 的表达式。

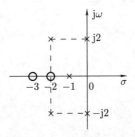

图 5-23　习题 5-14 图

5-15 已知一个 LTI 连续系统，当输入 $f(t) = \varepsilon(t)$ 时，输出 $y(t) = 2e^{-3t}\varepsilon(t)$。

    (1) 试求系统的单位冲激响应 $h(t)$；

    (2) 当输入 $f(t) = e^{-t}\varepsilon(t)$ 时，求输出 $y(t)$。

5-16 电路如图 5-24 所示，$t = 0$ 以前电路元件无储能，$t = 0$ 时开关闭合，求电压 $u_2(t)$，$t > 0$。

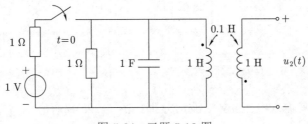

图 5-24　习题 5-16 图

5-17 已知 LTI 连续系统的单位阶跃响应 $g(t) = (1 - e^{-2t})\varepsilon(t)$。为使其零状态响应为 $y_{zs}(t) = (1 - e^{-2t} - te^{-2t})\varepsilon(t)$，求输入信号 $f(t)$。

5-18 电路如图 5-25 所示，求系统函数 $H(s) = \dfrac{U_2(s)}{U_1(s)}$，并列出系统微分方程。

5-19 求图 5-26 所示电路的系统函数 $H(s) = \dfrac{Y_{zs}(s)}{F(s)}$。

5-20 已知 LTI 连续系统的系统函数 $H(s) = \dfrac{s}{s^2 + 4}$，输入 $f(t) = \cos(2t)\varepsilon(t)$，$y(0_-) = y'(0_-) = 1$，求系统的完全响应 $y(t)$，$t > 0$。

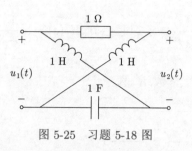

图 5-25　习题 5-18 图

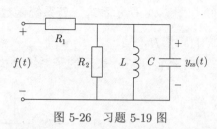

图 5-26　习题 5-19 图

5-21　某 LTI 连续系统的系统函数 $H(s) = \dfrac{A(s+3)}{s^2 + 3s + 2}$，$A$ 为待定常数。已知该系统的单位阶跃响应的终值为 1，试求该系统对何种激励的零状态响应为 $\left(1 - \dfrac{4}{3}\mathrm{e}^{-t} + \dfrac{1}{3}\mathrm{e}^{-2t}\right)\varepsilon(t)$。

5-22　已知系统函数为 $H(s) = \dfrac{s+2}{s^2 + 5s + 4}$，输入为 $f(t) = \cos(2t + 60°)$，试求系统的稳态响应。

5-23　系统函数有两个极点为 0 和 -1，一个零点为 1，且已知系统的单位冲激响应的终值为 -10，试写出系统函数表达式。

5-24　LTI 因果系统的微分方程为 $y''(t) + 3y'(t) + 2y(t) = f(t)$，求系统的单位冲激响应 $h(t)$。

5-25　如图 5-27 所示电路，$t = 0$ 时开关断开，开关断开前电路已稳定。求开关断开后 $2\,\Omega$ 电阻两端电压的完全响应 $u(t)$。

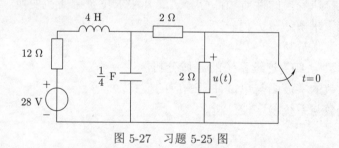

图 5-27　习题 5-25 图

5-26　求下列微分方程描述的 LTI 因果系统的单位冲激响应和单位阶跃响应。

(1) $y''(t) + 3y'(t) + 2y(t) = f(t)$　　　　　(2) $y'(t) + 2y(t) = 3f'(t) + f(t)$

5-27　画出下列系统函数的零极图，并判断系统是否稳定。

(1) $H(s) = \dfrac{s-2}{s(s+1)}$　　　　　　　(2) $H(s) = \dfrac{2(s+1)}{s(s^2+1)^2}$

5-28　已知系统方程 $y''(t) + 3y'(t) + 2y(t) = f'(t) + 3f(t)$，若 $f(t) = \mathrm{e}^{-3t}\varepsilon(t)$，$y(0_-) = 1$，$y'(0_-) = 2$，求 $y(0_+)$ 和 $y'(0_+)$。

5-29　某 LTI 连续系统的微分方程为 $y''(t) + y'(t) - 6y(t) = f'(t) + f(t)$。

(1) 求系统函数 $H(s)$，并画出其零极图；

(2) 求单位冲激响应 $h(t)$，并判断系统的稳定性。

5-30 如图 5-28 所示系统，若系统函数 $H(s) = \dfrac{Y(s)}{F(s)} = 4$，且已知 $H_1(s) = \dfrac{1}{s+3}$。

(1) 求 $H_2(s)$；

(2) 若使 $H_2(s)$ 表示的子系统是稳定的，求实常数 K 值。

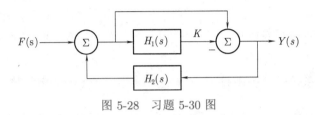

图 5-28　习题 5-30 图

教师导航

本章又引入了一个新的数学工具——拉普拉斯变换，它使得傅里叶变换得以推广，读者在学习过程中可以体会两者的相似之处。应用拉普拉斯变换可以将描述系统的微分方程变换为复频域的代数方程，也可以画出 s 域的电路等效模型，从而简化运算，使分析 LTI 连续系统更加方便。

本章的重点内容如下：

1) 拉普拉斯变换定义及常用信号象函数的求解。

2) 拉普拉斯变换的性质。

3) 用拉普拉斯变换的性质和部分分式展开法求拉普拉斯逆变换。

4) 在 s 域下求解微分方程。

5) 电路的 s 域分析。

6) 系统函数与 LTI 连续系统的 s 域分析。

7) 系统函数的零极图与单位冲激响应的模式。

8) 系统函数与系统稳定性分析。

第 6 章 离散时间信号与系统的时域分析

伴随电子计算机的日益普及，通信技术向数字化方向迅速发展，离散信号的应用已经非常广泛。因此原来对连续时间信号和系统的研究问题，越来越多地转化为对离散时间信号及系统的处理。这种转化使得许多实际应用过程显示出它的精度高、性能稳定、抗干扰能力强等优点。

作为理论上的研究，离散时间信号与系统和连续时间信号与系统有许多并行之处。在分析连续时间系统时，可以利用经典的解微分方程的方法和卷积积分法求响应。而对于离散时间信号与系统，则可相应地求解差分方程或用卷积和的方法求解系统的响应。

本章将主要介绍离散时间信号及系统在时域内的基本分析方法，第 7 章将讨论离散时间信号与系统的变换域分析方法。

6.1 离散时间信号

6.1.1 离散时间信号的描述

前面所讨论的信号，无论是周期的还是非周期的，都有一个共同的特点，即除个别间断点外，都是时间 t 的连续函数，其波形都是光滑曲线。

离散时间信号简称离散信号，其特点是信号仅在一些离散的时刻才有定义，而在其他时刻没有定义，如图 6-1a 所示。如果将离散时间信号加以量化，并以二进制或十六进制的数码来表示，将此量化后的离散信号称为数字信号，如图 6-1b 所示。

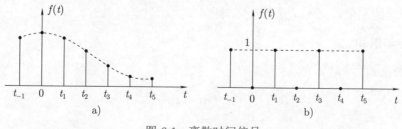

图 6-1 离散时间信号

由上所述，离散时间信号是离散时间变量 t_n 的函数，可用 $f(t_n)$ 表示。各离散时间间隔都是均匀的，设此间隔为 T，取离散时刻 $t_n = nT$ $(n = 0, \pm1, \pm2, \cdots)$，则离散时间信号又可表示为 $f(nT)$，简记为 $f(n)$，即可以将离散时间信号看作抽象的数值 n 的函数，其中 n 只取整数，是一个表示次序的序号。

离散时间信号 $f(n)$ 的表示方法可以写成闭合式，如

$$f(n) = 2^n, \quad n \geqslant 0 \tag{6-1}$$

离散时间信号通常也称为序列，如果用序列的形式表示式 (6-1)，则为

$$f(n) = \{1, 2, 4, 8, \cdots\} \tag{6-2}$$

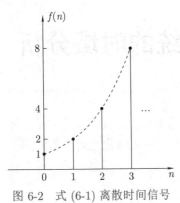

图 6-2　式 (6-1) 离散时间信号

"↑" 表示原点 $n = 0$ 的位置。通常把对应于某序号 n 的序列值称为第 n 个样点的样值。也可以用图像的形式把 $f(n)$ 表示出来，比如式 (6-1) 信号可由图 6-2 表示出来。

6.1.2　离散时间信号的基本运算

1. 相加与相乘

两个或多个序列相加、相减或相乘所构成的新序列，在任一离散时刻的值等于各序列在同一时刻的取值的代数和或乘积。设 $x(n)$ 和 $y(n)$ 分别代表两序列 $f_1(n)$、$f_2(n)$ 的求和及乘积运算，即

$$x(n) = f_1(n) + f_2(n) \tag{6-3}$$

$$y(n) = f_1(n)f_2(n) \tag{6-4}$$

2. 反转与时间移位

如同连续时间信号，序列 $f(n)$ 的反转可表示为 $f(-n)$；序列的移位可表示为 $f(n \pm k)$，其中 k 为整数，如图 6-3 所示。

3. 尺度变换

已知序列 $f(n)$，可得 $f(n)$ 的压缩波形 $f(an)$、扩展波形 $f\left(\dfrac{n}{a}\right)$，这里 a 为正整数。需要说明的是进行波形压缩或扩展时，应按规律去除某些点或补足相应的零值，又称"重排"，如图 6-4 所示。

6.1 离散时间信号的描述及基本运算

4. 差分与求和

序列的差分运算定义为

$$\Delta f(n) = f(n+1) - f(n) \tag{6-5a}$$

或

$$\nabla f(n) = f(n) - f(n-1) \tag{6-5b}$$

式 (6-5a) 称为前向差分，式 (6-5b) 称为后向差分。

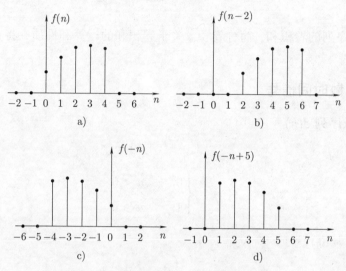

图 6-3　序列的反转与移位

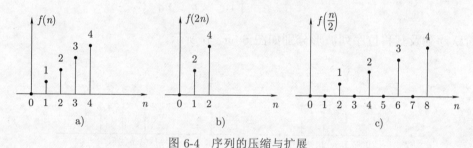

图 6-4　序列的压缩与扩展

序列的求和与连续信号的积分相对应。设有序列 $f(n)$，若求和运算记为 $y(n)$，则有

$$y(n) = \sum_{n=-\infty}^{n} f(n) \tag{6-6}$$

例如，对于图 6-4a 所示的 $f(n)$，有

$$y(1) = \sum_{n=0}^{1} f(n) = f(0) + f(1) = 0 + 1 = 1$$

$$y(4) = \sum_{n=0}^{4} f(n) = f(0) + f(1) + f(2) + f(3) + f(4)$$

$$= 0 + 1 + 2 + 3 + 4 = 10$$

5. 卷积和

对于连续时间信号，有两信号的卷积积分。与此相似，对于两个离散时间信号 $f_1(n)$ 和 $f_2(n)$，则有

$$f(n) = f_1(n) * f_2(n) = \sum_{m=-\infty}^{\infty} f_1(m) f_2(n-m) \tag{6-7}$$

式 (6-7) 称为两序列的卷积和，简称卷积。关于卷积和的运算和性质，将在 6.5 节中做详细讨论。

6.1.3 常用离散时间信号

1. 单位阶跃序列 $\varepsilon(n)$

6.2 典型离散信号

$\varepsilon(n)$ 的定义为

$$\varepsilon(n) = \begin{cases} 0, & n < 0 \\ 1, & n \geqslant 0 \end{cases} \tag{6-8}$$

其移位序列 $\varepsilon(n - n_0)$ 为

$$\varepsilon(n - n_0) = \begin{cases} 0, & n < n_0 \\ 1, & n \geqslant n_0 \end{cases} \tag{6-9}$$

单位阶跃序列及其移位序列波形分别如图 6-5a、b 所示。

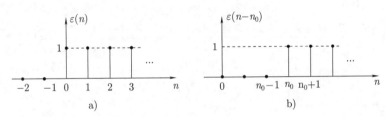

图 6-5　单位阶跃序列及其移位序列波形

2. 单位样值序列 $\delta(n)$

$\delta(n)$ 的定义为

$$\delta(n) = \begin{cases} 1, & n = 0 \\ 0, & n \neq 0 \end{cases} \tag{6-10}$$

其移位序列 $\delta(n - n_0)$ 为

$$\delta(n - n_0) = \begin{cases} 1, & n = n_0 \\ 0, & n \neq n_0 \end{cases} \tag{6-11}$$

单位样值序列及其移位序列波形分别如图 6-6a、b 所示。

$\delta(n)$ 也称单位函数、单位脉冲或单位冲激。它在离散时间信号与系统分析中的作用类似于单位冲激函数 $\delta(t)$ 在连续时间信号与系统分析中的作用，$\delta(n)$ 和 $\delta(t)$ 都发生在原点，但 $\delta(t)$ 是一种广义函数，而 $\delta(n)$ 具有确定值。

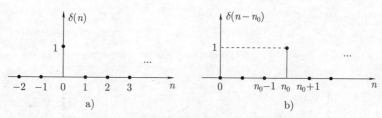

图 6-6 单位样值序列及其移位序列波形

在连续时间信号里，单位冲激信号 $\delta(t)$ 与单位阶跃信号 $\varepsilon(t)$ 之间的关系可以用微分或积分来表示。而在离散时间信号里，单位样值序列 $\delta(n)$ 与单位阶跃序列 $\varepsilon(n)$ 之间满足差分或求和的关系，即

$$\delta(n) = \nabla\varepsilon(n) = \varepsilon(n) - \varepsilon(n-1) \tag{6-12}$$

或

$$\varepsilon(n) = \delta(n) + \delta(n-1) + \cdots = \sum_{k=0}^{\infty} \delta(n-k) \tag{6-13}$$

任意离散信号 $f(n)$ 都可用加权的 $\delta(n)$ 及其移位序列的和来表示，即

$$f(n) = \sum_{k=-\infty}^{\infty} f(k)\delta(n-k) \tag{6-14}$$

3. 单边指数序列

单边指数序列表达式为

$$f(n) = a^n \varepsilon(n) \tag{6-15}$$

式中，a 为常数。由于 a 的取值范围不同，指数序列的变化规律也不同。图 6-7 列出了 a 的 6 种不同取值范围对应的不同指数序列。

可见，当 $|a| < 1$ 时，序列是收敛的；$a > 0$，序列取正值；$a < 0$，序列在正、负值之间摆动。

4. 单边斜变序列

单边斜变序列可表示为

$$R(n) = n\varepsilon(n) \tag{6-16}$$

单边斜变序列样值变化趋势与连续斜变信号 $f(t) = t\varepsilon(t)$ 波形一致，其图形如图 6-8 所示。

5. 矩形序列

矩形序列定义为

$$G_N(n) = \begin{cases} 1, & 0 \leqslant n \leqslant N-1 \\ 0, & n < 0 \text{ 或 } n \geqslant N \end{cases} \tag{6-17}$$

矩形序列也可以用阶跃序列及其时移信号表示为

$$G_N(n) = \varepsilon(n) - \varepsilon(n-N) \tag{6-18}$$

$G_N(n)$ 的图像如图 6-9 所示。

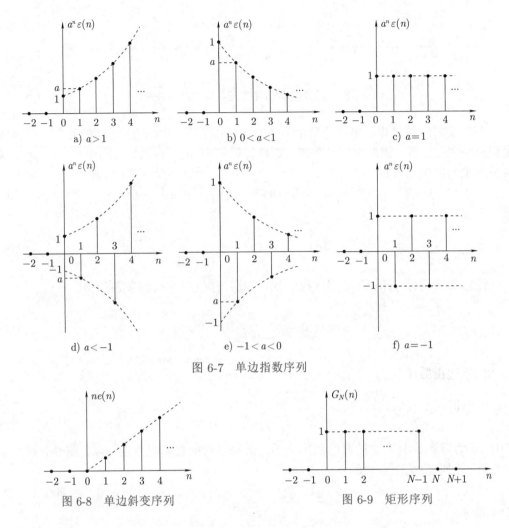

图 6-7　单边指数序列

图 6-8　单边斜变序列　　　　　　图 6-9　矩形序列

6. 正弦序列

通常正弦序列是从正弦函数或余弦函数经抽样后得来的，可表示为

$$\sin(\omega t)|_{t=nT_s} = \sin(n\omega T_s) = \sin(n\omega_0) \qquad (6\text{-}19a)$$

或

$$\cos(\omega t)|_{t=nT_s} = \cos(n\omega T_s) = \cos(n\omega_0) \qquad (6\text{-}19b)$$

式中，T_s 为抽样间隔；$\omega_0 = \omega T_s$ 为离散域角频率。

连续时间正弦信号是周期为 $T_0 = \dfrac{2\pi}{\omega_0}$ 的周期信号，将其离散化后不一定是周期信号，只有满足

$$\frac{\omega_0}{2\pi} = \frac{m}{N} = 有理数 \qquad (6\text{-}20)$$

时，该离散信号才是周期信号。式 (6-20) 中的 N 表示一个周期内的样点数，即周期序列的重复周期，m 为整数。

一个周期 $N = 8$ 的正弦序列如图 6-10 所示。

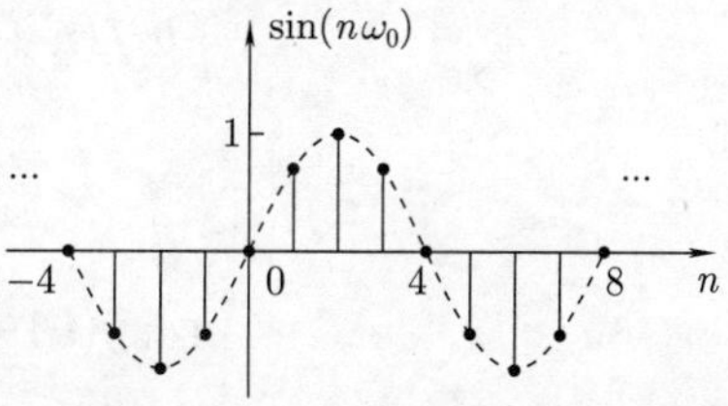

7. 复指数序列

复指数序列的每个样值都可以是复数，具有实部和虚部。复指数序列可表示为

$$f(n) = \mathrm{e}^{\mathrm{j}\omega_0 n} = \cos(\omega_0 n) + \mathrm{j}\sin(\omega_0 n) \qquad (6\text{-}21)$$

图 6-10　$N = 8$ 的正弦序列

若 $f(n) = \mathrm{e}^{\mathrm{j}\omega_0 n}$ 是一个以 N 为周期的周期序列，则有

$$\mathrm{e}^{\mathrm{j}\omega_0 n} = \mathrm{e}^{\mathrm{j}\omega_0(n+N)}$$

则 $\omega_0 N = 2\pi m$，m 为整数，即 $\dfrac{\omega_0}{2\pi} = \dfrac{m}{N} = $ 有理数，$N = \dfrac{2\pi}{\omega_0}m$。

6.2　离 散 系 统

6.2.1　离散系统的描述

离散时间系统是把某一离散信号变换成另一离散信号，或者把某一连续信号变换成另一离散信号的系统，简称离散系统，分别可以用图 6-11a 和图 6-11b 表示。这里 $f(t)$ 和 $f(n)$ 表示输入信号，$y(n)$ 表示系统输出信号。

6.3 离散系统的描述

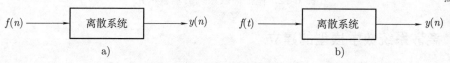

图 6-11　离散系统示意图

一个连续系统可以用微分方程来描述。类似地，也可以用差分方程来描述一个离散系统。所谓差分方程就是由输入、输出以及它们的差分所组成的方程，如

$$y(n+1) = f(n+1) + 2f(n) \qquad (6\text{-}22\mathrm{a})$$

和

$$y(n+2) = y(n+1) - y(n) + f(n) \qquad (6\text{-}22\mathrm{b})$$

式 (6-22) 就是把输入 $f(n)$ 和输出 $y(n)$ 联系起来的差分方程，其中式 (6-22a) 表示某一时刻的输出只与输入有关，而与该时刻之前的输出无关，称为无反馈差分方程；式 (6-22b) 表示某一时刻的输出不仅与输入有关，还与该时刻之前的输出有关，称为有反馈差分方程。

一般情况下，描述系统的差分方程可以表示为

$$\begin{aligned}&a_k y(n+k)+a_{k-1}y(n+k-1)+\cdots+a_0y(n)\\&=b_jf(n+j)+b_{j-1}f(n+j-1)+\cdots+b_0f(n)\end{aligned}\tag{6-23a}$$

或

$$\begin{aligned}&a_0y(n)+a_1y(n-1)+\cdots+a_ky(n-k)\\&=b_0f(n)+b_1f(n-1)+\cdots+b_jf(n-j)\end{aligned}\tag{6-23b}$$

即

$$\sum_{i=0}^{k}a_iy(n-i)=\sum_{r=0}^{j}b_rf(n-r)\tag{6-23c}$$

式 (6-23) 称为常系数线性 k 阶差分方程，其中式 (6-23a) 称为前向差分方程，式 (6-23b) 称为后向差分方程。差分方程的阶数等于输出序列变量最高序号与最低序号之差。

与连续系统类似，除了用差分方程描述离散系统之外，还可用模拟框图来描述离散系统。图 6-12 给出了用模拟框图表示离散系统时最常用的 3 个基本单元。

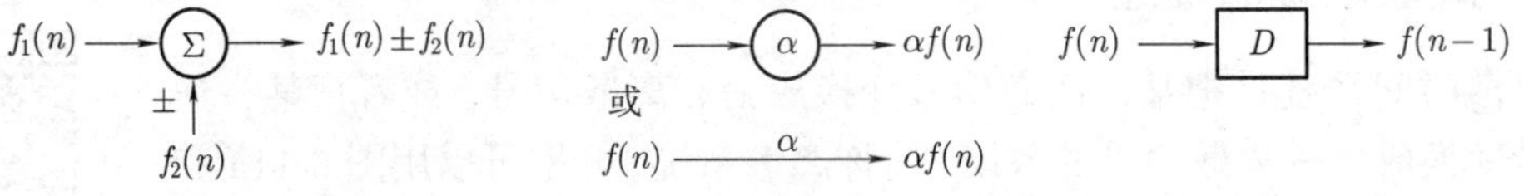

f1(n)
Σ
f1(n) ± f2(n)
±
f2(n)
f(n)
α
αf(n)
或
f(n)
α
αf(n)
f(n)
D
f(n−1)

a) 加法器　b) 数乘器　c) 单位延时器

图 6-12　模拟离散系统的基本单元

6.2.2　离散系统数学模型的建立

下面通过具体的例子来说明如何用差分方程描述离散系统。

例 6-1　某一银行按月结余。设第 n 个月末的结余为 $y(n)$，第 n 个月当中的净存款为 $f(n)$，月利率为 1%。写出结余 $y(n)$ 与净存款 $f(n)$ 的关系式。

解　由于银行的月利率为 1%，即第 n 个月末结余应包含当月的净存款 $f(n)$、第 $n-1$ 个月末结余 $y(n-1)$ 以及第 $n-1$ 个月末的利息 $0.01y(n-1)$。所以有

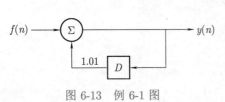

$$y(n)=1.01y(n-1)+f(n)$$

f(n)
Σ
y(n)
1.01
D

图 6-13　例 6-1 图

或

$$y(n)-1.01y(n-1)=f(n)$$

这是作为离散系统的一个简单的例子，描述该系统的数学模型是一个有反馈一阶差分方程，模拟框图如图 6-13 所示。这里离散变量 n 是时间 (月)。由于差分方程是处理离散

变量函数关系的一种数学工具，所以变量的选取因具体函数而异，并不仅限于时间，通过例 6-2 说明。

例 6-2　图 6-14a 为 T 形电阻网络，其各支路电阻如图所示，α 为常数。各节点对地的电压为 $V(n)$，$n = 0, 1, 2, \cdots, N$。试写出描述该系统节点电压的差分方程。

解　以第 n 个节点为中心抽出网络的一部分，如图 6-14b 所示，流进节点 n 的电流方向如图所示。对于第 n 个节点，运用 KCL 不难写出

$$\frac{V(n)}{\alpha R} + \frac{V(n) - V(n+1)}{R} = \frac{V(n-1) - V(n)}{R}$$

经整理后得出

$$\alpha V(n+1) - (2\alpha + 1)V(n) + \alpha V(n-1) = 0, \ n \geqslant 1$$

这是一个二阶常系数齐次差分方程。当 $n = 0$ 时，$V(0) = E$。

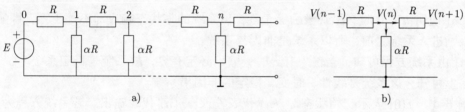

图 6-14　例 6-2 图

显然，本例中离散变量 n 不表示时间，而是代表电路图中节点顺序的编号，即序号 (只能取整数)。

6.2.3　离散系统的分类

对于离散系统的分类及其性质，与连续系统的结论基本一致，不同的只是把连续变量 t 换成离散变量 n。这里不再赘述。

例 6-3　已知某离散系统的方程为

$$y(n) = f(1 - n)$$

$y(n)$ 为输出，$f(n)$ 为输入。判定系统是否是

(1) 线性系统；　　(2) 非时变系统；　　(3) 因果系统；　　(4) 稳定系统。

解　(1) 当输入为 $f_1(n)$，则有

$$y_1(n) = f_1(1 - n)$$

当输入为 $f_2(n)$ 时，有

$$y_2(n) = f_2(1 - n)$$

将以上两式分别乘以常数 α 和 β 并相加，得

$$\alpha y_1(n) + \beta y_2(n) = \alpha f_1(1 - n) + \beta f_2(1 - n) \tag{6-24}$$

式 (6-24) 说明系统满足齐次性和叠加性，所以系统是线性系统。

(2) 当输入为 $f_1(n)$，则输出为

$$y_1(n) = f_1(1-n)$$

现令 $f_1(n) = f(n-n_0)$，n_0 为大于零的整数，则有

$$y_1(n) = \mathbf{T}[f_1(n)] = f_1(1-n) = f(1-n-n_0) = \mathbf{T}[f(n-n_0)]$$

$$\neq y(n-n_0) = f(1-n+n_0) \tag{6-25}$$

式 (6-25) 说明当输入延迟 n_0 时，输出并不延迟 n_0，所以系统是时变系统。

(3) 设 $n<0$ 时，$f(n)=0$，由系统方程可以得出在 $n<0$ 时系统的输出

$$y(n) = f(1-n>0) \neq 0, \qquad n<0 \tag{6-26}$$

式 (6-26) 说明 $n<0$ 时，尽管激励等于零，但系统的零状态响应却不等于零，即响应出现在激励进入系统之前，所以系统是非因果系统。

(4) 由系统方程可知，当输入有界时，输出必定有界，故系统是稳定系统。

综上可知，该系统是线性、时变、稳定的非因果系统。

例 6-4 $x(0)$ 表示初始状态，$f(n)$ 代表输入，$y(n)$ 代表输出。若系统方程为

$$y(n) = \left(\frac{1}{3}\right)^n x(0) + f(n)f(n-2)$$

试说明系统是否线性，是否非时变。

解 由系统方程可知，全响应满足可分解性，即

$$y(n) = y_{zi}(n) + y_{zs}(n)$$

其中

$$y_{zi}(n) = \left(\frac{1}{3}\right)^n x(0)$$

$$y_{zs}(n) = f(n)f(n-2)$$

由于零状态响应不满足齐次性，所以系统是非线性系统。

又设输入为 $f_1(n) = f(n-n_0)$，则有

$$y_{1zs}(n) = \mathbf{T}[f_1(n)] = f_1(n)f_1(n-2) = f(n-n_0)f(n-n_0-2) = y_{zs}(n-n_0)$$

所以系统是非时变系统。

6.3　常系数线性差分方程的解

描述 LTI 离散系统的数学模型是线性常系数差分方程，通常需要求解系统的差分方程来解决系统的响应，一般有以下几种方法：

1. 迭代法

迭代法是根据初始条件逐次代入求解。这种方法概念清楚、方法简便，但只能得到其数值解，很难写出解的闭合式。

2. 时域经典法

与求解微分方程的时域经典法相似，分别求出差分方程的齐次解和特解，再叠加。

3. 零输入响应和零状态响应的叠加

由于 LTI 系统的全响应可分解为零输入响应与零状态响应，可分别求解零输入响应和零状态响应，再叠加，进而求得全响应。零输入响应的形式与差分方程的齐次解形式一致，将初始条件代入齐次解中，即可容易得出零输入响应。零状态响应可不必求解非齐次差分方程，而是利用系统的单位样值响应与激励的卷积和求得。

4. 变换域法

利用 z 变换解差分方程，尤其是利用 z 变换求解零状态响应是一种既简便又有效的方法。

由于迭代法在实际中不常用，本节主要讨论时域经典解差分方程法求解 LTI 离散系统的响应。关于利用卷积和求零状态响应是离散系统分析中一种很重要的方法，将在 6.5 节中讨论。而变换域法解差分方程将在第 7 章中讨论。

6.4 常系数线性差分方程

6.3.1　差分方程的齐次解

设一阶齐次差分方程为

$$y(n) + ay(n-1) = 0 \tag{6-27}$$

式中，a 为常数。此方程也可写成

$$\frac{y(n)}{y(n-1)} = -a$$

这表明序列 $y(n)$ 是一个公比为 $-a$ 的等比序列，故式 (6-27) 的解为

$$y(n) = C(-a)^n \tag{6-28}$$

式中，C 是待定常数，由初始条件决定。

又设上述差分方程的特征根为 λ，则对应的特征方程为

$$\lambda + a = 0$$

可得

$$\lambda = -a$$

进一步可写出与式 (6-28) 一致的齐次解。

对于一个 k 阶齐次差分方程

$$y(n) + a_1 y(n-1) + \cdots + a_k y(n-k) = 0 \tag{6-29}$$

对应的特征方程为

$$\lambda^k + a_1 \lambda^{k-1} + \cdots + a_{k-1}\lambda + a_k = 0 \tag{6-30}$$

它有 k 个特征根 λ_i $(i = 1, 2, \cdots, k)$，式 (6-29) 的齐次解由 k 个形如 $C_i(\lambda_i)^n$ 的序列组合而成，具体形式视特征根的不同情形而定。表 6-1 列出了线性常系数齐次差分方程不同特征根对应的齐次解的形式。

表 6-1　k 阶线性常系数差分方程不同特征根对应的齐次解

特征根 λ	齐次解 $y_{\mathrm{h}}(n)$
k 个单实根	$\displaystyle\sum_{i=1}^{k} C_i \lambda_i^n$　（C_i 待定）
r 重实根	$\displaystyle\sum_{i=1}^{r} C_i n^{r-i} \lambda_0^n + \sum_{j=r+1}^{k} C_j \lambda_j^n$ λ_0 为 r 重特征根，其余 $k-r$ 个单根，C_i、C_j 待定
共轭复根 $\lambda = a \pm jb$	$M^n [A_1 \cos(n\varphi) + A_2 \sin(n\varphi)]$ 或 $BM^n \cos(n\varphi + \theta)$ $M = \sqrt{a^2 + b^2}$, $\varphi = \arctan\dfrac{b}{a}$, A_1、A_2、B、θ 待定

例 6-5　求下列齐次差分方程的解。

(1)　$\begin{cases} y(n) - 5y(n-1) + 6y(n-2) = 0 \\ y(0) = 1, \quad y(1) = 4 \end{cases}$ $\tag{6-31}$

(2)　$\begin{cases} y(n+2) + 4y(n+1) + 4y(n) = 0 \\ y(0) = y(1) = 2 \end{cases}$ $\tag{6-32}$

(3)　$\begin{cases} y(n+2) - 2y(n+1) + 2y(n) = 0 \\ y(0) = 1, \quad y(1) = 3 \end{cases}$ $\tag{6-33}$

解　(1) 式 (6-31) 的特征方程为

$$\lambda^2 - 5\lambda + 6 = 0$$

解得特征根 $\lambda_1 = 2$，$\lambda_2 = 3$。由表 6-1 可知，其齐次解为

$$y_{\mathrm{h}}(n) = 2^n C_1 + 3^n C_2$$

将初始条件 $y(0) = 1$ 和 $y(1) = 4$ 代入上式，有

$$y(0) = C_1 + C_2 = 1$$

$$y(1) = 2C_1 + 3C_2 = 4$$

解得 $C_1 = -1$，$C_2 = 2$。所以，差分方程式 (6-31) 的齐次解为

$$y_\text{h}(n) = -2^n + 2 \cdot 3^n$$

(2) 式 (6-32) 的特征方程为

$$\lambda^2 + 4\lambda + 4 = 0$$

解得特征根 $\lambda_1 = \lambda_2 = -2$。由表 6-1 可知，其齐次解为

$$y_\text{h}(n) = (C_1 n + C_2)(-2)^n$$

将初始条件 $y(0) = y(1) = 2$ 代入上式，有

$$y(0) = C_2 = 2$$

$$y(1) = -2C_1 - 2C_2 = 2$$

解得 $C_1 = -3$，$C_2 = 2$。所以，差分方程式 (6-32) 的齐次解为

$$y_\text{h}(n) = -3n(-2)^n + 2(-2)^n = (2 - 3n)(-2)^n$$

(3) 式 (6-33) 的特征方程为

$$\lambda^2 - 2\lambda + 2 = 0$$

解得特征根 $\lambda_1 = 1 + \text{j} = \sqrt{2}\text{e}^{\text{j}\frac{\pi}{4}}$，$\lambda_2 = 1 - \text{j} = \sqrt{2}\text{e}^{-\text{j}\frac{\pi}{4}}$。由表 6-1 可知，其齐次解为

$$y_\text{h}(n) = \left(\sqrt{2}\right)^n \left[A_1 \cos\left(\frac{n\pi}{4}\right) + A_2 \sin\left(\frac{n\pi}{4}\right)\right]$$

将初始条件 $y(0) = 1$ 和 $y(1) = 3$ 代入上式，有

$$y(0) = A_1 = 1$$

$$y(1) = \sqrt{2}\left(A_1 \cos\frac{\pi}{4} + A_2 \sin\frac{\pi}{4}\right) = 3$$

解得 $A_1 = 1$，$A_2 = 2$。所以，差分方程式 (6-33) 的齐次解为

$$y_\text{h}(n) = \left(\sqrt{2}\right)^n \left[\cos\left(\frac{n\pi}{4}\right) + 2\sin\left(\frac{n\pi}{4}\right)\right]$$

6.3.2　差分方程的特解

与求解微分方程的特解一样, 非齐次差分方程的特解的函数形式与激励的函数形式有关。下面把几种典型的激励 $f(n)$ 对应的特解 $y_p(n)$ 列于表 6-2 中。将选定的特解形式代入差分方程中, 用比较系数法求出待定系数, 即可求出方程的特解。

表 6-2　线性常系数非齐次差分方程不同激励对应的特解

激励 $f(n)$	特解 $y_p(n)$
α^n α 为常数	α 不是特征根　　$A_0\alpha^n$ α 是单特征根　　$(A_0 + A_1 n)\alpha^n$ α 是 m 重特征根　$(A_0 + A_1 n + \cdots + A_m n^m)\alpha^n$ 以上 $A_0, A_1, \cdots, A_m$ 为待定系数
n^m m 为整数	$A_m n^m + A_{m-1} n^{m-1} + \cdots + A_1 n + A_0$ (1 不是特征根) $n^r(A_m n^m + A_{m-1} n^{m-1} + \cdots + A_1 n + A_0)$ (1 是 r 重特征根) $A_0, A_1, \cdots, A_m$ 待定
$n^m \alpha^n$ m 为整数, α 为常数	$(A_m n^m + A_{m-1} n^{m-1} + \cdots + A_1 n + A_0)\alpha^n$ $A_0, A_1, \cdots, A_m$ 待定
$\sin(bn)$ 或 $\cos(bn)$ b 为常数	$A\sin(bn) + B\cos(bn)$ A, B 待定
$\alpha^n \sin(bn)$ 或 $\alpha^n \cos(bn)$ α, b 为常数	$[A\sin(bn) + B\cos(bn)]\alpha^n$ A, B 待定

对于式 (6-23) 所表示的一般形式的差分方程, 其全解为

$$y(n) = y_h(n) + y_p(n) \tag{6-34}$$

需要注意的是, 特解的系数是将特解的形式直接代入原差分方程中通过比较法来确定。

例 6-6　已知离散系统的差分方程

$$y(n) + 3y(n-1) + 2y(n-2) = f(n) \tag{6-35}$$

且 $y(0) = 0$, $y(1) = 2$, 激励 $f(n) = 2^n$, $n \geqslant 0$, 求方程的全解。

解　首先求齐次解。式 (6-35) 的特征方程为

$$\lambda^2 + 3\lambda + 2 = 0$$

可解得特征根 $\lambda_1 = -1$, $\lambda_2 = -2$。由表 6-1 可知, 其齐次解为

$$y_h(n) = C_1(-1)^n + C_2(-2)^n$$

其次求特解。由于 $f(n) = 2^n$, 由表 6-2 可知式 (6-35) 的特解形式可设为

$$y_p(n) = A \cdot 2^n$$

将上式代入原差分方程式 (6-35) 中, 有

$$A \cdot 2^n + 3A \cdot 2^{n-1} + 2A \cdot 2^{n-2} = 2^n$$

整理得

$$\left(1 + \frac{3}{2} + \frac{1}{2}\right) \cdot A \cdot 2^n = 2^n$$

比较得 $A = \frac{1}{3}$。所以

$$y_{\mathrm{p}}(n) = \frac{1}{3} \cdot 2^n, \quad n \geqslant 0$$

差分方程的全解形式为

$$y(n) = y_{\mathrm{h}}(n) + y_{\mathrm{p}}(n) = C_1(-1)^n + C_2(-2)^n + \frac{1}{3} \cdot 2^n, \quad n \geqslant 0$$

将初始条件 $y(0) = 0$ 和 $y(1) = 2$ 代入上式，有

$$y(0) = C_1 + C_2 + \frac{1}{3} = 0$$

$$y(1) = -C_1 - 2C_2 + \frac{2}{3} = 2$$

解得 $C_1 = \frac{2}{3}$，$C_2 = -1$。所以，差分方程式 (6-35) 的全解为

$$y(n) = \frac{2}{3}(-1)^n - (-2)^n + \frac{1}{3} \cdot 2^n, \quad n \geqslant 0$$

6.3.3　LTI 离散系统的零输入响应、零状态响应和全响应

如同分析 LTI 连续时间系统一样，LTI 离散系统的全响应 $y(n)$ 也可以用零输入响应和零状态响应的叠加来表示，即

$$y(n) = y_{\mathrm{zi}}(n) + y_{\mathrm{zs}}(n) \tag{6-36}$$

6.5 LTI 离散系统的响应

零输入响应 $y_{\mathrm{zi}}(n)$ 是激励未进入系统前由初始状态维持的，所以在求解 $y_{\mathrm{zi}}(n)$ 时，描述系统的差分方程转变为齐次差分方程，即 $y_{\mathrm{zi}}(n)$ 具有齐次解的形式。而零状态响应 $y_{\mathrm{zs}}(n)$ 则需求解非齐次方程。最后按式 (6-36) 求出系统的全响应。

例 6-7　描述某离散系统的差分方程为

$$y(n) + 3y(n-1) + 2y(n-2) = f(n) \tag{6-37}$$

并且 $y(-1) = 0$，$y(-2) = \frac{1}{2}$，激励 $f(n) = 2^n$，$n \geqslant 0$。求系统的零输入响应、零状态响应和全响应。

解　(1) 求零输入响应 $y_{\mathrm{zi}}(n)$。

$y_{\mathrm{zi}}(n)$ 满足方程

$$y_{\mathrm{zi}}(n) + 3y_{\mathrm{zi}}(n-1) + 2y_{\mathrm{zi}}(n-2) = 0 \tag{6-38}$$

由于激励在 $n \geqslant 0$ 时进入系统，故有 $y_{zs}(-1) = y_{zs}(-2) = 0$，从而有

$$\begin{cases} y_{zi}(-1) = y(-1) = 0 \\ y_{zi}(-2) = y(-2) = \dfrac{1}{2} \end{cases} \tag{6-39}$$

式 (6-38) 的特征方程为

$$\lambda^2 + 3\lambda + 2 = 0$$

解得特征根 $\lambda_1 = -2$，$\lambda_2 = -1$。由表 6-1 可知

$$y_{zi}(n) = C_1(-2)^n + C_2(-1)^n$$

由于零输入响应在激励进入系统之前 $(n < 0)$ 已经存在，故可把式 (6-39) 的初始状态代入上式中以确定 C_1、C_2。

$$y_{zi}(-1) = C_1(-2)^{-1} + C_2(-1)^{-1} = 0$$

$$y_{zi}(-2) = C_1(-2)^{-2} + C_2(-1)^{-2} = \frac{1}{2}$$

解得 $C_1 = -2$，$C_2 = 1$。所以

$$y_{zi}(n) = -2(-2)^n + (-1)^n$$

(2) 求零状态响应 $y_{zs}(n)$。

$y_{zs}(n)$ 满足方程

$$y_{zs}(n) + 3y_{zs}(n-1) + 2y_{zs}(n-2) = 2^n \tag{6-40}$$

可以把激励进入系统之前响应在 $n = -1$ 和 $n = -2$ 的取值称为原始值，而把响应在 $n = 0$ 和 $n = 1$ 时的取值称为初始值。下面用迭代法求零状态响应的初始值 $y_{zs}(0)$ 和 $y_{zs}(1)$。

由式 (6-40) 可得

$$\begin{cases} y_{zs}(0) = -3y_{zs}(-1) - 2y_{zs}(-2) + 2^0 = 1 \\ y_{zs}(1) = -3y_{zs}(0) - 2y_{zs}(-1) + 2 = -1 \end{cases} \tag{6-41}$$

差分方程式 (6-40) 的齐次解与零输入响应的解的形式相同，故设

$$y_{zsh}(n) = A_1(-1)^n + A_2(-2)^n \tag{6-42}$$

由于 $f(n) = 2^n$，由表 6-2 可知，特解 $y_{zsp}(n)$ 的形式为

$$y_{zsp}(n) = B \cdot 2^n$$

将特解代入式 (6-40)，有

$$B \cdot 2^n + 3B \cdot 2^{n-1} + 2B \cdot 2^{n-2} = 2^n$$

比较得 $B = \dfrac{1}{3}$。所以

$$y_{\text{zsp}}(n) = \frac{1}{3} \cdot 2^n \tag{6-43}$$

由式 (6-42) 和式 (6-43) 可得

$$y_{\text{zs}}(n) = A_1(-1)^n + A_2(-2)^n + \frac{1}{3} \cdot 2^n, \quad n \geqslant 0 \tag{6-44}$$

将初始值式 (6-41) 代入式 (6-44)，有

$$y_{\text{zs}}(0) = A_1 + A_2 + \frac{1}{3} = 1$$

$$y_{\text{zs}}(1) = A_1(-1)^1 + A_2(-2)^1 + \frac{1}{3} \cdot 2^1 = -1$$

解得 $A_1 = -\dfrac{1}{3}$，$A_2 = 1$。所以

$$y_{\text{zs}}(n) = -\frac{1}{3}(-1)^n + (-2)^n + \frac{1}{3} \cdot 2^n, \quad n \geqslant 0$$

由于零状态响应 $y_{\text{zs}}(n)$ 是在 $n \geqslant 0$ 时存在，理论上应由 $y_{\text{zs}}(0)$ 和 $y_{\text{zs}}(1)$ 来确定系数 A_1 和 A_2。但 $y_{\text{zs}}(0)$ 和 $y_{\text{zs}}(1)$ 是由 $y_{\text{zs}}(-1)$ 和 $y_{\text{zs}}(-2)$ 递推而来的，所以由 $y_{\text{zs}}(-1)$ 和 $y_{\text{zs}}(-2)$ 直接代入式 (6-44) 求出 A_1 和 A_2 的结果与上述结果相同。读者可以自行验证。

(3) 求全响应 $y(n)$。

$$y(n) = y_{\text{zi}}(n) + y_{\text{zs}}(n)$$

$$= \underbrace{(-1)^n - 2(-2)^n}_{\text{零输入响应}} \underbrace{-\frac{1}{3}(-1)^n + (-2)^n + \frac{1}{3} \cdot 2^n}_{\text{零状态响应}}$$

$$= \underbrace{\frac{2}{3}(-1)^n - (-2)^n}_{\text{自由响应}} + \underbrace{\frac{1}{3} \cdot 2^n}_{\text{强迫响应}}, \quad n \geqslant 0$$

这里需要说明，前向差分方程和后向差分方程的求解方法完全相同，这一点在例 6-6 中已有所体现。

6.4　离散系统的单位样值响应和单位阶跃响应

6.4.1　单位样值响应

当 LTI 离散系统的激励为单位样值序列 $\delta(n)$ 时，系统的零状态响应称为单位样值响应 (或单位冲激响应，单位序列响应)，用 $h(n)$ 表示。$h(n)$ 是反映离散系统固有属性的函数。与 $h(t)$ 在连续时间系统分析中一样，$h(n)$ 在离散时间系统分析中具有重要的作用。

例 6-8　已知离散系统的差分方程为

6.6 单位样值响应
和单位阶跃响应

$$y(n+1) - ay(n) = f(n+1)$$

试求系统的单位样值响应 $h(n)$。

解　可用迭代法求解 $h(n)$。根据 $h(n)$ 的定义，当 $f(n) = \delta(n)$ 时，$y(n) = h(n)$，则有差分方程

$$h(n+1) - ah(n) = \delta(n+1) \tag{6-45}$$

对于因果系统有

$$h(-1) = h(-2) = \cdots = h(-N) = 0$$

式 (6-45) 可写成

$$h(n+1) = ah(n) + \delta(n+1)$$

当 $n = -1$ 时，$h(0) = ah(-1) + \delta(0) = 1$
当 $n = 0$ 时，$h(1) = ah(0) + \delta(1) = a \cdot 1 = a$
当 $n = 1$ 时，$h(2) = ah(1) + \delta(2) = a \cdot a = a^2$
$\cdots$

依此类推，可得该离散系统的单位样值响应序列为

$$h(n) = \{\,1\,,a\,,a^2\,,\cdots\,\} \tag{6-46}$$
$$\uparrow$$

式 (6-46) 可写成闭合式

$$h(n) = a^n \varepsilon(n) \tag{6-47}$$

考虑离散因果系统的单位样值响应。对于因果系统，当 $n < 0$ 时，$h(n) = 0$；当 $n = 0$ 时，输入 $\delta(n) = 1$；当 $n > 0$ 时，$\delta(n) = 0$。所以，当 $n > 0$ 时，关于 $h(n)$ 的差分方程变为齐次差分方程，故 $h(n)$ 与零输入响应具有相同的形式。换言之，求解 $h(n)$ 转化为解齐次差分方程的问题。下面举例说明。

例 6-9　图 6-15 表示一离散系统，试求系统的单位样值响应 $h(n)$。

解　由系统框图可写出描述系统的差分方程为

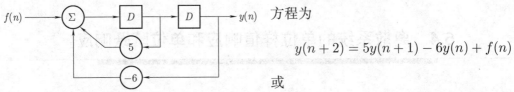

图 6-15　例 6-9 的系统框图

$$y(n+2) = 5y(n+1) - 6y(n) + f(n)$$

或

$$y(n+2) - 5y(n+1) + 6y(n) = f(n)$$

当 $f(n) = \delta(n)$ 时，$y(n) = h(n)$，上式变为

$$h(n+2) - 5h(n+1) + 6h(n) = \delta(n) \tag{6-48}$$

当 $n > 0$ 时，$\delta(n) = 0$，故式 (6-48) 变为齐次差分方程

$$h(n+2) - 5h(n+1) + 6h(n) = 0 \tag{6-49}$$

其特征方程为

$$\lambda^2 - 5\lambda + 6 = 0$$

解得特征根 $\lambda_1 = 2$，$\lambda_2 = 3$。由表 6-1 可知，其齐次解为

$$h(n) = C_1 \cdot 2^n + C_2 \cdot 3^n, \quad n > 0 \tag{6-50}$$

由于 $h(-1) = h(-2) = 0$，$\delta(-1) = \delta(-2) = 0$，根据式 (6-48) 可得 $h(n)$ 的初始值为

$$h(0) = 5h(-1) - 6h(-2) + \delta(-2) = 0$$

$$h(1) = 5h(0) - 6h(-1) + \delta(-1) = 0$$

$$h(2) = 5h(1) - 6h(0) + \delta(0) = 1$$

将 $h(1) = 0$ 和 $h(2) = 1$ 代入式 (6-50)，有

$$h(1) = C_1 \cdot 2 + C_2 \cdot 3 = 0$$

$$h(2) = C_1 \cdot 4 + C_2 \cdot 9 = 1$$

解得 $C_1 = -\dfrac{1}{2}$，$C_2 = \dfrac{1}{3}$。所以，单位样值响应为

$$h(n) = \left(-\frac{1}{2} \cdot 2^n + \frac{1}{3} \cdot 3^n \right) \varepsilon(n-1) = (3^{n-1} - 2^{n-1})\varepsilon(n-1)$$

　　如果差分方程的等号右侧不仅有 $f(n)$ 项，还有 $f(n)$ 的移序项，此时系统的单位样值响应 $h(n)$ 的求解可先考虑方程右侧只有 $f(n)$ 项时的系统所对应的单位样值响应 $h_0(n)$，在此基础上进一步基于 LTI 系统的非时变性和可叠加性求出 $h(n)$。

　　例 6-10　若描述系统的差分方程为

$$y(n+2) - 5y(n+1) + 6y(n) = 2f(n+2) + f(n) \tag{6-51}$$

求解系统的单位样值响应 $h(n)$。

　　解　设式 (6-51) 的右侧只有 $f(n)$ 项，则当 $f(n) = \delta(n)$ 时，$y(n) = h_0(n)$，即

$$h_0(n+2) - 5h_0(n+1) + 6h_0(n) = \delta(n) \tag{6-52}$$

由例 6-9 可知

$$h_0(n) = (3^{n-1} - 2^{n-1})\varepsilon(n-1) \tag{6-53}$$

将式 (6-52) 中的 $\delta(n)$ 换成 $\delta(n+2)$，$h_0(n)$ 换成 $h_1(n)$，则由 LTI 系统的非时变性得

$$h_1(n) = (3^{n+1} - 2^{n+1})\varepsilon(n+1) \tag{6-54}$$

再利用 LTI 系统的线性性质，由式 (6-53) 和式 (6-54) 可得系统方程式 (6-51) 的单位样值响应为

$$
\begin{aligned}
h(n) &= h_0(n) + 2h_1(n) \\
&= (3^{n-1} - 2^{n-1})\varepsilon(n-1) + 2(3^{n+1} - 2^{n+1})\varepsilon(n+1) \\
&= (19 \cdot 3^{n-1} - 9 \cdot 2^{n-1})\varepsilon(n-1) + 2\delta(n) \\
&= \left(\frac{19}{3} \cdot 3^n - \frac{9}{2} \cdot 2^n\right)\varepsilon(n) + \frac{1}{6}\delta(n)
\end{aligned}
$$

以上讨论的两种求解单位样值响应 $h(n)$ 的方法本质都是解差分方程，过程比较烦琐。在第 7 章中将会看到，利用 z 变换将更方便求解 LTI 离散系统的单位序列响应 $h(n)$。与连续时间系统一样，我们更为关心的是 $h(n)$ 的物理意义及其在 LTI 离散系统分析过程中的作用。

6.4.2 单位阶跃响应

当 LTI 离散系统的激励为单位阶跃序列 $\varepsilon(n)$ 时，系统的零状态响应称为单位阶跃响应，用 $g(n)$ 表示。若已知系统的差分方程，可通过经典解差分方程的办法求解系统的单位阶跃响应。另外，根据式 (6-13)，基于 LTI 系统的线性性质和非时变性质，系统的单位阶跃响应 $g(n)$ 可由单位序列响应 $h(n)$ 求得，即

$$
g(n) = \sum_{k=0}^{\infty} h(n-k) \tag{6-55}
$$

类似地，根据式 (6-12)，可以得到

$$
h(n) = g(n) - g(n-1) = \nabla g(n) \tag{6-56}
$$

6.5 卷积和与 LTI 离散系统的零状态响应

6.5.1 卷积和

设两个离散序列 $f_1(n)$ 和 $f_2(n)$，和式为

$$
f(n) = \sum_{i=-\infty}^{\infty} f_1(i)f_2(n-i)
$$

6.7 卷积和与零状态响应

称为 $f_1(n)$ 与 $f_2(n)$ 的卷积和，简称卷积，记为 $f_1(n) * f_2(n)$，即

$$
f(n) = f_1(n) * f_2(n) = \sum_{i=-\infty}^{\infty} f_1(i)f_2(n-i) \tag{6-57}
$$

若 $f_1(n)$ 是因果序列，即 $f_1(n) = 0$，$n < 0$，则式 (6-57) 可写成

$$f_1(n) * f_2(n) = \sum_{i=0}^{\infty} f_1(i) f_2(n-i) \tag{6-58}$$

若 $f_1(n)$ 不受限制，而 $f_2(n)$ 是因果序列，即 $f_2(n) = 0$，$n < 0$，则式 (6-57) 可写成

$$f_1(n) * f_2(n) = \sum_{i=-\infty}^{n} f_1(i) f_2(n-i) \tag{6-59}$$

若 $f_1(n)$ 和 $f_2(n)$ 均为因果序列，即 $f_1(n) = f_2(n) = 0$，$n < 0$，则式 (6-57) 变为

$$f_1(n) * f_2(n) = \sum_{i=0}^{n} f_1(i) f_2(n-i) \tag{6-60}$$

例 6-11　计算 $f_1(n) * f_2(n)$。

(1) $f_1(n) = a^n \varepsilon(n)$，$f_2(n) = b^n \varepsilon(n)$　　　(2) $f_1(n) = 2^n$，$f_2(n) = \left(\dfrac{1}{3}\right)^n \varepsilon(n)$

解　(1)

$$f_1(n) * f_2(n) = \sum_{i=-\infty}^{\infty} a^i \varepsilon(i) b^{n-i} \varepsilon(n-i) = \sum_{i=0}^{n} a^i b^{n-i} = b^n \sum_{i=0}^{n} \left(\frac{a}{b}\right)^i$$

$$= \begin{cases} \dfrac{b^{n+1} - a^{n+1}}{b - a} \varepsilon(n), & a \neq b \\ (n+1) a^n \varepsilon(n), & a = b \end{cases} \tag{6-61}$$

由式 (6-61) 可以得到

$$\varepsilon(n) * \varepsilon(n) = (n+1) \varepsilon(n) \tag{6-62}$$

(2)

$$f_1(n) * f_2(n) = \sum_{i=-\infty}^{\infty} \left(\frac{1}{3}\right)^i \varepsilon(i) \cdot 2^{n-i} = \sum_{i=0}^{\infty} \left(\frac{1}{3}\right)^i \cdot 2^{n-i}$$

$$= 2^n \sum_{i=0}^{\infty} \left(\frac{1}{6}\right)^i = \frac{2^n}{1 - \dfrac{1}{6}} = \frac{6}{5} \cdot 2^n$$

与连续时间信号的卷积积分相类似，也可以用图解的方法计算两个有限长序列的卷积和，步骤如下：

1) 变量替换：将两序列 $f_1(n)$ 和 $f_2(n)$ 的自变量 n 用 i 替换，得 $f_1(i)$ 和 $f_2(i)$。

2) 反转：将其中一个序列 $f_2(i)$ 以纵轴为轴线翻转，得到 $f_2(-i)$。

3) 平移并相乘：逐次将反转的序列 $f_2(-i)$ 沿 n 轴正方向平移一个单位，得到 $f_2(n-i)$，直至移出 $f_1(i)$ 的定义域。

4) 求和：计算 $f_1(i)$ 和 $f_2(n-i)$ 相重叠区域对应于同一 i 的样值乘积并求和，即得各 $f(n)$ 值。

例 6-12 已知两序列

$$f_1(n) = \{1, 2, 3, 4\}, \qquad f_2(n) = \{2, 3, 1\}$$
$$\qquad\quad \uparrow \qquad\qquad\qquad\qquad \uparrow$$

求 $f_1(n) * f_2(n)$。

解 将 $f_1(n)$ 和 $f_2(n)$ 的自变量 n 换成 i，并将 $f_2(i)$ 反转得到 $f_2(-i)$，则 $f_1(i)$ 和 $f_2(-i)$ 的波形如图 6-16a 和图 6-16b 所示。

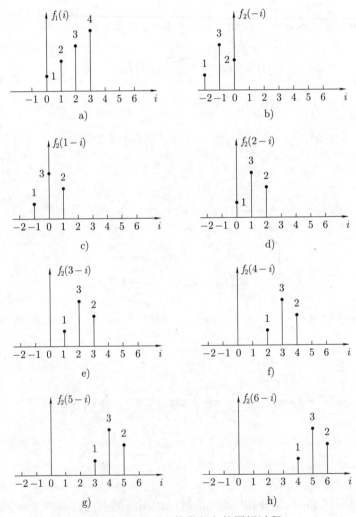

图 6-16 例 6-12 的卷积和的图解过程

当 $n < 0$ 时，$f_1(i)$ 和 $f_2(n-i)$ 无重叠区域，故

$$f_1(n) * f_2(n) = 0$$

当 $n = 0$ 时，得到 $f_2(0-i)$ 的波形如图 6-16b 所示，则

$$f(0) = f_1(0)f_2(0) = 1 \times 2 = 2$$

当 $n = 1$ 时，得到 $f_2(1-i)$ 的波形如图 6-16c 所示，则

$$f(1) = \sum_{i=0}^{1} f_1(i)f_2(1-i) = 1 \times 3 + 2 \times 2 = 7$$

当 $n = 2$ 时，得到 $f_2(2-i)$ 的波形如图 6-16d 所示，则

$$f(2) = \sum_{i=0}^{2} f_1(i)f_2(2-i) = 1 \times 1 + 2 \times 3 + 3 \times 2 = 13$$

当 $n = 3$ 时，得到 $f_2(3-i)$ 的波形如图 6-16e 所示，则

$$f(3) = \sum_{i=0}^{3} f_1(i)f_2(3-i) = 2 \times 1 + 3 \times 3 + 4 \times 2 = 19$$

当 $n = 4$ 时，得到 $f_2(4-i)$ 的波形如图 6-16f 所示，则

$$f(4) = \sum_{i=0}^{4} f_1(i)f_2(4-i) = 3 \times 1 + 4 \times 3 = 15$$

当 $n = 5$ 时，得到 $f_2(5-i)$ 的波形如图 6-16g 所示，则

$$f(5) = \sum_{i=0}^{5} f_1(i)f_2(5-i) = 4 \times 1 = 4$$

当 $n \geqslant 6$ 时，$f_1(i)$ 和 $f_2(n-i)$ 无重叠区域，故

$$f_1(n) * f_2(n) = 0$$

于是得

$$f_1(n) * f_2(n) = \{2, 7, 13, 19, 15, 4\} \tag{6-63}$$
$$\uparrow$$

对于有限长两序列卷积和的计算，利用"对位相乘求和"的方法可以更便捷地求出卷积和的结果。仍以例 6-12 中 $f_1(n) * f_2(n)$ 的计算为例，按这种方法计算排列如下：

$f_1(n):$	1	2	3	4		
$f_2(n):$		2	3	1		
		1	2	3	4	
		3	6	9	12	
	2	4	6	8		
$f_1(n) * f_2(n):$	2	7	13	19	15	4

从上面的计算中可以发现，"对位相乘求和"的方法首先将两序列样值以各自 n 的最高值按右端对齐，然后从右端开始依次向左将逐个样值对应相乘但不进位，最后把同一列上的乘积值对位求和，求和也不进位。原点位置按如下规则确定：两序列各自从右端数原点位数相加再减 1，如本题中这一结果为 $4+3-1=6$，然后将卷积和结果从右端向左数到第 6 位，即对应于原点位置的样值，从而写出卷积和结果如式 (6-63) 所示。这种计算卷积和的方法也称为阵列法。

6.5.2 LTI 离散系统的零状态响应

在 LTI 连续时间系统的分析中，可以把激励信号表示为一系列的加权冲激函数之和。类似地，在离散系统的分析中，任一离散序列 $f(n)$ 也可表示为一系列的单位样值序列加权之和，即

$$f(n) = \cdots + f(0)\delta(n) + f(1)\delta(n-1) + \cdots + f(i)\delta(n-i)$$

$$= \sum_{i=-\infty}^{\infty} f(i)\delta(n-i) \tag{6-64}$$

如果 LTI 离散系统的单位样值响应为 $h(n)$，由 LTI 系统线性性质和非时变性质可知，系统对于 $f(i)\delta(n-i)$ 的响应为 $f(i)h(n-i)$，再根据 LTI 系统的零状态响应的线性性质，对于式 (6-64) 的序列 $f(n)$ 作用于 LTI 系统所产生的零状态响应为

$$y_{zs}(n) = \sum_{i=-\infty}^{\infty} f(i)h(n-i)$$

按卷积和的定义，上式正是 $f(n)$ 和 $h(n)$ 的卷积和，即

$$y_{zs}(n) = f(n) * h(n) = \sum_{i=-\infty}^{\infty} f(i)h(n-i) \tag{6-65}$$

这样，在分析 LTI 离散系统的零状态响应时，与分析 LTI 连续系统的零状态响应相似，可以利用激励序列 $f(n)$ 和单位样值响应序列 $h(n)$ 的卷积和求解 $y_{zs}(n)$。

例 6-13 若描述某离散系统的差分方程为

$$y(n+2) - 0.7y(n+1) + 0.1y(n) = 7f(n+2) - 2f(n+1) \tag{6-66}$$

若激励序列 $f(n) = \varepsilon(n)$，且 $y_{zi}(0) = 2, y_{zi}(1) = 4$，求系统的全响应。

解 首先，求零输入响应 $y_{zi}(n)$。

式 (6-66) 的特征方程为

$$\lambda^2 - 0.7\lambda + 0.1 = 0$$

解得特征根 $\lambda_1 = 0.5$，$\lambda_2 = 0.2$。零输入响应为

$$y_{zi}(n) = C_1 \cdot 0.5^n + C_2 \cdot 0.2^n$$

将初始值 $y_{zi}(0) = 2$ 和 $y_{zi}(1) = 4$ 代入上式，有

$$y_{zi}(0) = C_1 + C_2 = 2$$

$$y_{zi}(1) = 0.5C_1 + 0.2C_2 = 4$$

解得 $C_1 = 12$，$C_2 = -10$。所以，零输入响应为

$$y_{zi}(n) = 12 \cdot 0.5^n - 10 \cdot 0.2^n, \quad n \geqslant 0 \tag{6-67}$$

其次，求零状态响应 $y_{zs}(n)$。为此，先求出系统的单位样值响应 $h(n)$。设式 (6-66) 的右侧只有 $f(n)$ 项，则当 $f(n) = \delta(n)$ 时，$y(n) = h_0(n)$，即

$$h_0(n+2) - 0.7h_0(n+1) + 0.1h_0(n) = \delta(n) \tag{6-68}$$

当 $n > 0$ 时，$\delta(n) = 0$，$h_0(n)$ 具有与零输入响应相同的形式，即

$$h_0(n) = A_1 \cdot 0.5^n + A_2 \cdot 0.2^n, \quad n > 0 \tag{6-69}$$

由于 $h_0(-1) = h_0(-2) = 0$，$\delta(-1) = \delta(-2) = 0$，由式 (6-68) 递推可得

$$h_0(0) = 0.7h_0(-1) - 0.1h_0(-2) + \delta(-2) = 0$$

$$h_0(1) = 0.7h_0(0) - 0.1h_0(-1) + \delta(-1) = 0$$

$$h_0(2) = 0.7h_0(1) - 0.1h_0(0) + \delta(0) = 1$$

把 $h_0(1) = 0$ 和 $h_0(2) = 1$ 代入式 (6-69)，有

$$h_0(1) = 0.5A_1 + 0.2A_2 = 0$$

$$h_0(2) = 0.25A_1 + 0.04A_2 = 1$$

解得 $A_1 = \dfrac{20}{3}$，$A_2 = -\dfrac{50}{3}$。所以

$$h_0(n) = \left(\frac{20}{3} \cdot 0.5^n - \frac{50}{3} \cdot 0.2^n \right) \varepsilon(n-1) \tag{6-70}$$

式 (6-66) 的单位样值响应 $h(n)$，可根据式 (6-70) 并利用 LTI 系统的线性性质和非时变性质获得。

$$h(n) = 7h_0(n+2) - 2h_0(n+1)$$

$$= 7\left(\frac{20}{3} \cdot 0.5^{n+2} - \frac{50}{3} \cdot 0.2^{n+2} \right) \varepsilon(n+1) - 2\left(\frac{20}{3} \cdot 0.5^{n+1} - \frac{50}{3} \cdot 0.2^{n+1} \right) \varepsilon(n)$$

$$= \left(\frac{35}{3} \cdot 0.5^n - \frac{14}{3} \cdot 0.2^n \right) \varepsilon(n+1) - \left(\frac{20}{3} \cdot 0.5^n - \frac{20}{3} \cdot 0.2^n \right) \varepsilon(n)$$

$$= (5 \cdot 0.5^n + 2 \cdot 0.2^n)\varepsilon(n) \tag{6-71}$$

求单位样值响应 $h(n)$ 也可由式 (6-66) 直接得出

$$h(n+2) - 0.7h(n+1) + 0.1h(n) = 7\delta(n+2) - 2\delta(n+1) \tag{6-72}$$

当 $n \geqslant 0$ 时，式 (6-72) 右侧为零，则 $h(n)$ 具有零输入响应模式，可设 $h(n) = C_1 \cdot 0.5^n + C_2 \cdot 0.2^n$，基于式 (6-72) 递推出初始值 $h(0) = 7$，$h(1) = 2.9$，进而确定待定系数 C_1 和 C_2，同样求得单位样值响应如式 (6-71) 所示的结果。

所以，零状态响应为

$$y_{zs}(n) = f(n) * h(n)$$

$$= \varepsilon(n) * (5 \cdot 0.5^n + 2 \cdot 0.2^n)\varepsilon(n)$$

$$= 5 \cdot \frac{1 - 0.5^{n+1}}{1 - 0.5}\varepsilon(n) + 2 \cdot \frac{1 - 0.2^{n+1}}{1 - 0.2}\varepsilon(n)$$

$$= (12.5 - 5 \cdot 0.5^n - 0.5 \cdot 0.2^n)\varepsilon(n) \tag{6-73}$$

上述计算直接利用了式 (6-61) 的结果。

最后，由 LTI 系统的可叠加性，利用式 (6-67) 和式 (6-73) 可得全响应为

$$y(n) = y_{zi}(n) + y_{zs}(n)$$

$$= (12 \cdot 0.5^n - 10 \cdot 0.2^n) + (12.5 - 5 \cdot 0.5^n - 0.5 \cdot 0.2^n)$$

$$= 12.5 + 7 \cdot 0.5^n - 10.5 \cdot 0.2^n, \quad n \geqslant 0$$

从例 6-13 的求解过程可见，无论直接解差分方程还是利用卷积和的方法求系统的零状态响应，运算过程都比较繁杂。在第 7 章中讨论的 z 域分析法求离散系统的零状态响应较前述方法要便捷得多。

6.5.3　卷积和的性质

卷积和与连续时间信号的卷积积分有类似的运算规律和性质。

1. 交换律

6.8 卷积和的性质

$$f_1(n) * f_2(n) = f_2(n) * f_1(n) \tag{6-74}$$

2. 分配律

$$f_1(n) * [f_2(n) + f_3(n)] = f_1(n) * f_2(n) + f_1(n) * f_3(n) \tag{6-75}$$

3. 结合律

$$[f_1(n) * f_2(n)] * f_3(n) = f_1(n) * [f_2(n) * f_3(n)] \tag{6-76}$$

4. 移序性质

若

$$f_1(n) * f_2(n) = f(n)$$

则

$$f_1(n - n_1) * f_2(n + n_2) = f(n - n_1 + n_2) \tag{6-77}$$

5. 再现性质

离散序列 $f(n)$ 与 $\delta(n)$ 的卷积仍遵循再现性质:

$$f(n) * \delta(n) = f(n) \tag{6-78}$$

$$f(n) * \delta(n - n_1) = f(n - n_1) \tag{6-79}$$

$$f(n - n_1) * \delta(n - n_2) = f(n - n_1 - n_2) \tag{6-80}$$

上述各性质均可按卷积和的定义容易得证，其中 n_1、n_2 均为整数。

例 6-14　计算 $\varepsilon(n + 1) * \varepsilon(n - 3)$。

解

$$\varepsilon(n + 1) * \varepsilon(n - 3) = [\varepsilon(n) * \delta(n + 1)] * [\varepsilon(n) * \delta(n - 3)]$$

$$= [\varepsilon(n) * \varepsilon(n)] * [\delta(n + 1) * \delta(n - 3)]$$

$$= (n + 1)\varepsilon(n) * \delta(n - 2)$$

$$= (n - 1)\varepsilon(n - 2)$$

这一结果也可根据 $\varepsilon(n) * \varepsilon(n) = (n + 1)\varepsilon(n)$ 并利用卷积和移序性质式 (6-77) 获得。由此可见，熟练运用卷积和上述性质，将会极大简化离散信号卷积和的计算。

基于卷积和的分配律和结合律，进而得到并联和级联复合系统的单位样值响应与各子系统单位样值响应的关系分别与连续系统的相应结论一致，读者可参考 2.4 节相关内容。

习　题　6

6-1　绘出下列各序列的波形。

(1) $3^n \varepsilon(n)$　　　　　　　　　　　　(2) $3^{n+1} \varepsilon(n + 1)$

(3) $\varepsilon(-n - 4) - \varepsilon(-n + 3)$　　　　(4) $3^n \varepsilon(-n)$

(5) $(n^2 + 3n + 1)[\delta(n + 1) - \delta(n) + \delta(n - 1)]$

(6) $\cos\left(\dfrac{3\pi}{4} n\right)$　　　　　　　　(7) $\left(\dfrac{1}{2}\right)^n \sin\left(\dfrac{n\pi}{3}\right)$

6-2 求下列齐次差分方程的解。

(1) $y(n) + \dfrac{1}{3}y(n-1) = 0, \quad y(-1) = -1$

(2) $y(n) - 0.9y(n-1) = 0, \quad y(-1) = 1$

(3) $y(n) - 6y(n-1) + 9y(n-2) = 0, \quad y(0) = 0, \quad y(1) = 3$

6-3 求下列差分方程的解，并指出零输入响应和零状态响应。

(1) $y(n) - 3y(n-1) + 2y(n-2) = f(n) + f(n-1), f(n) = 2^n \varepsilon(n), \ y(-1) = 2, \ y(-2) = 3$

(2) $y(n+2) + 3y(n+1) + 2y(n) = 3^n \varepsilon(n), \quad y(-1) = y(-2) = 10$

6-4 令 $f(n) = a^n$，并令 $y(n)$ 和 $w(n)$ 为两个任意序列，证明：

$$[f(n)y(n)] * [f(n)w(n)] = f(n)[y(n) * w(n)]$$

6-5 设某因果 LTI 离散系统的单位阶跃响应为 $g(n)$，证明系统对任意激励信号 $f(n)\varepsilon(n)$ 的零状态响应为

$$y_{\mathrm{zs}}(n) = \sum_{m=0}^{n} \nabla f(m) g(n-m)$$

6-6 求下列差分方程所描述的离散系统的单位样值响应。

(1) $y(n) - y(n-2) = f(n)$

(2) $y(n) + y(n-1) + \dfrac{1}{4}y(n-2) = f(n)$

(3) $y(n) - 4y(n-1) + 3y(n-2) = -4f(n) + f(n-1)$

6-7 求图 6-17 中所示各系统的单位样值响应。

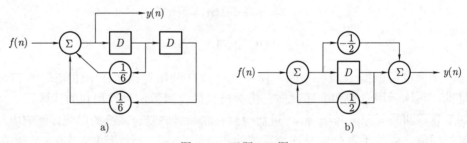

图 6-17 习题 6-7 图

6-8 求下列序列的卷积和。

(1) $n\varepsilon(n) * \delta(n-2)$

(2) $2^n \varepsilon(n) * \varepsilon(n)$

(3) $2^n \varepsilon(n-2) * 2^n \varepsilon(n-2)$

(4) $2^n \varepsilon(-n) * 3^n \varepsilon(-n)$

(5) $0.5^n \varepsilon(n) * [\varepsilon(n) - \varepsilon(n-5)]$

6-9 已知信号 $f(n)$ 和 $h(n)$ 序列如图 6-18 所示，求 $f(n) * h(n)$。

6-10 用图解法计算图 6-19 所示 $f_1(n) * f_2(n)$。

6-11 某 LTI 离散系统的单位阶跃响应 $g(n) = 0.5^n \varepsilon(n)$，求系统的单位样值响应 $h(n)$。

6-12 某 LTI 离散系统单位样值响应 $h(n) = 2\varepsilon(n) - \delta(n)$，求系统的单位阶跃响应。

6-13 求图 6-20 所示系统的零状态响应，其中激励分别为

(1) $f(n) = \varepsilon(n)$

(2) $f(n) = 2^n \varepsilon(n)$

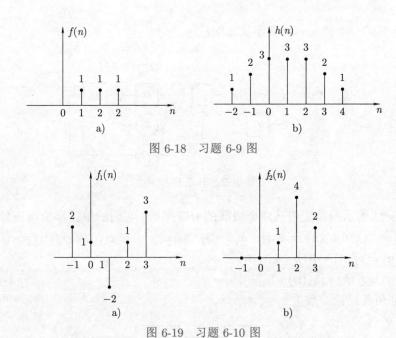

图 6-18　习题 6-9 图

图 6-19　习题 6-10 图

6-14 如图 6-21 所示系统，若激励 $f(n) = 0.5^n \varepsilon(n)$，求系统的零状态响应。

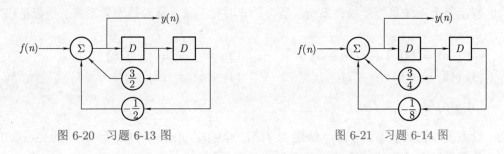

图 6-20　习题 6-13 图　　　　　　　图 6-21　习题 6-14 图

6-15 图 6-22 所示的复合系统由 3 个子系统组成，它们的单位样值响应分别为 $h_1(n) = \varepsilon(n)$，$h_2(n) = \varepsilon(n-5)$，求复合系统的单位样值响应。

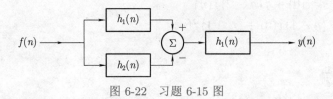

图 6-22　习题 6-15 图

6-16 离散系统如图 6-23 所示。

(1) 写出系统的差分方程并求单位样值响应；

(2) 若 $f(n) = 3^n \varepsilon(n)$，且 $y(-1) = 0$，$y(-2) = 1$，求 $y(n)$。

6-17 描述某离散系统的差分方程为 $y(n) + 0.2y(n-1) - 0.15y(n-2) = f(n) + f(n-1)$。

(1) 画出系统框图；

(2) 求系统的单位样值响应；

(3) 若 $f(n) = 0.6^n \varepsilon(n)$，求零状态响应 $y_{zs}(n)$。

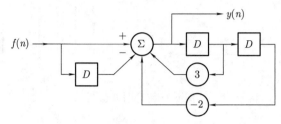

图 6-23　习题 6-16 图

6-18 如图 6-24 所示的系统包括两个级联的 LTI 系统，它们的单位样值响应分别为 $h_1(n)$ 和 $h_2(n)$。已知 $h_1(n) = \delta(n) - \delta(n-3)$，$h_2(n) = 0.8^n \varepsilon(n)$，令 $f(n) = \varepsilon(n)$，试计算：

(1) $y(n) = [f(n) * h_1(n)] * h_2(n)$

(2) $y(n) = f(n) * [h_1(n) * h_2(n)]$

并验证两者结论一致。

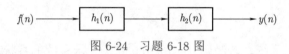

图 6-24　习题 6-18 图

6-19 判定每个系统是否是线性系统、是否是非时变系统、是否是因果系统、是否是稳定系统。

(1) $y(n) = 2f(n) + 3f(n-3)$　　(2) $y(n) = (n-1)f(n)$

(3) $y(n) = f(n)f(n-1)$　　　　(4) $y(n) = f(n) + f(-n+1)$

(5) $y(n) = \sum\limits_{m=n-3}^{n+3} f(m)$

6-20 设系统的初始状态为 $x(0)$，激励为 $f(n)$，全响应 $y(n)$ 与 $f(n)$ 和 $x(0)$ 的关系如下，分析系统是否为线性系统，是否为非时变系统。

(1) $y(n) = nx(0) + \sum\limits_{j=-\infty}^{n} f(j)$

(2) $y(n) = n^2 x(0) + f(n-2)f(n)$

(3) $y(n) = (n-1)x(0) + (n-1)f(n)$

教师导航

　　本章介绍的离散信号和 LTI 离散系统的时域 (n 域) 分析，在许多方面与连续信号和系统的时域分析是平行的，读者可对照连续信号与系统的时域分析来掌握本章内容。

　　无论是连续系统还是离散系统，在时域下求解 LTI 系统零状态响应的重要方法都是卷积法。卷积在系统分析和信号处理中都发挥重要的作用，作为拓展内容，请读者参考教学视频"卷积神经网络"，以了解卷积在信号处理前沿技术中的应用。

本章重点内容如下：

1) 离散信号与系统的基本概念和性质。

2) n 域下通过解差分方程分析离散系统的响应。

3) 离散系统的单位样值响应的定义及其求解方法。

4) 卷积和的定义、性质和计算。

5) 利用卷积和求离散系统的零状态响应。

6.9 卷积神经网络

第 7 章 离散时间信号与系统的 z 域分析

z 变换 (z-transform) 是分析离散时间信号与线性系统的重要工具，类似于拉普拉斯变换在连续时间信号与系统的复频域分析中所发挥的作用，它将描述离散系统的差分方程转变为复变系数的代数方程，从而使分析过程大为简化。本章用于分析的变量为复变量 z，因而也称为 z 域分析。

7.1 z 变换

7.1.1 z 变换的定义

由第 4 章的讨论可知，对连续时间信号进行均匀理想抽样便可得到离散时间信号。设有连续时间信号 $f(t)$，利用单位冲激序列 $\delta_{T_s}(t)$ 进行抽样，即抽样周期为 T_s。抽样信号 $f_s(t)$ 可表示为

7.1 z 变换的定义

$$f_s(t) = f(t)\delta_{T_s}(t) = f(t)\sum_{n=-\infty}^{\infty}\delta(t-nT_s) = \sum_{n=-\infty}^{\infty}f(nT_s)\delta(t-nT_s) \tag{7-1}$$

将式 (7-1) 进行拉普拉斯变换，并设 $f_s(t)$ 的象函数为 $F_s(s)$，考虑到 $\mathscr{L}[\delta(t-nT_s)] = \mathrm{e}^{-snT_s}$，可得

$$F_s(s) = \mathscr{L}[f_s(t)] = \sum_{n=-\infty}^{\infty}f(nT_s)\mathrm{e}^{-snT_s} \tag{7-2}$$

令 $z = \mathrm{e}^{sT_s}$，式 (7-2) 将转变为复变量 z 的函数，用 $F(z)$ 表示，即

$$F(z) = \sum_{n=-\infty}^{\infty}f(nT_s)z^{-n} \tag{7-3a}$$

因 T_s 是常数，为简便将式 (7-3a) 中的 $f(nT_s)$ 写作 $f(n)$。将式 (7-3a) 写成

$$F(z) = \sum_{n=-\infty}^{\infty}f(n)z^{-n} \tag{7-3b}$$

式 (7-3b) 称作离散信号 $f(n)$ 的双边 z 变换 (bilateral z-transform)。

通过以上分析可以看出，序列 $f(n)$ 的 z 变换等于抽样信号 $f_\mathrm{s}(t)$ 的拉普拉斯变换，即

$$F(z)|_{z=\mathrm{e}^{sT_\mathrm{s}}} = F_\mathrm{s}(s) \tag{7-4}$$

复变量 z 与 s 的关系为

$$z = \mathrm{e}^{sT_\mathrm{s}} \tag{7-5}$$

$$s = \frac{1}{T_\mathrm{s}} \ln z \tag{7-6}$$

式 (7-3b) 是序列 $f(n)$ $(n = 0,\ \pm1,\ \pm2,\ \cdots)$ 的双边 z 变换。无论 $n < 0$ 时 $f(n)$ 是否为零，如果求和只在 n 的非负值，即

$$F(z) = \sum_{n=0}^{\infty} f(n)z^{-n} \tag{7-7}$$

则称其为 $f(n)$ 的单边 z 变换 (unilateral z-transform)。如果 $f(n)$ 是因果序列，即 $n < 0$ 时 $f(n) = 0$，则 $f(n)$ 的单边 z 变换和双边 z 变换相同，否则两者不相等。

为书写方便，$f(n)$ 的 z 变换记作 $\mathscr{Z}[f(n)]$，$F(z)$ 仍称作 $f(n)$ 的象函数。$f(n)$ 与 $F(z)$ 的关系可简记为

$$f(n) \longleftrightarrow F(z) \tag{7-8}$$

7.1.2　z 变换的收敛域

式 (7-3b) 所定义的 z 变换是 z 的幂级数，仅当该幂级数收敛，即

$$\sum_{n=-\infty}^{\infty} |f(n)z^{-n}| < \infty \tag{7-9}$$

时，序列 $f(n)$ 的 z 变换才有意义。使 z 变换定义式幂级数收敛的所有 z 值的集合，称为 z 变换的收敛域。因此，对序列 $f(n)$ 的 z 变换必须标明它的收敛域。下面讨论 z 变换的收敛域的几种情况。

1. 无限长右序列

无限长右序列也称作因果序列，即 $f(n) = 0,\ n < 0$。设序列 $f(n) = a^n \varepsilon(n)$，其 z 变换为

7.2 z 变换的收敛域

$$F(z) = \mathscr{Z}[f(n)] = \sum_{n=-\infty}^{\infty} a^n \varepsilon(n) z^{-n}$$

$$= \sum_{n=0}^{\infty} a^n z^{-n} = \sum_{n=0}^{\infty} \left(\frac{a}{z}\right)^n$$

当且仅当 $\left|\dfrac{a}{z}\right| < 1$，即 $|z| > |a|$ 时，该式右端幂级数收敛，求和为

$$F(z) = \frac{1}{1 - \dfrac{a}{z}} = \frac{z}{z-a} \tag{7-10}$$

式 (7-10) 所表示的 z 变换的收敛域是 $|z| > |a|$，即在复平面内，是半径为 $|a|$ 的圆外区域，如图 7-1 所示的阴影区域，$|a|$ 为收敛半径。

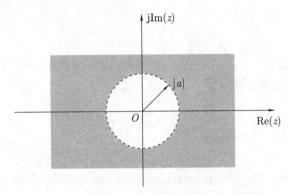

图 7-1   无限长右序列的 z 变换的收敛域

2. 无限长左序列

无限长左序列也称作反因果序列，是指 $f(n) = 0, n \geqslant 0$。设序列

$$f(n) = \begin{cases} -a^n, & n < 0 \\ 0, & n \geqslant 0 \end{cases}$$

上述 $f(n)$ 可写作

$$f(n) = -a^n \varepsilon(-n-1)$$

其象函数 $F(z)$ 为

$$F(z) = \sum_{n=-\infty}^{\infty} -a^n \varepsilon(-n-1) z^{-n}$$

$$= \sum_{n=-\infty}^{-1} -a^n z^{-n} = -\sum_{n=1}^{\infty} \left(\frac{z}{a}\right)^n$$

当 $\left|\dfrac{z}{a}\right| < 1$，即 $|z| < |a|$ 时，该式右端幂级数收敛，$F(z)$ 为

$$F(z) = -\frac{\dfrac{z}{a}}{1 - \dfrac{z}{a}} = \frac{z}{z-a} \tag{7-11}$$

所以，上述无限长左序列 z 变换的收敛域为 $|z| < |a|$，即在复平面内是半径为 $|a|$ 的圆内区域，如图 7-2 所示的阴影区域，$|a|$ 是收敛半径。

从以上两种情况可以看出，要单值地确定序列 z 变换所对应的时间序列，只有确定了收敛域之后，在序列和 z 变换之间才能有一一对应的关系。

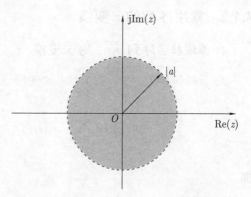

图 7-2　无限长左序列的 z 变换的收敛域

3. 无限长双边序列

对于双边序列 $f(n)$，其 z 变换 $F(z)$ 为

$$F(z) = \sum_{n=-\infty}^{\infty} f(n)z^{-n} = \sum_{n=-\infty}^{-1} f(n)z^{-n} + \sum_{n=0}^{\infty} f(n)z^{-n} \tag{7-12}$$

式 (7-12) 右边第一项求和表示无限长左序列的 z 变换，设其象函数的收敛半径为 a_1 ($a_1 > 0$)，则其收敛域是复平面内半径为 a_1 的圆内区域。式 (7-12) 右侧第二项表示无限长右序列的 z 变换，设其象函数的收敛半径 a_2 ($a_2 > 0$)，其收敛域是复平面内半径为 a_2 的圆外区域。当 $a_1 > a_2$ 时，双边序列 $f(n)$ 的象函数的收敛域为 $a_2 < |z| < a_1$ 的环形区域；而当 $a_1 \leqslant a_2$ 时，收敛域不存在，即 $f(n)$ 的 z 变换不存在。图 7-3 给出了当 $a_1 > a_2$ 时双边序列 z 变换的收敛域。

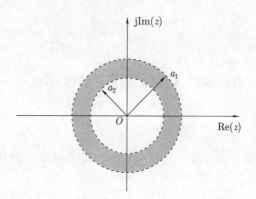

图 7-3　无限长双边序列的 z 变换的收敛域

4. 有限长序列

对于有限长序列 $f(n)$，设当 $n < n_1$ 和 $n > n_2$ 时，$f(n) = 0$。其 z 变换 $F(z)$ 可表示为

$$F(z) = \sum_{n=n_1}^{n_2} f(n)z^{-n} \tag{7-13}$$

式中，n_1 和 n_2 是整数，所以式 (7-13) 是一有限项幂级数。

若 $n_1 < 0$，$n_2 > 0$，只要 $z \neq 0$ 和 $z \neq \infty$，式 (7-13) 所表示的 $F(z)$ 均收敛，故此时的 $F(z)$ 的收敛域为 $0 < |z| < \infty$。

若 $n_1 \geqslant 0$，$n_2 > 0$，只要 $z \neq 0$，式 (7-13) 所表示的 $F(z)$ 均收敛，故此时的 $F(z)$ 的收敛域为 $0 < |z| \leqslant \infty$。

若 $n_1 < 0$，$n_2 \leqslant 0$，只要 $z \neq \infty$，式 (7-13) 所表示的 $F(z)$ 均收敛，故此时的 $F(z)$ 的收敛域为 $0 \leqslant |z| < \infty$。

7.1.3 常用序列的 z 变换

1. 单位样值序列 $\delta(n)$ 的 z 变换

对于单位样值序列 $\delta(n)$，其 z 变换 $F(z)$ 按定义可表示为

7.3 常用序列的 z
变换

$$F(z) = \sum_{n=-\infty}^{\infty} \delta(n)z^{-n} = \delta(0)z^0 = 1$$

即

$$\delta(n) \longleftrightarrow 1, \quad 0 \leqslant |z| \leqslant \infty \tag{7-14}$$

即 $F(z)$ 的收敛域是整个 z 平面。

2. 单边指数序列的 z 变换

对于右指数序列 $f(n) = a^n \varepsilon(n)$ 的 z 变换为

$$F(z) = \sum_{n=0}^{\infty} a^n z^{-n} = \sum_{n=0}^{\infty} \left(\frac{a}{z}\right)^n = \frac{z}{z-a}$$

其收敛域是 $|z| > |a|$ 的圆外区域，即

$$a^n \varepsilon(n) \longleftrightarrow \frac{z}{z-a}, \quad |z| > |a| \tag{7-15}$$

当 $a = 1$ 时，$f(n) = \varepsilon(n)$，即为单位阶跃序列，其 z 变换为

$$F(z) = \frac{z}{z-1}$$

其收敛域为 $|z| > 1$ 的圆外区域，即

$$\varepsilon(n) \longleftrightarrow \frac{z}{z-1}, \quad |z| > 1 \tag{7-16}$$

当 $a = \mathrm{e}^{\alpha}$ 时，$f(n) = \mathrm{e}^{\alpha n}\varepsilon(n)$，其 z 变换为

$$F(z) = \frac{z}{z-\mathrm{e}^{\alpha}}$$

其收敛域为 $|z| > \mathrm{e}^{\alpha}$ 的圆外区域，即

$$\mathrm{e}^{\alpha n}\varepsilon(n) \longleftrightarrow \frac{z}{z-\mathrm{e}^{\alpha}}, \quad |z| > \mathrm{e}^{\alpha} \tag{7-17}$$

当 $a = \mathrm{e}^{\pm \mathrm{j}\beta}$ 时，$f(n) = \mathrm{e}^{\pm \mathrm{j}\beta n}\varepsilon(n)$ 是复指数序列，其 z 变换为

$$F(z) = \frac{z}{z-\mathrm{e}^{\pm \mathrm{j}\beta}}$$

其收敛域为 $|z| > |e^{\pm j\beta}| = 1$，即

$$e^{\pm j\beta n}\varepsilon(n) \longleftrightarrow \frac{z}{z - e^{\pm j\beta}}, \quad |z| > 1 \tag{7-18}$$

对于指数序列 $f(n) = (-a)^n\varepsilon(n)$，其 z 变换不难得出

$$F(z) = \frac{z}{z + a}$$

其收敛域是 $|z| > |a|$，即

$$(-a)^n\varepsilon(n) \longleftrightarrow \frac{z}{z + a}, \quad |z| > |a| \tag{7-19}$$

另外，对左指数序列 $f(n) = a^n\varepsilon(-n-1)$ 的 z 变换为

$$F(z) = \frac{-z}{z - a}$$

其收敛域是 $|z| < |a|$，即

$$a^n\varepsilon(-n-1) \longleftrightarrow \frac{-z}{z - a}, \quad |z| < |a| \tag{7-20}$$

3. 单边正、余弦序列的 z 变换

因果正弦序列 $f(n) = \sin(\omega_0 n)\varepsilon(n)$ 可借助于欧拉公式写作

$$\sin(\omega_0 n)\varepsilon(n) = \frac{e^{j\omega_0 n} - e^{-j\omega_0 n}}{2j}\varepsilon(n)$$

则

$$
\begin{aligned}
\sin(\omega_0 n)\varepsilon(n) &\longleftrightarrow \mathscr{Z}\left[\frac{e^{j\omega_0 n} - e^{-j\omega_0 n}}{2j}\varepsilon(n)\right] \\
&= \frac{1}{2j}\left(\frac{z}{z - e^{j\omega_0}} - \frac{z}{z - e^{-j\omega_0}}\right) \\
&= \frac{z\sin\omega_0}{z^2 - 2z\cos\omega_0 + 1}
\end{aligned}
$$

其收敛域为 $|z| > 1$，即

$$\sin(\omega_0 n)\varepsilon(n) \longleftrightarrow \frac{z\sin\omega_0}{z^2 - 2z\cos\omega_0 + 1}, \quad |z| > 1 \tag{7-21}$$

上述分析中利用了式 (7-18) 和 z 变换的线性性质，在 7.2 节中将详细讨论 z 变换的性质。

同理，不难求出因果余弦序列 $\cos(\omega_0 n)\varepsilon(n)$ 的 z 变换为

$$\mathscr{Z}[\cos(\omega_0 n)\varepsilon(n)] = \frac{z(z - \cos\omega_0)}{z^2 - 2z\cos\omega_0 + 1}$$

其收敛域为 $|z| > 1$，即

$$\cos(\omega_0 n)\varepsilon(n) \longleftrightarrow \frac{z(z - \cos\omega_0)}{z^2 - 2z\cos\omega_0 + 1}, \quad |z| > 1 \tag{7-22}$$

4. 单边斜变序列的 z 变换

单边斜变序列 $f(n) = n\varepsilon(n)$，其 z 变换仍可按定义求得，即

$$\mathscr{Z}[n\varepsilon(n)] = \sum_{n=0}^{\infty} nz^{-n} = \sum_{n=0}^{\infty} nz^{-n-1}z = -z\sum_{n=0}^{\infty} \frac{\mathrm{d}}{\mathrm{d}z}(z^{-n})$$

$$= -z\frac{\mathrm{d}}{\mathrm{d}z}\sum_{n=0}^{\infty} z^{-n} = -z\frac{\mathrm{d}}{\mathrm{d}z}\left(\frac{z}{z-1}\right) = \frac{z}{(z-1)^2}$$

其收敛域为 $|z| > 1$，即

$$n\varepsilon(n) \longleftrightarrow \frac{z}{(z-1)^2}, \quad |z| > 1 \tag{7-23}$$

上述求解斜变序列的 z 变换过程比较烦琐，如果掌握了 z 变换的性质并借助于 $\varepsilon(n)$ 的象函数，将很容易求出 $n\varepsilon(n)$ 的 z 变换。

7.2　z 变换的基本性质

本节将讨论 z 变换的基本性质，熟练运用这些性质，将为离散时间信号与系统的分析提供十分便捷的方法。以下所讨论的性质，如无特别说明，将适用于双边和单边 z 变换。

1. 线性性质

若

$$f_1(n) \longleftrightarrow F_1(z), \quad \alpha_1 < |z| < \beta_1$$

$$f_2(n) \longleftrightarrow F_2(z), \quad \alpha_2 < |z| < \beta_2$$

7.4 z 变换的线性性质

则对任意常数 a 和 b，有

$$af_1(n) + bf_2(n) \longleftrightarrow aF_1(z) + bF_2(z), \quad \max(\alpha_1, \alpha_2) < |z| < \min(\beta_1, \beta_2) \tag{7-24}$$

叠加后序列的 z 变换的收敛域一般是 $F_1(z)$ 和 $F_2(z)$ 的收敛域的相交部分。但如果在这些象函数的线性组合中出现某些零点和极点相抵消，则收敛域可能扩大 (可参考例 7-3)。

例 7-1　求因果双曲余弦序列 $f(n) = \cosh(\omega_0 n)\varepsilon(n)$ 的 z 变换。

解　已知

$$\cosh(\omega_0 n)\varepsilon(n) = \frac{\mathrm{e}^{\omega_0 n} + \mathrm{e}^{-\omega_0 n}}{2}\varepsilon(n)$$

由式 (7-17) 可知

$$\mathrm{e}^{\omega_0 n}\varepsilon(n) \longleftrightarrow \frac{z}{z - \mathrm{e}^{\omega_0 n}}, \quad |z| > |\mathrm{e}^{\omega_0}|$$

$$\mathrm{e}^{-\omega_0 n}\varepsilon(n) \longleftrightarrow \frac{z}{z - \mathrm{e}^{-\omega_0 n}}, \quad |z| > |\mathrm{e}^{-\omega_0}|$$

利用 z 变换的线性性质，有

$$\cosh(\omega_0 n)\varepsilon(n) \longleftrightarrow \frac{1}{2}\left(\frac{z}{z - \mathrm{e}^{\omega_0 n}} + \frac{z}{z - \mathrm{e}^{-\omega_0 n}}\right) = \frac{z(z - \cosh\omega_0)}{z^2 - 2z\cosh\omega_0 + 1}$$

其收敛域为 $|z| > \max(|\mathrm{e}^{\omega_0}|, |\mathrm{e}^{-\omega_0}|) = \mathrm{e}^{\omega_0}$，这里 ω_0 是正实数。

同理，可求得因果双曲正弦序列的 z 变换为

$$\sinh(\omega_0 n)\varepsilon(n) \longleftrightarrow \frac{z\sinh\omega_0}{z^2 - 2z\cosh\omega_0 + 1}, \quad |z| > \max(|\mathrm{e}^{\omega_0}|, |\mathrm{e}^{-\omega_0}|) = \mathrm{e}^{\omega_0}$$

2. 移序性质

单边 z 变换与双边 z 变换的移序性质有着明显的差别，下面分别进行讨论。

（1）双边 z 变换的移序性质　若

7.5 z 变换的移序
性质

$$f(n) \longleftrightarrow F(z), \quad \alpha < |z| < \beta$$

则对于任意的整数 $m > 0$，有

$$f(n \pm m) \longleftrightarrow z^{\pm m}F(z), \quad \alpha < |z| < \beta \tag{7-25}$$

证明　由双边 z 变换的定义，有

$$\mathscr{L}[f(n \pm m)] = \sum_{n=-\infty}^{\infty} f(n \pm m)z^{-n}$$

$$= \sum_{n=-\infty}^{\infty} f(n \pm m)z^{-(n\pm m)} \cdot z^{\pm m}$$

$$= z^{\pm m} \sum_{n=-\infty}^{\infty} f(n \pm m)z^{-(n\pm m)}$$

$$\xrightarrow{\quad\text{令 } i=n\pm m\quad} z^{\pm m} \sum_{i=-\infty}^{\infty} f(i)z^{-i}$$

$$= z^{\pm m}F(z)$$

移序只会使序列的 z 变换在 $z = 0$ 或 $z = \infty$ 处的零极点情况发生变化。若 $f(n)$ 是双边的，则 $F(z)$ 的收敛域为环形区域，故序列移序后并不改变原来的收敛域。

（2）单边 z 变换的移序性质　对于单边 z 变换，按定义式 (7-7) 求和是在 $0 \sim \infty$ 的 n 域进行，它舍去了序列中 $n < 0$ 的部分，对于序列 $f(n)\varepsilon(n)$，移序后的 $f(n\pm m)\varepsilon(n)$（m 为正整数）较原序列 $f(n)\varepsilon(n)$ 的长度有所增减。下面分别讨论单边 z 变换的右移和左移性质。

1) 右移。若

$$f(n) \longleftrightarrow F(z), \quad |z| > \alpha$$

则对于任意的整数 $m > 0$，有

$$f(n-m)\varepsilon(n-m) \longleftrightarrow z^{-m}F(z) \tag{7-26a}$$

和

$$f(n-m)\varepsilon(n) \longleftrightarrow z^{-m}\left[F(z) + \sum_{n=-m}^{-1} f(n)z^{-n}\right] \tag{7-26b}$$

收敛域为 $|z| > \alpha$。

证明

$$
\begin{aligned}
\mathscr{Z}[f(n-m)\varepsilon(n-m)] &= \sum_{n=m}^{\infty} f(n-m)z^{-n} \\
&= z^{-m}\sum_{n=m}^{\infty} f(n-m)z^{-(n-m)} \\
&\x;\overset{\text{令 } i=n-m}{=\!=\!=\!=\!=}\; z^{-m}\sum_{i=0}^{\infty} f(i)z^{-i} \\
&= z^{-m}F(z)
\end{aligned}
$$

于是，式 (7-26a) 得证。

下面证明式 (7-26b)。

$$
\begin{aligned}
\mathscr{Z}[f(n-m)\varepsilon(n)] &= \sum_{n=0}^{\infty} f(n-m)z^{-n} \\
&\x;\overset{\text{令 } i=n-m}{=\!=\!=\!=\!=}\; z^{-m}\sum_{i=-m}^{\infty} f(i)z^{-i} \\
&\x;\overset{\text{令 } i=n}{=\!=\!=\!=\!=}\; z^{-m}\left[\sum_{n=-m}^{-1} f(n)z^{-n} + \sum_{n=0}^{\infty} f(n)z^{-n}\right] \\
&= z^{-m}\left[F(z) + \sum_{n=-m}^{-1} f(n)z^{-n}\right]
\end{aligned}
$$

于是，式 (7-26b) 得证。

如果 $f(n)$ 是因果序列，式 (7-26b) 右边附加项均为零，于是得到

$$f(n-m)\varepsilon(n) \longleftrightarrow z^{-m}F(z), \quad |z| > \alpha$$

此时 $f(n-m)\varepsilon(n)$ 和 $f(n-m)\varepsilon(n-m)$ 的 z 变换形式相同。若 $f(n)$ 是双边序列，由于式 (7-26b) 右端的附加项不为零，移序后 $f(n-m)\varepsilon(n-m)$ 和 $f(n-m)\varepsilon(n)$ 的 z 变换分别按式 (7-26a) 和式 (7-26b) 进行计算。

2) 左移。若

$$f(n) \longleftrightarrow F(z), \quad |z| > \alpha$$

则对于任意的整数 $m > 0$，有

$$f(n+m)\varepsilon(n) \longleftrightarrow z^m \left[F(z) - \sum_{n=0}^{m-1} f(n)z^{-n} \right] \tag{7-27}$$

收敛域为 $|z| > \alpha$。

式 (7-27) 的证明与式 (7-26b) 的证明相似，读者可自行完成。

例 7-2　已知某因果离散时间系统的差分方程为

$$y(n) - 2y(n-1) = f(n)$$

求系统的单位样值响应。

解　当 $f(n) = \delta(n)$ 时，$y(n) = h(n)$，于是差分方程可写作

$$h(n) - 2h(n-1) = \delta(n)$$

对上式两端分别取 z 变换，并利用移序性质，设 $h(n) \longleftrightarrow H(z)$，有

$$H(z) - 2z^{-1} \left[H(z) + \sum_{n=-1}^{-1} h(n)z^{-n} \right] = 1$$

即

$$H(z) - 2z^{-1} \left[H(z) + h(-1)z \right] = 1$$

对于因果系统，由于 $h(n) = 0$, $n < 0$，即有 $h(-1) = 0$。所以

$$H(z) - 2z^{-1}H(z) = 1$$

整理得

$$H(z) = \frac{1}{1 - 2z^{-1}} = \frac{z}{z-2} \longleftrightarrow 2^n \varepsilon(n)$$

所以，系统的单位样值响应为

$$h(n) = 2^n \varepsilon(n)$$

例 7-3　求序列 $f(n) = a^n \varepsilon(n) - a^n \varepsilon(n-1)$ 的 z 变换。

解

$$a^n \varepsilon(n-1) = a \cdot a^{n-1} \varepsilon(n-1)$$

由于

$$a^n \varepsilon(n) \longleftrightarrow \frac{z}{z-a}, \quad |z| > |a|$$

所以

$$a^{n-1}\varepsilon(n-1) \longleftrightarrow z^{-1}\frac{z}{z-a} = \frac{1}{z-a}, \quad |z| > |a|$$

从而有

$$a^n \varepsilon(n-1) \longleftrightarrow a\frac{1}{z-a} = \frac{a}{z-a}, \quad |z| > |a|$$

进一步由 z 变换的线性性质，可得

$$f(n) \longleftrightarrow \frac{z}{z-a} - \frac{a}{z-a} = 1$$

由此例题的结果可见，两序列叠加后的 z 变换的收敛域由 $|z| > |a|$ 扩展到整个 z 平面。实际上，此例中 $f(n) = a^n\varepsilon(n) - a^n\varepsilon(n-1) = a^n\delta(n) = \delta(n)$，所以 $F(z) = 1$。

3. z 域微分性质

若

$$f(n) \longleftrightarrow F(z), \quad \alpha < |z| < \beta$$

则

$$nf(n) \longleftrightarrow -z\frac{\mathrm{d}}{\mathrm{d}z}F(z), \ \alpha < |z| < \beta \tag{7-28a}$$

$$n^2 f(n) \longleftrightarrow -z\frac{\mathrm{d}}{\mathrm{d}z}\left[-z\frac{\mathrm{d}}{\mathrm{d}z}F(z)\right] = \left(-z\frac{\mathrm{d}}{\mathrm{d}z}\right)^2 F(z), \ \alpha < |z| < \beta \tag{7-28b}$$

$$\vdots$$

$$n^m f(n) \longleftrightarrow \left(-z\frac{\mathrm{d}}{\mathrm{d}z}\right)^m F(z), \ \alpha < |z| < \beta \tag{7-28c}$$

式 (7-28c) 中 $\left(-z\dfrac{\mathrm{d}}{\mathrm{d}z}\right)^m F(z)$ 表示共进行 m 次求导和乘以 $(-z)$ 的运算。

证明　因为

$$F(z) = \sum_{n=-\infty}^{\infty} f(n)z^{-n}$$

则

$$\frac{\mathrm{d}}{\mathrm{d}z}F(z) = \sum_{n=-\infty}^{\infty} f(n)\frac{\mathrm{d}}{\mathrm{d}z}z^{-n} = \sum_{n=-\infty}^{\infty} -nf(n)z^{-n-1} = -z^{-1}\sum_{n=-\infty}^{\infty} nf(n)z^{-n}$$

所以

$$-z\frac{\mathrm{d}}{\mathrm{d}z}F(z) = \sum_{n=-\infty}^{\infty} nf(n)z^{-n}$$

即

$$nf(n) \longleftrightarrow -z\frac{\mathrm{d}}{\mathrm{d}z}F(z)$$

例 7-4　求单边斜变序列 $n\varepsilon(n)$ 和序列 $(n-3)\varepsilon(n-3)$ 的 z 变换。

解　由 z 域微分性质及

$$\varepsilon(n) \longleftrightarrow \frac{z}{z-1}, \quad |z| > 1$$

7.6 z 域微分与积分性质

可有

$$n\varepsilon(n) \longleftrightarrow -z\frac{\mathrm{d}}{\mathrm{d}z}\left(\frac{z}{z-1}\right) = \frac{z}{(z-1)^2}, \quad |z| > 1$$

再利用移序性质，有

$$(n-3)\varepsilon(n-3) \longleftrightarrow z^{-3}\frac{z}{(z-1)^2} = \frac{z^{-2}}{(z-1)^2}, \quad |z| > 1$$

4. z **域积分性质**

若

$$f(n) \longleftrightarrow F(z), \quad \alpha < |z| < \beta$$

则对任意整数 m，且 $m + n > 0$，有

$$\frac{f(n)}{n+m} \longleftrightarrow z^m \int_z^\infty \frac{F(z)}{z^{m+1}}\mathrm{d}z, \quad \alpha < |z| < \beta \tag{7-29a}$$

或

$$\frac{f(n)}{n+m} \longleftrightarrow -z^m \int_0^z \frac{F(z)}{z^{m+1}}\mathrm{d}z \quad \alpha < |z| < \beta \tag{7-29b}$$

特别地，若 $m = 0$，$n > 0$，则有

$$\frac{f(n)}{n} \longleftrightarrow \int_z^\infty \frac{F(z)}{z}\mathrm{d}z, \quad \alpha < |z| < \beta \tag{7-29c}$$

证明　由 z 变换的定义

$$F(z) = \sum_{n=-\infty}^\infty f(n)z^{-n}$$

两侧同时除以 z^{m+1} 并积分，注意到 $m + n > 0$，得

$$\int_z^\infty \frac{F(z)}{z^{m+1}}\mathrm{d}z = \sum_{n=-\infty}^\infty f(n)\int_z^\infty z^{-(n+m+1)}\mathrm{d}z$$

$$= \sum_{n=-\infty}^{\infty} f(n) \left[\frac{z^{-(n+m)}}{-(n+m)} \right] \Big|_z^{\infty}$$

$$= \sum_{n=-\infty}^{\infty} \frac{f(n)}{n+m} z^{-(n+m)}$$

$$= z^{-m} \sum_{n=-\infty}^{\infty} \frac{f(n)}{n+m} z^{-n}$$

所以

$$z^m \int_z^{\infty} \frac{F(z)}{z^{m+1}} \mathrm{d}z = \sum_{n=-\infty}^{\infty} \frac{f(n)}{n+m} z^{-n} = \mathscr{Z} \left[\frac{f(n)}{n+m} \right]$$

即

$$\frac{f(n)}{n+m} \longleftrightarrow z^m \int_z^{\infty} \frac{F(z)}{z^{m+1}} \mathrm{d}z, \quad \alpha < |z| < \beta$$

读者不妨证明式 (7-29a) 和式 (7-29b) 两种表述形式是一致的。

例 7-5   求序列

$$f(n) = \begin{cases} 0, & n < 1 \\ \dfrac{1}{n}, & n \geqslant 1 \end{cases}$$

的 z 变换。

解   将序列 $f(n)$ 写作

$$f(n) = \frac{1}{n} \varepsilon(n-1)$$

由于

$$\varepsilon(n) \longleftrightarrow \frac{z}{z-1}, \quad |z| > 1$$

则

$$\varepsilon(n-1) \longleftrightarrow z^{-1} \frac{z}{z-1} = \frac{1}{z-1}, \quad |z| > 1$$

再利用 z 域积分性质，得

$$\frac{1}{n} \varepsilon(n-1) \longleftrightarrow \int_z^{\infty} \frac{\dfrac{1}{z-1}}{z} \mathrm{d}z$$

$$= \int_z^{\infty} \left(\frac{1}{z-1} - \frac{1}{z} \right) \mathrm{d}z$$

$$= \left[\ln(z-1) - \ln z \right] \Big|_z^{\infty}$$

$$= \ln \frac{z}{z-1}, \quad |z| > 1$$

即

$$f(n) = \frac{1}{n} \varepsilon(n-1) \longleftrightarrow \ln \frac{z}{z-1}, \quad |z| > 1$$

5. z 域尺度变换性质

若

$$f(n) \longleftrightarrow F(z), \quad \alpha < |z| < \beta$$

则

$$a^n f(n) \longleftrightarrow F\left(\frac{z}{a}\right), \quad \alpha < \left|\frac{z}{a}\right| < \beta \quad (a \text{ 为非零常数}) \tag{7-30}$$

证明 由 z 变换的定义，有

$$\mathscr{Z}[a^n f(n)] = \sum_{n=-\infty}^{\infty} a^n f(n) z^{-n} = \sum_{n=-\infty}^{\infty} f(n) \left(\frac{z}{a}\right)^{-n} = F\left(\frac{z}{a}\right)$$

7.7 z 域尺度变换
性质

即

$$a^n f(n) \longleftrightarrow F\left(\frac{z}{a}\right)$$

同理，可以得到如下关系：

$$a^{-n} f(n) \longleftrightarrow F(az), \quad \alpha < |az| < \beta \tag{7-31}$$

$$(-1)^n f(n) \longleftrightarrow F(-z), \quad \alpha < |z| < \beta \tag{7-32}$$

例 7-6 求序列 $a^n n\varepsilon(n)$ 的 z 变换。

解 由例 7-4 可知

$$n\varepsilon(n) \longleftrightarrow \frac{z}{(z-1)^2}, \quad |z| > 1$$

利用式 (7-30) 可得

$$a^n n\varepsilon(n) \longleftrightarrow \frac{\dfrac{z}{a}}{\left(\dfrac{z}{a} - 1\right)^2} = \frac{za}{(z-a)^2}$$

收敛域为 $\left|\dfrac{z}{a}\right| > 1$，即 $|z| > |a|$。

6. n 域卷积定理

若

7.8 n 域卷积定理

$$f_1(n) \longleftrightarrow F_1(z), \quad \alpha_1 < |z| < \beta_1$$

$$f_2(n) \longleftrightarrow F_2(z), \quad \alpha_2 < |z| < \beta_2$$

则

$$f_1(n) * f_2(n) \longleftrightarrow F_1(z)F_2(z), \quad \max(\alpha_1, \alpha_2) < |z| < \min(\beta_1, \beta_2) \tag{7-33}$$

证明

$$f_1(n) * f_2(n) \longleftrightarrow \sum_{n=-\infty}^{\infty} [f_1(n) * f_2(n)]z^{-n}$$

$$= \sum_{n=-\infty}^{\infty} \left[\sum_{i=-\infty}^{\infty} f_1(i) f_2(n-i) \right] z^{-n}$$

$$= \sum_{i=-\infty}^{\infty} f_1(i) \sum_{n=-\infty}^{\infty} f_2(n-i) z^{-n}$$

$$= \sum_{i=-\infty}^{\infty} f_1(i) z^{-i} F_2(z)$$

$$= F_2(z) \sum_{i=-\infty}^{\infty} f_1(i) z^{-i}$$

$$= F_2(z) F_1(z)$$

上述证明过程中用到了双边 z 变换的移序性质。

时域卷积性质在 z 域分析中具有重要作用。若已知 LTI 离散系统的激励和单位样值响应序列，那么在求解系统的零状态响应序列 $y_{zs}(n)$ 时可以避免卷积和的运算，而利用式 (7-33) 先求出 $y_{zs}(n)$ 的 z 变换，再通过逆 z 变换求出 $y_{zs}(n)$。

例 7-7　已知 $f_1(n) = a^n \varepsilon(n)$，$f_2(n) = b^n \varepsilon(n)$，计算 $f_1(n) * f_2(n)$。

解　由于

$$f_1(n) = a^n \varepsilon(n) \longleftrightarrow \frac{z}{z-a}, \quad |z| > |a|$$

$$f_2(n) = b^n \varepsilon(n) \longleftrightarrow \frac{z}{z-b}, \quad |z| > |b|$$

则由时域卷积定理，可有

$$f_1(n) * f_2(n) \longleftrightarrow \frac{z}{z-a} \frac{z}{z-b} = \frac{\frac{a}{a-b} z}{z-a} - \frac{\frac{b}{a-b} z}{z-b}, \quad |z| > \max(|a|, |b|)$$

由于

$$\frac{a}{a-b} a^n \varepsilon(n) \longleftrightarrow \frac{\frac{a}{a-b} z}{z-a}, \quad |z| > |a|$$

$$\frac{b}{a-b} b^n \varepsilon(n) \longleftrightarrow \frac{\frac{b}{a-b} z}{z-b}, \quad |z| > |b|$$

所以

$$f_1(n) * f_2(n) = \frac{a}{a-b} a^n \varepsilon(n) - \frac{b}{a-b} b^n \varepsilon(n) = \frac{a^{n+1} - b^{n+1}}{a-b} \varepsilon(n)$$

可见，利用卷积定理计算两个序列的卷积和较时域下计算其卷积和大为简化。

例 7-8　求整数 $0 \sim n$ 的和。

解 将整数 $0 \sim n$ 的和写成

$$f(n) = \sum_{i=0}^{n} i = \sum_{i=-\infty}^{\infty} i\varepsilon(i)\varepsilon(n-i)$$

可见

$$f(n) = n\varepsilon(n) * \varepsilon(n)$$

由于

$$n\varepsilon(n) \longleftrightarrow \frac{z}{(z-1)^2}, \quad |z| > 1$$

$$\varepsilon(n) \longleftrightarrow \frac{z}{z-1}, \qquad |z| > 1$$

所以

$$f(n) \longleftrightarrow \frac{z}{(z-1)^2} \frac{z}{z-1} = \frac{z^2}{(z-1)^3}$$

由于

$$n\varepsilon(n) + \varepsilon(n) \longleftrightarrow \frac{z}{(z-1)^2} + \frac{z}{z-1} = \frac{z^2}{(z-1)^2}$$

再由 z 域微分性质，有

$$n(n+1)\varepsilon(n) \longleftrightarrow -z\frac{\mathrm{d}}{\mathrm{d}z}\left[\frac{z^2}{(z-1)^2}\right] = \frac{2z^2}{(z-1)^3}$$

所以可得出

$$\frac{n(n+1)}{2}\varepsilon(n) \longleftrightarrow \frac{z^2}{(z-1)^3}$$

即

$$f(n) = \sum_{i=0}^{n} i = \frac{n(n+1)}{2}, \quad n \geqslant 0$$

7. 部分和性质

若

$$f(n) \longleftrightarrow F(z), \quad \alpha < |z| < \beta$$

7.9 部分和

则

$$\sum_{i=-\infty}^{n} f(i) \longleftrightarrow \frac{z}{z-1}F(z), \quad \max(\alpha, 1) < |z| < \beta \tag{7-34}$$

证明 因为

$$\sum_{i=-\infty}^{n} f(i) = \sum_{i=-\infty}^{\infty} f(i)\varepsilon(n-i) = f(n) * \varepsilon(n)$$

所以

$$\sum_{i=-\infty}^{n} f(i) \longleftrightarrow F(z)\frac{z}{z-1}$$

式 (7-34) 得证。

例 7-9   求序列 $\sum_{i=0}^{n} i$ 的象函数。

解   由于

$$\sum_{i=0}^{n} i = \sum_{i=-\infty}^{n} i\varepsilon(i)$$

令 $f(n) = n\varepsilon(n)$，而

$$f(n) = n\varepsilon(n) \longleftrightarrow F(z) = \frac{z}{(z-1)^2}$$

根据式 (7-34)，有

$$\sum_{i=0}^{n} i \longleftrightarrow \frac{z}{z-1}F(z) = \frac{z^2}{(z-1)^3}$$

8. n 域反转性质

$$f(n) \longleftrightarrow F(z), \quad \alpha < |z| < \beta$$

则

$$f(-n) \longleftrightarrow F\left(\frac{1}{z}\right), \quad \frac{1}{\beta} < |z| < \frac{1}{\alpha} \tag{7-35}$$

证明   因为

$$f(n) \longleftrightarrow F(z) = \sum_{n=-\infty}^{\infty} f(n)z^{-n}$$

7.10 n 域反转性质

所以

$$f(-n) \longleftrightarrow \sum_{n=-\infty}^{\infty} f(-n)z^{-n} = \sum_{n=\infty}^{-\infty} f(n)z^{n} = \sum_{n=-\infty}^{\infty} f(n)\left(\frac{1}{z}\right)^{-n} = F\left(\frac{1}{z}\right)$$

其收敛域为 $\alpha < \left|\dfrac{1}{z}\right| < \beta$，即 $\dfrac{1}{\beta} < |z| < \dfrac{1}{\alpha}$。于是，式 (7-35) 得证。

例 7-10   求序列 $a^{-n}\varepsilon(-n-1)$ 的象函数。

解   由于

$$a^n\varepsilon(n) \longleftrightarrow \frac{z}{z-a}, \quad |z| > |a|$$

根据式 (7-35)，有

$$a^{-n}\varepsilon(-n) \longleftrightarrow \frac{z^{-1}}{z^{-1}-a} = \frac{1}{1-az}, \quad |z| < \frac{1}{|a|}$$

利用双边 z 变换的移序性质，则

$$a^{-n-1}\varepsilon(-n-1) \longleftrightarrow \frac{z}{1-az}, \quad |z| < \frac{1}{|a|}$$

再根据 z 变换的线性性质，可得

$$a^{-n}\varepsilon(-n-1) \longleftrightarrow \frac{az}{1-az}, \quad |z| < \frac{1}{|a|}$$

此例也可基于序列 $a^n\varepsilon(n)$ 的 z 变换对，先根据单边 z 变换的向右移序性质，再利用 n 域反转性质和线性性质求得。即

$$a^n\varepsilon(n) \longleftrightarrow \frac{z}{z-a}, \quad |z| > |a|$$

$$a^{n-1}\varepsilon(n-1) \longleftrightarrow \frac{z^{-1}\cdot z}{z-a} = \frac{1}{z-a}, \quad |z| > |a|$$

根据式 (7-35)，有

$$a^{-n-1}\varepsilon(-n-1) \longleftrightarrow \frac{1}{z^{-1}-a} = \frac{z}{1-az}, \quad |z| < \frac{1}{|a|}$$

最后，根据 z 变换的线性性质，可得

$$a^{-n}\varepsilon(-n-1) \longleftrightarrow \frac{az}{1-az}, \quad |z| < \frac{1}{|a|}$$

9. 初值定理

7.11 初值和终值
定理

设 $f(n)$ 是因果序列，且

$$F(z) = \sum_{n=0}^{\infty} f(n)z^{-n}$$

则

$$f(0) = \lim_{z \to \infty} F(z) \tag{7-36}$$

证明　因为

$$F(z) = \sum_{n=0}^{\infty} f(n)z^{-n} = f(0) + f(1)z^{-1} + f(2)z^{-2} + \cdots$$

当 $z \to \infty$，上式右端除第一项 $f(0)$ 外，其他各项都趋于零，即

$$\lim_{z \to \infty} F(z) = f(0)$$

进一步还可得出

$$f(1) = \lim_{z \to \infty} z[F(z) - f(0)] \tag{7-37}$$

$$\vdots$$

$$f(m) = \lim_{z \to \infty} z^m \left[F(z) - \sum_{n=0}^{m-1} f(n) z^{-n} \right] \tag{7-38}$$

初值定理适用于因果序列。可由象函数直接求得序列初值及各样值 $f(0)$，$f(1)$，$\cdots$。

10. 终值定理

设 $f(n)$ 是因果序列，且

$$F(z) = \sum_{n=0}^{\infty} f(n) z^{-n}$$

则

$$\lim_{n \to \infty} f(n) = f(\infty) = \lim_{z \to 1} (z - 1) F(z) \tag{7-39}$$

证明　因为

$$f(n+1) - f(n) \longleftrightarrow z[F(z) - f(0)] - F(z)$$

又根据单边 z 变换定义，有

$$f(n+1) - f(n) \longleftrightarrow \sum_{n=0}^{\infty} [f(n+1) - f(n)] z^{-n}$$

所以

$$z[F(z) - f(0)] - F(z) = \sum_{n=0}^{\infty} [f(n+1) - f(n)] z^{-n}$$

将此式两端同时取极限，有

$$\lim_{z \to 1} (z-1) F(z) - f(0) = \sum_{n=0}^{\infty} [f(n+1) - f(n)]$$

$$= f(1) - f(0) + f(2) - f(1) + f(3) - f(2) + \cdots$$

所以

$$f(\infty) = \lim_{z \to 1} (z-1) F(z)$$

利用终值定理，可以在不求逆 z 变换的情况下很方便地求出序列的终值。

例 7-11　已知 $f(n)$ 的 z 变换为

$$F(z) = \frac{z}{z - a}, \quad |z| > a > 0$$

求 $f(0)$、$f(1)$ 和 $f(\infty)$

解　由初值定理有

$$f(0) = \lim_{z \to \infty} F(z) = \lim_{z \to \infty} \frac{z}{z - a} = 1$$

$$f(1) = \lim_{z \to \infty} z[F(z) - f(0)] = \lim_{z \to \infty} z\left(\frac{z}{z - a} - 1\right)$$

$$= \lim_{z \to \infty} \frac{za}{z - a} = a$$

由终值定理有

$$f(\infty) = \lim_{z \to 1}(z - 1)\frac{z}{z - a} = \lim_{z \to 1} \frac{z(z - 1)}{z - a}$$

$$= \begin{cases} 0, & a < 1 \\ 1, & a = 1 \end{cases}$$

由于右序列的收敛域是 $|z| > a$ 的圆外区域，而当 $a > 1$ 时，$z = 1$ 并不在收敛域内，此时终值定理不适用。所以，终值定理只有当 $n \to \infty$ 时 $f(n)$ 收敛才可应用，即要求 $F(z)$ 的极点必须在单位圆内，换言之，$z = 1$ 必须在 $F(z)$ 或 $(z-1)F(z)$ 收敛域内。

最后，将 z 变换的性质列于表 7-1，以便查阅。

表 7-1　z 变换的性质

名称			n 域　$f(n) \longleftrightarrow F(z) = \sum\limits_{n=-\infty}^{\infty} f(n)z^{-n},\quad \alpha < |z| < \beta$　z 域
线性性质			$af_1(n) + bf_2(n)$　$aF_1(z) + bF_2(z),\ \max(\alpha_1,\alpha_2) < |z| < \min(\beta_1,\beta_2)$
移序性质	双边变换		$f(n \pm m)$　$z^{\pm m}F(z),\ \alpha < |z| < \beta$
	单边变换	右移	$f(n-m)\varepsilon(n-m), m > 0$　$z^{-m}F(z),\ |z| > \alpha$
			$f(n-m)\varepsilon(n), m > 0$　$z^{-m}\left[F(z) + \sum\limits_{n=-m}^{-1} f(n)z^{-n}\right],\ |z| > \alpha$
		左移	$f(n+m)\varepsilon(n), m > 0$　$z^{m}\left[F(z) - \sum\limits_{n=0}^{m-1} f(n)z^{-n}\right],\ |z| > \alpha$
z 域微分性质			$n^m f(n),\quad m > 0$　$\left(-z\dfrac{\mathrm{d}}{\mathrm{d}z}\right)^m F(z),\ \alpha < |z| < \beta$
z 域积分性质			$\dfrac{f(n)}{n+m}, n+m > 0$　$z^m \displaystyle\int_z^\infty \frac{F(z)}{z^{m+1}}\mathrm{d}z$　或　$-z^m \displaystyle\int_0^z \frac{F(z)}{z^{m+1}}\mathrm{d}z,\ \alpha < |z| < \beta$
z 域尺度变换性质			$a^n f(n), a \neq 0$　$F\left(\dfrac{z}{a}\right),\ \alpha < \left|\dfrac{z}{a}\right| < \beta,\ a \neq 0$
n 域卷积定理			$f_1(n) * f_2(n)$　$F_1(z)F_2(z),\ \max(\alpha_1,\alpha_2) < |z| < \min(\beta_1,\beta_2)$
部分和性质			$\sum\limits_{i=-\infty}^{n} f(i)$　$\dfrac{z}{z-1}F(z),\ \max(\alpha,1) < |z| < \beta$
n 域反转性质			$f(-n)$　$F\left(\dfrac{1}{z}\right),\ \dfrac{1}{\beta} < |z| < \dfrac{1}{\alpha}$
因果序列	初值定理		$f(0) = \lim\limits_{z \to \infty} F(z),\qquad f(m) = \lim\limits_{z \to \infty} z^m\left[F(z) - \sum\limits_{n=0}^{m-1} f(n)z^{-n}\right],\ |z| > \alpha$
	终值定理		$f(\infty) = \lim\limits_{z \to 1}(z-1)F(z),\ |z| > \alpha\quad (0 < \alpha < 1,\ z = 1\ \text{在收敛域内})$

注：α、β 为正的实常数，分别为 $F(z)$ 收敛域的内、外半径。

7.3 逆 z 变换

已知象函数 $F(z)$，求原序列 $f(n)$ 的问题，就是求 $F(z)$ 的逆 z 变换 (或 z 反变换) 问题。逆 z 变换 (inverse z-transform) 的积分定义式为

$$f(n) = \frac{1}{2\pi \mathrm{j}} \oint_C F(z) z^{n-1} \mathrm{d}z \tag{7-40}$$

求 $F(z)$ 的逆 z 变换的方法有幂级数展开法、部分分式展开法和围线积分法等。

通常 $F(z)$ 的 z 反变换记作

$$f(n) = \mathscr{Z}^{-1}[F(z)]$$

由于同一 $F(z)$ 的形式，当收敛域不同时，$F(z)$ 所对应的序列是不同的，所以在求逆 z 变换时，收敛域显得尤为重要。

7.3.1 利用 z 变换性质求原序列

对于一些较为简单的 $F(z)$，可以用 z 变换性质求出原序列。

例 7-12 已知

$$F(z) = \frac{2z}{z-1} - \frac{z}{z-0.5}$$

7.12 逆 z 变换

若 (1) $|z| > 1$，(2) $|z| < 0.5$，(3) $0.5 < |z| < 1$，求原序列 $f(n)$。

解 (1) 由于 $F(z)$ 的收敛域 $|z| > 1$，故 $f(n)$ 是因果序列，即右序列。根据常用序列的 z 变换对，可得

$$f(n) = \mathscr{Z}^{-1}[F(z)] = 2\varepsilon(n) - 0.5^n \varepsilon(n)$$

(2) 由于 $F(z)$ 的收敛域 $|z| < 0.5$，故 $f(n)$ 是反因果序列，即左序列。根据常用序列的 z 变换对，可得

$$f(n) = \mathscr{Z}^{-1}[F(z)] = -2\varepsilon(-n-1) + 0.5^n \varepsilon(-n-1)$$

(3) 由于 $F(z)$ 的收敛域 $0.5 < |z| < 1$，故 $f(n)$ 是双边序列。根据常用序列的 z 变换对，可得

$$f(n) = \mathscr{Z}^{-1}[F(z)] = -2\varepsilon(-n-1) - 0.5^n \varepsilon(n)$$

例 7-13 已知

$$F(z) = \frac{1}{z-a}, \quad |z| > |a|$$

求原序列 $f(n)$。

解

$$F(z) = z^{-1} \frac{z}{z-a}, \quad |z| > |a|$$

由于收敛域是半径为 $|a|$ 的圆外区域，故 $f(n)$ 是因果序列。

因为

$$a^n \varepsilon(n) \longleftrightarrow \frac{z}{z-a}$$

利用 z 变换的移序性质可知

$$a^{n-1} \varepsilon(n-1) \longleftrightarrow z^{-1} \frac{z}{z-a} = \frac{1}{z-a}$$

所以

$$f(n) = \mathscr{Z}^{-1}[F(z)] = a^{n-1} \varepsilon(n-1)$$

7.3.2　幂级数展开法

按 z 变换的定义

$$F(z) = \sum_{n=-\infty}^{\infty} f(n) z^{-n}$$

7.13 幂级数展开法

$$= \cdots + f(-2)z^2 + f(-1)z + f(0) + f(1)z^{-1} + \cdots \tag{7-41}$$

可见，因果序列和反因果序列的象函数分别是 z^{-1} 和 z 的幂级数。所以，根据给定的收敛域将 $F(z)$ 展成幂级数，它的系数就是相应的序列值。

例 **7-14**　已知

$$F(z) = \frac{1 + 2z^{-1}}{1 - 2z^{-1} + z^{-2}}$$

(1) $|z| > 1$，(2) $|z| < 1$，求原序列 $f(n)$。

解　(1) 由于收敛域为 $|z| > 1$，故 $f(n)$ 是因果序列。利用长除法将 $F(z)$ 展成 z^{-1} 的幂级数形式。这种情况做长除法时，分子、分母按 z 的降幂排列，如下所示：

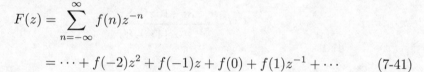

由长除法的结果可得象函数为

$$F(z) = 1 + 4z^{-1} + 7z^{-2} + \cdots$$

与式 (7-41) 比较，可得序列

$$f(n) = \{1, 4, 7, \cdots\} = (3n + 1)\varepsilon(n)$$
$$\uparrow$$

(2) 由于 $|z| < 1$，故 $f(n)$ 为反因果序列。按长除法将 $F(z)$ 展成 z 的幂级数形式，此种情况下做长除法时，分子、分母按 z 的升幂排列。做长除法如下：

$$
\begin{array}{r}
2z \quad +5z^2 +8z^3 +\cdots \\
z^{-2} - 2z^{-1} + 1 \,\overline{)\,2z^{-1} \quad +1 } \\
\underline{2z^{-1} \quad -4 \ +2z} \\
5 \ -2z \\
\underline{5 -10z \ +5z^2} \\
8z \ -5z^2 \\
\underline{8z -16z^2 +8z^3} \\
11z^2 -8z^3 \\
\vdots
\end{array}
$$

根据长除法结果得象函数为

$$F(z) = 2z + 5z^2 + 8z^3 \cdots$$

与式 (7-41) 比较，可得

$$f(n) = \{\cdots, 8, 5, 2, 0\} = -(3n + 1)\varepsilon(-n - 1)$$
$$\uparrow$$

幂级数展开法的优点是运算较为简单，但其原序列常常难以写成闭合形式。

7.3.3　部分分式展开法

在离散信号与系统的分析中，$F(z)$ 常常是较为复杂的有理分式形式，即

$$F(z) = \frac{B(z)}{A(z)} = \frac{b_r z^r + b_{r-1} z^{r-1} + \cdots + b_0}{a_k z^k + a_{k-1} z^{k-1} + \cdots + a_0} \tag{7-42}$$

7.14 部分分式展
开法

式中要求 $r \leqslant k$。当 $r < k$ 时，可将 $F(z)$ 直接展开成部分分式之和；

当 $r = k$ 时，通常先将 $\dfrac{F(z)}{z}$ 展开，再乘以 z。或者先从 $F(z)$ 中分出常数项，再将余下的真分式展成部分分式之和。将 $F(z)$ 或 $\dfrac{F(z)}{z}$ 展成部分分式之和的方法与拉普拉斯逆变

换中将 $F(s)$ 展成部分分式和的方法相同。

使 $F(z)$ 的分母为零的点称为 $F(z)$ 的极点。根据 $F(z)$ 不同类型的极点，将 $F(z)$ 或 $\dfrac{F(z)}{z}$ 展开时有以下几种情况：

1. $F(z)$ 有单极点

若 $F(z)$ 的极点 p_1, p_2, $\cdots$, p_m 互不相同，且都不等于 0，则 $\dfrac{F(z)}{z}$ 可展成

$$\frac{F(z)}{z} = \frac{k_0}{z} + \frac{k_1}{z - p_1} + \cdots + \frac{k_m}{z - p_m} = \sum_{i=0}^{m} \frac{k_i}{z - p_i} \tag{7-43}$$

其中，$p_0 = 0$。各系数由下式决定：

$$k_i = (z - p_i)\frac{F(z)}{z}\bigg|_{z=p_i} \tag{7-44}$$

将求得的系数代入式 (7-43)，等号两端乘以 z，得

$$F(z) = k_0 + \sum_{i=1}^{m} \frac{k_i z}{z - p_i} \tag{7-45}$$

根据给定的收敛域，利用常用序列的 z 变换对就可求得原序列。

例 7-15　若

$$F(z) = \frac{z^2 - 4z + 2}{(z-1)(z-0.5)}, \quad |z| > 1$$

求原序列 $f(n)$。

解　$F(z)$ 的极点 $p_1 = 1$，$p_2 = 0.5$。将 $\dfrac{F(z)}{z}$ 展成部分分式之和，有

$$\frac{F(z)}{z} = \frac{z^2 - 4z + 2}{z(z-1)(z-0.5)} = \frac{k_0}{z} + \frac{k_1}{z-1} + \frac{k_2}{z-0.5}$$

其中，k_0、k_1、k_2 按式 (7-44) 确定，则

$$k_0 = (z - 0)\frac{F(z)}{z}\bigg|_{z=0} = \frac{z^2 - 4z + 2}{(z-1)(z-0.5)}\bigg|_{z=0} = 4$$

$$k_1 = (z - 1)\frac{F(z)}{z}\bigg|_{z=1} = \frac{z^2 - 4z + 2}{z(z-0.5)}\bigg|_{z=1} = -2$$

$$k_2 = (z - 0.5)\frac{F(z)}{z}\bigg|_{z=0.5} = \frac{z^2 - 4z + 2}{z(z-1)}\bigg|_{z=0.5} = -1$$

所以

$$F(z) = 4 - \frac{2z}{z-1} - \frac{z}{z-0.5}, \quad |z| > 1$$

利用常用序列的 z 变换对, 可得原序列为

$$f(n) = \mathscr{Z}^{-1}[F(z)] = 4\delta(n) - 2\varepsilon(n) - 0.5^n\varepsilon(n)$$

2. $F(z)$ 有重极点

如果 $F(z)$ 在 $z = a$ 处有 r 重极点, 则 $\dfrac{F(z)}{z}$ 可展开为

$$\frac{F(z)}{z} = \frac{k_r}{(z-a)^r} + \frac{k_{r-1}}{(z-a)^{r-1}} + \cdots + \frac{k_1}{z-a} + \frac{F_0(z)}{z} \tag{7-46}$$

式中, $\dfrac{F_0(z)}{z}$ 是除重极点 $z = a$ 以外的项, 该部分的展开与单极点的情况完全相同。而重极点部分的展开式中各系数 $k_r, \cdots, k_1$ 可用比较系数法确定。

例 7-16 若

$$F(z) = \frac{z^3 + z^2}{(z-1)^3}, \quad |z| > 1$$

求原序列 $f(n)$。

解 将 $\dfrac{F(z)}{z}$ 展开, 有

$$\frac{F(z)}{z} = \frac{z^2 + z}{(z-1)^3} = \frac{k_3}{(z-1)^3} + \frac{k_2}{(z-1)^2} + \frac{k_1}{z-1}$$

将上式右端通分, 有

$$\frac{k_3 + k_2(z-1) + k_1(z-1)^2}{(z-1)^3} = \frac{k_3 - k_2 + k_1 + (k_2 - 2k_1)z + k_1 z^2}{(z-1)^3}$$

将上式与 $\dfrac{z^2 + z}{(z-1)^3}$ 比较, 可得

$$\begin{cases} k_1 = 1 \\ k_2 - 2k_1 = 1 \\ k_3 - k_2 + k_1 = 0 \end{cases}$$

解得 $k_1 = 1$, $k_2 = 3$, $k_3 = 2$, 于是有

$$\frac{F(z)}{z} = \frac{2}{(z-1)^3} + \frac{3}{(z-1)^2} + \frac{1}{z-1}$$

$$F(z) = \frac{2z}{(z-1)^3} + \frac{3z}{(z-1)^2} + \frac{z}{z-1}, \quad |z| > 1$$

对于因果序列, 可以证明

$$\frac{z}{(z-a)^{m+1}} \longleftrightarrow \binom{n}{m} a^{n-m}\varepsilon(n-m) \tag{7-47}$$

其中

$$\binom{n}{m} = \frac{n!}{(m)!(n-m)!}$$

按式 (7-47)，有

$$\frac{z}{(z-1)^3} \longleftrightarrow \binom{n}{2} 1^{n-2} \varepsilon(n-2) = \frac{n(n-1)}{2} \varepsilon(n-2)$$

$$\frac{z}{(z-1)^2} \longleftrightarrow \binom{n}{1} 1^{n-1} \varepsilon(n-1) = n\varepsilon(n-1)$$

$$\frac{z}{z-1} \longleftrightarrow \varepsilon(n)$$

所以

$$f(n) = \mathscr{Z}^{-1}[F(z)] = 2 \cdot \frac{n(n-1)}{2} \varepsilon(n-2) + 3n\varepsilon(n-1) + \varepsilon(n)$$

$$= n(n-1)\varepsilon(n-2) + 3n\varepsilon(n-1) + \varepsilon(n)$$

$$= n(n-1)\varepsilon(n) + 3n\varepsilon(n) + \varepsilon(n) = (n+1)^2 \varepsilon(n)$$

3. $F(z)$ 有共轭单极点

如果 $F(z)$ 有一对共轭单极点 $p_{1,2} = c \pm \mathrm{j}d$，可按单极点情况处理，即 $\dfrac{F(z)}{z}$ 可以展开为

$$\frac{F(z)}{z} = \frac{k_1}{z-p_1} + \frac{k_2}{z-p_2} + \frac{F_0(z)}{z} \tag{7-48}$$

其中，$\dfrac{F_0(z)}{z}$ 是除共轭极点所形成的分式外的其余部分，该部分的处理方法针对不同情况可按单极点或重极点两种情形分别处理，如上所述。系数 k_1 和 k_2 仍可按式 (7-44) 求解。由于 $\dfrac{F(z)}{z}$ 是实系数多项式，而 p_1 和 p_2 是一对共轭极点，因此一定有 $k_2 = k_1^*$。

例 7-17   已知象函数

$$F(z) = \frac{z^2+6}{(z+1)(z^2+4)}, \quad |z| > 2$$

求原序列 $f(n)$。

解 $F(z)$ 有一对共轭极点 $\pm\mathrm{j}2$ 和一个单极点 -1。将 $\dfrac{F(z)}{z}$ 展开为

$$\frac{F(z)}{z} = \frac{z^2+6}{z(z+1)(z^2+4)} = \frac{k_0}{z} + \frac{k_1}{z+1} + \frac{k_2}{z-\mathrm{j}2} + \frac{k_3}{z+\mathrm{j}2}$$

其中，k_0、k_1、k_2 按式 (7-44) 确定，则

$$k_0 = (z-0)\frac{F(z)}{z}\bigg|_{z=0} = \frac{z^2+6}{(z+1)(z^2+4)}\bigg|_{z=0} = 1.5$$

$$k_1 = (z+1)\frac{F(z)}{z}\bigg|_{z=-1} = \frac{z^2+6}{z(z^2+4)}\bigg|_{z=-1} = -1.4$$

$$k_2 = (z-\mathrm{j}2)\frac{F(z)}{z}\bigg|_{z=\mathrm{j}2} = \frac{(z^2+6)}{z(z+1)(z+\mathrm{j}2)}\bigg|_{z=\mathrm{j}2} = \frac{-1+\mathrm{j}2}{20} = \frac{\sqrt{5}}{20}\mathrm{e}^{\mathrm{j}116.6°}$$

$$k_3 = k_2^* = \frac{-1-\mathrm{j}2}{20} = \frac{\sqrt{5}}{20}\mathrm{e}^{-\mathrm{j}116.6°}$$

将 $k_0 \sim k_3$ 代入 $\dfrac{F(z)}{z}$ 中，得

$$F(z) = 1.5 - \frac{1.4z}{z+1} + \frac{z\dfrac{\sqrt{5}}{20}\mathrm{e}^{\mathrm{j}116.6°}}{z-2\mathrm{e}^{\mathrm{j}\frac{\pi}{2}}} + \frac{z\dfrac{\sqrt{5}}{20}\mathrm{e}^{-\mathrm{j}116.6°}}{z-2\mathrm{e}^{-\mathrm{j}\frac{\pi}{2}}}, \quad |z| > 2$$

利用常用序列的 z 变换对可得

$$\begin{aligned}
f(n) &= \mathscr{Z}^{-1}[F(z)] \\
&= 1.5\delta(n) - 1.4(-1)^n\varepsilon(n) + \frac{\sqrt{5}}{20}\mathrm{e}^{\mathrm{j}116.6°}(2\mathrm{e}^{\mathrm{j}\frac{\pi}{2}})^n\varepsilon(n) + \frac{\sqrt{5}}{20}\mathrm{e}^{-\mathrm{j}116.6°}(2\mathrm{e}^{-\mathrm{j}\frac{\pi}{2}})^n\varepsilon(n) \\
&= 1.5\delta(n) - 1.4(-1)^n\varepsilon(n) + \frac{\sqrt{5}}{20}\cdot 2^n\left[\mathrm{e}^{\mathrm{j}\left(116.6°+\frac{n\pi}{2}\right)} + \mathrm{e}^{-\mathrm{j}\left(116.6°+\frac{n\pi}{2}\right)}\right]\varepsilon(n) \\
&= 1.5\delta(n) - 1.4(-1)^n\varepsilon(n) + \frac{\sqrt{5}}{10}\cdot 2^n\cos\left(\frac{n\pi}{2}+116.6°\right)\varepsilon(n)
\end{aligned}$$

7.3.4 围线积分法

围线积分法是根据复变函数的柯西定理，借助于留数定理根据逆 z 变换的积分定义式

$$f(n) = \frac{1}{2\pi\mathrm{j}}\oint_C F(z)z^{n-1}\mathrm{d}z$$

求得序列 $f(n)$。该积分式表示围线 C 内、包含 $F(z)z^{n-1}$ 的各点留数之和，即

$$f(n) = \frac{1}{2\pi\mathrm{j}}\oint_C F(z)z^{n-1}\mathrm{d}z = \sum_{C\text{ 内所有极点}} \mathrm{Res}\left[F(z)z^{n-1}\right] \tag{7-49}$$

关于围线积分法的详细论述，读者可以查阅相关书籍。

下面将常用序列的 z 变换列于表 7-2 中，以方便读者在做逆 z 变换时查阅。

表 7-2 常用序列的 z 变换

$f(n)$	$F(z)$	$f(n)$	$F(z)$
$\delta(n)$	$1,\ 0 \leqslant |z| \leqslant \infty$	$\varepsilon(n)$	$\dfrac{z}{z-1},\ |z| > 1$
$a^n\varepsilon(n)$	$\dfrac{z}{z-a},\ |z| > |a|$	$a^n\varepsilon(-n-1)$	$\dfrac{-z}{z-a},\ |z| < |a|$
$\cos(\omega_0 n)\varepsilon(n)$	$\dfrac{z(z-\cos\omega_0)}{z^2 - 2z\cos\omega_0 + 1},\ |z| > 1$	$\sin(\omega_0 n)\varepsilon(n)$	$\dfrac{z\sin\omega_0}{z^2 - 2z\cos\omega_0 + 1},\ |z| > 1$
$n\varepsilon(n)$	$\dfrac{z}{(z-1)^2},\ |z| > 1$	$\binom{n}{m}a^{n-m}\varepsilon(n-m)$	$\dfrac{z}{(z-a)^{m+1}},\ |z| > |a|$

注：组合数 $\binom{n}{m} = \dfrac{n!}{m!(n-m)!}$。

7.4 z 域 分 析

与连续系统的频域及复频域分析方法相似,本节将对离散系统进行变换域 (即 z 域) 分析,以求得离散系统的响应。

7.4.1 差分方程 z 域变换解

设 LTI 系统的激励为 $f(n)$,响应为 $y(n)$,描述 k 阶系统的后向差分方程可写为

$$\sum_{i=0}^{k} a_i y(n-i) = \sum_{j=0}^{m} b_j f(n-j) \tag{7-50}$$

设 $f(n)$ 在 $n = 0$ 时进入系统,系统的原始状态为 $y(-1),\ y(-2),\ \cdots,\ y(-k)$。令

$$y(n) \longleftrightarrow Y(z), \quad f(n) \longleftrightarrow F(z)$$

由单边 z 变换的移序性质,$y(n)$ 右移 i 个单位的 z 变换为

$$\mathscr{Z}[y(n-i)] = z^{-i}\left[Y(z) + \sum_{n=-i}^{-1} y(n)z^{-n}\right] = z^{-i}Y(z) + \sum_{n=0}^{i-1} y(n-i)z^{-n} \tag{7-51}$$

若 $f(n)$ 是因果序列,则当 $n < 0$ 时, $f(n) = 0$, 即 $f(-1) = f(-2) = \cdots = f(-m) = 0$, 故 $f(n-j)$ 的单边 z 变换为

$$\mathscr{Z}[f(n-j)] = z^{-j}F(z) \tag{7-52}$$

7.15 差分方程 z 域变换解

对式 (7-50) 两边取 z 变换, 并将式 (7-51) 和式 (7-52) 代入, 得

$$\sum_{i=0}^{k} a_i\left[z^{-i}Y(z) + \sum_{n=0}^{i-1} y(n-i)z^{-n}\right] = \sum_{j=0}^{m} b_j[z^{-j}F(z)]$$

即

$$\left(\sum_{i=0}^{k} a_i z^{-i}\right) Y(z) + \sum_{i=0}^{k} a_i \sum_{n=0}^{i-1} y(n-i) z^{-n} = \left(\sum_{j=0}^{m} b_j z^{-j}\right) F(z)$$

解得

$$Y(z) = \frac{-\sum\limits_{i=0}^{k} a_i \sum\limits_{n=0}^{i-1} y(n-i) z^{-n}}{\sum\limits_{i=0}^{k} a_i z^{-i}} + \frac{\sum\limits_{j=0}^{m} b_j z^{-j}}{\sum\limits_{i=0}^{k} a_i z^{-i}} F(z) \tag{7-53}$$

式 (7-53) 右端第一项仅与初始状态有关，是零输入响应 $y_{zi}(n)$ 的象函数，记为 $Y_{zi}(z)$；第二项只与激励有关，是零状态响应 $y_{zs}(n)$ 的象函数，记为 $Y_{zs}(z)$。于是式 (7-53) 可写为

$$Y(z) = Y_{zi}(z) + Y_{zs}(z) \tag{7-54}$$

取式 (7-54) 的逆 z 变换即得全响应

$$y(n) = y_{zi}(n) + y_{zs}(n) \tag{7-55}$$

例 7-18   已知描述系统的差分方程为

$$y(n+2) + y(n+1) - 6y(n) = f(n+1) \tag{7-56}$$

其中 $f(n) = 4^n \varepsilon(n)$，$y(0) = 0$，$y(1) = 1$，求系统的全响应。

解   利用 z 变换求解差分方程。将式 (7-56) 改写成后向差分方程为

$$y(n) + y(n-1) - 6y(n-2) = f(n-1) \tag{7-57}$$

用递推法求 $y(-1)$ 和 $y(-2)$。由式 (7-57) 得

$$y(n) = -y(n-1) + 6y(n-2) + f(n-1)$$

当 $n = 0$ 时

$$y(0) = -y(-1) + 6y(-2) + f(-1) = -y(-1) + 6y(-2) = 0 \tag{7-58}$$

当 $n = 1$ 时

$$y(1) = -y(0) + 6y(-1) + f(0) = 6y(-1) + 1 = 1 \tag{7-59}$$

由式 (7-58) 和式 (7-59) 解得 $y(-1) = 0$，$y(-2) = 0$，可见，系统的原始状态为零，系统的完全响应也就是系统的零状态响应。

对式 (7-57) 两端进行 z 变换。设

$$y(n) \longleftrightarrow Y(z), \quad f(n) \longleftrightarrow F(z), \quad y_{zs}(n) \longleftrightarrow Y_{zs}(z)$$

并考虑到 $y(-1) = y(-2) = f(-1) = 0$，得

$$Y(z) + z^{-1} Y(z) - 6z^{-2} Y(z) = z^{-1} F(z)$$

整理得

$$Y(z) = \frac{z}{z^2 + z - 6} F(z) = Y_{zs}(z) \tag{7-60}$$

由 $f(n) = 4^n \varepsilon(n)$ 得

$$F(z) = \frac{z}{z - 4}, \quad |z| > 4$$

则

$$Y(z) = \frac{z}{z^2 + z - 6} \frac{z}{z - 4} = \frac{z^2}{(z - 2)(z + 3)(z - 4)}$$

所以

$$\frac{Y(z)}{z} = \frac{z}{(z - 2)(z + 3)(z - 4)} = \frac{C_1}{z - 2} + \frac{C_2}{z + 3} + \frac{C_3}{z - 4}$$

利用公式法求得

$$C_1 = \left. \frac{Y(z)}{z}(z - 2) \right|_{z=2} = \left. \frac{z}{(z + 3)(z - 4)} \right|_{z=2} = -\frac{1}{5}$$

$$C_2 = \left. \frac{Y(z)}{z}(z + 3) \right|_{z=-3} = \left. \frac{z}{(z - 2)(z - 4)} \right|_{z=-3} = -\frac{3}{35}$$

$$C_3 = \left. \frac{Y(z)}{z}(z - 4) \right|_{z=4} = \left. \frac{z}{(z - 2)(z + 3)} \right|_{z=4} = \frac{2}{7}$$

所以

$$Y(z) = -\frac{1}{5} \frac{z}{z - 2} - \frac{3}{35} \frac{z}{z + 3} + \frac{2}{7} \frac{z}{z - 4}, \quad |z| > 4$$

$$y(n) = \mathscr{Z}^{-1}[Y(z)] = \left[-\frac{1}{5} \cdot 2^n - \frac{3}{35} \cdot (-3)^n + \frac{2}{7} \cdot 4^n \right] \varepsilon(n)$$

此题完全可以由式 (7-56) 直接进行 z 变换并利用 $f(0) = 1$ 得出式 (7-60)。本题解法的目的是为给读者阐明如何把完全响应的象函数表示成零输入响应的象函数和零状态响应的象函数,以便区分零输入响应 $y_{zi}(n)$ 和零状态响应 $y_{zs}(n)$。由前面的分析过程已经得出 $y_{zi}(n) = 0$。

式(7-53) 的第二项表示零状态响应的象函数,可写作

$$Y_{zs}(z) = \frac{\sum\limits_{j=0}^{m} b_j z^{-j}}{\sum\limits_{i=0}^{k} a_i z^{-i}} F(z) \tag{7-61}$$

可见,在求解零状态响应 $y_{zs}(n)$ 时,用差分方程的 z 域变换法往往比较简单。而利用差分方程的 z 变换方法求解零输入响应往往比较烦琐,故多在时域范围内用经典法求解差分方程的齐次解,即得零输入响应。

例 7-19 已知描述某离散系统的差分方程为

$$y(n+2) - 3y(n+1) + 2y(n) = f(n+1) - 2f(n) \tag{7-62}$$

并且 $f(n) = 2^n \varepsilon(n)$，$y_{zi}(0) = 0$，$y_{zi}(1) = 1$，求完全响应 $y(n)$。

解 首先求零输入响应 $y_{zi}(n)$。用经典法解齐次差分方程

$$y_{zi}(n+2) - 3y_{zi}(n+1) + 2y_{zi}(n) = 0$$

其特征方程为

$$\lambda^2 - 3\lambda + 2 = 0$$

解得特征根 $\lambda_1 = 2$, $\lambda_2 = 1$。由表 6-1 可知，其齐次解为

$$y_{zi}(n) = C_1 \cdot 1^n + C_2 \cdot 2^n$$

将初始条件 $y_{zi}(0) = 0$ 和 $y_{zi}(1) = 1$ 代入上式，有

$$y_{zi}(0) = C_1 + C_2 = 0$$

$$y_{zi}(1) = C_1 + 2C_2 = 1$$

解得 $C_1 = -1$, $C_2 = 1$。所以，零输入响应为

$$y_{zi}(n) = -1 + 2^n, \quad n \geqslant 0$$

再求零状态响应 $y_{zs}(n)$，用 z 域变换法求解。对式 (7-62) 两端进行 z 变换。设

$$y_{zs}(n) \longleftrightarrow Y_{zs}(z), \quad f(n) \longleftrightarrow F(z)$$

并考虑到 $n < 0$ 时，$y_{zs}(n) = 0$，以及 $f(n) = 0$，得

$$z^2 Y_{zs}(z) - 3z Y_{zs}(z) + 2Y_{zs}(z) = zF(z) - 2F(z)$$

由于 $F(z) = \dfrac{z}{z-2}$, $|z| > 2$，将 $F(z)$ 代入上式整理得

$$Y_{zs}(z) = \frac{z}{z^2 - 3z + 2} = \frac{-z}{z-1} + \frac{z}{z-2}, \quad |z| > 2$$

求 $Y_{zs}(z)$ 的反变换，得

$$y_{zs}(n) = \mathscr{Z}^{-1}[Y_{zs}(z)] = -\varepsilon(n) + 2^n \varepsilon(n) = (2^n - 1)\varepsilon(n)$$

所以，当 $n \geqslant 0$ 时，全响应为

$$y(n) = y_{zi}(n) + y_{zs}(n) = -1 + 2^n + 2^n - 1$$

$$= 2^{n+1} - 2, \quad n \geqslant 0$$

7.4.2　系统函数 $H(z)$

设描述 k 阶 LTI 系统的后向差分方程为

$$\sum_{i=0}^{k} a_i y(n-i) = \sum_{j=0}^{m} b_j f(n-j) \tag{7-63}$$

设 $f(n)$ 是 $n=0$ 时进入系统的,其零状态响应的象函数为 $Y_{zs}(z)$,由于 $y_{zs}(n)=0,\ n<0$ 和 $f(n)=0,\ n<0$,对式 (7-63) 两侧进行 z 变换,得

$$\sum_{i=0}^{k} a_i z^{-i} Y_{zs}(z) = \sum_{j=0}^{m} b_j z^{-j} F(z) \tag{7-64}$$

系统的零状态响应象函数 $Y_{zs}(z)$ 和激励象函数 $F(z)$ 之比称为系统函数或传递函数,用 $H(z)$ 表示。由式 (7-64) 得

7.16 系统函数

$$H(z) = \frac{Y_{zs}(z)}{F(z)} = \frac{\displaystyle\sum_{j=0}^{m} b_j z^{-j}}{\displaystyle\sum_{i=0}^{k} a_i z^{-i}} \tag{7-65}$$

可见,系统函数 $H(z)$ 只决定于系统方程,换言之,$H(z)$ 只与系统的结构、参数有关,反映了系统的自身特性。由系统的差分方程很容易写出该系统的系统函数 $H(z)$,反之亦然。

由于系统的零状态响应 $y_{zs}(n)$ 可表示为

$$y_{zs}(n) = f(n) * h(n) \tag{7-66}$$

设

$$y_{zs}(n) \longleftrightarrow Y_{zs}(z), \quad f(n) \longleftrightarrow F(z), \quad h(n) \longleftrightarrow H(z)$$

对式 (7-66) 两端进行 z 变换,由 z 变换的 n 域卷积定理得

$$Y_{zs}(z) = F(z) H(z) \tag{7-67}$$

可见,系统函数 $H(z)$ 即为单位样值响应 $h(n)$ 的 z 变换。

例 7-20　描述 LTI 系统的差分方程为

$$y(n) - 5y(n-1) + 6y(n-2) = f(n)$$

(1) 求 $h(n)$;　(2) 若 $f(n) = \varepsilon(n)$,求零状态响应 $y_{zs}(n)$。

解　(1) 由差分方程按式 (7-65) 的 $H(z)$ 的定义式,直接写出系统函数表达式,即

$$H(z) = \frac{1}{1 - 5z^{-1} + 6z^{-2}}$$

进一步整理得

$$H(z) = \frac{1}{1 - 5z^{-1} + 6z^{-2}} = \frac{z^2}{z^2 - 5z + 6}$$

$$= \frac{-2z}{z - 2} + \frac{3z}{z - 3}, \quad |z| > 3$$

取 $H(z)$ 的逆变换，有

$$h(n) = \mathscr{L}^{-1}[H(z)] = -2 \cdot 2^n \varepsilon(n) + 3 \cdot 3^n \varepsilon(n)$$

$$= (-2^{n+1} + 3^{n+1})\varepsilon(n)$$

(2) 由于

$$Y_{\mathrm{zs}}(z) = H(z)F(z)$$

由 $f(n) = \varepsilon(n)$ 得

$$F(z) = \frac{z}{z - 1}, \quad |z| > 1$$

则

$$Y_{\mathrm{zs}}(z) = \frac{z^2}{z^2 - 5z + 6}\frac{z}{z - 1} = \frac{z^3}{(z - 2)(z - 3)(z - 1)}, \quad |z| > 3$$

所以

$$\frac{Y_{\mathrm{zs}}(z)}{z} = \frac{z^2}{(z - 2)(z - 3)(z - 1)} = \frac{k_1}{z - 1} + \frac{k_2}{z - 2} + \frac{k_3}{z - 3}$$

利用公式法求得

$$k_1 = \left.\frac{Y_{\mathrm{zs}}(z)}{z}(z - 1)\right|_{z=1} = \left.\frac{z^2}{(z - 2)(z - 3)}\right|_{z=1} = \frac{1}{2}$$

$$k_2 = \left.\frac{Y_{\mathrm{zs}}(z)}{z}(z - 2)\right|_{z=2} = \left.\frac{z^2}{(z - 3)(z - 1)}\right|_{z=2} = -4$$

$$k_3 = \left.\frac{Y_{\mathrm{zs}}(z)}{z}(z - 3)\right|_{z=3} = \left.\frac{z^2}{(z - 2)(z - 1)}\right|_{z=3} = \frac{9}{2}$$

于是

$$Y_{\mathrm{zs}}(z) = \frac{1}{2}\frac{z}{z - 1} - \frac{4z}{z - 2} + \frac{9}{2}\frac{z}{z - 3}, \quad |z| > 3$$

取上式的逆 z 变换，得

$$y_{\mathrm{zs}}(n) = \mathscr{L}^{-1}[Y_{\mathrm{zs}}(z)] = \frac{1}{2}\varepsilon(n) - 4 \cdot 2^n \varepsilon(n) + \frac{9}{2} \cdot 3^n \varepsilon(n)$$

$$= \left(\frac{1}{2} - 2^{n+2} + \frac{1}{2} \cdot 3^{n+2}\right)\varepsilon(n)$$

7.4.3 系统的 z 域框图

在离散系统分析中，模拟离散系统的基本运算单元有加法器、数乘器和单位延时器，其 n 域模型如图 6-12 所示，对应在 z 域下的模拟框图如图 7-4 所示。

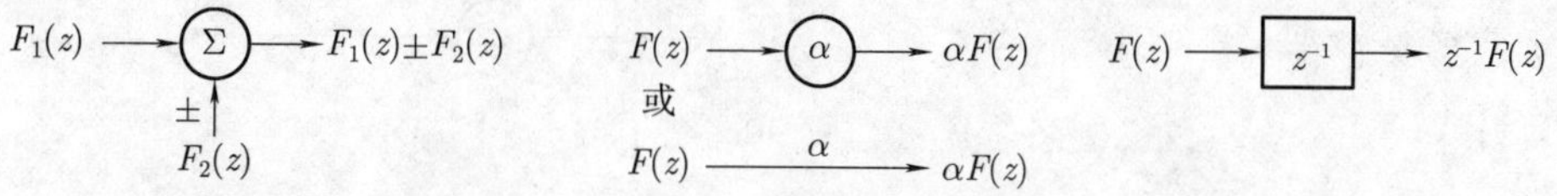

$F_1(z) \longrightarrow \Sigma \longrightarrow F_1(z) \pm F_2(z)$
$\pm \uparrow$
$F_2(z)$

$F(z) \longrightarrow \alpha \longrightarrow \alpha F(z)$
或
$F(z) \xrightarrow{\quad \alpha \quad} \alpha F(z)$

$F(z) \longrightarrow \boxed{z^{-1}} \longrightarrow z^{-1}F(z)$

a) 加法器　　　　　　　　b) 数乘器　　　　　　　　c) 单位延时器

图 7-4　模拟离散系统的基本运算单元的 z 域模型

例 7-21　已知系统函数

$$H(z) = \frac{z-2}{z^2 - 3z + 2}$$

求系统方程并画出系统的 n 域和 z 域框图。

解　由于

$$H(z) = \frac{Y_{\mathrm{zs}}(z)}{F(z)} = \frac{z-2}{z^2 - 3z + 2}$$

7.17 z 域框图

所以有

$$(z^2 - 3z + 2)Y_{\mathrm{zs}}(z) = (z-2)F(z)$$

故得差分方程为

$$y(n+2) - 3y(n+1) + 2y(n) = f(n+1) - 2f(n)$$

画系统框图时，一般激励的最高项为 $f(n)$，则上述方程可写为

$$y(n+1) - 3y(n) + 2y(n-1) = f(n) - 2f(n-1)$$

系统的 n 域模拟框图如图 7-5a 所示，变换成 z 域模拟框图如图 7-5b 所示。

也可以用两个加法器来实现该系统，以 z 域系统模拟框图为例进行分析。将系统函数改写为

$$H(z) = \frac{z-2}{z^2 - 3z + 2} = \frac{z^{-1} - 2z^{-2}}{1 - 3z^{-1} + 2z^{-2}} = \frac{\left(z^{-1} - 2z^{-2}\right)X(z)}{\left(1 - 3z^{-1} + 2z^{-2}\right)X(z)} = \frac{Y_{\mathrm{zs}}(z)}{F(z)}$$

于是，有

$$Y_{\mathrm{zs}}(z) = \left(z^{-1} - 2z^{-2}\right)X(z)$$

$$F(z) = \left(1 - 3z^{-1} + 2z^{-2}\right)X(z)$$

$X(z)$ 是从左边加法器输出的信号，进而构建出 z 域系统模拟框图如图 7-5c 所示，读者可自行将其转换为 n 域框图。可见，基于同一系统函数所构建的模拟系统不是唯一的，它们能够实现相同的物理功能。

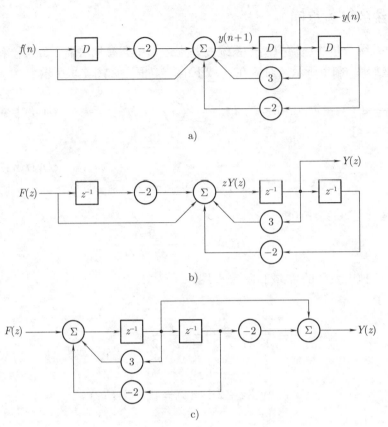

图 7-5　例 7-21 系统模拟框图

本题求解过程中还应注意零点和极点相同问题。由于

$$H(z) = \frac{z-2}{z^2 - 3z + 2} = \frac{z-2}{(z-2)(z-1)}$$

即 $H(z)$ 有一极点 $p = 2$ 和零点 $z = 2$ 相同，但不可将 $H(z)$ 的分子和分母中的公因子 $(z-2)$ 消去，即零极点不能相消。否则，系统将被改变。

另外，由 $H(z)$ 的形式写出的系统差分方程可见，$H(z)$ 的极点即为差分方程的特征根，可见极点决定了系统的单位样值响应 $h(n)$ 的形式，从而决定了零输入响应 $y_{zi}(n)$ 的形式。所以 $H(z)$ 能够反映系统的固有属性。

7.4.4　s 域和 z 域的关系

z 变换与拉普拉斯变换之间有着密切的联系。7.1 节中已经给出了复变量 z 和 s 的关系如式 (7-5) 和式 (7-6) 所示，为方便下文讨论，重新写出两者关系如下：

$$\begin{cases} z = \mathrm{e}^{sT_s} \\ s = \dfrac{1}{T_s} \ln z \end{cases} \tag{7-68}$$

式中，T_s 为抽样周期。重复频率为 $\omega_s = \dfrac{2\pi}{T_s}$。

将 s 表示成直角坐标形式，而把 z 表示成极坐标形式

$$
\begin{cases}
s = \sigma + \mathrm{j}\omega \\
z = r\mathrm{e}^{\mathrm{j}\theta}
\end{cases}
\tag{7-69}
$$

将式 (7-69) 代入式 (7-68) 中得

$$
r\mathrm{e}^{\mathrm{j}\theta} = \mathrm{e}^{(\sigma+\mathrm{j}\omega)T_{\mathrm{s}}}
$$

所以

$$
\begin{cases}
r = \mathrm{e}^{\sigma T_{\mathrm{s}}} \\
\theta = \omega T_{\mathrm{s}} = 2\pi\dfrac{\omega}{\omega_{\mathrm{s}}}
\end{cases}
\tag{7-70}
$$

式 (7-70) 表明 $s \sim z$ 平面有如下的映射关系：

s 平面的左半平面 ($\sigma < 0$) 映射到 z 平面的单位圆内部 ($|z| = r < 1$)。

s 平面的右半平面 ($\sigma > 0$) 映射到 z 平面的单位圆外部 ($|z| = r > 1$)。

s 平面的 $\mathrm{j}\omega$ 轴 ($\sigma = 0$) 映射到 z 平面的单位圆上 ($|z| = r = 1$)。

s 平面的实轴 ($\omega = 0$) 映射到 z 平面的正实轴 ($\theta = 0$)。

s 平面的原点 ($\sigma = 0$, $\omega = 0$) 映射到 z 平面的 $z = 1$ 的点 ($r = 1, \theta = 0$)。

s 平面与 z 平面的映射关系见表 7-3。

表 7-3　s 平面与 z 平面的映射关系

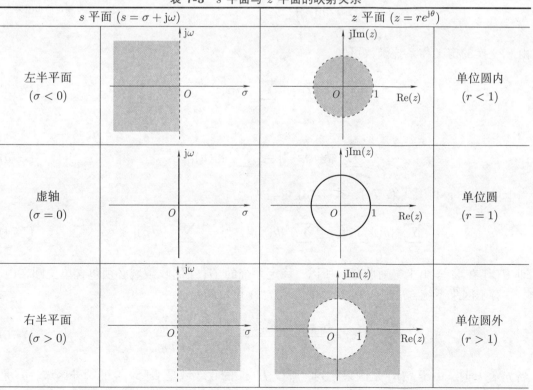

(续)

s 平面 $(s = \sigma + j\omega)$		z 平面 $(z = re^{j\theta})$	
原点 $(\sigma = 0, \omega = 0)$	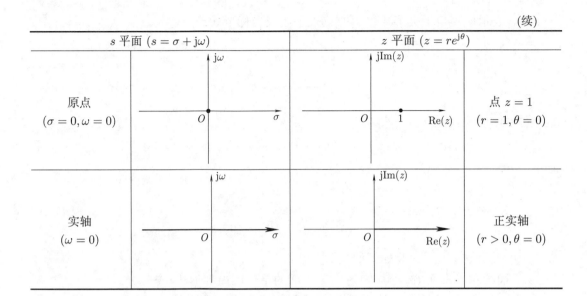		点 $z = 1$ $(r = 1, \theta = 0)$
实轴 $(\omega = 0)$			正实轴 $(r > 0, \theta = 0)$

7.4.5 离散系统的稳定性和因果性

对于一个实际的物理可实现系统而言,其稳定性是十分重要的,因此需讨论一个离散系统所对应的稳定性条件。

离散时间系统稳定的充要条件是单位样值响应 $h(n)$ 绝对可和,即

7.18 离散系统的
稳定性和因果性

$$\sum_{n=-\infty}^{\infty} |h(n)| < \infty \tag{7-71}$$

由 z 变换的定义和系统函数可知

$$H(z) = \sum_{n=-\infty}^{\infty} h(n)z^{-n} \tag{7-72}$$

则

$$\sum_{n=-\infty}^{\infty} |h(n)z^{-n}| = \sum_{n=-\infty}^{\infty} |h(n)||z^{-n}| \tag{7-73}$$

当 $|z| = 1$ 时,利用式 (7-71),式(7-73) 可写为

$$\sum_{n=-\infty}^{\infty} |h(n)z^{-n}| = \sum_{n=-\infty}^{\infty} |h(n)||1^{-n}| = \sum_{n=-\infty}^{\infty} |h(n)| < \infty \tag{7-74}$$

即 $H(z)$ 在 $|z| = 1$ 上绝对收敛。所以,稳定系统的 $H(z)$ 的收敛域必须包含单位圆在内。

对于因果系统,$h(n) = 0$, $n < 0$。设 $H(z)$ 可表示为

$$H(z) = \frac{b_m z^m + b_{m-1}z^{m-1} + \cdots + b_0}{a_k z^k + a_{k-1}z^{k-1} + \cdots + a_0} \tag{7-75}$$

当 $m \leqslant k$ 时,由于 $h(n)$ 是因果序列,所以 $H(z)$ 的收敛域是 $|z| > \rho_0$ 的圆外区域,ρ_0 是收敛半径。换言之,$H(z)$ 的极点都在圆 $|z| = \rho_0$ 的内部。

由于稳定系统的 $H(z)$ 的收敛域必包含单位圆周，因此，若该稳定系统又是因果系统，则其系统函数 $H(z)$ 的收敛域一定是某个半径小于 1 的圆的外部区域。所以，对于既是稳定又是因果的离散系统，其系统函数 $H(z)$ 的极点一定都落在 z 平面的单位圆内，反之亦然。

例 7-22 已知描述某离散系统的差分方程为

$$y(n+2) - 0.7y(n+1) + 0.1y(n) = 7f(n+2) - 2f(n+1) \tag{7-76}$$

(1) 求单位样值响应 $h(n)$；

(2) 画出系统的模拟框图；

(3) 分析系统的稳定性和因果性。

解 (1) 由给定的差分方程可以直接写出系统函数为

$$H(z) = \frac{7z^2 - 2z}{z^2 - 0.7z + 0.1}, \quad |z| > 0.5 \tag{7-77}$$

则

$$\frac{H(z)}{z} = \frac{7z - 2}{z^2 - 0.7z + 0.1} = \frac{7z - 2}{(z - 0.5)(z - 0.2)}, \quad |z| > 0.5$$

所以

$$\frac{H(z)}{z} = \frac{A}{z - 0.5} + \frac{B}{z - 0.2}$$

其中

$$A = \frac{H(z)}{z}(z - 0.5)\bigg|_{z=0.5} = \frac{7z - 2}{z - 0.2}\bigg|_{z=0.5} = 5$$

$$B = \frac{H(z)}{z}(z - 0.2)\bigg|_{z=0.2} = \frac{7z - 2}{z - 0.5}\bigg|_{z=0.2} = 2$$

于是

$$H(z) = \frac{5z}{z - 0.5} + \frac{2z}{z - 0.2}, \quad |z| > 0.5 \tag{7-78}$$

取式(7-78)的逆 z 变换，得

$$h(n) = \mathscr{Z}^{-1}[H(z)] = (5 \cdot 0.5^n + 2 \cdot 0.2^n)\,\varepsilon(n) \tag{7-79}$$

(2) 将差分方程式 (7-76) 改写成后向差分方程

$$y(n) - 0.7y(n-1) + 0.1y(n-2) = 7f(n) - 2f(n-1) \tag{7-80}$$

可得系统的模拟框图如图 7-6 所示，图 7-6 a、b 分别给出了两种不同的画法。

(3) 由于

$$H(z) = \frac{7z^2 - 2z}{(z - 0.5)(z - 0.2)}, \quad |z| > 0.5$$

的分子和分母的最高阶次相同，且两极点 $p_1 = 0.5$ 和 $p_2 = 0.2$ 均在单位圆内，所以系统是稳定的因果系统。

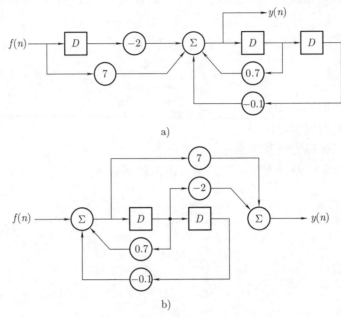

图 7-6　例 7-22 系统模拟框图

习　题　7

7-1 求下列序列的 z 变换，并注明收敛域。

(1) $\delta(n+2)$

(2) $\left(\dfrac{1}{2}\right)^n \varepsilon(n) + \delta(n)$

(3) $\left(\dfrac{1}{2}\right)^n [\varepsilon(n+4) - \varepsilon(n-5)]$

(4) $-3^{-n}\varepsilon(-n-1)$

(5) $\cos\left(\dfrac{n\pi}{4}\right)\varepsilon(n)$

(6) $\left(-\dfrac{1}{3}\right)^n \varepsilon(-n-2)$

7-2 求下列序列的 z 变换，并注明收敛域。

(1) $n[\varepsilon(n) - \varepsilon(n-4)]$

(2) $(n-1)\varepsilon(n-1)$

(3) $(n+1)\varepsilon(n)$

(4) $(n-1)^2\varepsilon(n-1)$

(5) $n(n-1)\varepsilon(n-1)$

(6) $na^{2n}\varepsilon(n-2)$

7-3 利用 z 变换的性质求下列序列的 z 变换。

(1) $\dfrac{a^n}{n+2}\varepsilon(n+1)$

(2) $\dfrac{a^n - b^n}{n}\varepsilon(n-1)$

(3) $n^2 a^{n-1}\varepsilon(n)$

(4) $\displaystyle\sum_{m=0}^{n}(-1)^m$

(5) $n \sin \left(\dfrac{n\pi}{2}\right) \varepsilon(n)$ (6) $\dfrac{a^n}{n+1} \varepsilon(n)$

7-4 已知因果序列的 z 变换 $F(z)$，求 $f(0)$、$f(1)$、$f(2)$。

(1) $F(z) = \dfrac{z^2}{(z-2)(z-1)}$ (2) $F(z) = \dfrac{z^2 - z}{(z-1)^3}$

(3) $F(z) = \dfrac{z^2 + z + 1}{(z-2)\left(z+\dfrac{1}{2}\right)}$

7-5 已知因果序列的 z 变换 $F(z)$，能否用终值定理？若能，求 $f(\infty)$。

(1) $F(z) = \dfrac{z^2 + 1}{\left(z-\dfrac{1}{2}\right)\left(z-\dfrac{1}{3}\right)}$ (2) $F(z) = \dfrac{z^2 + z + 1}{(z-1)\left(z+\dfrac{1}{2}\right)}$

(3) $F(z) = \dfrac{z^2}{(z-1)(z-2)}$

7-6 利用 z 变换的卷积定理计算下列卷积和。

(1) $a^n \varepsilon(n) * \varepsilon(n-1)$ (2) $2^n \varepsilon(-n-1) * \left(\dfrac{1}{2}\right)^n \varepsilon(n-1)$

(3) $3^n \varepsilon(n-2) * 2^n \varepsilon(n-2)$

7-7 求下列象函数的逆 z 变换。

(1) $F(z) = \dfrac{z^2}{(z-0.5)(z-0.25)}, \quad |z| > 0.5$

(2) $F(z) = \dfrac{z+2}{2z^2 - 7z + 3}, \quad |z| > 3$

(3) $F(z) = \dfrac{z^2}{\left(z-\dfrac{1}{2}\right)\left(z-\dfrac{1}{3}\right)}, \quad |z| < \dfrac{1}{3}$

(4) $F(z) = \dfrac{z^3}{\left(z-\dfrac{1}{2}\right)^2 (z-1)}, \quad \dfrac{1}{2} < |z| < 1$

7-8 求下列函数在不同收敛域内的逆 z 变换。

(1) $F(z) = \dfrac{2z^3}{\left(z-\dfrac{1}{2}\right)^2 (z-1)}, \quad$ a) $|z| > 1$;   b) $|z| < \dfrac{1}{2}$;   c) $\dfrac{1}{2} < |z| < 1$

(2) $F(z) = \dfrac{z}{(z-1)^2 (z-2)}, \quad$ a) $|z| > 2$;   b) $|z| < 1$;   c) $1 < |z| < 2$

7-9 用单边 z 变换解下列差分方程。

(1) $y(n) - 2.5y(n-1) + y(n-2) = 0, \quad y(-1) = -1, \quad y(-2) = 1$

(2) $y(n) + 3y(n-1) + 2y(n-2) = \varepsilon(n), \quad y(-1) = 0, \quad y(-2) = \dfrac{1}{2}$

7-10 设描述系统的差分方程为 $y(n) - \dfrac{5}{2}y(n-1) + y(n-2) = f(n-1)$。

(1) 求系统函数 $H(z)$;

(2) 画出零极图；

(3) 求单位样值响应 $h(n)$。

7-11 描述某 LTI 离散系统的差分方程为 $y(n) - y(n-1) - 2y(n-2) = f(n)$。已知 $y(-1) = -1$, $y(-2) = \dfrac{1}{4}$, $f(n) = \varepsilon(n)$，求系统的零输入响应 $y_{zi}(n)$、零状态响应 $y_{zs}(n)$ 及完全响应 $y(n)$。

7-12 求图 7-7 所示系统的单位样值响应和单位阶跃响应。

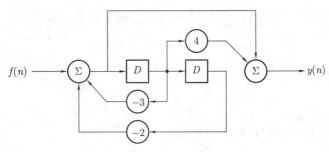

图 7-7 习题 7-12 图

7-13 已知某 LTI 离散系统的初始条件为 $y(-1) = 0$, $y(-2) = -\dfrac{1}{6}$，输入 $f(n) = 2\varepsilon(n)$ 时，全响应为 $y(n) = (2 + 2^n + 3^n)\varepsilon(n)$。求零输入响应和零状态响应，并写出此系统的差分方程。

7-14 如图 7-8 所示系统：

(1) 证明图 7-8 a~c 的系统满足相同的差分方程；

(2) 求该系统的单位样值响应 $h(n)$；

(3) 如果 $f(n) = \varepsilon(n)$，求系统的零状态响应。

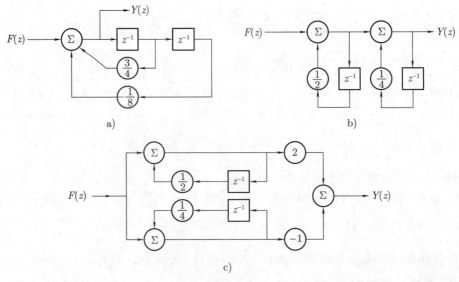

图 7-8 习题 7-14 图

7-15 当输入 $f(n) = \varepsilon(n)$ 时，某 LTI 离散系统的零状态响应 $y_{zs}(n) = 2(1 - 0.5^n)\varepsilon(n)$。求 $f(n) = 0.5^n\varepsilon(n)$ 时的零状态响应。

7-16 如图 7-9 所示的数字滤波器结构：

(1) 试求该因果滤波器的系统函数 $H(z)$，标明收敛域并画出零极图；

(2) k 为何值时系统是稳定的？

(3) 如果 $k = 1$ 且对所有 n，$f(n) = \left(\dfrac{2}{3}\right)^n$，求系统的输出 $y(n)$。

7-17 一个因果 LTI 离散系统的框图如图 7-10 所示。

(1) 求系统函数 $H(z)$ 和单位样值响应 $h(n)$；

(2) 写出 $f(n)$ 和 $y(n)$ 之间的差分方程；

(3) 该系统是否稳定？为什么？

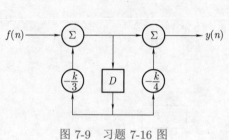

图 7-9 习题 7-16 图

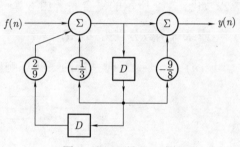

图 7-10 习题 7-17 图

7-18 描述离散系统的差分方程为 $y(n) - 3y(n-1) + 2y(n-2) = f(n-1) - f(n-2)$。已知 $y(0) = y(1) = 1$，输入 $f(n) = \varepsilon(n)$。

(1) 求系统的零输入响应、零状态响应和全响应；

(2) 该系统是否稳定？

(3) 画出系统的模拟框图。

7-19 某离散系统的框图如图 7-11 所示。

(1) 写出 $f(n)$ 和 $y(n)$ 之间的差分方程；

(2) 求系统函数 $H(z)$，画出零极图，标明收敛域，说明系统是否稳定；

(3) 求单位样值响应 $h(n)$；

(4) 求系统在输入 $f(n) = \sum\limits_{k=n}^{\infty} \delta(n-k)$ 下的响应。已知 $y(0) = 0.8$，$y(1) = 2.08$。

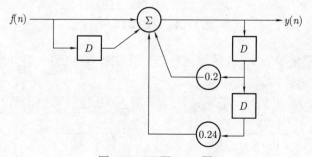

图 7-11 习题 7-19 图

7-20 已知某 LTI 因果系统在输入 $f(n) = \left(\dfrac{1}{2}\right)^n \varepsilon(n)$ 时的零状态响应为

$$y_{zs}(n) = \left[3\left(\frac{1}{2}\right)^n + 2\left(\frac{1}{3}\right)^n\right]\varepsilon(n)$$

求系统函数 $H(z)$，并画出它的模拟框图。

7-21 求下列系统函数在 $10 < |z| \leqslant \infty$ 和 $0.5 < |z| < 10$ 两种情况下系统的单位样值响应，并说明系统的稳定性和因果性。

$$H(z) = \frac{9.5z}{(z - 0.5)(10 - z)}$$

7-22 如图 7-12 所示的复合系统由 3 个子系统组成，如果已知各子系统的单位样值响应或系统函数分别为 $h_1(n) = \varepsilon(n)$, $H_2(z) = \dfrac{z}{z+1}$, $H_3(z) = \dfrac{1}{z}$，求输入 $f(n) = \varepsilon(n) - \varepsilon(n-2)$ 时系统的零状态响应。

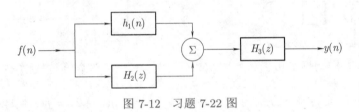

图 7-12　习题 7-22 图

7-23 离散系统如图 7-13 所示。
　(1) 写出系统的差分方程；
　(2) 求系统函数 $H(z)$；
　(3) 求单位样值响应 $h(n)$ 和单位阶跃响应 $g(n)$；
　(4) 若系统的初始状态 $y(-1) = 2$，求系统的零输入响应 $y_{zi}(n)$。

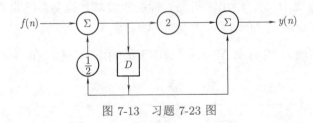

图 7-13　习题 7-23 图

7-24 离散系统的系统函数 $H(z)$ 的零极点分布图如图 7-14 所示，且知当 $z = 0$ 时，$H(0) = -2$，求系统函数的表达式。

7-25 若离散系统的系统函数 $H(z)$ 如下，画出这些系统的模拟框图。

　(1) $\dfrac{z(z+2)}{(z-0.8)(z-0.6)(z+0.4)}$　　　　(2) $\dfrac{z^2}{(z+0.5)^3}$

(3) $\dfrac{z^3}{(z-0.5)(z^2-0.6z+0.25)}$ (4) $\dfrac{(z-1)(z^2-z+1)}{(z-0.5)(z^2-0.6z+0.25)}$

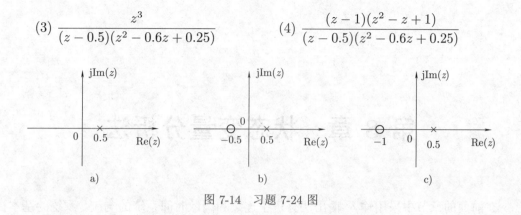

图 7-14 习题 7-24 图

教师导航

本章主要介绍了 z 变换的定义、z 变换的性质、逆 z 变换以及离散时间 LTI 系统的 z 域分析，这一章与连续时间 LTI 系统基于拉普拉斯变换的 s 域分析具有许多相似的地方，如 z 变换的性质与拉普拉斯变换的性质、差分方程的 z 域变换解与微分方程的 s 域变换解等，读者可以对照拉普拉斯变换以及连续时间 LTI 系统的 s 域分析来掌握本章内容。

7.19 时频变换与 5G 频谱分析

本章重点内容如下：

1) z 变换定义及其收敛域。

2) 离散信号 z 变换的求解。

3) z 变换的性质。

4) 利用部分分式展开法求逆 z 变换。

5) z 域下求离散时间 LTI 系统的响应。

6) 系统函数 $H(z)$ 的定义及其求解方法。

7) 根据 $H(z)$ 的形式写出系统的差分方程并能画出系统的 n 域和 z 域框图。

8) 根据 $H(z)$ 的形式判定系统的稳定性和因果性。

7.20 系统函数与维纳滤波器

至此，本书已阐明傅里叶变换、拉普拉斯变换和 z 变换在信号与系统分析中所发挥的重要作用。三大变换的本质就是建立了信号的时域与频域之间的联系，请读者参考教学视频"时频变换与 5G 频谱分析"，以了解信号与系统分析的基本原理和方法在现代通信技术中的应用。另外，无论在频域分析、复频域分析还是 z 域分析中，都表明系统函数能够反映系统固有属性。请读者参考教学视频"系统函数与维纳滤波器"，以深入体会系统函数在系统分析和设计中的重要地位。

第 8 章　状态变量分析法

在前面的章节中采用输入-输出法分析了连续和离散时间系统的响应。系统的基本模型是微分方程 (连续系统) 和差分方程 (离散系统)，分析过程中运用了单位冲激响应和系统函数等概念。这种输入-输出法的特点是将系统看成一个黑匣子，仅研究系统的外部特性，未能揭示系统内部特性。在很多情况下，需要研究系统的输出与系统的内部一些变量有关的问题，为此引入状态变量分析法。对于 n 阶动态系统，状态变量分析法就是用 n 个状态变量的一阶微分方程组或差分方程组来描述系统。状态变量分析法更利于研究诸如多输入-多输出系统、用超大规模集成电路实现信号综合处理的设计等问题，从而能完整地揭示出系统内部特性。状态变量分析法也更便于计算机数值计算，且容易推广至时变系统和非线性系统。本章只讨论 LTI 系统的状态变量分析法。

输入-输出分析法和状态变量分析法都是分析和研究系统的方法，它们从系统外部和内部两个不同的角度分别对系统进行分析和研究，两种分析方法相互补充。

8.1　信 号 流 图

无论是连续时间系统还是离散时间系统，都可以采用系统方程和系统模拟框图进行描述，模拟框图描述系统更加直观。本节将讨论用更为简练和直观的信号流图来描述系统。

8.1.1　信号流图的概念

信号流图就是一种赋权的有向图。它由连接在节点间的有向支路构成。而采用信号流图来描述系统就是采用这样的有向线图表征线性方程组变量间的因果关系。

首先定义信号流图中的一些术语。

1) 节点：表示系统中变量或信号的点。

2) 支路：连接两个节点之间的有向线段即为支路，每条支路的增益即为连接该条支路两个节点间的系统函数 $H(s)$ 或 $H(z)$。

3) 源点 (输入信号节点)：只有输出支路的节点，如图 8-1 所示的 w_1 点。

4) 阱点 (输出信号节点)：也称为汇点，是只有输入支路的节点，如图 8-1 所示的 w_5 点。

5) 混合节点：既有输入支路又有输出支路的节点，如图 8-1 所示的 w_2、w_3、w_4 点。

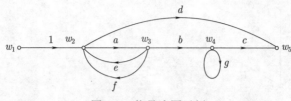

图 8-1　信号流图示例

6) 通路：沿支路箭头方向通过各相连支路的途径 (不允许有相反方向支路存在)。

7) 开通路：通路与任一节点相交不多于一次。如图 8-1 中的通路 $w_1 \xrightarrow{1} w_2 \xrightarrow{a} w_3 \xrightarrow{b} w_4 \xrightarrow{c} w_5$，$w_3 \xrightarrow{f} w_2 \xrightarrow{d} w_5$ 等为开通路。

8) 闭通路：又称为环路，通路的终点就是起点，且与任何其他节点相交不多于一次。如图 8-1 中环路 $w_2 \xrightarrow{a} w_3 \xrightarrow{e} w_2$。

9) 不接触环路：两环路之间没有任何公共节点，如图 8-1 中环路 $w_2 \xrightarrow{a} w_3 \xrightarrow{e} w_2$ 与环路 $w_4 \xrightarrow{g} w_4$ 为不接触环路，而与 $w_2 \xrightarrow{a} w_3 \xrightarrow{f} w_2$ 则为接触环路。

10) 自环路：只有一个节点和一条支路的回路，如图 8-1 中环路 $w_4 \xrightarrow{g} w_4$ 即为自环路。

11) 环路增益：环路中各支路系统函数的乘积。

12) 前向通路：从源点到阱点方向的通路上，通过任何节点不多于一次的全部路径，如图 8-1 中的通路 $w_1 \xrightarrow{1} w_2 \xrightarrow{a} w_3 \xrightarrow{b} w_4 \xrightarrow{c} w_5$，$w_1 \xrightarrow{1} w_2 \xrightarrow{d} w_5$ 均为前向通路。

13) 前向通路增益：前向通路中，各支路系统函数的乘积。

8.1.2　信号流图的性质

在应用信号流图描述系统时，应遵循信号流图的基本运算性质。

1) 信号只能沿支路箭头方向运行。支路的输出是该支路输入与支路增益的乘积。如图 8-2 所示的支路输出 $Y(s)$ 即为该支路的输入 $F(s)$ 与支路增益的乘积。

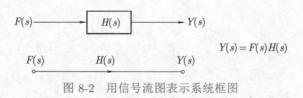

$$Y(s) = F(s)H(s)$$

图 8-2　用信号流图表示系统框图

2) 节点可以将所有输入支路的信号叠加，并将总和信号传送到与该节点相连的所有输出支路。如图 8-3 所示，对节点 w_4 而言，其输入总和为 $w_4 = w_1H_1 + w_2H_2 + w_3H_3$，而输出为 $w_5 = w_4H_4$，$w_6 = w_4H_5$。

3) 具有输入和输出支路的混合节点，通过增加一个具有单位增益的传输支路，可将其变成输出节点来处理。如图 8-4 中的 w_3 与 w_3' 实际上是一个节点，但分成两个节点后，w_3 是既有输入又有输出的混合节点，而 w_3' 是只有输入的输出节点。

4) 信号流图转置后，其系统函数保持不变。所谓信号流图转置，就是将信号流图中各支路信号的传输方向反转，同时将源点和阱点对调。

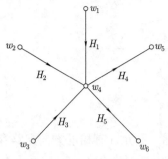

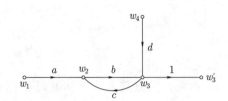

图 8-3 信号流图中的节点

图 8-4 信号流图中将混合节点变为输出节点

8.1.3 信号流图的代数运算

信号流图所描述的系统是通过变换域下的线性代数方程组来表征的, 因此它遵循代数运算规则。

1) 只有一个输入支路的节点值等于输入信号乘以支路增益, 如图 8-5 所示。

2) 串联支路合并。合并后支路总增益等于各支路增益的乘积, 如图 8-6 所示。

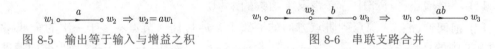

图 8-5 输出等于输入与增益之积

图 8-6 串联支路合并

3) 并联支路合并。合并后支路总增益等于各支路增益相加, 如图 8-7 所示。

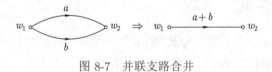

图 8-7 并联支路合并

4) 消除混合节点, 如图 8-8 所示。

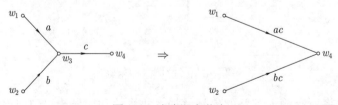

图 8-8 消除混合节点

5) 消除环路, 如图 8-9 所示。

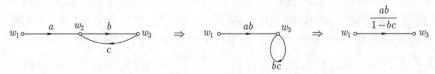

图 8-9 消除环路

对于一个复杂的信号流图，可以通过反复运用"串联支路合并，减少节点；并联支路合并，减少支路；消除环路"等运算规则，化简为只有一个源点和阱点的信号流图，进而求得系统函数。

8.2　用信号流图模拟系统

8.2.1　直接实现

用信号流图模拟系统的直接实现方法就是将系统函数用两个多项式比值的形式来表示，由此画出系统模拟框图，进一步画出信号流图。

对于连续系统而言，可将 n 阶系统的系统函数表示为

$$
\begin{aligned}
H(s) &= \frac{b_m s^m + b_{m-1} s^{m-1} + \cdots + b_1 s + b_0}{s^n + a_{n-1} s^{n-1} + \cdots + a_1 s + a_0} \\
&= \frac{b_m s^{-(n-m)} + b_{m-1} s^{-(n-m+1)} + \cdots + b_1 s^{-(n-1)} + b_0 s^{-n}}{1 + a_{n-1} s^{-1} + \cdots + a_1 s^{-(n-1)} + a_0 s^{-n}}
\end{aligned}
\tag{8-1}
$$

对于离散系统，只需将式 (8-1) 中的变量 s 换成 z 即可。

将式 (8-1) 分子、分母同时乘以 $W(s)$，即

$$
H(s) = \frac{W(s) \left[b_m s^{-(n-m)} + b_{m-1} s^{-(n-m+1)} + \cdots + b_1 s^{-(n-1)} + b_0 s^{-n} \right]}{W(s) \left[1 + a_{n-1} s^{-1} + \cdots + a_1 s^{-(n-1)} + a_0 s^{-n} \right]} = \frac{Y(s)}{F(s)}
$$

则

$$
Y(s) = W(s) \left[b_m s^{-(n-m)} + b_{m-1} s^{-(n-m+1)} + \cdots + b_1 s^{-(n-1)} + b_0 s^{-n} \right]
\tag{8-2}
$$

$$
W(s) = F(s) - W(s) \left[a_{n-1} s^{-1} + \cdots + a_1 s^{-(n-1)} + a_0 s^{-n} \right]
\tag{8-3}
$$

如果令 $m = n$，根据式 (8-2) 和式 (8-3)，式 (8-1) 的系统函数所对应的系统模拟框图如图 8-10 所示，与其对应的信号流图如图 8-11a 所示，而图 8-11b 则为图 8-11a 转置后的信号流图，根据信号流图转置性质，图 8-11b 也同样满足式 (8-1) 的系统函数。

如果 $m < n$，系统模拟框图和信号流图中则减少相应的前向支路。

例 8-1　某离散系统的系统函数为

$$
H(z) = \frac{8 - 4z^{-1} + 11z^{-2} - 2z^{-3}}{1 - 2z^{-1} + 3z^{-2} + 2z^{-3}}
$$

画出该离散系统的信号流图。

解　由于

$$
H(z) = \frac{8 - 4z^{-1} + 11z^{-2} - 2z^{-3}}{1 - 2z^{-1} + 3z^{-2} + 2z^{-3}} = \frac{Y(z)}{F(z)}
$$

可得

$$Y(z) = \left(8 - 4z^{-1} + 11z^{-2} - 2z^{-3}\right) F(z) + \left(2z^{-1} - 3z^{-2} - 2z^{-3}\right) Y(z)$$

于是，可得其直接形式的系统模拟框图及信号流图，分别如图 8-12a 和图 8-12b 所示。

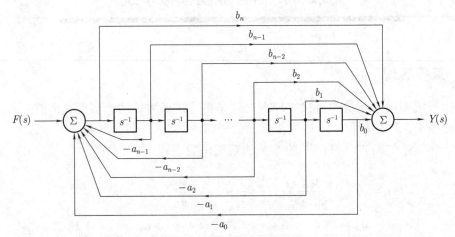

图 8-10　n 阶系统的模拟框图

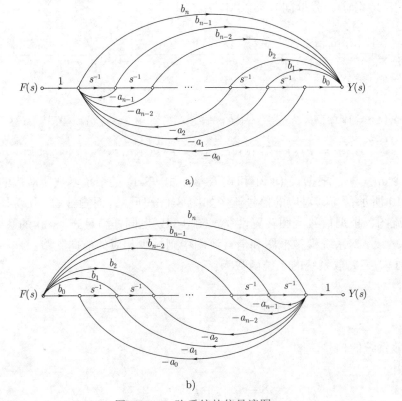

a)

b)

图 8-11　n 阶系统的信号流图

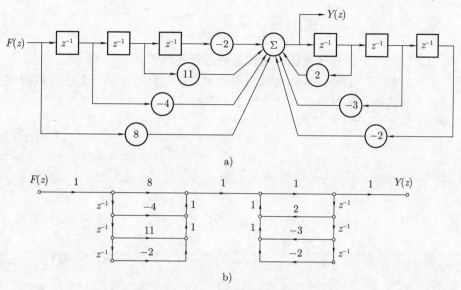

图 8-12 例 8-1 的系统模拟框图及信号流图

8.2.2 级联和并联的实现

级联形式就是将系统函数 $H(s)$ 或 $H(z)$ 分解为几个较简单的子系统函数的乘积, 即

$$H(s) = H_1(s)H_2(s)\cdots H_k(s) = \prod_{j=1}^{k} H_j(s) \tag{8-4}$$

其系统模拟框图如图 8-13 所示, 其中每个子系统可采用直接形式来实现。

$$F(s) \rightarrow \boxed{H_1(s)} \rightarrow \boxed{H_2(s)} \rightarrow \cdots \rightarrow \boxed{H_k(s)} \rightarrow Y(s)$$

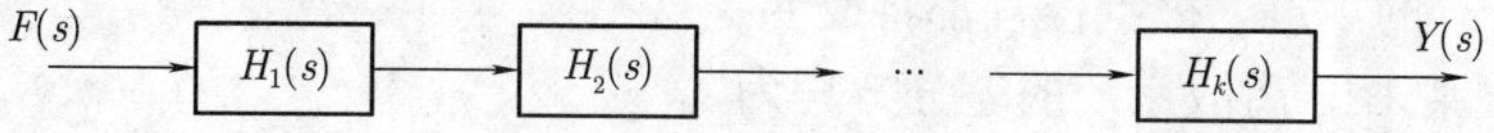

图 8-13 子系统级联

并联形式就是将 $H(s)$ 或 $H(z)$ 分解为几个较简单的子系统函数相加的形式, 即

$$H(s) = H_1(s) + H_2(s) + \cdots + H_k(s) = \sum_{j=1}^{k} H_j(s) \tag{8-5}$$

其系统模拟框图如图 8-14 所示, 其中子系统 $H_j(s)$ 可采用直接形式来实现。

子系统函数通常可选用一阶和二阶函数, 因而称之为一阶节、二阶节, 分别表示为

一阶节:

$$H_j(s) = \frac{b_{1j} + b_{0j}s^{-1}}{1 + a_{0j}s^{-1}} \tag{8-6}$$

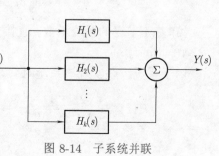

图 8-14 子系统并联

二阶节:

$$H_j(s) = \frac{b_{2j} + b_{1j}s^{-1} + b_{0j}s^{-2}}{1 + a_{1j}s^{-1} + a_{0j}s^{-2}} \tag{8-7}$$

一阶和二阶子系统的信号流图及模拟框图分别如图 8-15a、b 所示。

需要注意的是，$H(s)$ 或 $H(z)$ 的实极点既可以构成一阶节的分母也可以构成二阶节的分母，而一对共轭复极点可以构成二阶节的分母。

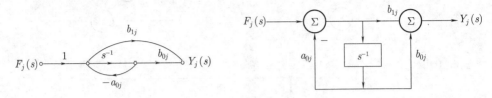

a) 一阶子系统

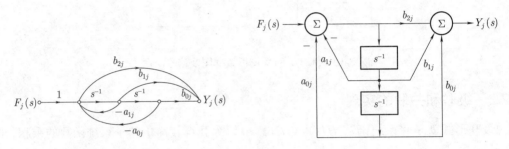

b) 二阶子系统

图 8-15 一阶和二阶子系统的信号流图及模拟框图

用子系统级联或并联实现系统时调试较为方便，当调节某子系统的参数时，只需改变该子系统的零点或极点位置，对其他子系统的极点没有影响。而对于直接实现，当调节某个参数时，所有的零点、极点位置都将改变。

例 8-2 某 LTI 离散系统的差分方程为

$$y(n+2) + 3y(n+1) + 2y(n) = 2f(n+1) + f(n)$$

求：(1) 系统函数 $H(z)$；(2) 用 3 种不同的结构形式描述系统模拟框图及信号流图。

解 (1) 对给定系统差分方程两端同时取 z 变换，并由系统函数定义可得

$$H(z) = \frac{Y(z)}{F(z)} = \frac{2z + 1}{z^2 + 3z + 2} = \frac{2z^{-1} + z^{-2}}{1 + 3z^{-1} + 2z^{-2}}$$

(2) 基于求得的系统函数，直接实现该系统，可得系统模拟框图和相应的信号流图如图 8-16a 所示。

用子系统级联实现该系统时，其系统函数为

$$H(z) = \frac{2z + 1}{z^2 + 3z + 2} = \frac{2z + 1}{(z + 2)(z + 1)} = \frac{2z + 1}{z + 2} \frac{1}{z + 1} = H_1(z)H_2(z)$$

其中

$$H_1(z) = \frac{2z + 1}{z + 2} = \frac{2 + z^{-1}}{1 + 2z^{-1}}, \quad H_2(z) = \frac{1}{z + 1} = \frac{z^{-1}}{1 + z^{-1}}$$

其系统模拟框图及对应的信号流图如图 8-16b 所示。

用子系统并联实现该系统时，系统函数为

$$H(z) = \frac{2z+1}{(z+2)(z+1)} = \frac{3}{z+2} + \frac{-1}{z+1} = \frac{3z^{-1}}{1+2z^{-1}} + \frac{-z^{-1}}{1+z^{-1}}$$

其系统模拟框图及对应的信号流图如图 8-16c 所示。

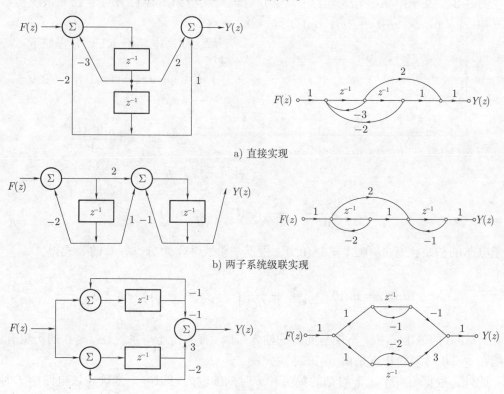

a) 直接实现

b) 两子系统级联实现

c) 两子系统并联实现

图 8-16　例 8-2 3 种不同结构的系统模拟框图和信号流图

通过此例可以看出，由于给定的系统函数可以表示成不同形式，因而系统模拟框图及信号流图均不是唯一的。

8.3　状态变量分析法

8.3.1　状态及状态变量

一个动态系统在某时刻 t_0 的状态是表征该动态系统所必需的最少的一组数值，基于这组数值和 $t \geqslant 0$ 时作用于系统的激励，就能够确定 $t \geqslant 0$ 时系统的全部工作情况。将能够表示系统状态的变量称为状态变量。显然，状态变量在某时刻的值就表征了动态系统在该时刻的状态。系统状态变量应满足以下特点：

1) 只要知道 $t = t_0$ 时的这组变量的值和 $t \geqslant t_0$ 时的输入，则这组变量在 $t \geqslant t_0$ 的任意时刻的值就可唯一地确定。

2) 这组变量在 t 时刻的值和 t 时刻的输入可以唯一地确定系统中 t 时刻所有变量的值。

如电容电压 $u_C(t)$ 或电荷 $q_C(t)$、电感电流 $i_L(t)$ 或磁链 $\Phi_L(t)$ 就是电路的状态变量。

例 8-3　某一阶 RC 动态电路在 $t \geqslant 0$ 时电路结构如图 8-17 所示。已知系统初始状态 $u_C(0_-) \neq 0$，求 $u_C(t)$、$i(t)$、$u_R(t)$，$t \geqslant 0$。

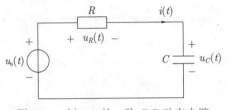

图 8-17　例 8-3 的一阶 RC 动态电路

解　列写电路的 KVL 方程如下：

$$Ri(t) + u_C(t) = u_s(t), \quad t \geqslant 0$$

其中

$$i(t) = C\frac{\mathrm{d}u_C(t)}{\mathrm{d}t}$$

可得系统方程为

$$\frac{\mathrm{d}u_C(t)}{\mathrm{d}t} + \frac{1}{RC}u_C(t) = \frac{1}{RC}u_s(t)$$

由于电路的初始状态 $u_C(0_+) = u_C(0_-)$，根据一阶线性常微分方程解的公式得

$$u_C(t) = u_C(0_+)\mathrm{e}^{-\frac{t}{RC}} + \frac{1}{RC}\int_{0_+}^{t} u_s(\tau)\mathrm{e}^{-\frac{t-\tau}{RC}}\mathrm{d}\tau, \quad t \geqslant 0$$

可见，$t \geqslant 0$ 的输出 $u_C(t)$ 不仅与此时的输入 $u_s(t)$ 有关，还与系统在 $t \leqslant 0$ 的历史有关。系统在 $t = 0$ 时刻的状态是由 $u_C(0_+)$ 决定的。

此外，根据 $u_C(t)$ 在 t 时刻的数值和 t 时刻的输入可以唯一地确定该电路中 t 时刻所有变量的数值，即

$$i(t) = C\frac{\mathrm{d}u_C(t)}{\mathrm{d}t}$$

$$u_R(t) = Ri(t) = RC\frac{\mathrm{d}u_C(t)}{\mathrm{d}t}$$

8.3.2　状态方程、输出方程及其建立

状态变量分析法有两个基本方程，即状态方程和输出方程。其中状态方程是以状态变量的特定形式所形成的一阶微分方程组，其左端是状态变量的一阶导数，右端是状态变量和输入的组合。状态方程是从系统内部将状态变量和输入联系起来。输出方程则是将状态变量与系统输出量联系起来的方程。输出方程中不能含状态变量的导数。

1. 系统状态变量方程的建立

以线性电路系统为例，讨论状态变量方程的建立过程。二阶动态电路如图 8-18 所示，其中 $u_C(t)$ 及 $i_L(t)$ 为系统的状态变量。

由节点的 KCL 可有

$$i(t) = C\frac{\mathrm{d}u_C(t)}{\mathrm{d}t} + i_L(t) \tag{8-8}$$

由回路的 KVL 可有

$$R_1 i(t) + u_C(t) = u_{\mathrm{s}}(t) \tag{8-9}$$

$$R_2 i_L(t) + L\frac{\mathrm{d}i_L(t)}{\mathrm{d}t} - u_C(t) = 0 \tag{8-10}$$

联立式 (8-8) $\sim$ 式(8-10) 可得

$$\frac{\mathrm{d}u_C(t)}{\mathrm{d}t} = -\frac{1}{R_1 C}u_C(t) - \frac{1}{C}i_L(t) + \frac{1}{R_1 C}u_{\mathrm{s}}(t) \tag{8-11}$$

$$\frac{\mathrm{d}i_L(t)}{\mathrm{d}t} = \frac{1}{L}u_C(t) - \frac{R_2}{L}i_L(t) \tag{8-12}$$

式 (8-11) 及式 (8-12) 是图 8-18 所示二阶电路的状态方程，用矩阵形式可表示为

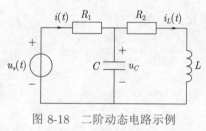

图 8-18　二阶动态电路示例

$$\begin{bmatrix} \dfrac{\mathrm{d}u_C(t)}{\mathrm{d}t} \\[2mm] \dfrac{\mathrm{d}i_L(t)}{\mathrm{d}t} \end{bmatrix} = \begin{bmatrix} -\dfrac{1}{R_1 C} & -\dfrac{1}{C} \\[2mm] \dfrac{1}{L} & -\dfrac{R_2}{L} \end{bmatrix} \begin{bmatrix} u_C(t) \\[2mm] i_L(t) \end{bmatrix} + \begin{bmatrix} \dfrac{1}{R_1 C} \\[2mm] 0 \end{bmatrix} u_{\mathrm{s}}(t) \tag{8-13}$$

或

$$\frac{\mathrm{d}}{\mathrm{d}t}\boldsymbol{x}(t) = \boldsymbol{A}\boldsymbol{x}(t) + \boldsymbol{B}\boldsymbol{f}(t) \tag{8-14}$$

其中

$$\boldsymbol{x}(t) = \begin{bmatrix} u_C(t) \\[2mm] i_L(t) \end{bmatrix}, \quad \boldsymbol{f}(t) = u_{\mathrm{s}}(t), \quad \boldsymbol{A} = \begin{bmatrix} -\dfrac{1}{R_1 C} & -\dfrac{1}{C} \\[2mm] \dfrac{1}{L} & -\dfrac{R_2}{L} \end{bmatrix}, \quad \boldsymbol{B} = \begin{bmatrix} \dfrac{1}{R_1 C} \\[2mm] 0 \end{bmatrix}$$

可将上面二阶电路系统的状态方程推广到 n 阶多输入-多输出连续系统上。

若系统有 n 个状态变量 $x_i(t)\,(i = 1, 2, \cdots, n)$，则用这 n 个状态变量做分量构成矢量 $\boldsymbol{x}(t)$，称该矢量为系统的状态矢量。状态矢量所有可能的集合称为状态空间。

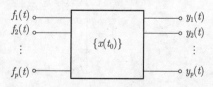

图 8-19　n 阶多输入-多输出连续系统

设系统有 p 个输入变量 $f_1(t), f_2(t), \cdots, f_p(t)$，$n$ 个状态变量为 $x_1(t)$，$x_2(t)$，$\cdots$，$x_n(t)$，其系统模型如图 8-19 所示。则系统 n 个状态方程为

$$
\begin{cases}
\dfrac{\mathrm{d}x_1(t)}{\mathrm{d}t} = a_{11}x_1(t) + a_{12}x_2(t) + \cdots + a_{1n}x_n(t) + b_{11}f_1(t) + b_{12}f_2(t) + \cdots + b_{1p}f_p(t) \\[2mm]
\dfrac{\mathrm{d}x_2(t)}{\mathrm{d}t} = a_{21}x_1(t) + a_{22}x_2(t) + \cdots + a_{2n}x_n(t) + b_{21}f_1(t) + b_{22}f_2(t) + \cdots + b_{2p}f_p(t) \\[2mm]
\qquad\qquad\qquad\qquad\qquad\qquad\qquad \vdots \\[2mm]
\dfrac{\mathrm{d}x_n(t)}{\mathrm{d}t} = a_{n1}x_1(t) + a_{n2}x_2(t) + \cdots + a_{nn}x_n(t) + b_{n1}f_1(t) + b_{n2}f_2(t) + \cdots + b_{np}f_p(t)
\end{cases}
$$

$$(8\text{-}15)$$

写成矩阵形式为

$$
\frac{\mathrm{d}}{\mathrm{d}t}
\begin{bmatrix} x_1(t) \\ x_2(t) \\ \vdots \\ x_n(t) \end{bmatrix}
=
\begin{bmatrix}
a_{11} & a_{12} & \cdots & a_{1n} \\
a_{21} & a_{22} & \cdots & a_{2n} \\
\vdots & \vdots & & \vdots \\
a_{n1} & a_{n2} & \cdots & a_{nn}
\end{bmatrix}
\begin{bmatrix} x_1(t) \\ x_2(t) \\ \vdots \\ x_n(t) \end{bmatrix}
+
\begin{bmatrix}
b_{11} & b_{12} & \cdots & b_{1p} \\
b_{21} & b_{22} & \cdots & b_{2p} \\
\vdots & \vdots & & \vdots \\
b_{n1} & b_{n2} & \cdots & b_{np}
\end{bmatrix}
\begin{bmatrix} f_1(t) \\ f_2(t) \\ \vdots \\ f_p(t) \end{bmatrix}
$$

或记为

$$
\frac{\mathrm{d}}{\mathrm{d}t}\boldsymbol{x}(t) = \boldsymbol{A}\boldsymbol{x}(t) + \boldsymbol{B}\boldsymbol{f}(t) \tag{8-16}
$$

其中

$$
\boldsymbol{x}(t) = [x_1(t) \quad x_2(t) \quad \cdots \quad x_n(t)]^{\mathrm{T}}
$$

$$
\frac{\mathrm{d}}{\mathrm{d}t}\boldsymbol{x}(t) = \left[\frac{\mathrm{d}x_1(t)}{\mathrm{d}t} \quad \frac{\mathrm{d}x_2(t)}{\mathrm{d}t} \quad \cdots \quad \frac{\mathrm{d}x_n(t)}{\mathrm{d}t}\right]^{\mathrm{T}}
$$

$$
\boldsymbol{f}(t) = [f_1(t) \quad f_2(t) \quad \cdots \quad f_p(t)]^{\mathrm{T}}
$$

$\boldsymbol{x}(t)$、$\dfrac{\mathrm{d}}{\mathrm{d}t}\boldsymbol{x}(t)$、$\boldsymbol{f}(t)$ 分别为状态矢量、状态矢量的一阶导数、输入矢量。而矩阵

$$
\boldsymbol{A} =
\begin{bmatrix}
a_{11} & a_{12} & \cdots & a_{1n} \\
a_{21} & a_{22} & \cdots & a_{2n} \\
\vdots & \vdots & & \vdots \\
a_{n1} & a_{n2} & \cdots & a_{nn}
\end{bmatrix}, \quad
\boldsymbol{B} =
\begin{bmatrix}
b_{11} & b_{12} & \cdots & b_{1p} \\
b_{21} & b_{22} & \cdots & b_{2p} \\
\vdots & \vdots & & \vdots \\
b_{n1} & b_{n2} & \cdots & b_{np}
\end{bmatrix}
$$

分别为系统矩阵 (也称状态矩阵)、输入矩阵 (也称控制分布矩阵)。对于 LTI 连续系统, 它们都是常数矩阵。

同理，对于线性离散系统也可以建立其状态方程。

对如图 8-20 所示的 k 阶多输入-多输出离散系统，设有 p 个输入变量为 $f_1(n), f_2(n), \cdots, f_p(n)$，$k$ 个状态变量为 $w_1(n)$，$w_2(n)$，$\cdots$，$w_k(n)$，其状态方程为

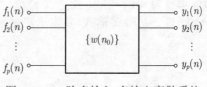

图 8-20　n 阶多输入-多输出离散系统

$$w(n+1) = Aw(n) + Bf(n) \qquad (8\text{-}17)$$

其中

$$\boldsymbol{w}(n) = [w_1(n) \quad w_2(n) \quad \cdots \quad w_k(n)]^{\mathrm{T}}, \quad \boldsymbol{f}(n) = [f_1(n) \quad f_2(n) \quad \cdots \quad f_p(n)]^{\mathrm{T}}$$

$\boldsymbol{w}(n)$ 和 $\boldsymbol{f}(n)$ 分别为状态矢量和输入矢量，而 $\boldsymbol{A}$ 和 $\boldsymbol{B}$ 分别为系统矩阵和输入矩阵。对于 LTI 离散系统，它们都是常数矩阵。

2. 系统输出方程的建立

仍以线性电路系统为例建立其输出方程。线性 RLC 动态电路示例如图 8-21 所示，以 $u(t)$ 为输出变量，电容的电压 $u_C(t)$ 及电感电流 $i_L(t)$ 为状态变量，由 KVL 关系可得该电路的输出方程为

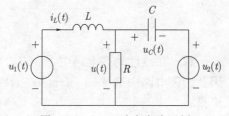

$$u(t) = u_C(t) + u_2(t)$$

图 8-21　RLC 动态电路示例

将二阶电路系统输出方程的建立过程推广到 n 阶连续系统上。设 n 阶多输入-多输出连续系统的 n 个状态变量为 $x_1(t), x_2(t), \cdots, x_n(t)$，$p$ 个输入变量为 $f_1(t), f_2(t), \cdots, f_p(t)$，$q$ 个输出变量为 $y_1(t)$，$y_2(t)$，$\cdots$，$y_q(t)$，系统输出方程的矩阵形式为

$$
\begin{bmatrix} y_1(t) \\ y_2(t) \\ \vdots \\ y_q(t) \end{bmatrix} = \begin{bmatrix} c_{11} & c_{12} & \cdots & c_{1n} \\ c_{21} & c_{22} & \cdots & c_{2n} \\ \vdots & \vdots & & \vdots \\ c_{q1} & c_{q2} & \cdots & c_{qn} \end{bmatrix} \begin{bmatrix} x_1(t) \\ x_2(t) \\ \vdots \\ x_n(t) \end{bmatrix} + \begin{bmatrix} d_{11} & d_{12} & \cdots & d_{1p} \\ d_{21} & d_{22} & \cdots & d_{2p} \\ \vdots & \vdots & & \vdots \\ d_{q1} & d_{q2} & \cdots & d_{qp} \end{bmatrix} \begin{bmatrix} f_1(t) \\ f_2(t) \\ \vdots \\ f_p(t) \end{bmatrix}
$$

或记为

$$\boldsymbol{y}(t) = \boldsymbol{C}\boldsymbol{x}(t) + \boldsymbol{D}\boldsymbol{f}(t) \qquad (8\text{-}18)$$

其中状态矢量 $\boldsymbol{x}(t)$、输入矢量 $\boldsymbol{f}(t)$ 与状态方程建立过程中的定义一样。而输出矢量为

$$\boldsymbol{y}(t) = [y_1(t) \quad y_2(t) \quad \cdots \quad y_q(t)]^{\mathrm{T}}$$

矩阵

$$
\boldsymbol{C} = \begin{bmatrix} c_{11} & c_{12} & \cdots & c_{1n} \\ c_{21} & c_{22} & \cdots & c_{2n} \\ \vdots & \vdots & & \vdots \\ c_{q1} & c_{q2} & \cdots & c_{qn} \end{bmatrix}, \quad \boldsymbol{D} = \begin{bmatrix} d_{11} & d_{12} & \cdots & d_{1p} \\ d_{21} & d_{22} & \cdots & d_{2p} \\ \vdots & \vdots & & \vdots \\ d_{q1} & d_{q2} & \cdots & d_{qp} \end{bmatrix}
$$

分别为输出矩阵 (也称量测矩阵)、前馈矩阵 (也称直接输出矩阵)。对于 LTI 连续系统，它们都是常数矩阵。

同理，k 阶多输入-多输出离散系统的输出方程可表示为

$$y(n) = Cx(n) + Df(n) \tag{8-19}$$

3. 实例分析

(1) 电路系统状态方程和输出方程的建立

例 8-4 电路如图 8-22 所示，列写状态方程和以 $u_1(t)$、$i_{C_2}(t)$ 为响应的输出方程。

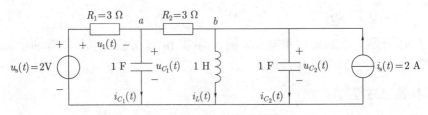

图 8-22 　例 8-4 的电路图

解　在线性动态电路中，系统的状态变量为独立的电容电压 $u_C(t)$ 及电感电流 $i_L(t)$。因此，该电路中选择 $u_{C_1}(t)$、$u_{C_2}(t)$ 及 $i_L(t)$ 为状态变量。对节点 a 列写 KCL 方程可得

$$C_1 \frac{\mathrm{d}u_{C_1}(t)}{\mathrm{d}t} = \frac{u_s(t) - u_{C_1}(t)}{R_1} - \frac{u_{C_1}(t) - u_{C_2}(t)}{R_2}$$

对节点 b 列写 KCL 方程可得

$$C_2 \frac{\mathrm{d}u_{C_2}(t)}{\mathrm{d}t} = \frac{u_{C_1}(t) - u_{C_2}(t)}{R_2} - i_L(t) + i_s(t)$$

在电感所在回路中列 KVL 方程可得

$$u_{C_2}(t) = L \frac{\mathrm{d}i_L(t)}{\mathrm{d}t}$$

将以上 3 式整理可得系统状态方程为

$$\begin{cases} \dfrac{\mathrm{d}u_{C_1}(t)}{\mathrm{d}t} = -\left(\dfrac{1}{C_1 R_1} + \dfrac{1}{C_1 R_2} \right) u_{C_1}(t) + \dfrac{1}{C_1 R_2} u_{C_2}(t) + \dfrac{1}{C_1 R_1} u_s(t) \\[3mm] \dfrac{\mathrm{d}u_{C_2}(t)}{\mathrm{d}t} = \dfrac{1}{C_2 R_2} u_{C_1}(t) - \dfrac{1}{C_2 R_2} u_{C_2}(t) - \dfrac{1}{C_2} i_L(t) + \dfrac{1}{C_2} i_s(t) \\[3mm] \dfrac{\mathrm{d}i_L(t)}{\mathrm{d}t} = \dfrac{1}{L} u_{C_2}(t) \end{cases}$$

写成矩阵形式为

$$\begin{bmatrix} \dfrac{\mathrm{d}u_{C_1}(t)}{\mathrm{d}t} \\[2ex] \dfrac{\mathrm{d}u_{C_2}(t)}{\mathrm{d}t} \\[2ex] \dfrac{\mathrm{d}i_L(t)}{\mathrm{d}t} \end{bmatrix} = \begin{bmatrix} -\dfrac{1}{C_1R_1} - \dfrac{1}{C_1R_2} & \dfrac{1}{C_1R_2} & 0 \\[2ex] \dfrac{1}{C_2R_2} & -\dfrac{1}{C_2R_2} & -\dfrac{1}{C_2} \\[2ex] 0 & \dfrac{1}{L} & 0 \end{bmatrix} \begin{bmatrix} u_{C_1}(t) \\[1ex] u_{C_2}(t) \\[1ex] i_L(t) \end{bmatrix} + \begin{bmatrix} \dfrac{1}{C_1R_1} & 0 \\[2ex] 0 & \dfrac{1}{C_2} \\[2ex] 0 & 0 \end{bmatrix} \begin{bmatrix} u_{\mathrm{s}}(t) \\[1ex] i_{\mathrm{s}}(t) \end{bmatrix}$$

输出方程为

$$\begin{cases} u_1(t) = u_{\mathrm{s}}(t) - u_{C_1}(t) \\[1ex] i_{C_2}(t) = \dfrac{1}{R_2}u_{C_1}(t) - \dfrac{1}{R_2}u_{C_2}(t) - i_L(t) + i_{\mathrm{s}}(t) \end{cases}$$

写成矩阵形式为

$$\begin{bmatrix} u_1(t) \\[1ex] i_{C_2}(t) \end{bmatrix} = \begin{bmatrix} -1 & 0 & 0 \\[1ex] \dfrac{1}{R_2} & -\dfrac{1}{R_2} & -1 \end{bmatrix} \begin{bmatrix} u_{C_1}(t) \\[1ex] u_{C_2}(t) \\[1ex] i_L(t) \end{bmatrix} + \begin{bmatrix} 1 & 0 \\[1ex] 0 & 1 \end{bmatrix} \begin{bmatrix} u_{\mathrm{s}}(t) \\[1ex] i_{\mathrm{s}}(t) \end{bmatrix}$$

(2) 连续时间系统状态方程和输出方程的建立

例 8-5　已知连续时间系统的微分方程为

$$y'''(t) + a_2 y''(t) + a_1 y'(t) + a_0 y(t) = f(t)$$

列写该系统的状态方程及输出方程。

解　由第 1 章关于系统模拟框图描述可知，系统时域的微分方程可用加法器、数乘器和积分器等基本单元按系统方程的约束关系相互连接而成系统来模拟。根据所给系统方程可得该系统的时域模拟框图如图 8-23 所示。进一步对该微分方程进行拉普拉斯变换可得系统函数为

$$H(s) = \frac{1}{s^3 + a_2 s^2 + a_1 s + a_0} = \frac{s^{-3}}{1 - (-a_2 s^{-1} - a_1 s^{-2} - a_0 s^{-3})}$$

进一步可画出该系统的信号流图，如图 8-24 所示。

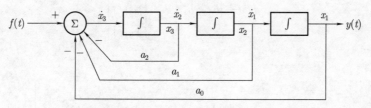

图 8-23　例 8-5 的系统模拟框图

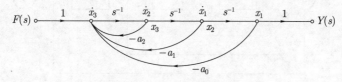

图 8-24　例 8-5 的系统信号流图

由于系统模拟框图中积分器的数目与系统最少独立状态变量的个数相等，故一般来说将积分器的输出端信号选为状态变量，进而建立系统的状态方程。

设积分器的输出端信号为系统的状态变量，则根据图 8-23 或图 8-24，可得系统状态方程为

$$\begin{cases} \dfrac{\mathrm{d}x_1(t)}{\mathrm{d}t} = x_2(t) \\[2mm] \dfrac{\mathrm{d}x_2(t)}{\mathrm{d}t} = x_3(t) \\[2mm] \dfrac{\mathrm{d}x_3(t)}{\mathrm{d}t} = -a_0 x_1(t) - a_1 x_2(t) - a_2 x_3(t) + f(t) \end{cases}$$

写成矩阵形式为

$$\begin{bmatrix} \dfrac{\mathrm{d}x_1(t)}{\mathrm{d}t} \\[2mm] \dfrac{\mathrm{d}x_2(t)}{\mathrm{d}t} \\[2mm] \dfrac{\mathrm{d}x_3(t)}{\mathrm{d}t} \end{bmatrix} = \begin{bmatrix} 0 & 1 & 0 \\ 0 & 0 & 1 \\ -a_0 & -a_1 & -a_2 \end{bmatrix} \begin{bmatrix} x_1(t) \\ x_2(t) \\ x_3(t) \end{bmatrix} + \begin{bmatrix} 0 \\ 0 \\ 1 \end{bmatrix} f(t)$$

输出方程为

$$y(t) = x_1(t)$$

类似地，若系统微分方程为

$$y'''(t) + a_2 y''(t) + a_1 y'(t) + a_0 y(t) = b_2 f''(t) + b_1 f'(t) + b_0 f(t)$$

则相对应的系统模拟框图将发生变化，如图 8-25 所示，相应的信号流图如图 8-26 所示。所对应的系统状态方程与上面所得结果相同，但其输出方程为

$$y(t) = b_0 x_1(t) + b_1 x_2(t) + b_2 x_3(t)$$

写成矩阵形式为

$$y(t) = \begin{bmatrix} b_0 & b_1 & b_2 \end{bmatrix} \begin{bmatrix} x_1(t) \\ x_2(t) \\ x_3(t) \end{bmatrix}$$

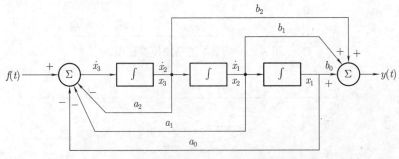

图 8-25　例 8-5 系统微分方程右端变化后的系统模拟框图

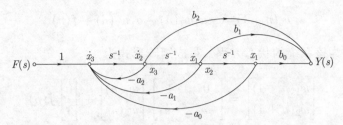

图 8-26 例 8-5 系统微分方程右端变化后的系统信号流图

(3) 离散时间系统状态方程和输出方程的建立

例 8-6 已知系统的差分方程为

$$y(n) + a_1 y(n-1) + a_2 y(n-2) = b_0 f(n) + b_1 f(n-1) + b_2 f(n-2)$$

列写系统的状态方程及输出方程。

解 对系统差分方程进行 z 变换，可得系统函数为

$$H(z) = \frac{b_0 + b_1 z^{-1} + b_2 z^{-2}}{1 + a_1 z^{-1} + a_2 z^{-2}}$$

该系统 z 域模拟框图如图 8-27 所示，进一步可得系统的信号流图如图 8-28 所示。

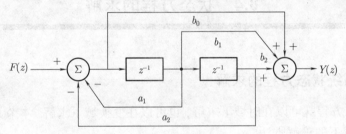

图 8-27 例 8-6 系统 z 域模拟框图

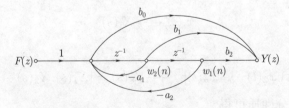

图 8-28 例 8-6 系统的信号流图

对于离散系统，由于状态方程式 (8-17) 描述了状态变量的前向一阶移位 $w(n+1)$ 与各状态变量和输入之间的关系，因而选取各单位延迟单元的输出端信号作为状态变量，对应于信号流图中增益为 z^{-1} 的支路输出节点。

例 8-6 所描述的系统中有两个延时支路，设两个延时支路的节点变量为 $w_1(n)$ 和 $w_2(n)$，即为系统的状态变量。

由图 8-28 可得输入与状态变量的关系为

$$w_1(n+1) = w_2(n)$$

$$w_2(n+1) = -a_2 w_1(n) - a_1 w_2(n) + f(n)$$

以上所得两式即为该系统的状态方程，写成矩阵形式为

$$\begin{bmatrix} w_1(n+1) \\ w_2(n+1) \end{bmatrix} = \begin{bmatrix} 0 & 1 \\ -a_2 & -a_1 \end{bmatrix} \begin{bmatrix} w_1(n) \\ w_2(n) \end{bmatrix} + \begin{bmatrix} 0 \\ 1 \end{bmatrix} f(n)$$

由图 8-28 可有输出变量与状态变量的关系为

$$y(n) = b_2 w_1(n) + b_1 w_2(n) + b_0 w_2(n+1)$$

基于所建立的状态方程，输出方程可整理为

$$y(n) = (b_2 - a_2 b_0) w_1(n) + (b_1 - a_1 b_0) w_2(n) + b_0 f(n)$$

写成矩阵形式为

$$y(n) = [b_2 - a_2 b_0 \quad b_1 - a_1 b_0] \begin{bmatrix} w_1(n) \\ w_2(n) \end{bmatrix} + b_0 f(n)$$

8.4 状态方程的求解

8.4.1 连续系统状态方程的求解

系统的状态方程既可以在时域下求解，也可以在变换域下求解。本节只讨论连续系统状态方程在 s 域下的求解方法。

设状态矢量 $\boldsymbol{x}(t)$ 的第 i 个分量 $x_i(t)$ 的拉普拉斯变换为 $X_i(s)$，即

$$x_i(t) \longleftrightarrow X_i(s)$$

则

$$\boldsymbol{x}(t) = [x_1(t) \ x_2(t) \ \cdots \ x_n(t)]^{\mathrm{T}} \longleftrightarrow \boldsymbol{X}(s) = [X_1(s) \ X_2(s) \ \cdots \ X_n(s)]^{\mathrm{T}}$$

由拉普拉斯变换的微分性质可得

$$\frac{\mathrm{d}x_i(t)}{\mathrm{d}t} \longleftrightarrow sX_i(s) - x_i(0_-)$$

则

$$\frac{\mathrm{d}\boldsymbol{x}(t)}{\mathrm{d}t} \longleftrightarrow s\boldsymbol{X}(s) - \boldsymbol{x}(0_-)$$

又设输入矢量 $\boldsymbol{f}(t)$ 的拉普拉斯变换为 $\boldsymbol{F}(s)$，输出矢量 $\boldsymbol{y}(t)$ 的拉普拉斯变换为 $\boldsymbol{Y}(s)$，即

$$\boldsymbol{f}(t) \longleftrightarrow \boldsymbol{F}(s), \quad \boldsymbol{y}(t) \longleftrightarrow \boldsymbol{Y}(s)$$

这里假设状态矢量是 n 维矢量，输入矢量是 p 维矢量，输出矢量是 q 维矢量。

线性连续系统的状态空间描述的一般形式为

$$\frac{\mathrm{d}}{\mathrm{d}t}\boldsymbol{x}(t) = \boldsymbol{A}\boldsymbol{x}(t) + \boldsymbol{B}\boldsymbol{f}(t) \quad \text{(状态方程)} \tag{8-20}$$

$$\boldsymbol{y}(t) = \boldsymbol{C}\boldsymbol{x}(t) + \boldsymbol{D}\boldsymbol{f}(t) \quad\quad \text{(输出方程)} \tag{8-21}$$

对式 (8-20) 两端同时取拉普拉斯变换可得

$$s\boldsymbol{X}(s) - \boldsymbol{x}(0_-) = \boldsymbol{A}\boldsymbol{X}(s) + \boldsymbol{B}\boldsymbol{F}(s)$$

整理后得

$$(s\boldsymbol{I} - \boldsymbol{A})\boldsymbol{X}(s) = \boldsymbol{x}(0_-) + \boldsymbol{B}\boldsymbol{F}(s)$$

式中，$\boldsymbol{I}$ 为 n 阶单位矩阵。在等式两端左乘 $(s\boldsymbol{I} - \boldsymbol{A})^{-1}$ 得

$$\boldsymbol{X}(s) = (s\boldsymbol{I} - \boldsymbol{A})^{-1}\boldsymbol{x}(0_-) + (s\boldsymbol{I} - \boldsymbol{A})^{-1}\boldsymbol{B}\boldsymbol{F}(s) \tag{8-22}$$

可见，式 (8-22) 中的第一项是状态矢量在 s 域下的零输入解，第二项则是零状态解。

矩阵 $s\boldsymbol{I} - \boldsymbol{A}$ 称为系统的特征矩阵，其行列式 $\det(s\boldsymbol{I} - \boldsymbol{A})$ 称为系统的特征多项式，而特征矩阵 $s\boldsymbol{I} - \boldsymbol{A}$ 的逆矩阵 $(s\boldsymbol{I} - \boldsymbol{A})^{-1}$ 称为系统的预解矩阵。根据式 (8-22)，为求状态矢量的解，必须计算预解矩阵 $(s\boldsymbol{I} - \boldsymbol{A})^{-1}$。

根据线性代数理论，有

$$(s\boldsymbol{I} - \boldsymbol{A})^{-1} = \frac{\mathrm{adj}(s\boldsymbol{I} - \boldsymbol{A})}{\det(s\boldsymbol{I} - \boldsymbol{A})} \tag{8-23}$$

式中，$\mathrm{adj}(s\boldsymbol{I} - \boldsymbol{A})$ 为 $s\boldsymbol{I} - \boldsymbol{A}$ 的伴随矩阵。

对输出方程式 (8-21) 两端同时取拉普拉斯变换，得

$$\boldsymbol{Y}(s) = \boldsymbol{C}\boldsymbol{X}(s) + \boldsymbol{D}\boldsymbol{F}(s)$$

将式 (8-22) 代入得

$$\boldsymbol{Y}(s) = \boldsymbol{C}(s\boldsymbol{I} - \boldsymbol{A})^{-1}\boldsymbol{x}(0_-) + [\boldsymbol{C}(s\boldsymbol{I} - \boldsymbol{A})^{-1}\boldsymbol{B} + \boldsymbol{D}]\boldsymbol{F}(s) \tag{8-24}$$

式 (8-24) 等号右端第一项为输出矢量的零输入响应的象函数矩阵，第二项为零状态响应的象函数矩阵，即

$$\boldsymbol{Y}_{\mathrm{zi}}(s) = \boldsymbol{C}(s\boldsymbol{I} - \boldsymbol{A})^{-1}\boldsymbol{x}(0_-) \tag{8-25}$$

$$\boldsymbol{Y}_{\mathrm{zs}}(s) = [\boldsymbol{C}(s\boldsymbol{I} - \boldsymbol{A})^{-1}\boldsymbol{B} + \boldsymbol{D}]\boldsymbol{F}(s) \tag{8-26}$$

根据式 (8-24) 第二项的物理含义，有

$$\boldsymbol{Y}_{\mathrm{zs}}(s) = \boldsymbol{H}(s)\boldsymbol{F}(s) = [\boldsymbol{C}(s\boldsymbol{I} - \boldsymbol{A})^{-1}\boldsymbol{B} + \boldsymbol{D}]\boldsymbol{F}(s) \tag{8-27}$$

所以

$$\boldsymbol{H}(s) = \boldsymbol{C}(s\boldsymbol{I} - \boldsymbol{A})^{-1}\boldsymbol{B} + \boldsymbol{D} \tag{8-28}$$

$\boldsymbol{H}(s)$ 是一个 $q \times p$ 矩阵，称为系统函数矩阵或传递函数矩阵。

对式 (8-27) 取拉普拉斯逆变换，可有

$$\mathscr{L}^{-1}[\boldsymbol{Y}_{\mathrm{zs}}(s)] = \mathscr{L}^{-1}[\boldsymbol{H}(s)\boldsymbol{F}(s)] = \mathscr{L}^{-1}[\boldsymbol{H}(s)] * \mathscr{L}^{-1}[\boldsymbol{F}(s)]$$

有

$$\boldsymbol{y}_{\mathrm{zs}}(t) = \mathscr{L}^{-1}[\boldsymbol{H}(s)] * [\boldsymbol{f}(t)]$$

于是有

$$\boldsymbol{h}(t) = \mathscr{L}^{-1}[\boldsymbol{H}(s)] \tag{8-29}$$

式 (8-29) 表明，系统函数矩阵 $\boldsymbol{H}(s)$ 与系统单位冲激响应矩阵 $\boldsymbol{h}(t)$ 是拉普拉斯变换对。

例 8-7 已知某系统的状态方程和输出方程为

$$\begin{bmatrix} \dfrac{\mathrm{d}x_1(t)}{\mathrm{d}t} \\ \dfrac{\mathrm{d}x_2(t)}{\mathrm{d}t} \end{bmatrix} = \begin{bmatrix} 1 & 2 \\ 0 & -1 \end{bmatrix} \begin{bmatrix} x_1(t) \\ x_2(t) \end{bmatrix} + \begin{bmatrix} 0 & 1 \\ 1 & 0 \end{bmatrix} \begin{bmatrix} f_1(t) \\ f_2(t) \end{bmatrix}$$

$$\begin{bmatrix} y_1(t) \\ y_2(t) \end{bmatrix} = \begin{bmatrix} 1 & 1 \\ 0 & -1 \end{bmatrix} \begin{bmatrix} x_1(t) \\ x_2(t) \end{bmatrix} + \begin{bmatrix} 1 & 0 \\ 1 & 0 \end{bmatrix} \begin{bmatrix} f_1(t) \\ f_2(t) \end{bmatrix}$$

初始状态为 $\begin{bmatrix} x_1(0_-) \\ x_2(0_-) \end{bmatrix} = \begin{bmatrix} 1 \\ 0 \end{bmatrix}$，输入变量为 $\begin{bmatrix} f_1(t) \\ f_2(t) \end{bmatrix} = \begin{bmatrix} 0 \\ \varepsilon(t) \end{bmatrix}$，求状态变量 $\boldsymbol{x}(t)$、系统函数矩阵 $\boldsymbol{H}(s)$ 和输出变量 $\boldsymbol{y}(t)$。

解

$$\boldsymbol{A} = \begin{bmatrix} 1 & 2 \\ 0 & -1 \end{bmatrix}, \ \boldsymbol{B} = \begin{bmatrix} 0 & 1 \\ 1 & 0 \end{bmatrix}, \ \boldsymbol{C} = \begin{bmatrix} 1 & 1 \\ 0 & -1 \end{bmatrix}, \ \boldsymbol{D} = \begin{bmatrix} 1 & 0 \\ 1 & 0 \end{bmatrix}, \ \boldsymbol{F}(s) = \begin{bmatrix} 0 \\ \dfrac{1}{s} \end{bmatrix}$$

(1) 求预解矩阵 $(s\boldsymbol{I} - \boldsymbol{A})^{-1}$

$$s\boldsymbol{I} - \boldsymbol{A} = s\begin{bmatrix} 1 & 0 \\ 0 & 1 \end{bmatrix} - \begin{bmatrix} 1 & 2 \\ 0 & -1 \end{bmatrix} = \begin{bmatrix} s-1 & -2 \\ 0 & s+1 \end{bmatrix}$$

其伴随矩阵和特征多项式分别为

$$\mathrm{adj}(s\boldsymbol{I} - \boldsymbol{A}) = \begin{bmatrix} s+1 & 2 \\ 0 & s-1 \end{bmatrix}$$

$$\det(s\boldsymbol{I} - \boldsymbol{A}) = (s+1)(s-1)$$

所以

$$(s\boldsymbol{I} - \boldsymbol{A})^{-1} = \frac{\mathrm{adj}(s\boldsymbol{I} - \boldsymbol{A})}{\det(s\boldsymbol{I} - \boldsymbol{A})} = \begin{bmatrix} \dfrac{1}{s-1} & \dfrac{2}{(s-1)(s+1)} \\ 0 & \dfrac{1}{s+1} \end{bmatrix}$$

(2) 求状态变量 $\boldsymbol{x}(t)$

由式 (8-22)，状态变量在 s 域下的表达式为

$$\boldsymbol{X}(s) = (s\boldsymbol{I} - \boldsymbol{A})^{-1}[\boldsymbol{x}(0_-) + \boldsymbol{B}\boldsymbol{F}(s)]$$

$$= \begin{bmatrix} \dfrac{1}{s-1} & \dfrac{2}{(s-1)(s+1)} \\ 0 & \dfrac{1}{s+1} \end{bmatrix} \left\{ \begin{bmatrix} 1 \\ 0 \end{bmatrix} + \begin{bmatrix} 0 & 1 \\ 1 & 0 \end{bmatrix} \begin{bmatrix} 0 \\ 1 \\ \dfrac{1}{s} \end{bmatrix} \right\}$$

$$= \begin{bmatrix} \dfrac{2}{s-1} - \dfrac{1}{s} \\ 0 \end{bmatrix}$$

求其拉普拉斯逆变换，可得状态变量的时域解为

$$\boldsymbol{x}(t) = \begin{bmatrix} (2\mathrm{e}^t - 1)\varepsilon(t) \\ 0 \end{bmatrix}$$

(3) 求系统函数矩阵 $\boldsymbol{H}(s)$

由式 (8-28)，系统函数矩阵为

$$\boldsymbol{H}(s) = \boldsymbol{C}(s\boldsymbol{I} - \boldsymbol{A})^{-1}\boldsymbol{B} + \boldsymbol{D}$$

$$= \begin{bmatrix} 1 & 1 \\ 0 & -1 \end{bmatrix} \begin{bmatrix} \dfrac{1}{s-1} & \dfrac{2}{(s-1)(s+1)} \\ 0 & \dfrac{1}{s+1} \end{bmatrix} \begin{bmatrix} 0 & 1 \\ 1 & 0 \end{bmatrix} + \begin{bmatrix} 1 & 0 \\ 1 & 0 \end{bmatrix}$$

$$= \begin{bmatrix} \dfrac{s}{s-1} & \dfrac{1}{s-1} \\ \dfrac{s}{s+1} & 0 \end{bmatrix}$$

(4) 求输出变量 $\boldsymbol{y}(t)$

$$\boldsymbol{y}(t) = \begin{bmatrix} y_1(t) \\ y_2(t) \end{bmatrix} = \begin{bmatrix} 1 & 1 \\ 0 & -1 \end{bmatrix} \begin{bmatrix} x_1(t) \\ x_2(t) \end{bmatrix} + \begin{bmatrix} 1 & 0 \\ 1 & 0 \end{bmatrix} \begin{bmatrix} f_1(t) \\ f_2(t) \end{bmatrix}$$

$$= \begin{bmatrix} 1 & 1 \\ 0 & -1 \end{bmatrix} \begin{bmatrix} (2\mathrm{e}^t - 1)\varepsilon(t) \\ 0 \end{bmatrix} + \begin{bmatrix} 1 & 0 \\ 1 & 0 \end{bmatrix} \begin{bmatrix} 0 \\ \varepsilon(t) \end{bmatrix}$$

$$= \begin{bmatrix} (2\mathrm{e}^t - 1)\varepsilon(t) \\ 0 \end{bmatrix} = \boldsymbol{x}(t)$$

例 8-8　已知某连续系统的信号流图如图 8-29 所示，列写该系统的状态方程及输出方程，并分析系统的稳定性。

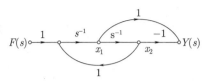

图 8-29 例 8-8 某连续系统的信号流图

解 设积分器输出端为状态变量 $x_1(t)$ 和 $x_2(t)$，则系统状态方程为

$$\begin{cases} \dfrac{\mathrm{d}x_1(t)}{\mathrm{d}t} = x_2(t) + f(t) \\ \dfrac{\mathrm{d}x_2(t)}{\mathrm{d}t} = x_1(t) \end{cases}$$

输出方程为

$$y(t) = x_1(t) - x_2(t)$$

写成矩阵形式为

$$\begin{bmatrix} \dfrac{\mathrm{d}x_1(t)}{\mathrm{d}t} \\ \dfrac{\mathrm{d}x_2(t)}{\mathrm{d}t} \end{bmatrix} = \begin{bmatrix} 0 & 1 \\ 1 & 0 \end{bmatrix} \begin{bmatrix} x_1(t) \\ x_2(t) \end{bmatrix} + \begin{bmatrix} 1 \\ 0 \end{bmatrix} f(t)$$

$$y(t) = \begin{bmatrix} 1 & -1 \end{bmatrix} \begin{bmatrix} x_1(t) \\ x_2(t) \end{bmatrix}$$

系统矩阵 $\boldsymbol{A}$、输入矩阵 $\boldsymbol{B}$、输出矩阵 $\boldsymbol{C}$ 和前馈矩阵 $\boldsymbol{D}$ 分别为

$$\boldsymbol{A} = \begin{bmatrix} 0 & 1 \\ 1 & 0 \end{bmatrix}, \boldsymbol{B} = \begin{bmatrix} 1 \\ 0 \end{bmatrix}, \boldsymbol{C} = \begin{bmatrix} 1 & -1 \end{bmatrix}, \boldsymbol{D} = 0$$

在 s 域下，欲分析系统的稳定性，需要明确系统极点的位置，可以通过求解系统特征方程来确定系统的极点。系统的特征方程为

$$|s\boldsymbol{I} - \boldsymbol{A}| = \begin{vmatrix} s & -1 \\ -1 & s \end{vmatrix} = 0$$

解得特征根 $s_1 = 1$，$s_2 = -1$，s_1 和 s_2 即系统的两个极点。系统的零输入响应模式为分别与特征根对应的两个特征模式 e^t 和 e^{-t} 的组合。显然，在 $t \to \infty$ 时，系统的零输入响应不收敛为零，因为对应于 $s_1 = 1$ 的特征模式 e^t 不会因 $s_2 = -1$ 的存在而消除。由此可见，系统有一个极点 $(s_1 = 1)$ 落在右半复平面，从系统内部而言，该系统不是渐进稳定的 (连续系统的渐进稳定是指 $\lim\limits_{t \to \infty} y_{\mathrm{zi}}(t) = 0$)，因而不能保证系统是 BIBO 稳定的。

下面从系统函数角度再次分析系统的稳定性，为此，需要求出系统函数 $H(s)$。系统函数矩阵 $\boldsymbol{H}(s)$ 为

$$\boldsymbol{H}(s) = \boldsymbol{C}(s\boldsymbol{I} - \boldsymbol{A})^{-1}\boldsymbol{B} + \boldsymbol{D}$$

其伴随矩阵和特征多项式分别为

$$\mathrm{adj}(s\boldsymbol{I} - \boldsymbol{A}) = \begin{bmatrix} s & 1 \\ 1 & s \end{bmatrix}$$

$$\det(s\boldsymbol{I} - \boldsymbol{A}) = s^2 - 1 = (s+1)(s-1)$$

所以

$$(s\boldsymbol{I} - \boldsymbol{A})^{-1} = \frac{\mathrm{adj}(s\boldsymbol{I} - \boldsymbol{A})}{\det(s\boldsymbol{I} - \boldsymbol{A})} = \begin{bmatrix} \dfrac{s}{(s+1)(s-1)} & \dfrac{1}{(s+1)(s-1)} \\ \dfrac{1}{(s+1)(s-1)} & \dfrac{s}{(s+1)(s-1)} \end{bmatrix}$$

于是, 系统函数矩阵为

$$\boldsymbol{H}(s) = \boldsymbol{C}(s\boldsymbol{I} - \boldsymbol{A})^{-1}\boldsymbol{B} + \boldsymbol{D}$$

$$= \begin{bmatrix} 1 & -1 \end{bmatrix} \begin{bmatrix} \dfrac{s}{(s+1)(s-1)} & \dfrac{1}{(s+1)(s-1)} \\ \dfrac{1}{(s+1)(s-1)} & \dfrac{s}{(s+1)(s-1)} \end{bmatrix} \begin{bmatrix} 1 \\ 0 \end{bmatrix}$$

$$= \frac{s-1}{(s+1)(s-1)} = \frac{1}{s+1}$$

系统函数 $H(s)$ 的最终结果表明, 系统只在左半复平面存在一个单极点 $(s = -1)$, 如果将系统看作一个黑匣子, 从外部而言, 系统满足 BIBO 稳定性。这是因为系统函数中存在零极相消, 系统是不完全可控或不完全可观测的, 余下部分是可控和可观测部分 (本例中的系统是可控但不可观测的, 关于系统的能控性和可观测性可参阅相关资料)。可见, 系统函数只能反映系统中可控和可观测那部分的运动规律, 因而 $H(s)$ 描述系统是不全面的。而用状态方程和输出方程来描述一个系统的运动更全面、更详尽。

由以上分析可知, 一个 BIBO 稳定 (外部稳定) 的系统不一定保证系统是渐进稳定 (内部稳定) 的; 但若系统是渐进稳定的, 则系统一定满足 BIBO 稳定性。

8.4.2 离散系统状态方程的求解

与连续系统状态方程的求解一样, 离散系统状态方程的求解也有两种方法: 其一是时域下求解, 其二是变换域即 z 域下求解。这里仅讨论离散系统状态方程在 z 域下的求解方法。

设状态矢量 $\boldsymbol{w}(n)$、输入矢量 $\boldsymbol{f}(n)$ 和输出矢量 $\boldsymbol{y}(n)$ 的 z 变换分别为 $\boldsymbol{W}(z)$、$\boldsymbol{F}(z)$ 和 $\boldsymbol{Y}(z)$, 即

$$\boldsymbol{w}(n) \longleftrightarrow \boldsymbol{W}(z), \quad \boldsymbol{f}(n) \longleftrightarrow \boldsymbol{F}(z), \quad \boldsymbol{y}(n) \longleftrightarrow \boldsymbol{Y}(z)$$

离散系统的状态方程及输出方程为

$$\boldsymbol{w}(n+1) = \boldsymbol{A}\boldsymbol{w}(n) + \boldsymbol{B}\boldsymbol{f}(n) \tag{8-30}$$

$$\boldsymbol{y}(n) = \boldsymbol{C}\boldsymbol{w}(n) + \boldsymbol{D}\boldsymbol{f}(n) \tag{8-31}$$

对式 (8-30) 和式 (8-31) 两端取 z 变换, 得

$$z\boldsymbol{W}(z) - z\boldsymbol{w}(0) = \boldsymbol{A}\boldsymbol{W}(z) + \boldsymbol{B}\boldsymbol{F}(z) \tag{8-32}$$

$$Y(z) = CW(z) + DF(z) \tag{8-33}$$

由式 (8-32) 得

$$W(z) = (zI - A)^{-1}zw(0) + (zI - A)^{-1}BF(z) \tag{8-34}$$

其中第一项为状态矢量 $w(n)$ 零输入解的象函数，第二项为零状态解的象函数。

由式 (8-33) 和式 (8-34) 得

$$
\begin{aligned}
Y(z) &= C(zI - A)^{-1}zw(0) + C(zI - A)^{-1}BF(z) + DF(z) \\
&= C(zI - A)^{-1}zw(0) + [C(zI - A)^{-1}B + D]F(z)
\end{aligned} \tag{8-35}
$$

其中，$(zI - A)^{-1}z$ 可称为离散系统的预解矩阵，这里需注意与连续系统中的预解矩阵 $(sI - A)^{-1}$ 的区别。

式 (8-35) 等号右端第一项是输出矢量零输入响应象函数矩阵，第二项是零状态响应象函数矩阵，即

$$Y_{\text{zi}}(z) = C(zI - A)^{-1}zw(0) \tag{8-36}$$

$$Y_{\text{zs}}(z) = [C(zI - A)^{-1}B + D]F(z) \tag{8-37}$$

由于

$$Y_{\text{zs}}(z) = H(z)F(z)$$

所以

$$H(z) = C(zI - A)^{-1}B + D \tag{8-38}$$

是系统函数矩阵。

容易证明，系统函数矩阵 $H(z)$ 与单位样值响应矩阵 $h(n)$ 是 z 变换对，即

$$\mathscr{Z}^{-1}[H(z)] = h(n) \tag{8-39}$$

例 8-9   已知某数字滤波器的信号流图如图 8-30 所示，列写该滤波器的状态方程及输出方程，并求系统函数矩阵 $H(z)$。

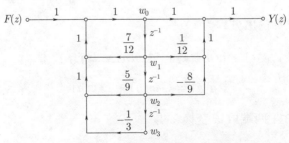

图 8-30   例 8-9 某数字滤波器的信号流图

解　设单位延时器输出端信号为状态变量 $w_1(n)$、$w_2(n)$、$w_3(n)$，则系统状态方程为

$$\begin{cases} w_1(n+1) = \dfrac{7}{12}w_1(n) + \dfrac{5}{9}w_2(n) - \dfrac{1}{3}w_3(n) + f(n) \\ w_2(n+1) = w_1(n) \\ w_3(n+1) = w_2(n) \end{cases}$$

输出方程为

$$y(n) = w_1(n+1) + \frac{1}{12}w_1(n) - \frac{8}{9}w_2(n)$$

$$= \frac{2}{3}w_1(n) - \frac{1}{3}w_2(n) - \frac{1}{3}w_3(n) + f(n)$$

写成矩阵形式为

$$\begin{bmatrix} w_1(n+1) \\ w_2(n+1) \\ w_3(n+1) \end{bmatrix} = \begin{bmatrix} \dfrac{7}{12} & \dfrac{5}{9} & -\dfrac{1}{3} \\ 1 & 0 & 0 \\ 0 & 1 & 0 \end{bmatrix} \begin{bmatrix} w_1(n) \\ w_2(n) \\ w_3(n) \end{bmatrix} + \begin{bmatrix} 1 \\ 0 \\ 0 \end{bmatrix} f(n)$$

$$y(n) = \begin{bmatrix} \dfrac{2}{3} & -\dfrac{1}{3} & -\dfrac{1}{3} \end{bmatrix} \begin{bmatrix} w_1(n) \\ w_2(n) \\ w_3(n) \end{bmatrix} + f(n)$$

下面求该数字滤波器的系统函数矩阵。根据状态方程和输出方程，可以得出各系数矩阵如下：

$$\boldsymbol{A} = \begin{bmatrix} \dfrac{7}{12} & \dfrac{5}{9} & -\dfrac{1}{3} \\ 1 & 0 & 0 \\ 0 & 1 & 0 \end{bmatrix}, \ \boldsymbol{B} = \begin{bmatrix} 1 \\ 0 \\ 0 \end{bmatrix}, \ \boldsymbol{C} = \begin{bmatrix} \dfrac{2}{3} & -\dfrac{1}{3} & -\dfrac{1}{3} \end{bmatrix}, \ \boldsymbol{D} = 1$$

按照式 (8-38)，系统函数矩阵 $\boldsymbol{H}(z)$ 为

$$\boldsymbol{H}(z) = \boldsymbol{C}(z\boldsymbol{I} - \boldsymbol{A})^{-1}\boldsymbol{B} + \boldsymbol{D}$$

$$z\boldsymbol{I} - \boldsymbol{A} = z\begin{bmatrix} 1 & 0 & 0 \\ 0 & 1 & 0 \\ 0 & 0 & 1 \end{bmatrix} - \begin{bmatrix} \dfrac{7}{12} & \dfrac{5}{9} & -\dfrac{1}{3} \\ 1 & 0 & 0 \\ 0 & 1 & 0 \end{bmatrix} = \begin{bmatrix} z - \dfrac{7}{12} & -\dfrac{5}{9} & \dfrac{1}{3} \\ -1 & z & 0 \\ 0 & -1 & z \end{bmatrix}$$

其伴随矩阵和特征多项式分别为

$$\mathrm{adj}(z\boldsymbol{I} - \boldsymbol{A}) = \begin{bmatrix} z^2 & \dfrac{5}{9}z - \dfrac{1}{3} & -\dfrac{1}{3}z \\ z & z^2 - \dfrac{7}{12}z & -\dfrac{1}{3} \\ 1 & z - \dfrac{7}{12} & z^2 - \dfrac{7}{12}z - \dfrac{5}{9} \end{bmatrix}$$

$$\det(z\boldsymbol{I} - \boldsymbol{A}) = z^3 - \frac{7}{12}z^2 - \frac{5}{9}z + \frac{1}{3} = X(z)$$

所以

$$(z\boldsymbol{I} - \boldsymbol{A})^{-1} = \frac{\mathrm{adj}(z\boldsymbol{I} - \boldsymbol{A})}{\det(z\boldsymbol{I} - \boldsymbol{A})} = \begin{bmatrix} \dfrac{z^2}{X(z)} & \dfrac{\frac{5}{9}z - \frac{1}{3}}{X(z)} & \dfrac{-\frac{1}{3}z}{X(z)} \\[3ex] \dfrac{z}{X(z)} & \dfrac{z^2 - \frac{7}{12}z}{X(z)} & \dfrac{-\frac{1}{3}}{X(z)} \\[3ex] \dfrac{1}{X(z)} & \dfrac{z - \frac{7}{12}}{X(z)} & \dfrac{z^2 - \frac{7}{12}z - \frac{5}{9}}{X(z)} \end{bmatrix}$$

于是，系统函数矩阵为

$$\boldsymbol{H}(z) = \boldsymbol{C}(z\boldsymbol{I} - \boldsymbol{A})^{-1}\boldsymbol{B} + \boldsymbol{D}$$

$$= \begin{bmatrix} \dfrac{2}{3} & -\dfrac{1}{3} & -\dfrac{1}{3} \end{bmatrix} \begin{bmatrix} \dfrac{z^2}{X(z)} & \dfrac{\frac{5}{9}z - \frac{1}{3}}{X(z)} & \dfrac{-\frac{1}{3}z}{X(z)} \\[3ex] \dfrac{z}{X(z)} & \dfrac{z^2 - \frac{7}{12}z}{X(z)} & \dfrac{-\frac{1}{3}}{X(z)} \\[3ex] \dfrac{1}{X(z)} & \dfrac{z - \frac{7}{12}}{X(z)} & \dfrac{z^2 - \frac{7}{12}z - \frac{5}{9}}{X(z)} \end{bmatrix} \begin{bmatrix} 1 \\ 0 \\ 0 \end{bmatrix} + 1$$

$$= \frac{z^3 + \frac{1}{12}z^2 - \frac{8}{9}z}{z^3 - \frac{7}{12}z^2 - \frac{5}{9}z + \frac{1}{3}}$$

实际上，由于此例中的系统是单输入-单输出系统，可直接由图 8-30 所示的信号流图直接求得系统函数 $H(z)$。

设图 8-30 中节点 w_0 的象函数为 $W(z)$，则有

$$W(z) = F(z) + \frac{7}{12}z^{-1}W(z) + \frac{5}{9}z^{-2}W(z) - \frac{1}{3}z^{-3}W(z)$$

对于输出节点象函数 $Y(z)$ 有

$$Y(z) = W(z) + \frac{1}{12}z^{-1}W(z) - \frac{8}{9}z^{-2}W(z)$$

消去 $W(z)$，由系统函数定义可得

$$H(z) = \frac{Y(z)}{F(z)} = \frac{1 + \frac{1}{12}z^{-1} - \frac{8}{9}z^{-2}}{1 - \frac{7}{12}z^{-1} - \frac{5}{9}z^{-2} + \frac{1}{3}z^{-3}} = \frac{z^3 + \frac{1}{12}z^2 - \frac{8}{9}z}{z^3 - \frac{7}{12}z^2 - \frac{5}{9}z + \frac{1}{3}}$$

本节讨论的连续系统和离散系统的状态方程求解, 都是在变换域下进行的, 这种方法仅是求解状态方程的一种方法且是一种较为简单的方法。

针对不同实际工程的需要, 状态变量分析法还有许多内容这里未做讨论和阐述 (比如前文提到的系统的能控性和可观测性), 读者可根据需要参阅相关书籍和资料。

习 题 8

8-1 画出图 8-31 所示系统的信号流图, 并求出系统函数 $H(s)$。

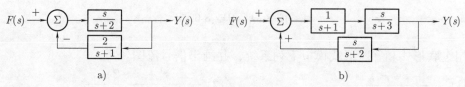

图 8-31 习题 8-1 图

8-2 画出图 8-32 所示系统的信号流图, 并求出系统函数 $H(z)$。

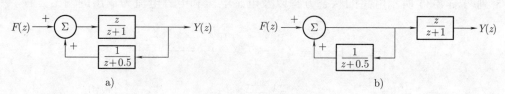

图 8-32 习题 8-2 图

8-3 信号流图如图 8-33 所示, 求系统函数 $H(s)$。

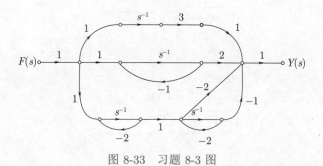

图 8-33 习题 8-3 图

8-4 给定连续系统的微分方程, 写出系统的状态方程及输出方程。

(1) $\dfrac{\mathrm{d}^2 y(t)}{\mathrm{d}t^2} + 4y(t) = f(t)$

(2) $\dfrac{\mathrm{d}^2 y(t)}{\mathrm{d}t^2} + 4\dfrac{\mathrm{d}y(t)}{\mathrm{d}t} + 3y(t) = \dfrac{\mathrm{d}f(t)}{\mathrm{d}t} + f(t)$

(3) $\dfrac{d^3y(t)}{dt^3} + 3\dfrac{d^2y(t)}{dt^2} + 2\dfrac{dy(t)}{dt} + y(t) = \dfrac{d^2f(t)}{dt^2} + 2\dfrac{df(t)}{dt} + f(t)$

8-5 给定离散系统的差分方程，写出系统的状态方程及输出方程。

  (1) $y(n+2) + 3y(n+1) + 2y(n) = f(n+1) + f(n)$

  (2) $y(n) + 3y(n-1) + 2y(n-2) + y(n-3) = f(n-1) + 2f(n-2) + f(n-3)$

8-6 写出图 8-34 所示离散系统的状态方程及输出方程。

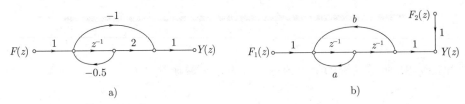

图 8-34 习题 8-6 图

8-7 用级联形式和并联形式模拟下列系统，并画出信号流图。

  (1) $\dfrac{s-1}{(s+1)(s+2)(s+3)}$ (2) $\dfrac{s^2+s+2}{(s+2)(s^2+2s+2)}$

  (3) $\dfrac{z(z+2)}{(z-0.8)(z-0.6)(z+0.4)}$ (4) $\dfrac{z^3}{(z-0.5)(z^2-0.6z+0.25)}$

8-8 列写图 8-35 所示电路的状态方程以及电感电压和电容电流为输出的输出方程。

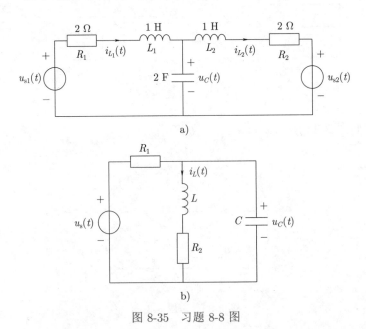

图 8-35 习题 8-8 图

8-9 描述某连续系统的微分方程为 $\dfrac{d^3y(t)}{dt^3} + 7\dfrac{d^2y(t)}{dt^2} + 10\dfrac{dy(t)}{dt} = 5\dfrac{df(t)}{dt} + 5f(t)$。

  (1) 画出该系统 3 种不同结构的信号流图；

  (2) 列写该系统的状态方程和输出方程。

8-10 已知系统如图 8-36 所示。

(1) 列写系统的状态方程和输出方程；

(2) 写出系统的微分方程；

(3) 若输入 $f(t) = \varepsilon(t)$ 时的全响应为 $y(t) = \dfrac{1}{3} + \dfrac{1}{2}\mathrm{e}^{-t} - \dfrac{5}{6}\mathrm{e}^{-3t}$, $t \geqslant 0$, 求系统的零输入响应 $y_{\mathrm{zi}}(t)$ 及初始状态 $x(0_-)$；

(4) 求系统的单位冲激响应 $h(t)$。

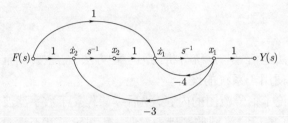

图 8-36　习题 8-10 图

8-11 某离散系统如图 8-37 所示。

(1) 求当输入 $f(n) = \delta(n)$ 时 $w_1(n)$ 及 $w_2(n)$；

(2) 列出系统的差分方程；

(3) 求系统的单位样值响应 $h(n)$。

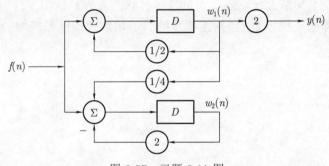

图 8-37　习题 8-11 图

8-12 已知离散系统的系统矩阵 $\boldsymbol{A}$, 求预解矩阵 $(z\boldsymbol{I} - \boldsymbol{A})^{-1}z$。

(1) $\boldsymbol{A} = \begin{bmatrix} 0.5 & 0.25 \\ 1 & 0.5 \end{bmatrix}$ 　　　　　　(2) $\boldsymbol{A} = \begin{bmatrix} 0.75 & 0 \\ 0.5 & 0.5 \end{bmatrix}$

8-13 已知某连续系统的状态方程和输出方程为

$$\begin{bmatrix} \dfrac{\mathrm{d}x_1(t)}{\mathrm{d}t} \\[2mm] \dfrac{\mathrm{d}x_2(t)}{\mathrm{d}t} \end{bmatrix} = \begin{bmatrix} -3 & 1 \\ -2 & 0 \end{bmatrix} \begin{bmatrix} x_1(t) \\ x_2(t) \end{bmatrix} + \begin{bmatrix} 1 \\ 0 \end{bmatrix} f(t)$$

$$y(t) = \begin{bmatrix} 0 & 1 \end{bmatrix} \begin{bmatrix} x_1(t) \\ x_2(t) \end{bmatrix}$$

初始状态为 $\begin{bmatrix} x_1(0_-) \\ x_2(0_-) \end{bmatrix} = \begin{bmatrix} 2 \\ 0 \end{bmatrix}$，输入变量为 $f(t) = \varepsilon(t)$，求系统函数 $H(s)$ 及零输入响应和零状态响应。

教师导航

状态变量分析法是信号与系统分析的另一种方法，它主要侧重于对系统内部的分析。这种方法更方便用于系统的设计。

本章简单地讨论了信号流图的内容，为后续课程关于数字滤波器的讨论和设计奠定基础。此外，在了解信号流图的基础上，进一步讨论了状态变量分析法。读者在学习本章内容时，首先要掌握状态变量的基本概念和状态变量的确定，进一步能够建立系统的状态方程和输出方程，然后利用强有力的数学工具——矩阵及线性代数的相关知识解决系统分析的相关问题。

本章的重点内容如下：

1) 信号流图中的各基本概念和定义。

2) 用 3 种不同形式的信号流图模拟连续系统及离散系统。

3) 连续系统及离散系统状态变量的选择、状态方程及输出方程的建立。

4) 状态方程的变换域解 (包括连续系统的 s 域解及离散系统的 z 域解)。

第 9 章　MATLAB 在信号与系统分析中的应用

9.1　MATLAB 基础知识

MATLAB 的名称源自 Matrix Laboratory，是 Mathworks 公司于 1984 年推出的软件。它以矩阵的形式处理数据，将高性能的数值计算和可视化相结合，并提供了大量的内部函数，用于科学计算、分析、仿真和设计工作。具体应用领域包括数值分析、数值和符号计算、工程与科学绘图、控制系统的设计、数字图像处理、通信系统设计与仿真、财务与金融工程等。

MATLAB 已经成为国外许多大学必须掌握的基础软件。由于它可以方便地应用于学习和教学，因此正受到国内一些院校的重视。MATLAB 被称为"演算纸上的语言"，便于学习掌握。本章只介绍和信号与系统分析有关的 MATLAB 基础知识及应用，帮助读者更形象、直观地理解信号与系统分析原理及方法。

本章内容基于 MATLAB R2021b 版本，如有不同，请参考所用版本的对应函数语法。

9.1.1　基本概念

1. 变量

MATLAB 变量名应遵循以下规则：

1) 必须以字母开头。

2) 字符长度不得超过 31 个。

3) 可以由字母、数字和下画线混合组成。

4) 区分大、小写。

MATLAB 中的固定变量见表 9-1。

表 9-1　MATLAB 中的固定变量

变量名	默认值
i	虚数单位
j	虚数单位，含义同 i
pi	圆周率 π

2. 数值

MATLAB 中常用十进制数来表示一个数值，也可用科学计数法来表示，如

实数：123。

虚数：3i。

科学计数法：2.07e3 (表示 2.07×10^3)。

3. 矩阵

矩阵是 MATLAB 进行数据处理和运算的基本元素，是由下标表示次序的集合。通常意义上的标量 (数量) 是作为 1×1 的矩阵来处理的。

4. 数组

从数的集合这个角度看，矩阵和数组并无不同，矩阵在某些情况下可视为二阶数组。但从运算角度看，两者的运算规则并不完全相同，因此在运算中要注意区别。

5. 函数

MATLAB 提供了丰富的内部函数，为用户提供了很大的方便。使用时可直接调用这些函数进行数据处理。函数由函数名和参数组成，调用格式如下：

函数名 (参数)

如 $\sin(t)$，表示 t 的正弦函数。

6. 语句

MATLAB 采用命令形式的表达式语句，每一个命令就是一条语句，其格式与手写的数学表达式相似。在命令行窗口输入语句并按回车键，即可运行并输出结果。MATLAB 语句采用以下两种形式表示：

1) 表达式。

2) 变量＝表达式。

在 MATLAB 程序中经常会用到下列语句：

clear 清除工作空间变量

close all 关闭所有图窗

clc 清空命令行窗口

help name 命令行窗口中函数的帮助，显示 name 指定功能的帮助文本

9.1.2 矩阵的创建、保存与加载

可以利用直接输入、利用 MATLAB 内部函数以及通过加载外部数据文件来创建矩阵。

1. 直接输入

对简单且维数小的矩阵，可按矩阵行的顺序从键盘直接输入。输入时需遵循如下规则：

1) 矩阵所有元素必须放在方括号 "[ ]" 内。

2) 矩阵元素之间用逗号 "，" 或空格隔开。

3) 矩阵行与行之间用分号 "；" 或回车符隔开。

4) 矩阵元素可以是任何不含未定义变量的表达式。

矩阵元素通过其行、列的标号来标识，矩阵元素所在的行号与列号称为下标。矩阵元素可通过其下标来引用，表示方法如下：

A (m,n)

表示矩阵 $\boldsymbol{A}$ 第 m 行第 n 列的元素。

例如，在命令行窗口输入一个 3×4 的矩阵 A；将 A 的第 2 行第 3 列的元素赋值给 B；将 A 的第 2 行所有元素赋值给 C。

```
>> A=[1 2 3 4;5,6,7,8;9 10 11 12]
```

注意，开头的"＞＞"为屏幕显示的提示符，无须输入。

结果显示：

```
A =
     1     2     3     4
     5     6     7     8
     9    10    11    12
```

```
>> B=A(2,3)
```

结果显示：

```
B =
     7
```

```
>> C=A(2,:)
```

结果显示：

```
C =
     5     6     7     8
```

2. 内部函数生成矩阵

常用矩阵如下：

(1) m (行) × n (列) 阶全 1 矩阵

ones (m,n)

例如，生成一个 3×3 全 1 矩阵。

```
>> ones(3,3)
```

结果显示：

```
ans =
     1     1     1
     1     1     1
     1     1     1
```

若没有指定变量名，则最后运算的结果自动赋值给默认变量名"ans"。

(2) $m \times n$ 阶全 0 矩阵

zeros (m,n)
例如，生成一个 2×6 阶全零矩阵。

```
>> zeros(2,6)
```

结果显示：

```
ans =
    0     0     0     0     0     0
    0     0     0     0     0     0
```

3. 保存或加载数据文件 (*.mat)

当数据较长而且需要长期保留时，可以使用 MAT 文件来保存。MAT 文件以 mat 为扩展名，是一种标准格式的二进制文件。

保存：

save (文件名，变量)   保存"变量"指定的结构体数组的变量或字段。

加载：

load (文件名)   从文件中加载数据。

9.1.3 向量的生成

在 MATLAB 中，仅有一行或一列的矩阵称为向量。前述有关矩阵的使用方法仍然适用。此外，还有以下几种方法：

1. 生成步长为 1 的均匀等分向量

a = m:n
其中，m 和 n 分别代表起始值和终值。
例如，生成从 1 到 10 的整数，步长为 1。

```
>> a=1:10
a =
    1     2     3     4     5     6     7     8     9     10
```

2. 生成步长为 p 的均匀等分向量

a = m:p:n
生成步长为 p 的均匀等分向量，m 和 n 分别代表起始值和终值。
例如，生成从 0 到 3 的行向量，步长为 0.6。

```
>> a=0:0.6:3
a =
        0      0.6000     1.2000     1.8000     2.4000     3.0000
```

3. 生成从 m 到 n 之间的线性 100 等分的行向量

linspace (m,n)

4. 生成从 m 到 n 之间的线性 p 等分的行向量

linspace (m,n,p)

9.1.4　矩阵与数组的初等运算

1. 加减运算

矩阵加减与数组加减运算效果相同，且要求两矩阵阶数必须相同，如

```
>> x=[1:5],y=[-1:-1:-5],z=x+y
x =
        1       2       3       4       5
y =
       -1      -2      -3      -4      -5
z =
        0       0       0       0       0
```

当两个矩阵中有一个是向量时，MATLAB 自动把该向量扩展成同阶矩阵，再做加减运算，如

```
>> x=ones(3,3);y=1;z=x-y
z =
        0       0       0
        0       0       0
        0       0       0
```

若无须看到赋值或计算结果，则在表达式末尾加 ";"，正如上述运算结果中没有显示 x 和 y 的值。

2. 乘除运算

(1) 乘法

1) 矩阵相乘：**A*B**。

$m \times p$ 阶矩阵 A 与 $p \times n$ 阶矩阵 B 相乘，结果是 $m \times n$ 阶矩阵。若 A 的列数与 B 的行数不等，就会显示出错信息，如

```
>> a=[1 1 1;2 2 2];
>> b=[1 1 1];
>> c=a*b
```
错误使用 <u>*</u>
用于矩阵乘法的维度不正确。请检查并确保第一个矩阵中的列数与第二个矩阵中的行数匹配。要执行按元素相乘，请使用 '.*'。
<u>相关文档</u>

其中，带下画线的"<u>*</u>"和"<u>相关文档</u>"为超链接，单击后会打开新窗口，显示对应的帮助文档。

如果要检查矩阵的阶数，可用如下命令：

size ()

例如，显示前文两矩阵 a 和 b 的阶数如下：

```
>> size(a),size(b)
ans =
     2      3
ans =
     1      3
```

结果表明 a 是 2×3 阶矩阵，b 是 1×3 阶矩阵。

2) 数组相乘：**A.*B**。

数组对应元素相乘，要求 A、B 必须为同维数组，如

```
>> a=[1 1 1];b=[2 2 2];c=a.*b
c =
     2      2      2
```

检查数组的长度，直接使用 **length** 命令更为方便，该命令用于计算矩阵的长度 (列数)。如要计算上述矩阵 c 的列数，命令如下：

```
>> length(c)
ans =
     3
```

若用矩阵相乘，此运算无法进行，因为 a 的列数和 b 的行数不相等。如果将 b 修改为原矩阵的转置，则结果如下：

```
>> a=[1 1 1];b=[2 2 2]';c=a*b
c =
     6
```

注意，无论进行何种乘法运算，乘号 "*" 不能省略。

(2) 除法

1) 矩阵右除：$\mathbf{A}/\mathbf{B}$。

表示方程 $\boldsymbol{x}\boldsymbol{B} = \boldsymbol{A}$ 的解矩阵 $\boldsymbol{x}$，要求 $\boldsymbol{A}$ 与 $\boldsymbol{B}$ 的列数必须相等。

2) 矩阵左除：$\mathbf{A}\backslash\mathbf{B}$。

表示方程 $\boldsymbol{A}\boldsymbol{x} = \boldsymbol{B}$ 的解矩阵 $\boldsymbol{x}$，要求 $\boldsymbol{A}$ 与 $\boldsymbol{B}$ 的行数必须相等。

3) 数组右除：$\mathbf{A}./\mathbf{B}$。

表示包含元素 $\boldsymbol{A}(i,j)/\boldsymbol{B}(i,j)$ 的矩阵。

4) 数组左除：$\mathbf{A}.\backslash\mathbf{B}$。

表示包含元素 $\boldsymbol{B}(i,j)/\boldsymbol{A}(i,j)$ 的矩阵。

9.1.5　关系运算与逻辑运算

所有关系运算与逻辑运算都是按数组运算规则定义的。

1. 关系运算

> (大于)；**<** (小于)；**>=** (大于或等于)；**<=** (小于或等于)；**==** (等于)；**~=** (不等于)。

2. 逻辑运算

& (与)；**|** (或)；**~** (非)。

9.1.6　符号运算

除了数值计算以外，还常用到符号运算。在数值运算中，参与运算的都是已经被赋值的数值变量。而在符号运算中，参与运算的都是符号变量，其中的数字都当作符号处理。在 MATLAB 的 Symbolic Math Toolbox 中，定义了一种数据类型为符号对象 (symbolic object)。符号对象用来存储代表符号的字符串，表示符号变量、符号表达式和符号矩阵。

在使用符号变量前，应先声明所用的是符号变量，语句是：

syms 变量名列表

其中，各个变量名用空格分隔。

或

sym ('变量名')

如：将符号表达式 $\sin(t)$ 赋给符号变量 f

$f = \mathrm{sym}('\sin(t)')$

9.1.7　M 文件 (脚本)

MATLAB 的工作方式有两种。一种是交互式的指令操作方式，可在命令行窗口直接输入语句后按回车键，此法适用于简单运算与结果分析。另一种是 M 文件的编程工作方式，适用于执行多条语句、解决复杂问题。

MATLAB 为用户提供了专用的 M 文件编辑器，使用方法如下：

1. 创建

启动 MATLAB，在工具条中选中"主页"，再单击"新建脚本"，即在打开的编辑器窗口创建一个临时名为"untitled"的 M 文件，用户可以用创建一般文本的办法对其进行输入和编辑。

2. 保存与打开

单击 M 文件编辑器窗口工具栏中的"保存"图标按钮。用户可以自定义文件名，并修改保存路径。默认的文件扩展名为 .m。

若要打开 M 文件，单击工具栏的"主页"，再单击"打开"按钮，打开用户指定文件。

3. 运行

在"编辑器"窗口下，直接单击"运行"按钮，或按 <F5> 键运行。若用户将文件保存在"work"以外的目录下，可通过修改当前文件夹的工作路径来快速调用文件。

9.1.8 二维绘图

1. 简单的二维曲线

(1) 一条曲线

plot(x,y)

以 x 向量为横轴，y 向量为纵轴绘制曲线。

(2) 多条曲线

plot(x1,y1,LineSpec1,...,xn,yn,LineSpecn)

分别以 x_1、x_2、$\cdots$、x_n 向量为横轴，y_1、y_2、$\cdots$、y_n 向量为纵轴绘图。LineSpec 表示每条曲线的属性，如线型、标记符号和颜色等。具体参数见表 9-2 和表 9-3。

表 9-2 曲线颜色

标识符	颜色	标识符	颜色
b	蓝	m	品红
c	青	r	红
g	绿	w	白
k	黑	y	黄

表 9-3 曲线线型

标识符	线型	标识符	线型
−	实线	*	星号
:	虚线	+	加号
-.	点画线	x	叉号
o	圆圈	s	方形

也可在画完前一条曲线后用"hold"命令保持住，再画下一条曲线。

2. 离散信号的绘制

stem(n,y)

以 n 向量为横坐标，y 向量为纵坐标，画针状图。各数据值由终止每个针状图的圆指示。

stem(n,y,'filled')

填充针状图中的空心圆。

3. 二维图形的修饰

(1) 调整坐标轴

若自行设置 MATLAB 自动生成的坐标轴，可采用 axis 命令。

axis([xmin xmax ymin ymax])

将 x 轴限制在 $x_{\min}$ 和 $x_{\max}$ 之间，将 y 轴限制在 $y_{\min}$ 和 $y_{\max}$ 之间。

axis off

关闭坐标轴的注释、记号和背景。

(2) 标识坐标轴名称

xlabel(txt) 　给 x 轴加上标注。

title(txt) 　给图形加上标题。

grid on 　添加网格线。

(3) 在图形中加文本标注

text(x,y,txt) 　向数据点 (x, y) 添加由 txt 指定的文本说明。

gtext(str) 　当前图窗内，在鼠标选择的位置插入文本 str。

9.2　连续信号的时域分析

在 MATLAB 中，信号一般用一个行向量或列向量的形式来表示。表 9-4 列出了常用连续时间信号。

表 9-4　常用连续时间信号

函数名	信号
heaviside	单位阶跃函数
dirac	冲激函数
exp	e 指数函数
sin	正弦函数
cos	余弦函数
sinc	归一化 sinc 函数
sign	符号函数
rectangularPulse	矩形脉冲 (门函数)
triangularPulse	三角形脉冲

9.2.1　连续时间信号的表示

严格地说，MATLAB 不能处理连续时间信号，它是用连续时间信号在等间隔点的样值来近似表示连续时间信号的。当取样间隔足够小时，这些离散的样值就能较好地近似表示连续时间信号。

MATLAB 有两种方法来表示连续时间信号，即一般表示和符号表示。下面介绍几个常用连续时间信号的 MATLAB 实现，以下带有行号的程序皆为脚本文件。程序中有"%"标记的表示说明注释文字，不是可执行语句。

1. 单位阶跃信号

在 MATLAB 的 Symbolic Math Toolbox 中已有单位阶跃函数 heaviside。下面根据 heaviside 绘制单位阶跃信号，结果如图 9-1 所示。

```
1  syms t                      % 创建符号变量
2  fplot(heaviside(t), [-1,3]) % 绘制二维图
3  axis([-1,3,-0.1,1.1])       % 设置坐标轴范围
4  title('\epsilon(t)')        % 设置图标题
5  xlabel('t')                 % 设置横轴标签
```

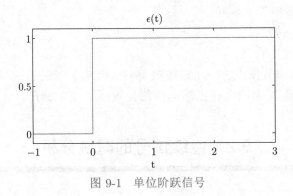

图 9-1　单位阶跃信号

2. 单位斜变信号

绘制单位斜变信号 $t\varepsilon(t)$，结果如图 9-2 所示。

```
1  syms t                      % 创建符号变量
2  y = t*heaviside(t);
3  fplot(y,[-4,4])             % 绘制二维图
4  axis([-4,4,-1,4])           % 设置坐标轴范围
5  title('t\epsilon(t)')       % 设置图标题
6  xlabel('t')                 % 设置横轴标签
7  grid on                     % 绘制网格
```

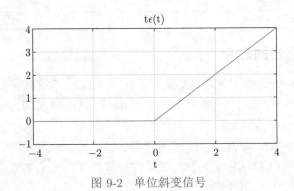

图 9-2　单位斜变信号

3. 正弦信号

绘制 $\sin(\pi t)$ 和 $\cos(\pi t)$ 的图形，结果如图 9-3 所示。

```
1  t = -4:0.01:4;           % 自变量取值范围，步长 0.01
2  y1 = sin(pi*t);
3  y2 = cos(pi*t);
4  subplot(2,1,1)           % 将图形窗口分为上下两网格，第一个子图
5  plot(t,y1)               % 绘制二维图
6  grid on                  % 绘制网格
7  title('sin(\pit)')       % 标题
8  set(gca,'xtick',[-4:4])  % 设置当前图形横轴刻度值
9  subplot(2,1,2)           % 第二个子图
10 plot(t,y2),grid on
11 xlabel('t'), title('cos(\pit)')
```

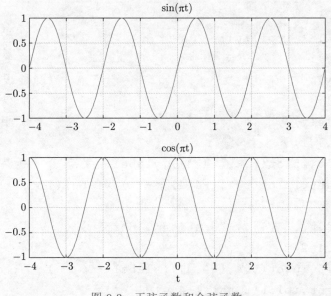

图 9-3　正弦函数和余弦函数

4. 实指数信号

绘制实指数信号 e^t 和 e^{-t} 的图形，结果如图 9-4 所示。

```
1  t = linspace(-2,2);      % 生成线性等间距行向量，默认点数 100
2  y1 = exp(t);             % 指数函数 exp
3  y2 = exp(-t);
4  plot(t,y1,t,y2,'--')     % 画两条曲线，前者默认实线，后者虚线
5  legend('e^{t}','e^{-t}',Location='north')        % 添加图例
```

```
6  axis([-2,2,-0.1,8])
7  xlabel('t')
```

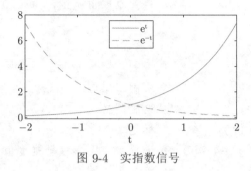

图 9-4   实指数信号

5. 复指数信号

例 9-1   绘制复指数信号 $e^{(-1+j\pi)t}$ 的实部、虚部、模及初相。

解   程序如下所示，结果如图 9-5 所示。

```
1  syms t
2  y = exp((-1 + i*pi)*t);                          % 指数函数
3  R = real(y);                                      % 复数的实部
4  X = imag(y);                                      % 复数的虚部
5  A = abs(y);                                        % 复数的模
6  phi = angle(y);                                   % 相位角（弧度）
7  subplot(2,1,1)
8  yyaxis left,fplot(t,R,[-4,4]),ylabel('实部')      % 激活左边轴并画图
9  yyaxis right,fplot(t,X,[-4,4],'--'),ylabel('虚部')% 激活右边轴
10                                                            并画图
11 legend('实部','虚部','Location','north')          % 图例
12 subplot(2,1,2)
13 yyaxis left,fplot(t,A,[-4,4]),ylabel('幅度')
14 yyaxis right,fplot(t,phi,[-4,4],'--')
15 xlabel('t'),ylabel('相位 / rad'),yticks([-pi/2:pi/2:pi/2])
16 yticklabels({'-\pi/2','0','\pi/2'})
17 legend('幅度','相位','Location','south');
18 legend boxoff                                     % 去掉图例边框
```

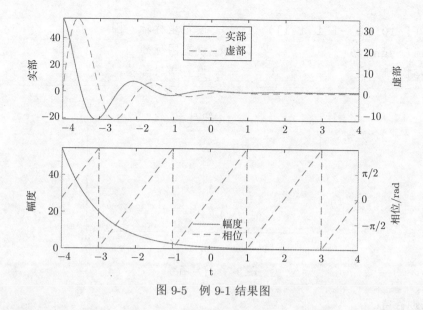

图 9-5　例 9-1 结果图

6. 抽样函数

MATLAB 的内部函数是 sinc 函数，其定义为 $\mathrm{sinc}(t)=\sin(\pi t)/(\pi t)$，而抽样函数 $\mathrm{Sa}(t)=\sin t/t$，所以 $\mathrm{Sa}(t)=\mathrm{sinc}(t/\pi)$。绘制抽样函数图像程序如下，结果如图 9-6 所示。

```
1  syms t                     % 创建符号变量
2  Sa = sinc(t/pi);
3  fplot(Sa,[-20 20]);        % 绘制二维图
4  grid on                    % 添加网格
5  axis([-20 20 -0.3 1.1])    % 设置坐标轴范围
6  xlabel('t'),title('Sa(t)')
```

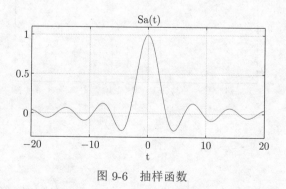

图 9-6　抽样函数

7. 符号函数

绘制符号函数 $\mathrm{sgn}(t)$，结果如图 9-7 所示。

```
1  syms t                     % 创建符号变量
2  fplot(sign(t),[-10,10])    % 绘制二维图
```

```
3   axis([-10 10 -1.1 1.1])        % 设置坐标轴范围
4   title('sgn(t)')                % 设置图标题
5   xlabel('t')                    % 设置横轴标签
```

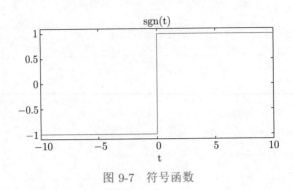

图 9-7　符号函数

8. 矩形脉冲

绘制宽度为 2 的矩形脉冲，即门函数 $g_2(t)$，结果如图 9-8 所示。

```
1   syms t                              % 创建符号变量
2   fplot(rectangularPulse(-1,1,t),[-5,5])   % 绘制二维图
3   axis([-5 5 -0.1 1.1])               % 设置坐标轴范围
4   title('g_{2}(t)')                   % 设置图标题
5   xlabel('t')                         % 设置横轴标签
```

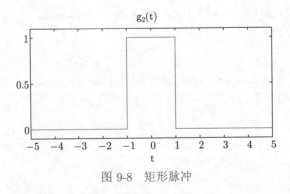

图 9-8　矩形脉冲

9. 三角形脉冲

绘制三角形脉冲 $f_\triangle(t) = \left(1 - \dfrac{1}{2}|t|\right)[\varepsilon(t+2) - \varepsilon(t-2)]$ 的图形，结果如图 9-9所示。

```
1   syms t                              % 创建符号变量
2   fplot(triangularPulse(-2,0,2,t),[-5,5])   % 绘制二维图
3   axis([-5 5 -0.1 1.1])               % 设置坐标轴范围
4   title('f_{\Delta}(t)')              % 设置图标题
```

```
5  xlabel('t')                                    % 设置横轴标签
```

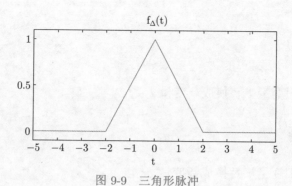

图 9-9　三角形脉冲

9.2.2　连续时间信号的运算

由于运用符号运算较为方便，程序更简洁，因此可采用该方法进行信号的各种运算。若已知信号 $f(t)$，应用 MATLAB 可进行下列符号运算：

1. 近似导数 $f'(t)$

diff (f,t)

2. 积分 $\displaystyle\int_a^b f(t)\mathrm{d}t$

int (f,t,a,b)

例 9-2　利用符号运算，求 $\varepsilon(t)$、$\delta(t)$ 的一阶导数以及积分表达式。

解　程序如下：

```
1  syms t
2  f1 = diff(heaviside(t),t)          % 阶跃函数的一阶导数
3  f2 = diff(heaviside(t),t,t)        % 阶跃函数的二阶导数
4  f3 = int(heaviside(t),t,-inf,t)    % 阶跃函数的积分
5  f4 = int(dirac(t),t,-inf,t)        % 冲激函数的积分
```

运行结果如下：

```
f1 =
dirac(t)
f2 =
dirac(1, t)
f3 =
(t*(sign(t) + 1))/2
f4 =
sign(t)/2 + 1/2
```

其中，dirac(n,t) 表示 $\delta^{(n)}(t)$，$\frac{1}{2}[\text{sign}(t)+1] = \varepsilon(t)$。由结果可知，$f_1 = \delta(t)$，$f_2 = \delta'(t)$，$f_3 = t\varepsilon(t)$，$f_4 = \varepsilon(t)$。

3. 时移 $f(t-t_0)$

subs (f,t,t-t0)
将函数 f 中的旧变量 t 替换成新变量 $t-t_0$。

4. 尺度变换 $f(at)$

subs (f,t,a*t)
将函数 f 中的旧变量 t 替换成新变量 at。

5. 反转 $f(-t)$

subs (f,t,-t)
将函数 f 中的旧变量 t 替换成新变量 $-t$。

例 9-3　信号 $f(t) = (t+1)[\varepsilon(t+1) - \varepsilon(t)] + [\varepsilon(t) - \varepsilon(t-2)]$，绘制 $f\left(-\dfrac{t}{3}+1\right)$ 波形。

解　程序如下，结果如图 9-10 所示。

```
1  syms t
2  f = ((t+1)*(heaviside(t+1)-heaviside(t)))+heaviside(t)-…
3  heaviside(t-2);
4  subplot(2,2,1),fplot(f,[-7,7]),title('f(t)')
5  xticks([-1 0 2]),box off
6  f1 = subs(f,t,t+1);
7  subplot(2,2,2),fplot(f1,[-7,7]),title('f(t+1)')
8  xticks([-2 -1 0 1]),box off
9  f2 = subs(f1,t,t./3);
10 subplot(2,2,3),fplot(f2,[-7,7]),title('f(t/3+1)')
11 xticks(-6:3:3),box off
12 f3 = subs(f2,t,-t);
13 subplot(2,2,4),fplot(f3,[-7,7]),title('f(-t/3+1)')
14 xticks(-3:3:6),box off
```

6. 相加 $f_1(t) + f_2(t)$

f1+f2

7. 相乘 $f_1(t)f_2(t)$

f1*f2

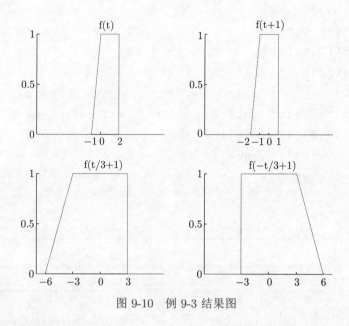

图 9-10　例 9-3 结果图

8. 两向量的卷积 $f_1(t) * f_2(t)$

conv (f1,f2)

例 9-4　已知信号 $f_1(t) = \varepsilon(t+1) - \varepsilon(t-1)$，$f_2(t) = \sin(\pi t)[\varepsilon(t+1) - \varepsilon(t-1)]$，试分别画出下列信号的波形：(1) $f_1(t) + f_2(t)$；(2) $f_1(t)f_2(t)$；(3) $f_1(t) * f_2(t)$。

解　程序如下，结果如图 9-11 所示。

```
1  syms t tao
2  f1 = heaviside(t+1)-heaviside(t-1);
3  f2 = sin(pi*t).*(heaviside(t+1)-heaviside(t-1));
4  subplot(3,2,1),fplot(f1),axis([-3 3 -1 1])
5  title('f_1(t)=\epsilon(t+1)-\epsilon(t-1)')
6  subplot(3,2,2),fplot(f2,[-3 3])
7  title('f_2(t)=sin(\pit)[\epsilon(t+1)-\epsilon(t-1)]')
8  % ===== 相加 =====
9  subplot(3,2,3),fplot(f1+f2,[-3 3])
10 title('f_1(t)+f_2(t)'),xlabel('t')
11 % ===== 相减 =====
12 subplot(3,2,4),fplot(f1-f2,[-3 3])
13 title('f_1(t)-f_2(t)')
14 % ===== 相乘 =====
15 subplot(3,2,5),fplot(f1.*f2,[-3 3])
16 title('f_1(t)f_2(t)'),xlabel('t')
17 % ===== 卷积 =====
18 % 本程序采用符号运算，故借助卷积积分定义完成，而未使用conv
```

```
19  % =================
20  f1 = subs(f1,t,tao);
21  f2 = subs(f2,t,t-tao);
22  f = f1*f2;
23  y = int(f,tao,-inf,inf);
24  subplot(3,2,6),fplot(y,[-3 3])
25  axis([-3 3 -1 1]),xlabel('t')
26  title('f_1(t)*f_2(t)')
```

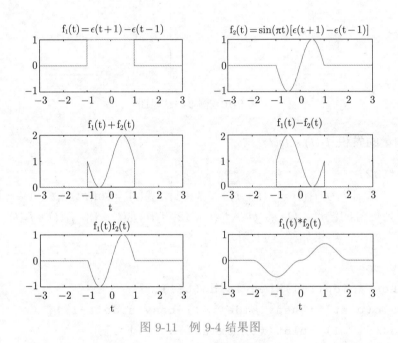

图 9-11 例 9-4 结果图

9.3 连续系统的时域分析

设系统微分方程为

$$\sum_{i=1}^{n} a_i y^{(i)}(t) = \sum_{k=1}^{m} b_k f^{(k)}(t)$$

其中，要给出系数向量 a 和 b，并且应按照导数阶次的递减顺序写入各元素。向量 a 必须包含 n 个元素，向量 b 必须包含 m 个元素，如果某些系数为零，则对应的元素要补零。

9.3.1 系统的冲激响应与阶跃响应

MATLAB 提供了求 LTI 系统的冲激响应和阶跃响应的函数。

impulse (b,a)

绘制向量 *a* 和 *b* 定义的 LTI 连续系统的冲激响应。

step (b,a)

绘制向量 *a* 和 *b* 定义的 LTI 连续系统的阶跃响应。

以上两函数中，*a* 表示系统方程中 a_i 组成的向量，*b* 表示系统方程中 b_k 组成的向量。

例 9-5　求系统 $5y''(t) + 4y'(t) + 8y(t) = f'(t) + f(t)$ 的冲激响应和阶跃响应。

解　程序如下，结果如图 9-12 所示。

```
1  a = [5 4 8];
2  b = [1 1];
3  subplot(2,1,1)
4  impulse(b,a)          % 求冲激响应数值解并绘图
5  subplot(2,1,2)
6  step(b,a)             % 求阶跃响应数值解并绘图
```

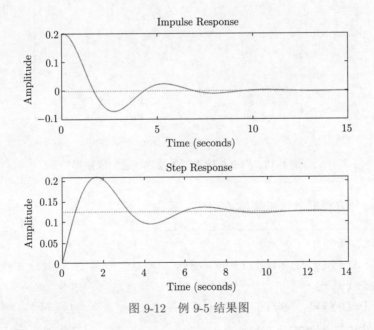

图 9-12　例 9-5 结果图

9.3.2　LTI 系统的响应

lsim (sys,u,t,x0)

该函数表示仿真系统 sys 在输入为 *u*、初值为 x_0 时的输出，其中，sys 是由状态变量定义的系统，*u* 为输入信号，*t* 为时间，x_0 为初值。如果不熟悉状态变量分析法，那么可采用下面的方法绘制零状态响应和零输入响应的波形图。

例 9-6　例 9-5 中的系统，已知输入 $f(t) = \cos(t)\varepsilon(t)$，$y(0_-) = 1$，$y'(0_-) = 0$，试画出下列响应的波形图：(1) 零状态响应；(2) 零输入响应。

解　(1) 求解系统的零状态响应程序如下，输入信号及零状态响应波形如图 9-13 所示。

```
1  a = [5 4 8];
2  b = [1 1];
3  t = 0:0.01:20;
4  ft = cos(t).*heaviside(t);
5  lsim(b,a,ft,t)                                      %画零状态响应波形图
6  text(0.8,0.8,'f(t)'),text(2.1,0.05,'y_{zs}(t)')%坐标位置显示文本
```

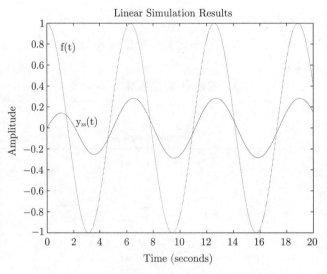

图 9-13 例 9-6 输入信号及零状态响应波形

(2) 用解微分方程的方法求零输入响应，程序如下：

```
1  syms y(t) t
2  eqn = 5*diff(y,2)+4*diff(y)+8*y == 0;    % 系统微分方程
3  Dy = diff(y,t);                          % 求导
4  cond = [y(0)==1, Dy(0)==0];              % 初始条件
5  y_zi = dsolve(eqn,cond)                  % 解微分方程
6  fplot(y_zi,[0,20])                       % 画图
7  xlabel('t'),ylabel('y_{zi}(t)'),title('零输入响应')
```

运行结果显示零输入响应函数形式如下，零输入响应波形如图 9-14 所示。

```
y_zi =
(exp(-(2*t)/5)*(3*cos((6*t)/5) + sin((6*t)/5)))/3
```

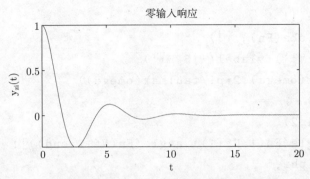

图 9-14　例 9-6 系统的零输入响应波形

9.4　连续信号的频谱

9.4.1　周期信号的频谱

例 9-7　求周期矩形脉冲的频谱。

解　程序如下：

```
1  syms t
2  disp('请输入以下3个参数：')          % 命令行窗口显示输入提示
3  Nf = input('1) 最高谐波次数 = ');    % 命令行窗口手动输入谐波次数
4  T = input('2) 周期 = ');            % 输入信号周期T
5  tau = input('3) 脉冲宽度 = ');       % 输入脉宽
6  % ===== 第一个周期内的符号表达式 =====
7  omega_1 = 2*pi/T;                  % 基频
8  f0 = heaviside(t+tau/2)-heaviside(t-tau/2);      % 单个矩形脉冲
9  a0 = int(f0,t,-T/2,T/2)/T;        % 符号积分求直流分量a0
10 % ===== 傅里叶系数 =====
11 an = zeros(1,Nf);bn = an;
12 for n=1:Nf
13     an(n) = 2/T*int(f0*cos(n*omega_1*t),t,-T/2,T/2);% 求an
14     bn(n) = 2/T*int(f0*sin(n*omega_1*t),t,-T/2,T/2);% 求bn
15 end
16 an_ = fliplr(an);                  % 反褶
17 bn_ = -fliplr(bn);
18 Fn = [(an_-1i*bn_)/2,a0,(an-1i*bn)/2]; % 傅里叶复系数Fn
19 omega = (-Nf:Nf).*omega_1;
20 % ===== 幅度谱 =====
```

```
21  subplot(2,1,1)
22  stem(omega,abs(Fn),'.');
23  title('幅度谱');ylabel('|F_n|');
24  xticks(-max(omega):2*pi/tau:max(omega))
25  % ===== 相位谱 =====
26  subplot(2,1,2)
27  phi = [-angle(Fn(1:Nf+1)) angle(Fn(Nf+2:end))];
28  stem(omega,phi,'.')
29  title('相位谱');xlabel('\omega');ylabel('\phi_n');
30  xticks(-max(omega):2*pi/tau:max(omega))
31  yticks(-pi:pi:pi);yticklabels({'-\pi','0','\pi'});
```

程序运行后，需要在命令行窗口内按提示输入所需参数。

请输入以下 3 个参数：
1）最高谐波次数 = 20
2）周期 = pi
3）脉冲宽度 = pi/5

运行结果如图 9-15 所示。

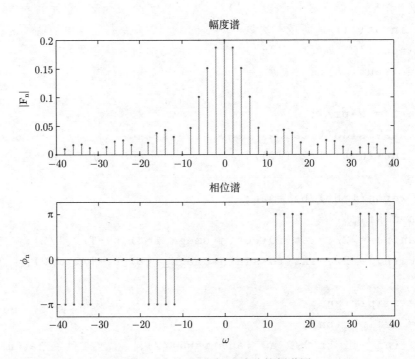

图 9-15　例 9-7 周期矩形脉冲的频谱图

9.4.2 傅里叶变换

对函数 f 进行傅里叶变换命令为

fourier (f)

例 9-8 求门函数 $f(t) = g_2(t)$ 的傅里叶变换，并画出频谱图。

解 程序如下：

```
1  syms t w                          % 创建符号变量
2  f_t = rectangularPulse(-1,1,t);   % 门宽为 2 的矩形脉冲
3  f_FT = fourier(f_t)               % 傅里叶变换
4  mag = abs(f_FT);                  % 求幅度（即复数的模）
5  subplot(2,2,1),fplot(f_t,[-2 2])
6  axis([-2 2 -0.1 1.1])
7  xlabel('t'),ylabel('g_{2}(t)'),title('门函数')
8  h = get(gca,'position');          % 获得当前图形位置
9  h(3) = 2.36*h(3);                 % 增加子图宽度
10 set(gca,'position',h)
11 subplot(2,2,3),fplot(mag,[-6*pi 6*pi])
12 axis([-5*pi 5*pi -0.1 2.1])
13 xticks([-5*pi:2*pi:-pi 0 pi:2*pi:5*pi])
14 xticklabels({'-5\pi','-3\pi','-\pi','0','\pi','3\pi','5\pi'})
15 title('幅度谱'),xlabel('\omega'),ylabel('|F(j\omega)|')
16 w0 = -5*pi:0.01:5*pi;
17 f_FT = subs(f_FT,w,w0);           % 符号替换
18 phase = angle(f_FT);              % 相位角，取值范围[-pi,pi]
19 N = 1/2*length(phase);
20 phase(1:N) = -phase(1:N);
21 subplot(2,2,4),plot(w0,phase)
22 axis([-5*pi 5*pi -pi-0.2 pi+0.2])
23 xticks([-5*pi:2*pi:-pi 0 pi:2*pi:5*pi])
24 xticklabels({'-5\pi','-3\pi','-\pi','0','\pi','3\pi','5\pi'})
25 yticks(-pi:pi:pi);yticklabels({'-\pi','0','\pi'})
26 title('相位谱'),xlabel('\omega'),ylabel('\phi(\omega)')
```

程序运行结果显示频谱函数如下，门函数波形及其频谱图如图 9-16 所示。

```
f_FT =
- (- sin(w) + cos(w)*1i)/w + (sin(w) + cos(w)*1i)/w
```

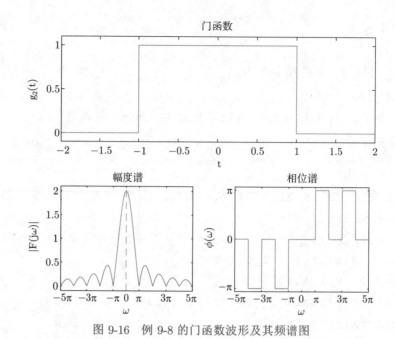

图 9-16 例 9-8 的门函数波形及其频谱图

例 9-9 求单边指数信号 $f(t) = \mathrm{e}^{-t}\varepsilon(t)$ 的傅里叶变换，并画出频谱图。

解 程序如下：

```
1  syms t w                         % 创建符号变量
2  f_t = exp(-t)*heaviside(t);      % 单边指数信号
3  f_FT = fourier(f_t)              % 傅里叶变换
4  mag = abs(f_FT);                 % 求幅度（即复数的模）
5  subplot(2,2,1),fplot(f_t,[-1 4])% 画信号波形图
6  axis([-1 4 -0.1 1.1])            % 设定坐标轴取值范围
7  xlabel('t'),ylabel('f(t)'),title('单边指数信号')
8  h = get(gca,'position');         % 获得当前图形位置
9  h(3) = 2.36*h(3);
10 set(gca,'position',h)
11 subplot(2,2,3),fplot(mag,[-10 10]),axis([-10 10 0 1.1])
12 title('幅度谱'),xlabel('\omega'),ylabel('|F(j\omega)|')
13 phase = angle(f_FT);             % 求相位角
14 subplot(2,2,4),fplot(phase,[-10 10]),axis([-10 10 -2 2])
15 title('相位谱'),xlabel('\omega'),ylabel('\phi(\omega)')
16 yticks(-pi/2:pi/2:pi/2);yticklabels({'-\pi/2','0','\pi/2'})
```

程序运行结果显示频谱函数如下，时域波形及其频谱图如图 9-17 所示。

```
f_FT =
1/(1 + w*1i)
```

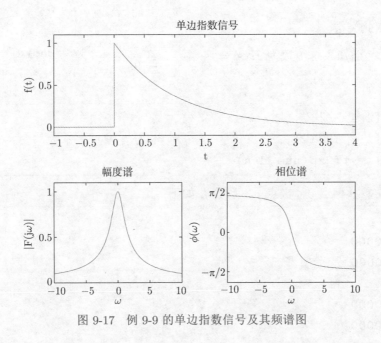

图 9-17 例 9-9 的单边指数信号及其频谱图

9.5 连续系统的复频域分析

9.5.1 拉普拉斯变换

例如，求信号 $f(t) = \cos(t)\varepsilon(t)$ 的拉普拉斯变换，只需如下命令：

```
1  syms t
2  F_s = laplace(cos(t)*heaviside(t))
```

运行结果显示象函数如下：

```
F_s =
s/(s^2 + 1)
```

9.5.2 系统函数

LTI 系统的系统函数 $H(s)$ 有 3 种表示方式：

1) 传递函数型 tf (transfer function)。

2) 零极点型 zp (zero pole)。

3) 状态空间型 ss (state space)。

3 种形式可互相转换，转换语句为

1) **tf2zp**——传递函数型转换到零极点型。

2) **zp2tf**——零极点型转换到传递函数型。

其余可依此类推。

例 9-10   已知系统函数为 $H(s) = \dfrac{2s^2 + 4s - 6}{s^3 + 8s^2 + 19s + 12}$，将其转换为零极点型。

解   命令如下：

```
1  num = [2 4 -6];              % 分子多项式系数
2  den = [1 8 19 12];           % 分母多项式系数
3  [z,p,k] = tf2zp(num,den)
```

运行结果显示零点 z、极点 p、系数 k 如下：

```
z =
    -3.0000
     1.0000
p =
    -4.0000
    -3.0000
    -1.0000
k =
     2
```

于是，零极点型的系统函数为 $H(s) = \dfrac{2(s+3)(s-1)}{(s+4)(s+3)(s+1)}$。

例 9-11   已知零极点型系统函数为 $H(s) = \dfrac{1}{(s+2)(s-2)}$，将其转换为传递函数型。

解   程序如下：

```
1  z = [];                      % 没有零点，空矩阵
2  p = [-2 2];                   % 极点
3  k = 1;                        % 常系数
4  [num,den] = zp2tf(z,p,k);
5  printsys(num,den,'s')         % 以分式形式显示
```

运行结果如下：

```
num/den =
       1
    -------
    s^2 - 4
```

9.5.3 零极图

例 9-12   画出 $H(s) = \dfrac{2s^3 - 4}{s^3 + 5s^2 + 16s + 30}$ 的零极图。

解　命令如下，绘制的零极图如图 9-18 所示。

```
1  a = [1 5 16 30];              % 分母多项式系数
2  b = [2 0 0 -4];               % 分子多项式系数
3  pzmap(b,a)                    % 画零极图
```

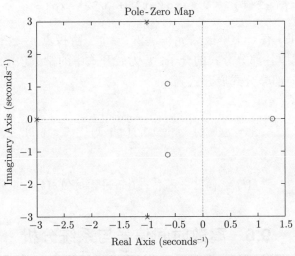

图 9-18　例 9-12 系统函数的零极图

9.5.4　拉普拉斯逆变换

例 9-13　已知 $F(s) = \dfrac{s+3}{s^4 + 5s^3 + 9s^2 + 7s + 2}$，将 $F(s)$ 展开为部分分式并求 $f(t)$。

解　程序如下：

```
1  syms s
2  a = [1 5 9 7 2];                              % 分母多项式系数
3  b = [1 3];                                    % 分子多项式系数
4  [r,p,k] = residue(b,a)                        % 求留数
5  f = ilaplace((s+3)/(s^4+5*s^3+9*s^2+7*s+2))   % 拉普拉斯反变换
```

运行结果如下：

```
r =
    -1.0000
     1.0000
    -1.0000
     2.0000

p =
    -2.0000
    -1.0000
```

```
    -1.0000
    -1.0000
k =
    []
f =
exp(-t) - exp(-2*t) - t*exp(-t) + t^2*exp(-t)
```

由结果可知，$F(s)$ 有一个单极点 $p_1 = -2$，一个三阶极点 $p_{2,3,4} = -1$；r 为各极点对应的留数，即展开式中各部分分式的分子；k 为展开式中的常数项，此处为空，即常数项为零。因此，$F(s)$ 的部分分式展开式为

$$F(s) = \frac{-1}{s+2} + \frac{1}{s+1} + \frac{-1}{(s+1)^2} + \frac{2}{(s+1)^3}$$

反变换为

$$f(t) = \left(\mathrm{e}^{-t} - \mathrm{e}^{-2t} - t\mathrm{e}^{-t} + t^2\mathrm{e}^{-t} \right) \varepsilon(t)$$

9.6　离散时间信号与系统分析

9.6.1　离散时间信号的表示

1. 单位冲激序列和单位阶跃序列

```
1  n0 = input('impulse point n0 = ');     % 输入发生冲激的位置
2  n = n0-5:n0+5;
3  % ===== 冲激序列 =====
4  deltan = (n==n0);
5  subplot(2,1,1),
6  stem(n,deltan,'filled')                  % 绘制离散序列针状图
7  if n0==0
8      title('\delta(n)')                   % 冲激在原点的图标题
9  else
10     title(['\delta (n-',num2str(n0),')']) % 其他情况的图标题
11 end
12 % ===== 阶跃序列 =====
13 epsilon_n = (n>=n0);
14 subplot(2,1,2),stem(n,epsilon_n,'filled')
15 if n0==0
16     title('\epsilon (n)')
```

```
17  else
18      title(['\epsilon (n-',num2str(n0),')'])
19  end
```

命令行窗口输入整数 n_0 值。若输入 0，结果为单位冲激序列和单位阶跃序列，如图 9-19 所示。

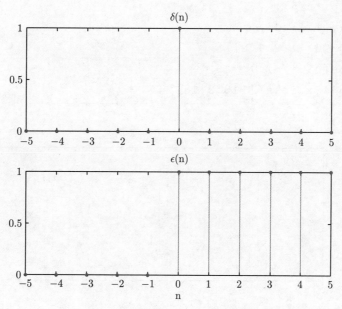

图 9-19　单位冲激序列和单位阶跃序列

若输入其他整数，则为移位的单位冲激序列和阶跃序列。图 9-20 所示为 $n_0 = 2$ 的图形。

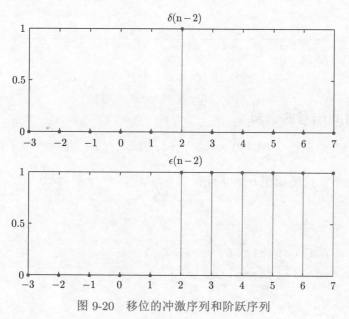

图 9-20　移位的冲激序列和阶跃序列

2. 余弦序列

例 9-14   画出离散信号 $f(n) = \cos\left(\dfrac{n\pi}{6}\right)$ 的图形。

解   程序如下，结果如图 9-21 所示。

```
1  n = -20:20;
2  fn = cos(pi*n/6);
3  stem(n,fn,'filled')
4  axis([-20 20 -1.2 1.2])
5  title('cos(n\pi/6)')
6  xlabel('n'),xticks([-18:3:18])
```

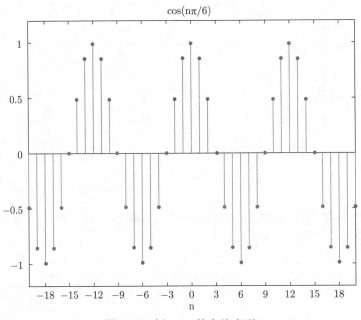

图 9-21   例 9-14 的余弦序列

9.6.2   离散时间信号的运算

例 9-15   已知 $f(n) = \{0,1,2,\overset{\uparrow}{3},3,3,3,0\}$，画出 $f(n)$、$f(-n)$ 和 $f(-n+2)$ 的图形。

解   程序如下，结果如图 9-22 所示。

```
1  n = -3:4;
2  f = [0 1 2 3 3 3 3 0];
3  subplot(3,1,1),stem(n,f,'filled')
4  axis([-5 6 0 3]),ylabel('f(n)')
5  % ===== f(-n) =====
6  n1 = -fliplr(n);
```

```
 7  f1 = fliplr(f);                          % 反转
 8  subplot(3,1,2),stem(n1,f1,'filled')
 9  axis([-5 6 0 3]),ylabel('f(-n)')
10  % ===== f(-n+2) =====
11  n2 = n1+2;
12  subplot(3,1,3),stem(n2,f1,'filled')
13  axis([-5 6 0 3]),xlabel('n'),ylabel('f(-n+2)')
```

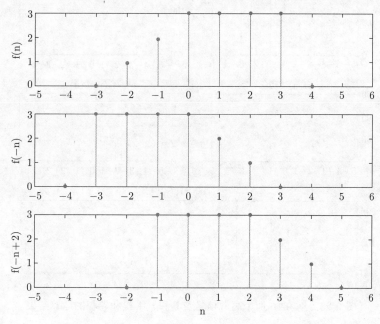

图 9-22 例 9-15 的离散信号及其反转、移位图形

例 9-16　已知信号 $f_1(n) = \varepsilon(n+2) - \varepsilon(n-4)$，$f_2(n) = \mathrm{e}^{-n}[\varepsilon(n+5) - \varepsilon(n-6)]$，计算：

(1) $f_1(n) + f_2(n)$；(2) $f_1(n)f_2(n)$；(3) $f_1(n) * f_2(n)$。

解　程序如下，计算结果如图 9-23 所示。

```
 1  n = -5:5;
 2  f1 = (n>=-2 & n<=3);                      % 在此区间内的函数值为 1
 3  subplot(3,2,1),stem(n,f1,'filled'),title('f1(n)')
 4  f2 = exp(-n);
 5  subplot(3,2,2),stem(n,f2,'filled'),title('f2(n)')
 6  % ===== f1+f2 =====
 7  y1 = f1+f2;
 8  subplot(3,2,3),stem(n,y1,'filled'),title('f1(n)+f2(n)')
 9  y2 = f1.*f2;
10  subplot(3,2,4),stem(n,y2,'filled'),title('f1(n)f2(n)')
```

```
11  y3 = conv(f1,f2);                    % 卷积和
12  subplot(3,2,5)
13  h = get(gca,'position');h(3)=2.36.*h(3);set(gca,'position',h)
14  n3 = 2*min(n):2*max(n);
15  stem(n3,y3,'filled'),title('f1(n)*f2(n)')
```

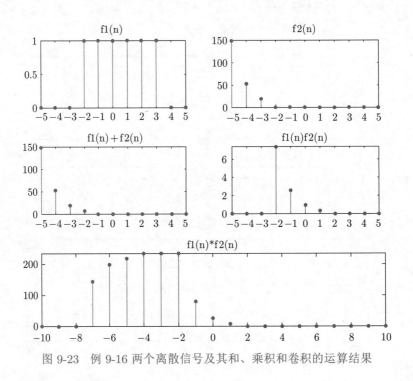

图 9-23　例 9-16 两个离散信号及其和、乘积和卷积的运算结果

9.6.3　离散系统的响应

dimpulse(b,a)
该函数可求解向量 a、b 定义的 LTI 离散系统的单位冲激响应。

dstep(b,a)
该函数可求解向量 a、b 定义的 LTI 离散系统的单位阶跃响应。

filter(b,a,f,x0)
该函数为求解 LTI 离散系统响应的函数，可用于计算零状态响应、零输入响应和完全响应的数值解。其中，f 为系统输入，x_0 为初始条件。

以上 3 个函数中，向量 a、b 分别包含有理传递函数 $H(z)$ 的分母、分子中按 z 的降幂排列的多项式系数。

例 9-17　某离散系统方程为 $6y(n)-5y(n-1)+y(n-2)=f(n)$，已知 $y(-1)=-6$，$y(-2)=-29$，输入信号 $f(n)=\cos\left(\dfrac{n\pi}{2}\right)\varepsilon(n)$，求该系统的单位样值响应、单位阶跃响应、零状态响应、零输入响应和完全响应。

解　程序如下，仿真结果如图 9-24 所示。

```
1  syms n
2  % ===== 单位样值响应、单位阶跃响应 =====
3  a = [6 -5 1];
4  b = [1 0 0];
5  hn = dimpulse(b,a);                        % 单位样值响应
6  subplot(2,1,1)
7  stem((0:length(hn)-1),hn,'filled')
8  ylabel('h(n)'),title('单位样值响应')
9  gn = dstep(b,a);                           % 单位阶跃响应
10 subplot(2,1,2)
11 stem((0:length(gn)-1),gn,'filled')
12 xlabel('n'),ylabel('g(n)'),title('单位阶跃响应')
13 % ===== 零输入响应、零状态响应、完全响应 =====
14 k = 0:20;
15 fn = cos(k*pi/2);                          % 输入信号
16 figure                                     % 创建新图窗
17 subplot(2,2,1)
18 stem(k,fn,'filled'),ylabel('f(n)'),title('输入信号')
19 yzs = filter(b,a,fn);
20 x0 = filtic(b,a,[-6,-29]);                 % 初始条件
21 yzi = filter(b,a,zeros(1,length(k)),x0);   % 零输入响应
22 y = filter(b,a,fn,x0);                     % 完全响应
23 yadd = yzi+yzs;                       % 零输入响应、零状态响应叠加
24 subplot(2,2,2)
25 stem(k,yzs,'filled'),ylabel('y_{zs}(n)'),title('零状态响应')
26 subplot(2,2,3)
27 stem(k,yzi,'filled'),ylabel('y_{zi}(n)'),title('零输入响应')
28 xlabel('n')
29 subplot(2,2,4)
30 stem(k,y,'filled'),title('完全响应'),hold on
31 plot(k,yadd,'y+'),xlabel('n'),ylabel('y(n)')
```

9.6.4　系统函数的零、极点

例 9-18　某离散系统的系统函数为 $H(z) = \dfrac{2z^3 + z}{z^4 + z^3 + 1}$，求其零点和极点，并画出零极图。

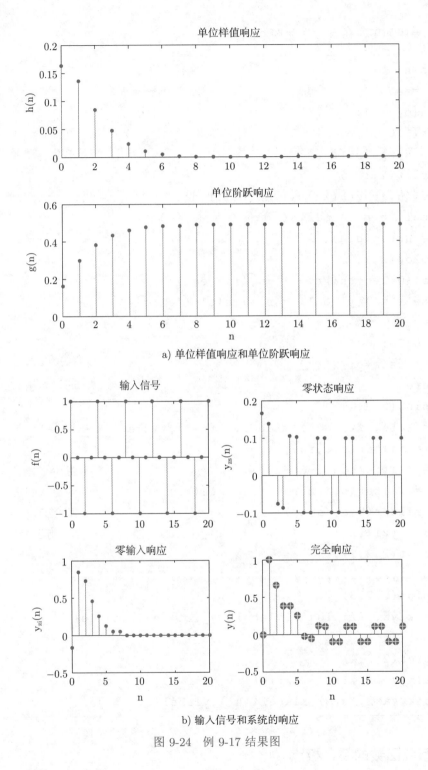

a) 单位样值响应和单位阶跃响应

b) 输入信号和系统的响应

图 9-24　例 9-17 结果图

解　程序如下：

```
1  b = [0 2 0 1 0];        % 分子多项式系数
2  a = [1 1 0 0 1];        % 分母多项式系数
```

```
3  p = roots(a)              % 求极点
4  z = roots(b)              % 求零点
5  zplane(b,a)               % 绘制带单位圆的零极图
```

运行结果显示的零点和极点如下,零极图如图 9-25 所示。

```
p =
  -1.0189 + 0.6026i
  -1.0189 - 0.6026i
   0.5189 + 0.6666i
   0.5189 - 0.6666i
z =
   0.0000 + 0.0000i
   0.0000 + 0.7071i
   0.0000 - 0.7071i
```

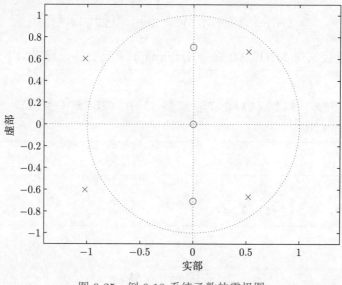

图 9-25 例 9-18 系统函数的零极图

9.6.5 逆 z 变换

例 9-19　已知离散系统的系统函数为 $H(z) = \dfrac{1 - 0.5z^{-1}}{1 + 0.75z^{-1} + 0.125z^{-2}}$,求逆 z 变换。

解 【方法一】 得到部分分式展开式,再求反变换。命令如下:

```
1  b = [1 -0.5];           % 分子多项式系数
2  a = [1 0.75 0.125];     % 分母多项式系数
3  [r,p,k] = residue(b,a)  % 求留数
```

运行结果如下：

```
r =
     4
    -3
p =
   -0.5000
   -0.2500
k =
    []
```

其中，k 为空表示常数项为 0。

结果表明，$H(z)$ 的部分分式展开式为

$$H(z) = \frac{4}{z+0.5} + \frac{-3}{z+0.25}$$

该系统有两个实单极点，查表可得系统的单位样值响应为

$$h(n) = [4 \times (-0.5)^n - 3 \times (-0.25)^n]\,\varepsilon(n)$$

【方法二】直接利用 MATLAB 命令 **iztrans()** 求反变换。程序如下：

```
1  syms z
2  H = (1-0.5*z^(-1))/(1+0.75*z^(-1)+0.125*z^(-2));     % H(z)
3  h = iztrans(H)                                        % 反变换
```

运行结果如下：

```
h =
4*(-1/2)^n - 3*(-1/4)^n
```

习　题　9

9-1 绘制下列信号的波形图。

(1) $(1 + e^{-3t})[\varepsilon(t) - \varepsilon(t-3)]$

(2) $-\dfrac{1}{3}te^{-t}\varepsilon(t)$

(3) $\sin(t) + \cos(2t)$

(4) $\cos\left(\dfrac{n\pi}{6}\right)[\varepsilon(n+24) - \varepsilon(n-24)]$

9-2 已知信号 $f(t)$ 如图 9-26 所示，试画出下列信号的波形图。

(1) $f(-t)$

(2) $f(-t+1)$

(3) $f(-2t+1)$

9-3 求图 9-27 所示三角形脉冲的频谱。

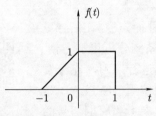

图 9-26 习题 9-2 图

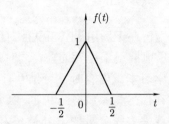

图 9-27 习题 9-3 图

9-4 求图 9-28 所示信号的卷积。

(1) $f_1(t) * f_2(t)$

(2) $f_1(n) * f_2(n)$

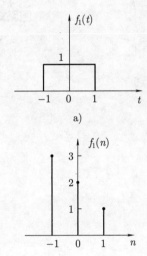

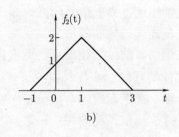

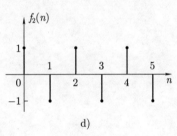

图 9-28 习题 9-4 图

9-5 用解析方法求连续系统 $y'(t) + y(t) = f'(t) + \dfrac{1}{2}f(t)$ 的单位冲激响应和单位阶跃响应。

利用 MATLAB 求出其数值解并绘图，并将两者结果进行比较。

9-6 用 MATLAB 求系统 $y''(t) + 2y'(t) + 2y(t) = f'(t)$ 的零输入响应，已知 $y(0_-) = 0$，$y'(0_-) = 1$，并与用解析方法所求结果进行比较。

9-7 已知某连续因果系统的系统函数 $H(s) = \dfrac{s^2 + s + 2}{s^3 + 2s^2 + 2s + 1}$，试绘出零极图，并利用极点位置判断系统的稳定性。

9-8 已知象函数 $F(s) = \dfrac{s^2 + 5s + 4}{s^2 + s + 1}$，试用 MATLAB 求其原函数 $f(t)$。

9-9 已知离散系统的系统函数 $H(z) = \dfrac{2z^2 + 0.5}{z^2 + z - 0.75}$。

(1) 试用 MATLAB 求出零、极点，绘制零极图，并根据结果判断系统稳定性；

(2) 画出系统单位样值响应波形图。

教师导航

本章主旨在于利用 MATLAB 对信号与系统进行分析，让信号更直观、形象地展现于读者面前，同时也使信号与系统分析更加方便、快捷。在学习本章内容时，可结合前面各章内容进行练习，充分发挥该软件在信号与系统分析中的辅助作用。作为使用 MATLAB 学习信号与线性系统分析的部分补充内容，请读者参考"周期信号的分解与合成"以及"信号的抽样与恢复"教学视频。

9.1 周期信号的分解与合成

本章的重点内容如下：
1) MATLAB 基本知识。
2) 绘制连续、离散信号的波形图。
3) 绘制连续信号的频谱。
4) 连续信号的拉普拉斯正、逆变换。
5) 离散信号的 z 变换与逆 z 变换。
6) 连续、离散系统的时域分析。
7) 连续、离散系统的系统函数与零极图。

9.2 信号的抽样与恢复

参 考 文 献

[1] 林梓，刘秀环，王海燕. 信号与线性系统分析基础 [M]. 北京：北京邮电大学出版社，2005.

[2] 林梓，王海燕，刘秀环. 信号与线性系统解题指导 [M]. 北京：北京邮电大学出版社，2006.

[3] 郑君里，应启珩，杨为理. 信号与系统：上册 [M]. 3 版. 北京：高等教育出版社，2011.

[4] 郑君里，应启珩，杨为理. 信号与系统：下册 [M]. 3 版. 北京：高等教育出版社，2011.

[5] 吴大正，杨林耀，张永瑞，等. 信号与线性系统分析 [M]. 5 版. 北京：高等教育出版社，2019.

[6] 管致中，夏恭恪，孟桥. 信号与线性系统：上册 [M]. 6 版. 北京：高等教育出版社，2016.

[7] 管致中，夏恭恪，孟桥. 信号与线性系统：下册 [M]. 6 版. 北京：高等教育出版社，2016.

[8] OPPENHEIM A V, WILLSKY A S, NAWAB S H. 信号与系统：第 2 版 [M]. 刘树棠，译. 北京：电子工业出版社，2013.

[9] KAMEN E W, HECK B S. Fundamentals of Signals and Systems. Using the Web and MATLAB [M]. 2nd 影印版. 北京：科学出版社，2002.

[10] 梁虹，梁洁，陈跃斌. 信号与系统分析及 MATLAB 实现 [M]. 北京：电子工业出版社，2002.

[11] 吴新余，周井泉，沈元隆. 信号与系统：时域、频域分析及 MATLAB 软件的应用 [M]. 北京：电子工业出版社，1999.

[12] 吴楚，李京清，王雪明，等. 信号与系统课程辅导 [M]. 北京：清华大学出版社，2004.

[13] 吕幼新，张明友. 信号与系统分析 [M]. 北京：电子工业出版社，2004.

[14] 胡光锐，徐昌庆，谭政华，等. "信号与系统" 解题指南 [M]. 北京：科学出版社，1999.

[15] 拉兹. 线性系统与信号：第 2 版 [M]. 刘树棠，王薇洁，译. 西安：西安交通大学出版社，2006.

[16] 申莎莎. 基于小波变换与傅里叶变换对比分析及其在信号去噪中的应用 [J]. 山西师范大学学报 (自然科学版)，2018，32 (3)：27-32.

[17] ARIE R, BRAND A, ENGELBERG S. Compressive sensing and sub-Nyquist sampling[J]. IEEE Instrumentation and Measurement Magazine，2020，23 (2)：94-101.

[18] 王钢，周若飞，邹昳琨. 基于压缩感知理论的图像优化技术 [J]. 电子与信息学报，2020，42 (1)：222-233.

[19] 马坚伟. 压缩感知走进地球物理勘探 [J]. 石油物探，2018，57 (1)：24-27.

[20] 李汀.《信号与系统》中傅里叶变换在 OFDM 移动通信系统中的应用 [J]. 亚太教育，2016，34：275-276.

[21] 马红强，马时平，许悦雷，等. 基于深度卷积神经网络的低照度图像增强 [J]. 光学学报，2019，39 (2)：99-108.

[22] 罗仁泽，李阳阳. 一种基于 RUnet 卷积神经网络的地震资料随机噪声压制方法 [J]. 石油物探，2020，59 (1)：51-59.

[23] 田雅男，李月，林红波，等. 基于频域正则维纳滤波压制地震随机噪声 [J]. 吉林大学学报（工学版），2015，45 (6)：2043-2048.

[24] 沈希忠，叶秋泽. 基于维纳滤波的超声增强实现方法 [J]. 数据采集与处理，2018，33 (3)：455-460.